钢结构设计

GANGJIEGOU SHEJI

于明鑫　曲　萍 / 主编

化学工业出版社

·北京·

内容简介

本书与应用型人才培养的具体要求紧密结合，详细介绍了钢结构设计的相关内容，涵盖“钢结构原理”“建筑钢结构”和“钢桥”3部分内容。与土木工程钢结构设计行业一线岗位的具体要求紧密结合。本书主要包括钢结构的基本介绍、钢结构材料、钢结构的连接、轴心受力构件、受弯构件、压弯和拉弯构件、屋盖结构、门式刚架结构、多层建筑钢结构和钢桥等内容。本书不仅提供了严谨翔实的理论知识，更有丰富的例题分析，帮助读者更好地实现理论与实践相结合。

本书适用于各类院校土木工程类专业学生的钢结构设计课程学习，也可作资料，为相关工程技术人员的具体工作提供参考依据。

图书在版编目（CIP）数据

钢结构设计 / 于明鑫，曲萍主编. -- 北京 ：化学工业出版社，2024. 10. -- ISBN 978-7-122-46373-9

Ⅰ. TU391.04

中国国家版本馆 CIP 数据核字第 2024WM1201 号

责任编辑：彭明兰　　文字编辑：冯国庆

责任校对：李露洁　　装帧设计：刘丽华

出版发行：化学工业出版社

（北京市东城区青年湖南街 13 号　邮政编码 100011）

印　　刷：北京云浩印刷有限责任公司

装　　订：三河市振勇印装有限公司

787mm×1092mm　1/16　印张 17　字数 438 千字

2024 年 10 月北京第 1 版第 1 次印刷

购书咨询：010-64518888　　售后服务：010-64518899

网　　址：http://www.cip.com.cn

凡购买本书，如有缺损质量问题，本社销售中心负责调换。

定　　价：58.00 元

前言

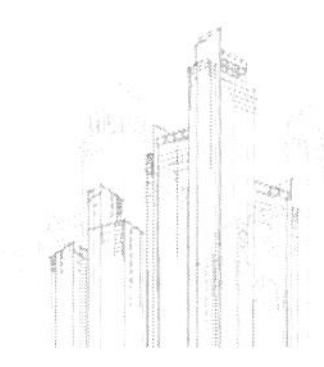

“钢结构设计”是高校土木工程以及相关专业课程体系中的重要课程之一，该课程旨在培养学生具备一般的工业与民用建筑钢结构设计的基本技能，为将来从事有关钢结构行业相关工作打下坚实的基础。学生通过系统的学习钢结构设计，能够掌握钢结构的特点和设计方法，掌握钢材的主要性能，能够应用焊缝连接和螺栓连接的设计方法，掌握钢结构的轴心受力、受弯构件、压弯拉弯构件的设计方法，能够应用钢屋架的设计计算方法，了解轻型门式刚架等建筑钢结构以及钢桥的构造要求，培养解决实际问题的能力，储备钢结构设计与施工的从业基础知识。

沈阳城市建设学院面向建筑产业，以建筑与土木专业集群为主，开设土木工程、道路桥梁与渡河工程、智能建造等土木类相关专业，紧紧围绕区域经济社会发展和人才市场需求，具有鲜明的行业优势和特色。

本书主要编写人员均为沈阳城市建设学院专任教师，教材内容基于编写人员长期的教学实践以及工程设计实践的工作总结，是指导学生完成钢结构设计学习的重要资料。教材面向实际工程一线，内容涵盖“钢结构原理”“建筑钢结构设计”和“钢桥设计”，与应用型人才培养的具体要求紧密结合，充分体现了沈阳城市建设学院“五实”教育的内在要求。

本书由沈阳城市建设学院土木工程学院相关教师与中国建筑东北设计院、沈阳方林房地产开发有限公司相关工程师共同努力完成，是集体智慧的结晶，更是校企合作的成果。另外，在本书编写过程中，参考了许多其他相关的教材和有关论著，但为了行文方便，不便一一注明。书后所附参考文献是本书重点参考的论著。在此，特向在本书中引用和参考的教材、专著等的编者及作者表示诚挚的谢意。

在本书的编写过程中，于明鑫负责统稿以及第 1 章～第 3 章的编写，曲萍、侯蕾负责第 7 章～第 9 章的编写，曲萍负责第 4 章和第 6 章的编写，朱凤薇负责第 10 章和附录的编写，周晓宇、朱凤薇负责第 5 章的编写，中国建筑东北设计院相关人员提供了大量工程素材，并参与了教材内容的优化与改进。

本书虽经几次修改，但由于编者能力所限，不足之处在所难免，敬请专家读者批评指正！

编　者

2024 年 5 月

目录

第1篇 钢结构原理 / 1

第 4 章　轴心受力构件　41

第 5 章　受弯构件　78

第 6 章　拉弯和压弯构件　116

第 2 篇
建筑钢结构设计 / 142

第 7 章　屋盖结构　142

第 8 章　门式刚架钢结构　193

第 9 章　多层建筑钢结构　206

第 3 篇
钢桥设计 / 231

第 10 章　钢桥　231

附录 242

参考文献 261

第1篇 钢结构原理

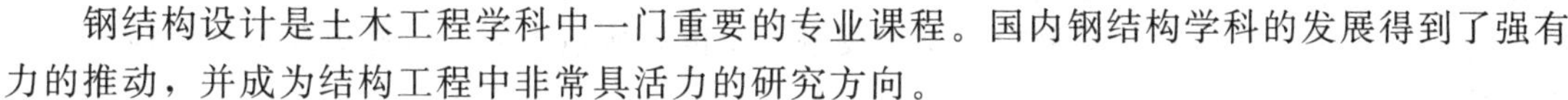

钢结构设计是土木工程学科中一门重要的专业课程。国内钢结构学科的发展得到了强有力的推动，并成为结构工程中非常具活力的研究方向。

第1章 绪 论

1.1 钢结构的特点

钢结构与其他材料的结构相比有如下特点。

(1) 结构的轻质性

结构的轻质性可以用材料的密度 ρ 和强度 f 的比值 a 来衡量，a 值越小，结构相对越轻。而与其他常见材料相比，建筑钢材的密度大，但因其材料强度高，做成的结构却比较轻。

建筑钢材的 a 值为 $1.7\times10^{-4}\sim3.7\times10^{-4}\mathrm{m}^{-1}$，建筑木材的 a 值约为 $5.4\times10^{-4}\mathrm{m}^{-1}$，钢筋混凝土的 a 值约为 $18\times10^{-4}\mathrm{m}^{-1}$。以同样跨度承受同样荷载的屋架为例，钢屋架的质量最多不过为钢筋混凝土屋架的 1/3，冷弯薄壁型钢屋架甚至可以达到钢筋混凝土屋架的 1/10。

上部结构质量轻，就可减轻基础的负荷，降低地基、基础部分的造价，同时方便运输和吊装。

(2) 塑性、韧性好

塑性好是指与其他建筑材料结构相比，钢结构在一般条件下不会因超载而突然断裂，只会增大变形而出现预兆，易于被发现。此外，也能将局部高峰应力进行重新分配，使应力变化趋于平缓。

韧性好是指与其他建筑材料结构相比，钢结构适宜在动力荷载作用下工作，因此在地震多发区采用钢结构较为有利。

(3) 材质均匀，各向同性

对于建筑钢材，由于冶炼和轧制过程的科学控制，其组织比较均匀，接近各向同性，为理想的弹-塑性体，其弹性模量和韧性模量皆较大，因此，钢结构实际受力情况和工程力学计算结果比较符合，在计算中采用的经验公式不多，从而在计算上的不确定性较小，计算结果比较可靠。

(4) 制作简便，施工工期短

钢结构构件一般是在工厂制作的，施工机械化、准确度和精密度皆较高，且加工简易而迅速。钢结构构件质量较轻、连接简单、安装方便、施工周期短。小量钢结构和轻型钢结构也可以在现场制作，吊装简易。由于钢结构的连接特性，使其易于加固、改建和拆迁。

(5) 密闭性较好

钢结构的钢材及其连接（如焊接）的水密性和气密性较好，适用于要求密闭的板壳结构，如高压容器油库、气柜、管道等。

(6) 耐腐蚀性差

钢材容易锈蚀，对钢结构必须注意防护，特别是薄壁构件更要注意，因此，处于较强腐蚀性介质内的建筑物不宜采用钢结构。钢结构在涂油漆以前应彻底除锈，油漆质量和涂层厚度均应符合要求。在设计中应避免使结构受潮、雨淋，构造上应尽量避免存在难以检查、维修的死角。

(7) 耐热但不耐火

钢材受热温度在200℃以内时，其主要性能（屈服点和弹性模量）下降不多；温度超过200℃后，材质变化较大，不仅强度逐步降低，而且有蓝脆和徐变现象；达600℃时，钢材进入塑性状态，已不能承载。因此，设计规定钢材表面温度超过150℃后即需加以隔热防护，对有防火要求者，更需按相应规定采取隔热保护措施。

除了以上特点外，钢结构在低温和其他条件下，可能发生脆性断裂，这一点应在设计中特别注意。同时民用钢结构也存在保温隔热差、隔声差等问题，设计者都应予以高度重视。

1.2 钢结构的应用和发展

1.2.1 钢结构的应用

基于钢结构的特点，其广泛应用于工程结构中，根据我国的实际情况，工业与民用建筑钢结构的应用范围大致如下。

(1) 大跨度结构

因钢结构具有轻质高强的特点，其广泛应用于飞机装配车间、飞机库、航站楼、大会堂、体育场馆、火车站、展览馆、会展中心等大跨度结构中，其结构体系可为网架、悬索、拱架、框架以及组合结构等。

(2) 高耸结构

同样基于轻质高强的特点，高耸结构也大多采用钢结构形式，包括塔架和桅杆结构，如电视塔、微波塔、输电线塔、钻井塔、环境大气监测塔、无线电天线桅杆、广播发射桅杆等。

(3) 多层和高层建筑

多层和高层建筑的骨架已广泛采用钢结构，其结构体系可采用钢框架和组合结构等。同时，对于抗地震作用要求高的建筑也宜采用钢结构。

(4) 工业厂房

因钢结构韧性较好，对于吊车起重量较大或间接震动极为强烈的工业厂房可采用钢结构，如冶金厂房的平炉、转炉车间，混铁炉车间，初轧车间；重型机械厂的铸钢车间，水压机车间，锻压车间；设有较大锻锤的车间等。

(5) 轻型钢结构

基于轻质高强、制作简便、施工工期短等特点，钢结构也会应用于轻型钢结构，包括轻型门式刚架房屋钢结构、冷弯薄壁型钢结构以及钢管结构，如仓库、办公室、工业厂房、体育设施、住宅楼和别墅等。这些结构常用于使用荷载较轻或跨度较小的建筑，但并不限于轻型小跨度结构，国内门式刚架单跨跨度已有 70m 以上的实例。

(6) 板壳结构

因钢结构密闭性较好，因此其广泛应用于板壳结构，如油库、油罐、煤气库、高炉、热风炉、漏斗、烟囱、水塔以及各种管道等。

(7) 可拆卸或移动的结构

钢结构具有装配式建筑的特性，可应用于可拆卸或移动的结构，如建筑工地的生产、生活附属用房、临时展览馆等可拆卸的结构；塔式起重机、履带式起重机的吊臂以及龙门起重机等可移动结构。

(8) 组合结构

如组合梁和钢管混凝土柱等。

(9) 其他特种结构

如栈桥、管道支架、井架和海上采油平台等。

钢结构的合理应用范围不仅取决于钢结构本身的特性，还取决于国民经济发展的具体情况。近年来，我国钢产量有了很大提高，伴随着钢结构形式与设计手段的逐年改进与创新，钢结构应用在未来将得到极大推动。

1.2.2 钢结构的发展

钢结构的发展历程，从材料来看，先是铸铁、锻铁，后是钢材。铝合金结构是金属结构的一个新分支，不过其工程应用尚不能与钢结构相提并论；从连接方式的发展来看，在生铁和熟铁时代是销钉连接，19 世纪初采用铆钉连接，20 世纪初出现焊接连接，后来则发展了高强度螺栓连接；从结构形式来看，先是桥梁、塔，后是工业与民用房屋和水工结构，以及板结构（如高炉、储液库、储气库等），如今钢结构广泛应用于各类形式。

很长一段时期内，钢结构的发展潜力将是巨大的，任务也十分艰巨。为适应建筑高度越来越高、结构跨度越来越大的需求，钢结构全行业需要不懈地致力于改进钢结构设计计算方法，研发和采用新材料、新的结构及结构体系，在钢结构制造、施工上更多采用新设备、新工艺、新技术，并借助仿真建造，融合 BIM 等方法与工具，才有可能不断创造出性能更加优异的钢结构。

1.3 钢结构的设计方法

1.3.1 概述

结构设计的目的在于保证所设计的结构和结构构件在施工和工作过程中均能满足预期的

安全性、适用性和耐久性要求，即结构由各种荷载所产生的效应（内力和变形）不大于结构（包括连接）由材料性能和几何因素等所决定的抗力或规定限值。假如影响结构功能的各种因素，如荷载大小、材料强度的高低、截面尺寸的大小、计算模式的异同、施工质量的高低等都是确定性的，则按上述准则进行结构设计，应该说是非常容易的。但是现实中上述的影响因素都具有不确定性，因此荷载效应可能大于设计抗力，结构不可能完全可靠，而只能对其做出一定的概率保证。

1.3.2 概率极限状态设计方法

按极限状态进行结构设计时，首先应明确极限状态的概念。当结构或其组成部分超过某一特定状态就不能满足设计规定的某一功能要求时，此特定状态就称为该功能的极限状态。结构的极限状态可以分为下列两类。

① 承载能力极限状态对应于结构或结构构件达到最大承载能力或是出现不适于继续承载的变形，包括倾覆、强度破坏、疲劳破坏、丧失稳定、结构变为机动体系或出现过度的塑性变形等。

② 正常使用极限状态对应于结构或结构构件达到正常使用或耐久性能的某项规定限值，包括出现影响正常使用或影响外观的变形，出现影响正常使用或耐久性能的局部损坏以及影响正常使用的震动等。

实际设计工作中，结构的荷载有出现高值的可能，材料性能也有出现低值的可能，即使设计者采用了相当保守的设计方案，但在结构投入使用后，仍不能保证绝对可靠，因而对所设计的结构的功能只能做出一定概率的保证。这和进行其他有风险的工作一样，只要可靠的概率足够大，或者说，失效概率足够小，便可认为所设计的结构是安全的。按照概率极限状态设计方法，结构的可靠度定义为：结构在规定的时间内，在规定的条件下，完成预定功能的概率。这里所说的“完成预定功能”就是对于规定的某种功能来说结构不失效。

1.3.3 设计表达式

现行《钢结构设计标准》中，除疲劳计算外，其余设计均采用以概率理论为基础的极限状态设计方法，用分项系数的设计表达式进行计算，承载能力极限状态和正常使用极限状态又有所区别。

① 对于承载能力极限状态设计，钢结构采用荷载的基本组合进行设计，并符合式（1.1）的要求。

$$\gamma_0 S_d \leqslant R_d \tag{1.1}$$

式中 γ_0——结构重要性系数，根据安全等级一级、二级和三级分别取不小于1.1、1.0和0.9，具体可按《建筑结构可靠性设计统一标准》（GB 50068—2018）采用；

S_d——作用组合的效应设计值，如轴力、弯矩的设计值，或几个轴力、弯矩向量的设计值；

R_d——结构或结构构件的抗力设计值。

对持久设计状况和短暂设计状况，应采用作用的基本组合。基本组合的效应设计值应按式（1.2）中最不利值确定。

$$S_d = \sum_{i \geqslant 1} \gamma_{Gi} G_{ik} + \gamma_P P + \gamma_{Q1} \gamma_{L1} Q_{1k} + \sum_{j>1} \gamma_{Qj} \psi_{cj} \gamma_{Lj} Q_{jk} \tag{1.2}$$

式中 G_{ik}——第 i 个永久作用的标准值；

P——与预应力作用的有关代表值；

Q_{1k}——第 1 个可变作用的标准值；

Q_{jk}——第 j 个可变作用的标准值；

γ_{Gi}——第 i 个永久作用的分项系数，当作用效应对承载不利时，取 1.3，当作用效应对承载有利时，取小于等于 1.0；

γ_P——预应力作用的分项系数，当作用效应对承载不利时，取 1.3，当作用效应对承载有利时，取 1.0；

γ_{Q1}——第 1 个可变作用的分项系数，当作用效应对承载不利时，取 1.5，当作用效应对承载有利时，取 0；

γ_{Qj}——第 j 个可变作用的分项系数，当作用效应对承载不利时，取 1.5，当作用效应对承载有利时，取 0；

γ_{L1}，γ_{Lj}——第 1 个和第 j 个考虑结构设计使用年限的荷载调整系数，根据结构设计使用年限 5 年、50 年和 100 年，系数取值分别为 0.9、1.0 和 1.1。

ψ_{cj}——第 j 个可变作用的组合值系数，应按有关规范的规定采用。

在作用组合中，符号“∑”和“+”均表示组合，即同时考虑所有作用对结构的共同影响，而不表示代数相加。

《建筑结构可靠性设计统一标准》（GB 50068—2018）于 2019 年 4 月 1 日实施。其中最值得关注的是：永久荷载分项系数由 1.2 调整为 1.3，可变荷载分项系数由 1.4 调整为 1.5；并因此同时取消了 2001 年版中“永久荷载效应控制的组合”。系统地提高结构设计荷载分项系数，为我国房屋建筑结构与国际主流规范可靠度设置水平的一致性奠定了基础。

② 对于正常使用极限状态，钢结构采用荷载的标准组合进行设计，并使变形等设计不超过相应的规定限值，其设计式为

$$\upsilon_{Gk}+\upsilon_{Q1k}+\sum_{i=2}^{n}\psi_{ci}\upsilon_{Qik}\leqslant[\upsilon] \tag{1.3}$$

式中 υ_{Gk}——永久荷载的标准值在结构或结构构件中产生的变形值；

υ_{Q1k}——第 1 个可变荷载的标准值在结构或结构构件中产生的变形值；

υ_{Qik}——其他第 i 个可变荷载标准值在结构或结构构件中产生的变形值；

$[\upsilon]$——结构或结构构件的允许变形值。

③ 钢结构设计中针对疲劳强度计算采用概率极限状态的方法尚处于研究阶段，因此工程设计中采用允许应力幅法，其设计式为

$$\Delta\sigma\leqslant[\Delta\sigma],\Delta\tau\leqslant[\Delta\tau] \tag{1.4}$$

式中 $\Delta\sigma$，$\Delta\tau$——疲劳荷载下的应力幅；

$[\Delta\sigma]$，$[\Delta\tau]$——允许应力幅；

式中允许应力幅 $[\Delta\sigma]$、$[\Delta\tau]$ 是根据试验结果得到的，故应采用荷载标准值进行计算。另外，疲劳计算中采用的计算数据大部分是根据实测应力或疲劳试验所得，已包含了荷载的动力影响，因此不应再乘动力系数。

习题

1. 钢结构的特点有哪些？
2. 钢结构的应用领域有哪些？
3. 钢结构的设计方法是什么？

第2章　钢结构材料

钢结构工程质量的优劣，是由材料性能、设计计算、加工制造、运输安装、使用维护等各个环节共同决定的。要正确掌握钢结构设计的基本原理，并在钢结构生命周期内对其各项指标进行有效控制，首先应当认识和了解适合建造钢结构的材料。

2.1　钢结构对材料的要求

钢结构的原材料是钢材，钢材种类繁多，性能差别很大，适用于钢结构的钢材只是其中的一部分。用作钢结构的钢材必须符合下列要求。

(1) 较高的抗拉强度 f_u 和屈服强度 f_y

f_u 是衡量钢材经过较大变形后的抗拉能力，它直接反映钢材内部组织的优劣，同时 f_u 高可以增加结构的安全保障；f_y 是衡量结构承载能力的指标，f_y 高则可减轻结构自重，节约钢材和降低造价。

(2) 较高的塑性和韧性

塑性和韧性好，结构在静荷载和动荷载作用下有足够的应变能力，既可减轻结构脆性破坏的倾向，又能通过较大的塑性变形调整局部应力，同时又具有较好的抵抗重复荷载作用的能力。

(3) 良好的工艺性能（包括冷加工、热加工和焊接性能）

良好的工艺性能是指不但要易于将结构钢材加工成各种形式的结构，而且不致因加工对结构的强度、塑性、韧性等造成较大的不利影响。

此外，根据结构的具体工作条件，有时还要求钢材具有适应低温、高温和腐蚀性环境的能力。

按以上要求，钢结构设计标准具体规定：承重结构采用的钢材应具有抗拉强度、伸长率、屈服强度和硫、磷含量的合格保证，对焊接结构尚应具有碳含量的合格保证。焊接承重结构以及重要的非焊接承重结构采用的钢材还应具有冷弯试验的合格保证。对需要验算疲劳强度的结构用钢材，根据具体情况应当具有常温或负温冲击韧性的合格保证。

2.2　钢材的破坏形式

钢材有两种性质完全不同的破坏形式，即塑性破坏和脆性破坏。钢结构所用的材料虽然有较高的塑性和韧性，一般为塑性破坏，但在一定的条件下，仍然有脆性破坏的可能性。

塑性破坏是由于变形过大，超过了材料或构件可能的应变能力而产生的，而且仅在构件的应力达到钢材的抗拉强度 f_u 后才发生。破坏前构件产生较大的塑性变形，断裂后的断口呈纤维状，色泽发暗。在塑性破坏前，由于总有较大的塑性变形发生，且变形持续的时间较长，很容易及时发现而采取措施予以补救，不致引起严重后果。另外，塑性变形后出现内力重分布，使结构中原先受力不等的部分应力趋于均匀，因而提高结构的承载能力。

脆性破坏前塑性变形很小，甚至没有塑性变形，计算应力可能小于钢材的屈服强度 f_y，断裂从应力集中处开始。冶金和机械加工过程中产生的缺陷，特别是缺口和裂纹，常常是断裂的发源地。破坏前没有任何预兆，破坏是突然发生的，断口平直并呈有光泽的晶粒状。由于脆性破坏前没有明显的预兆，因此无法及时察觉和采取补救措施，而且个别构件的断裂常引起整个结构塌毁，危及生命财产的安全，后果严重。在设计、施工和使用钢结构时，要特别注意防止出现脆性破坏。

2.3　钢材的主要性能

钢材标准试件在常温静荷载情况下，单向均匀受拉试验时的荷载-变形（F-ΔL）曲线或应力-应变（σ-ε）曲线，如图2.1所示。由此曲线可获得许多有关钢材性能的信息。

2.3.1　强度性能

图2.1中σ-ε曲线的OP段为直线，表示钢材具有完全弹性性质，这时应力可由弹性模量E定义，即$\sigma=E\varepsilon$，而$E=\tan\alpha$，P点应力f_p称为比例极限。

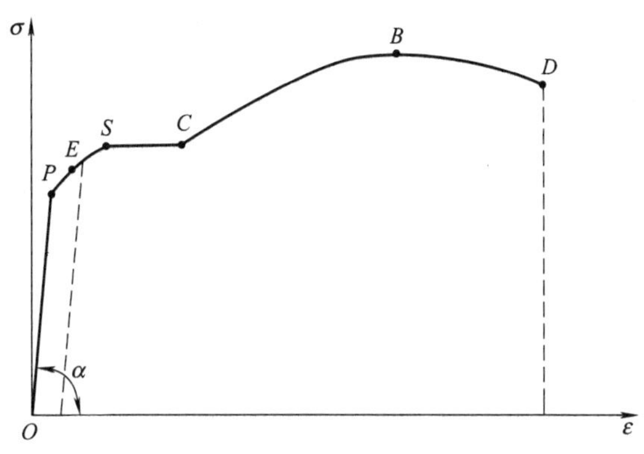

图2.1　碳素结构钢受拉试验的应力-应变曲线

曲线的PE段仍具有弹性，但非线性，即为非线性弹性阶段，这时的模量叫作切线模量，$E_t=d\sigma/d\varepsilon$。此段上限E点的应力f_e称为弹性极限。弹性极限和比例极限相距很近，实际上很难区分，故通常只提比例极限。

随着荷载的增加，曲线出现ES段，这时表现为非弹性性质，即卸荷曲线成为与OP平行的直线（图2.1中的虚线），留下永久性的残余变形。此段上限S点的应力f_y称为屈服强度。对于低碳钢，出现明显的屈服台阶SC段，即在应力保持不变的情况下，应变继续增加。

在开始进入塑性流动范围时，曲线波动较大，以后逐渐趋于平稳，其最高点和最低点分别称为上屈服强度和下屈服强度（也称为上屈服点和下屈服点）。上屈服强度和试验条件（加载速度、试件形状、试件对中的准确性）有关；下屈服强度则对此不太敏感。目前设计与国际标准协调一致，以上屈服强度作为钢材屈服强度代表值。

对于没有缺陷和残余应力影响的试件，比例极限和屈服点比较接近，且屈服点前的应变很小（低碳钢约为0.15%）。为了简化计算，通常假定屈服点以前钢材为完全弹性的，屈服点以后则为完全塑性的，这样就可把钢材视为理想的弹-塑性体，其应力-应变曲线表现为双直线，如图2.2所示。当应力达到屈服点后，将使结构产生很大的在使用上不允许的残余变形（此时，对低碳钢$\varepsilon_c=2.5\%$），表明钢材的承载能力达到了最大限度。因此，在设计时取屈服点为钢材可以达到的最大应力的代表值。

超过屈服台阶，材料出现应变硬化，曲线上升，直至曲线最高处的B点，这点的应力f_u称为抗拉强度或极限强度。当应力达到B点时，试件发生颈缩现象，至D点而断裂。当以屈服点的应力f_y作为强度限值时，抗拉强度f_u成为材料的强度储备。

高强度钢没有明显的屈服点和屈服台阶。这类钢的屈服条件是根据试验分析结果而人为规定的，故称为条件屈服点（或屈服强度）。条件屈服点是以卸荷后试件中残余应变ε_r为0.2%所对应的应力定义的（有时用$f_{0.2}$表示），见图2.3。由于这类钢材不具有明显的塑性平台，因此设计中不宜利用它的塑性。

2.3.2 塑性性能

试件被拉断时的绝对变形值与试件原标距的比例(%)，称为伸长率。当试件标距长度与试件直径 d（圆形试件）之比为 10 时，以 δ_{10} 表示；当该比值为 5 时，以 δ_5 表示。伸长率代表材料在单向拉伸时的塑性应变的能力。

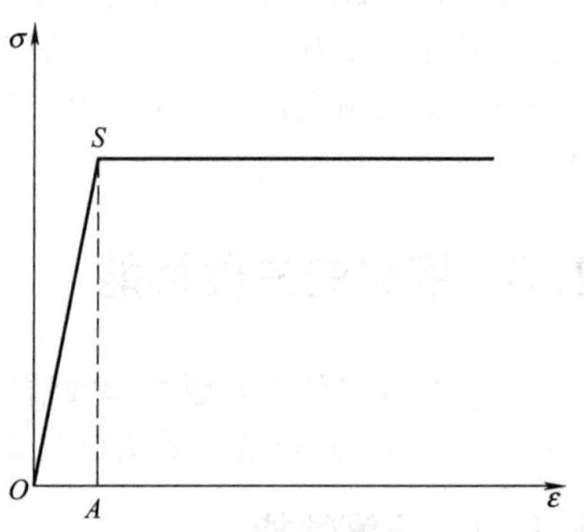

图 2.2 理想弹-塑性体受拉试验的应力-应变曲线

2.3.3 冷弯性能

冷弯性能由冷弯试验来确定（图 2.4）。试验时按照规定的弯心直径在试验机上用冲头加压，使试件弯成 180°，如试件外表面不出现裂纹和分层，即为合格。冷弯试验不仅能直接检验钢材的弯曲变形能力或塑性性能，还能暴露钢材内部的冶金缺陷，如硫、磷偏析和硫化物与氧化物的掺杂情况，这些缺陷都将降低钢材的冷弯性能。因此，冷弯性能是鉴定钢材在弯曲状态下塑性应变能力和钢材质量的综合指标。

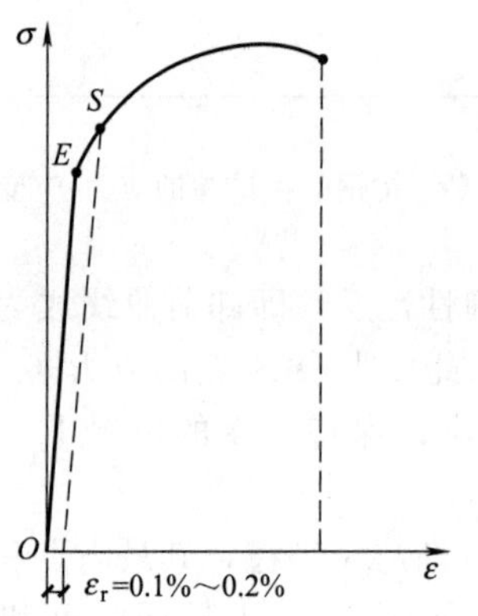

图 2.3 高强度钢受拉试验的应力-应变曲线

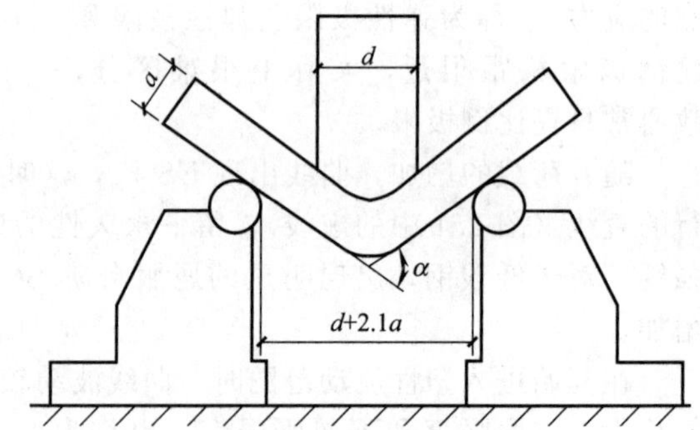

图 2.4 钢材冷弯试验示意

a—冷弯试验试件的厚度；d—符合试验要求的弯心直径；α—符合试验要求的试件弯曲角度

2.3.4 冲击韧性

拉力试验所表现的钢材性能，如强度和塑性，是静力性能，而韧性试验则可获得钢材的一种动力性能。韧性是钢材抵抗冲击荷载的能力，它用材料在断裂时所吸收的总能量（包括弹性能和非弹性能）来量度，其值为图 2.1 中曲线与横坐标所包围的总面积，总面积越大韧性越高，故韧性是钢材强度和塑性的综合指标。通常是钢材强度提高，韧性降低，则表示钢材趋于脆性。

钢材的冲击韧性数值随试件缺口形式和使用试验机不同而异，采用夏比（Charpy）V 形缺口试件（其尺寸一般为 10mm×10mm×55mm）（图 2.5）在夏比试验机上进行，所得结果以所消耗的功 C_v 表示，单位为 J。夏比试件具有更为尖锐的缺口，接近构件中可能出现的严重缺陷。

由于低温对钢材的脆性破坏有显著影响，因此在寒冷地区建造的结构不但要求钢材具有

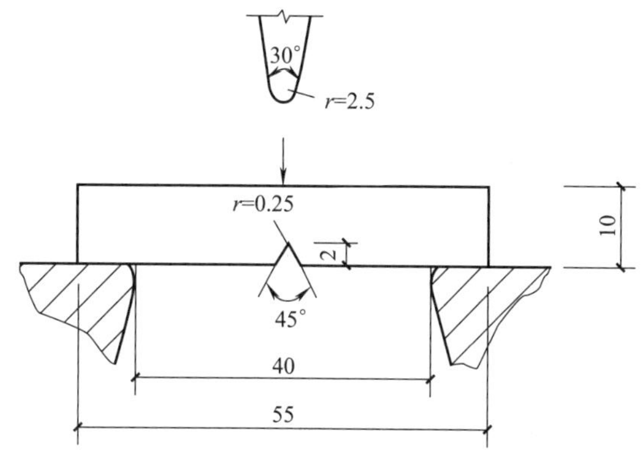

图 2.5 夏比缺口钢材冲击韧性试验

常温（20℃）冲击韧性指标，还要求具有负温（0℃、−20℃或−40℃）冲击韧性指标，以保证结构具有足够的抗脆性破坏能力。

2.4 各种因素对钢材主要性能的影响

2.4.1 化学成分

钢材是由各种化学成分组成的，化学成分及其含量对钢材的性能有着重要的影响。铁（Fe）是钢材的基本元素，纯铁质软，在碳素结构钢中约占99%，碳和其他元素仅占1%，但对钢材的力学性能却有着决定性的影响。其他元素包括硅（Si）、锰（Mn）、硫（S）、磷（P）、氮（N）、氧（O）等。低合金钢中还含有少量（低于5%）合金元素，如铜（Cu）、钒（V）、钛（Ti）、铌（Nb）、铬（Cr）等。

在碳素结构钢中，碳是仅次于铁的主要元素，它直接影响钢材的强度、塑性、韧性和焊接性能等。碳含量增加，钢的强度提高，而塑性、韧性和疲劳强度下降，同时降低钢的焊接性能和抗腐蚀性。因此，尽管碳是使钢材获得足够强度的主要元素，但在钢结构中采用的碳素结构钢，对含碳量要加以限制，一般不应超过0.22%，在焊接结构钢中还应低于0.20%。钢结构采用低合金高强度结构钢时，一般以其碳当量评估钢材的焊接性能。

硫和磷（其中特别是硫）是钢中的有害成分，它们降低钢材的塑性、韧性、焊接性能和疲劳强度。在高温时，硫使钢变脆，称为热脆；在低温时，磷使钢变脆，称为冷脆。碳素结构钢，比如Q235钢，一般硫的含量不应超过0.045%，磷的含量不超过0.045%。低合金高强度结构钢一般硫和磷含量均不超过0.035%。但是，磷可提高钢材的强度和抗锈蚀性。常使用的高磷钢，其含量可达0.12%，这时应减少钢材中的含碳量，以保持一定的塑性和韧性。氧和氮都是钢中的有害杂质。氧的作用和硫类似，使钢热脆；氮的作用和磷类似，使钢冷脆。氧、氮一般不会超过极限含量，故通常不要求做含量分析。

硅和锰是钢材中的有益元素，它们都是炼钢的脱氧剂。它们使钢材的强度提高，含量不过高时，对塑性和韧性无显著的不良影响。在碳素结构钢中，硅的含量应不大于0.3%，锰的含量为0.3%～0.8%。对于低合金高强度结构钢，硅的含量可达0.55%，锰的含量可达1.0%～1.6%。钒和钛是钢中的合金元素，能提高钢的强度和抗腐蚀性能，又不显著降低钢的塑性。铜在碳素结构钢中属于杂质成分。它可以显著地提高钢的抗腐蚀性能，也可以提高钢的强度，但对焊接性能有不利影响。

2.4.2 冶金缺陷

常见的冶金缺陷有偏析、非金属夹杂、气孔、裂纹及分层等。偏析是指钢材中化学成分不一致和不均匀性，特别是硫、磷偏析严重恶化钢材的性能。非金属夹杂是钢材中含有硫化物与氧化物等杂质。气孔部分是浇铸钢锭时，由氧化铁与碳作用所生成的一氧化碳气体不能充分逸出而形成的。这些缺陷都将影响钢材的性能。浇铸时的非金属夹杂物在轧制后能造成钢材的分层，会严重降低钢材的冷弯性能。

冶金缺陷对钢材性能的影响，不仅在结构或构件受力时表现出来，有时在加工制作过程中也可表现出来。

2.4.3 钢材硬化

冷拉、冷弯、冲孔、机械剪切等冷加工使钢材产生很大塑性变形，从而提高了钢的屈服强度，同时降低了钢材的塑性和韧性，这种现象称为冷作硬化（或应变硬化）。

在高温时熔化于铁中的少量氮和碳，随着时间的延长逐渐从铁中析出，形成自由碳化物和氮化物，对材料的塑性变形起遏制作用，从而使钢材的强度提高，塑性、韧性下降。这种现象称为时效硬化，俗称老化。时效硬化的过程一般很长，但如在材料塑性变形后加热，可使时效硬化发展特别迅速。这种方法谓之人工时效。

此外还有应变时效，是指应变硬化（冷作硬化）后又加时效硬化。

在一般钢结构中，不利用硬化所提高的材料强度，有些重要结构要求对钢材进行人工时效后检验其冲击韧性，以保证结构具有足够的韧性以抵抗脆性破坏。另外，应将局部硬化部分用刨边或扩钻的方式予以消除。

2.4.4 温度影响

钢材的性能会随温度变动而有所变化。总体趋势是：温度升高，钢材强度降低，应变增大；反之，温度降低，钢材强度会略有增加，塑性和韧性却会降低而变脆。

温度升高，在200℃以内钢材性能没有很大变化，在430～540℃之间强度急剧下降，600℃时强度很低，不能承担荷载。但在250℃左右，钢材的强度反而略有提高，同时塑性和韧性均下降，钢材有转脆的倾向，钢材表面氧化膜呈现蓝色，称为蓝脆现象，钢材应避免在蓝脆温度范围内进行热加工。当温度在260～320℃之间时，在应力持续不变的情况下，钢材以很缓慢的速度继续变形，此种现象称为徐变现象。

当温度从常温开始下降，特别是在负温度范围内时，钢材强度虽有些提高，但其塑性和韧性降低，材料逐渐变脆，这种性质称为低温冷脆。每种钢材的脆性转变温度区及脆断设计温度需要由大量破坏或不破坏的使用经验和实验资料统计分析确定。

钢材的工作性能和力学性能指标都是以轴心受拉杆件中应力沿截面均匀分布的情况作为基础的。实际上在钢结构的构件中常存在着孔洞、槽口、凹角、截面突然改变以及钢材内部缺陷等。此时，构件中的应力分布将不再保持均匀，而是在某些区域产生局部高峰应力，在另外一些区域则应力降低，形成所谓应力集中现象（图2.6）。

其中，高峰区的最大应力 σ_x 与净截面的平均应力 σ_0 之比称为应力集中系数。研究表明，在应力高峰区域总是存在着同号的双向应力（σ_x、σ_y）或三向应力（σ_x、σ_y、σ_z），这是因为由高峰拉应力引起的截面横向收缩受到附近低应力区的阻碍而引起垂直于内力方向的拉应力 σ_y，在较厚的构件里还会产生 σ_z，使材料处于复杂受力状态，由能量强度理论得知，这种同号的平面或立体应力场有使钢材变脆的趋势。应力集中系数越大，应力集中现象越明

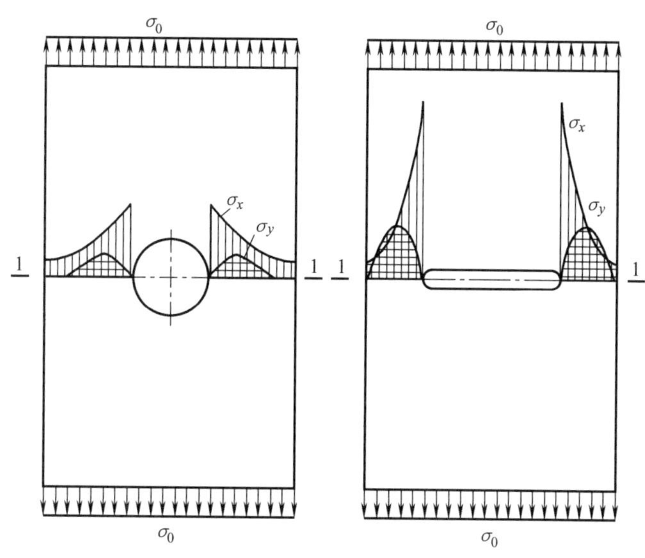

图 2.6　应力集中现象

显，材料变脆的倾向亦越严重。

但由于建筑钢材塑性较好，在一定程度上能促使应力进行重分配，使应力分布严重不均的现象趋于平缓。故受静荷载作用的构件在常温下工作时，在计算中可不考虑应力集中的影响。但在负温下或动力荷载作用下工作的结构，应力集中的不利影响将十分突出，往往是引起脆性破坏的根源，故在设计中应采取措施避免或减小应力集中，并选用质量优良的钢材。

2.4.5　反复荷载作用

钢材在反复荷载作用下，其抗力及性能都会发生重要变化，甚至发生疲劳破坏。根据试验，在直接的连续反复的动力荷载作用下，钢材的强度将降低，即低于一次静力荷载作用下的拉伸试验的极限强度，这种现象称为钢材的疲劳，疲劳破坏表现为突然发生的脆性断裂。

但实际上疲劳破坏是累积损伤的结果。材料总是有“缺陷”的，在反复荷载作用下，先在其缺陷处发生塑性变形和硬化而生成一些极小的裂纹，此后这种微观裂纹逐渐发展成宏观裂纹，试件截面削弱，而在裂纹根部出现应力集中现象，使材料处于三向拉伸应力状态，塑性变形受到限制，当反复荷载达到一定的循环次数时，材料终于破坏，并表现为突然的脆性断裂。

实践证明，应力水平不高或反复次数不多的钢材一般不会发生疲劳破坏，计算中不必考虑疲劳的影响。但是，长期承受频繁的反复荷载的结构构件及其连接，例如承受重级工作制吊车的吊车梁等，在设计中就必须考虑结构的疲劳问题。《钢结构设计标准》(GB 50017—2017) 规定，对直接承受动力荷载重复作用的钢结构构件及其连接，当应力变化的循环次数 n 等于或大于 5×10^4 次时，应进行疲劳强度计算。

2.4.6　复杂应力作用下钢材的屈服条件

在单向拉力试验中，单向应力达到屈服强度时，钢材即进入塑性状态。在复杂应力如平面或立体应力作用下，钢材由弹性状态转入塑性状态的条件是按能量强度理论（或第四强度理论）计算的折算应力 σ_{red} 与单向应力下的屈服强度相比较来判断。

$$\sigma_{red}=\sqrt{\sigma_x^2+\sigma_y^2+\sigma_z^2-(\sigma_x\sigma_y+\sigma_y\sigma_z+\sigma_z\sigma_x)+3(\tau_{xy}^2+\tau_{yz}^2+\tau_{zx}^2)} \tag{2.1}$$

当 $\sigma_{red}<f_y$ 时，钢材为弹性状态，当 $\sigma_{red}\geqslant f_y$ 时，钢材为塑性状态。

如果三向应力中有一向应力很小（如厚度较小，厚度方向的应力可忽略不计）或为零时，则属于平面应力状态，即 $\sigma_z=0$，$\tau_{yz}=0$，$\tau_{xz}=0$：

$$\sigma_{red}=\sqrt{\sigma_x^2+\sigma_y^2-\sigma_x\sigma_y+3\tau_{xy}^2} \tag{2.2}$$

而在钢结构设计工作中，如果是在复杂应力状态下（例如受弯构件），通常只考虑一个方向的正应力和切应力，即 $\sigma_y=0$。

$$\sigma_{red}=\sqrt{\sigma^2+3\tau^2} \tag{2.3}$$

当只有剪应力，即 $\sigma=0$ 时

$$\sigma_{red}=\sqrt{3\tau^2}=\sqrt{3}\,\tau \tag{2.4}$$

当 $\sigma_{red}=\sqrt{3}\tau<f_y$ 时，钢材为弹性状态，当 $\sigma_{red}=\sqrt{3}\tau\geqslant f_y$ 时，钢材为塑性状态。即当 $\tau<f_y/\sqrt{3}=0.58f_y$ 时，钢材为弹性状态，当 $\tau\geqslant f_y/\sqrt{3}=0.58f_y$ 时，钢材为塑性状态。实际工程中，同型号同条件下钢材的抗剪强度也约为抗拉强度的 0.58 倍。

本节介绍了各种因素对建筑钢材基本性能的影响，研究和分析这些影响的最终目的是了解建筑钢材在什么条件下可能发生脆性破坏，从而可以采取措施予以防止。钢材的脆性破坏往往是多种因素影响的结果，例如当温度降低，荷载速度增大，使用应力较高，特别是这些因素同时存在时，材料或构件就有可能发生脆性断裂。根据现阶段研究情况来看，在建筑钢材中脆性破坏还不是一个单纯由设计计算或者加工制造某一个方面来控制的问题，而是一个必须由材料、设计、制造及使用等多方面来共同加以防止的事情。

为了防止脆性破坏的发生，一般需要在设计、制造及使用中注意下列各点。

(1) 合理的设计

构造应力求合理，使其能均匀、连续地传递应力，避免构件截面剧烈变化。低温下工作、受动力作用的钢结构应选择合适的钢材，使所用钢材的脆性转变温度低于结构的工作温度，例如分别选用 Q235C（或 D）、Q345C（或 D）钢等，并尽量使用较薄的材料。

(2) 正确的制造

应严格遵守设计对制造所提出的技术要求，例如，尽量避免使材料出现应变硬化，因剪切、冲孔而造成的局部硬化区，要通过扩钻或刨边等手段来除掉；要正确地选择焊接工艺，保证焊接质量，不在构件上任意起弧、锤击，必要时可用热处理的方法消除重要构件中的焊接残余应力，重要部位的焊接要由相应项目考试合格的焊工操作。

(3) 正确的使用

不在主要结构上任意焊接附加的零件，不任意悬挂重物，不任意超负荷使用结构；要注意检查维护，及时刷油漆防锈，避免任何撞击和机械损伤；原设计在室温工作的结构，在冬季停产检修时要注意保暖等。

对设计工作者来说，不仅要注意选择合适的材料和正确处理细部构造设计，对制造工艺的影响也不能忽视，还应提出在使用期中应注意的主要问题。

2.5 钢的种类和钢材的选择

2.5.1 钢的种类

钢按用途可分为结构钢、工具钢和特殊钢（如不锈钢等）。结构钢又分建筑用钢和机械用钢。按脱氧方法，钢又分为沸腾钢（代号为 F）、镇静钢（代号为 Z）和特殊镇静钢（代

号为 TZ)，镇静钢和特殊镇静钢的代号可以省去。镇静钢脱氧充分，沸腾钢脱氧较差。按化学成分分类，钢又分为碳素钢和合金钢。在建筑工程中采用的是碳素结构钢、低合金高强度结构钢和优质碳素结构钢。

2.5.1.1 碳素结构钢

按质量等级将碳素结构钢分为 A、B、C、D 四级。在保证钢材力学性能符合标准规定的情况下，各牌号 A 级钢的碳、锰、硅含量可以不作为交货条件，但其含量应在质量证明书中注明；B、C、D 级钢均应保证屈服强度、抗拉强度、伸长率、冷弯性能及冲击韧性等力学性能。

碳素结构钢的牌号由代表屈服强度的汉语拼音字母（Q)、屈服强度数值、质量等级符号（A、B、C、D)、脱氧方法符号（F、Z、TZ）四个部分按顺序组成。如 Q235AF、Q235B 等。

根据钢材厚度（或直径）不大于 16mm 时的屈服强度数值，碳素结构钢的牌号表达为 Q195、Q215、Q235、Q275 四大类。一般仅 Q235 钢用于钢结构，其用于钢结构工程设计的指标列入本书附录 1 中。

2.5.1.2 低合金高强度结构钢

低合金高强度结构钢采用与碳素结构钢类似的表示方法，按照钢材厚度（或直径）不大于 16mm 时的上屈服强度值，常见的热轧低合金高强度结构钢牌号有四大类：Q355、Q390、Q420、Q460。低合金高强度结构钢不设 A 质量等级，其中的 E 级和 F 级分别要求 −40℃ 和 −60℃ 的冲击韧性。低合金高强度结构钢均为镇静钢，因此，在其牌号中不需要标注脱氧方法。

目前，在建筑钢结构中应用最为广泛的是 Q355 钢，而 Q390、Q420、Q460 用量不大。低合金高强度结构钢相关设计指标按本书附录 1 中相关表格取用。

2.5.1.3 优质碳素结构钢

优质碳素结构钢主要应用于钢结构某些节点或用作连接件。例如用于制造高强度螺栓，需要经过热处理，其强度较高，而塑性、韧性又未受到显著影响。

2.5.1.4 高性能建筑结构用钢

高性能建筑结构用钢牌号由代表屈服强度的汉语拼音字母（Q)、屈服强度数值、代表高性能建筑结构用钢的汉语拼音字母（GJ)、质量等级符号（B、C、D、E）四部分按顺序组成，如：Q345GJC、Q420GJD 等。对于厚度方向性能钢板，在质量等级后面加上厚度方向性能级别（Z15、Z25 或 Z35)，如 Q345GJCZ25。

高性能建筑结构用钢比相同强度等级的低合金高强度结构钢有更好的综合性能，其适用于建造高层建筑结构、大跨度结构及其他重要建筑结构。与碳素结构钢、低合金高强度结构钢的主要差异是规定了屈强比和屈服强度的波动范围；规定了碳当量和焊接裂纹敏感性指数；降低了 P、S 含量，提高了冲击功值；降低了强度的厚度效应等。

2.5.2 钢材的选择

2.5.2.1 选用原则

钢材的选择在钢结构设计中是首要的一环，选择的目的是保证安全可靠和做到经济合理。

选择钢材时考虑的因素如下。

(1) 结构的重要性

对重型工业建筑结构、大跨度结构、高层或超高层的民用建筑结构或构筑物等重要结构，应考虑选用质量好的钢材；对一般工业与民用建筑结构，可按工作性质分别选用普通质量的钢材。

(2) 荷载情况

荷载可分为静态荷载和动态荷载两种。直接承受动态荷载的结构和强烈地震区的结构，应选用综合性能好的钢材；一般承受静态荷载的结构则可选用价格较低的 Q355 钢。

(3) 连接方法

钢结构的连接方法有焊接和非焊接两种。由于在焊接过程中，会产生焊接变形、焊接应力以及其他焊接缺陷，如咬边、气孔、裂纹、夹渣等，有导致结构产生裂缝或脆性断裂的危险。因此，焊接结构对材质的要求应严格一些。例如，在化学成分方面，焊接结构必须严格控制碳、硫、磷的极限含量，而非焊接结构对含碳量可降低要求。

(4) 结构所处的温度和环境

钢材处于低温时容易冷脆，因此在低温条件下工作的结构，尤其是焊接结构，应选用具有良好抗低温脆断性能的镇静钢。此外，露天结构的钢材容易产生时效，有害介质作用的钢材容易腐蚀、疲劳和断裂，也应加以区别地选择不同材质。

(5) 钢材厚度

薄钢材碾压次数多，轧制的压缩比大；厚度大的钢材压缩比小。所以厚度大的钢材不但强度较小，而且塑性、冲击韧性和焊接性能也较差。因此，厚度大的焊接结构应采用材质较好的钢材。

2.5.2.2 选择规定

承重结构所用的钢材应具有屈服强度、抗拉强度、断后伸长率和硫、磷含量的合格保证，对焊接结构尚应具有碳的极限含量保证或者碳当量的合格保证。焊接承重结构以及重要的非焊接承重结构采用的钢材应具有冷弯试验的合格保证；对直接承受动力荷载或需验算疲劳的构件所用钢材尚应具有冲击韧性的合格保证。

钢材质量等级选择应符合下列规定。

① A 级钢仅可用于结构工作温度高于 0℃的不需要验算疲劳的结构，且 Q235A 钢不宜用于焊接结构。

② 对需要验算疲劳的焊接结构，当结构工作温度高于 0℃时其质量等级不应低于 B 级；当结构工作温度不高于 0℃但高于－20℃时，Q235 钢、Q355 钢其质量等级不应低于 C 级，Q390 钢、Q420 钢及 Q460 钢其质量等级不应低于 D 级；当结构工作温度不高于－20℃时，Q235 钢、Q355 钢的质量等级不应低于 D 级，Q390 钢、Q420 钢及 Q460 钢的质量等级应选用 E 级。

③ 对需验算疲劳的非焊接结构，其钢材质量等级要求可较上述焊接结构降低一级，但不应低于 B 级。吊车起重量不小于 50t 的中级工作制吊车梁，其钢材质量等级要求与需要验算疲劳的构件相同。

2.5.2.3 钢材的规格

钢结构采用的型材有热轧成形的钢板和型钢，以及冷弯（或冷压）成形的薄壁型钢。

热轧钢板分为厚钢板（厚度为 4.5～60mm）、薄钢板（厚度为 0.35～4mm）和扁钢（厚度为 4～60mm，宽度为 30～200mm，此类钢板宽度小）。钢板的表示方法：在符号“-”后加“宽度×厚度×长度”，如-1200×8×6000，单位皆为毫米（mm）。

热轧型钢分为角钢、工字钢、槽钢和钢管。

角钢分等边和不等边两种。不等边角钢的表示方法：在符号“L”后加“长边宽×短边宽×厚度”，如L 100×80×8；对于等边角钢则以边宽和厚度表示，如L 100×8，单位皆为毫米（mm）。

工字钢分为普通工字钢、轻型工字钢和H型钢。普通工字钢和轻型工字钢用号数表示，号数即为其截面高度的长度（cm）。截面高20cm（20号）以上的工字钢，同一号数有三种腹板厚度，分别为a、b、c三类。如I 30a、I 30b、I 30c，其中a类腹板较薄，用作受弯构件较为经济。轻型工字钢的腹板和翼缘均较普通工字钢薄，因而在相同质量下其截面模量和回转半径均较大。

H型钢是世界各国使用很广泛的热轧型钢，与普通工字钢相比，其翼缘内外两侧平行，便于与其他构件相连。它可分为宽翼缘H型钢（代号HW，翼缘宽度B与截面高度H相等）、中翼缘H型钢[代号HM，$B=(1/2\sim2/3)H$]、窄翼缘H型钢[代号HN，$B=(1/3\sim1/2)H$]。各种H型钢均可剖分为T型钢，代号分别为TW、TM和TN。H型钢和剖分T型钢的规格标记均采用高度$H\times$宽度$B\times$腹板厚度$t_1\times$翼缘厚度t_2表示。例如HM340×250×9×14，其剖分T型钢为TM170×250×9×14，单位皆为毫米（mm）。

槽钢分为普通槽钢和轻型槽钢两种，也以其截面高度的长度（cm）作为编号，如[30a。与普通槽钢号码相同的轻型槽钢，其翼缘较宽而薄，腹板也较薄，回转半径较大，质量较轻。

钢管分为无缝钢管和焊接钢管两种，用符号“ϕ”后面加“外径×厚度”表示，如ϕ400×6，单位皆为毫米（mm）。

薄壁型钢是用薄钢板（一般采用Q235钢或Q355钢）经模压或弯曲而制成，其壁厚一般为1.5～5mm，但实际工程中在厚度有加大范围的趋势。有防锈涂层的彩色压型钢板所用钢板厚度为0.4～1.6mm，用作轻型屋面及墙面等构件。

习题

1. 钢材的破坏形式有哪些？分别是如何定义的？
2. 钢材的主要性能有哪些？
3. 影响钢材性能的主要因素有哪些？
4. 钢材的规格有哪些？

第 3 章　钢结构的连接

钢结构是由若干构件组合而成的，组成结构的构件往往又是由一定数量的零件（包括板件或型钢）组合而成的。不管是零件组合成的构件，或是构件组合成结构，都必须通过一定的连接方式使其成为一个共同工作的整体。连接的合理设计与合理施工对于结构能否安全承载非常重要。

钢结构常用的连接方式有焊缝连接和螺栓连接（图 3.1），本章对这两种连接的工作性能和设计计算进行讲解。

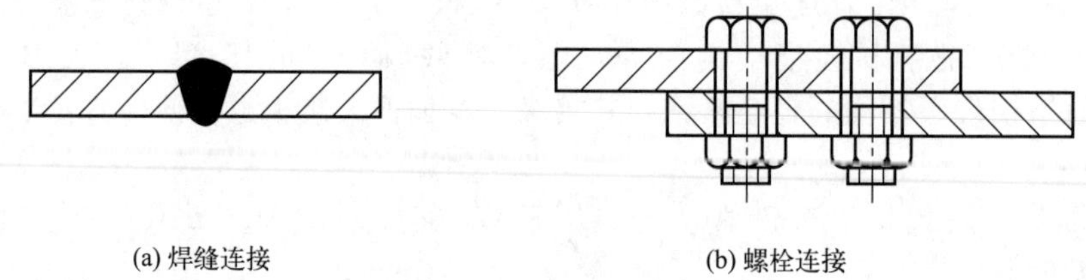

图 3.1　钢结构的连接方式

3.1　焊缝连接的基本知识

3.1.1　焊缝连接的特点

焊缝连接是钢结构主要的连接方式之一。其优点为构造简单，任何形式的钢构件都可直接相连；用料经济，不削弱截面；制作加工方便，可实现自动化操作；连接的密闭性好，结构刚度大。其缺点：在焊缝附近的热影响区内，钢材的金相组织发生改变，导致局部材质变脆；焊接残余应力和焊接变形使受压构件承载力降低；焊接结构对裂纹很敏感，局部裂纹一旦发生，就容易扩展到整体，低温冷脆问题较为突出。

3.1.2　焊缝连接的形式

焊缝有两种受力特性不同的形式，一类是对接焊缝，另一类是角焊缝。

(1) 对接焊缝

当焊件厚度 t 较小（手工焊：$t \leqslant 6$mm，埋弧焊 $t \leqslant 10$mm）时，可用直边缝［图 3.2 (a)］。为了保证焊透，焊件常需做成坡口［图 3.2 (b)～(f)］，其中斜坡口和根部间隙 b 共同组成一个焊条能够运转的施焊空间，使焊缝易于焊透，钝边 P 有托住熔化金属的作用。采用坡口的对接焊缝其坡口形式与焊件厚度有关，当焊件厚度 $t \leqslant 20$mm 时，可采用具有斜坡口的单边 V 形［图 3.2 (b)］或 V 形坡口［图 3.2 (c)］；对于较厚的焊件（$t > 20$mm），则通常采用 U 形、K 形和 X 形坡口［图 3.2 (d)～(f)］；对于 V 形坡口和 U 形坡口须对焊缝根部进行补焊。

(2) 角焊缝

角焊缝是最常用的焊缝，直角角焊缝通常做成表面微凸的等腰直角三角形截面。

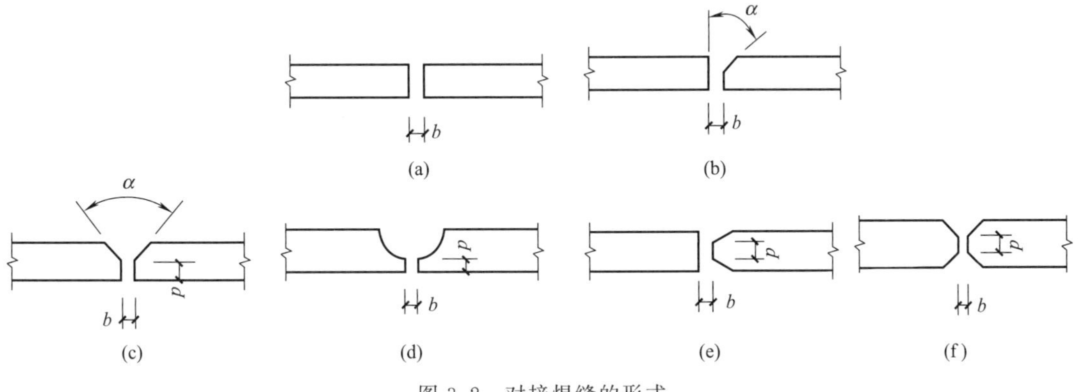

图 3.2　对接焊缝的形式

3.1.3　焊缝施焊的方法

钢结构通常采用电弧焊焊接。电弧焊分为手工电弧焊、埋弧焊（埋弧自动焊或半自动焊）以及气体保护焊等。

(1) 手工电弧焊

手工电弧焊是很常用的一种焊接方法。通电后，在涂有药皮的焊丝与焊件之间产生电弧，在电弧的高温作用下，电弧周围的焊件金属变成液态，形成熔池；同时焊条中的焊丝熔化滴落至熔池中，与焊件的熔融金属相互结合，冷却后即形成焊缝。焊条药皮则在焊接过程中产生气体，保护电弧和熔化金属，并形成熔渣覆盖焊缝，防止空气中的氧、氮等有害气体与熔化金属接触而形成易脆的化合物。

手工电弧焊的设备简单，操作灵活方便，适用于任意空间位置的焊接，特别适合焊接短焊缝。但其生产效率低，劳动强度大，焊接质量不稳定，一般用于工地焊接。

建筑钢结构中常用的焊条型号有 E43、E50、E55 和 E60 系列，其中字母“E”表示焊条，后两位数字表示熔敷金属抗拉强度的最小值，例如 E43 型焊条，其抗拉强度即为 422N/mm^2，手工电弧焊所用焊条应与焊件钢材（或称主体金属）强度相适应。

相同钢种的钢材之间焊接时，对 Q235 钢采用 E43 型焊条；对 Q355、Q390 钢采用 E50 或 E55 型焊条；对 Q420、Q460 钢采用 E55 或 E60 型焊条。不同钢种的钢材之间焊接时采用低组配方案，即采用与低强度钢材相适应的焊条。根据试验，Q235 钢与 Q355 钢之间焊接时，若用 E50 型焊条，焊缝强度比用 E43 型焊条时提高不多，设计时只能取用 E43 型焊条的焊缝强度设计值。因此，从连接的韧性和经济方面考虑，规定宜采用与低强度钢材相适应的焊接材料。

(2) 埋弧焊（自动或半自动）

埋弧焊是电弧在焊剂层下燃烧的一种电弧焊方式。埋弧焊的焊丝不涂药皮，但施焊端被焊剂（主要起保护焊缝的作用）所覆盖。焊丝送进以及电弧按焊接方向的移动由专门机构控制完成的称为埋弧自动电弧焊；焊丝送进由专门机构完成，而电弧按焊接方向的移动靠人手工操作完成的称为埋弧半自动电弧焊。埋弧焊一般用于工厂焊接。

埋弧焊能对较细的焊丝采用大电流，电弧热量集中，熔深大。由于采用自动或半自动化操作，因此生产效率高，焊接工艺条件稳定，焊缝成形良好，化学成分均匀；同时较高的焊速减少了热影响区的范围，从而减小焊件变形。但埋弧焊对焊件边缘的装配精度（如间隙）要求比手工电弧焊高。

(3) 气体保护焊

气体保护焊是利用二氧化碳气体或其他惰性气体作为保护介质的一种电弧熔焊方法。它直接依靠保护气体在电弧周围形成局部的保护层，以防止有害气体的侵入并保证焊接过程的稳定性。

气体保护焊的焊缝熔化区没有熔渣，焊工能够清楚地看到焊缝成形的过程；保护气体呈喷射状有助于熔滴的过渡，适用于全位置的焊接；由于焊接时热量集中，焊件熔深大，因此形成的焊缝质量比手工电弧焊好，但风较大时保护效果不好。

3.1.4 焊缝缺陷及检验

(1) 焊缝缺陷

焊缝缺陷是指焊接过程中产生于焊缝金属或附近热影响区钢材表面或内部的缺陷。常见的焊缝缺陷有裂纹、焊瘤、烧穿、弧坑、气孔、夹渣、咬边、未熔合、未焊透以及焊缝尺寸不符合要求、焊缝成形不良等。裂纹是焊缝连接中最危险的缺陷，产生裂纹的原因很多，如钢材的化学成分不当，焊接工艺条件（如电流、电压、焊速、施焊次序等）选择不合理，焊件表面油污未清除干净等。

(2) 焊缝检验

焊缝缺陷的存在会削弱焊缝的受力面积，在缺陷处引起应力集中，故对连接的强度、冲击韧性及冷弯性能等均有不利影响，因此，焊缝质量检验非常重要。

对于焊缝质量一般可用外观检查及内部无损检验，前者检查外观缺陷和几何尺寸，后者检查内部缺陷。对于内部无损检验，目前广泛采用超声波检验。使用超声波检验，灵活、经济，对内部缺陷反应灵敏，但不易识别缺陷性质，因此，有时还用磁粉检验、荧光检验等较简单的方法作为辅助。此外还可采用X射线等透照拍片，但其应用不及超声波探伤广泛。

《钢结构工程施工质量验收规范》(GB 50205—2020) 规定，焊缝按其检验方法和质量要求分为一级、二级和三级。三级焊缝只要求对全部焊缝做外观检查且符合三级质量标准；一级、二级焊缝则除外观检查外，还要求一定数量的超声波检验并符合相应级别的质量标准，其中一级焊缝探伤比例为100%，二级焊缝探伤比例为20%，三级焊缝可不做探伤检查。角焊缝由于连接处钢板之间存在未熔合的部位，故一般按三级焊缝进行外观检查，特殊情况下可以要求按二级焊缝进行外观检查。

3.2 对接焊缝连接的设计

3.2.1 等级要求及强度计算

焊透的对接焊缝在连接处为完全熔焊，如果焊缝中不存在任何缺陷的话，焊缝强度通常都高于母材强度。但由于焊接技术问题，焊缝中可能有气孔、夹渣、咬边、未焊透等缺陷。实验证明，焊接缺陷对受压、受剪的对接焊缝影响不大，故可认为受压、受剪的对焊缝强度与母材强度相等。但受拉的对接焊缝对缺陷甚为敏感，当缺陷面积与焊件截面面积之比超过5%时，对接焊缝强度的抗拉强度将明显下降。由于三级检验的对接焊缝允许存在的缺陷较多，故其抗拉强度取为母材抗拉强度的85%，而一、二级检验的对接焊缝其抗拉强度可认为与母材抗拉强度相等。

由于焊透的对接焊缝已经成为焊件截面的组成部分，所以焊透的对接焊缝其强度的计算方法与构件的强度计算一样，只是在计算三级焊缝的抗拉连接时，其强度设计值有所降

低，即

$$\sigma=\frac{N}{l_{w}h_{e}}\leqslant f_{t}^{w}\text{ 或 }f_{c}^{w} \tag{3.1}$$

式中　l_w——对接焊缝的计算长度，当未采用引弧板（引出板）时，取实际长度 $2t$；

h_e——对接焊缝的计算厚度，在对接连接节点中取连接件的较小厚度；

f_t^w，f_c^w——对接焊缝的抗拉、抗压强度设计值。

对于需进行疲劳验算的构件，为提高连接可靠性，要求垂直于作用力方向的横向对接焊缝受拉时应为一级，受压时不应低于二级；平行于作用力方向的纵向对接焊缝不应低于二级。对于不需要计算疲劳的构件，其要求可适当降低，此时受拉对接焊缝不应低于二级，受压对接焊缝不宜低于二级。

3.2.2　构造要求

在对接焊缝的拼接处，当焊件的宽度不同或厚度在一侧相差 4mm 以上时，宜分别在宽度方向或厚度方向从一侧或两侧做成坡度不大于 1∶2.5 的斜角（图 3.3），以使截面过渡平缓，减小应力集中。对于不同板厚的对接连接承受动载时，均应按此要求做成平缓过渡。

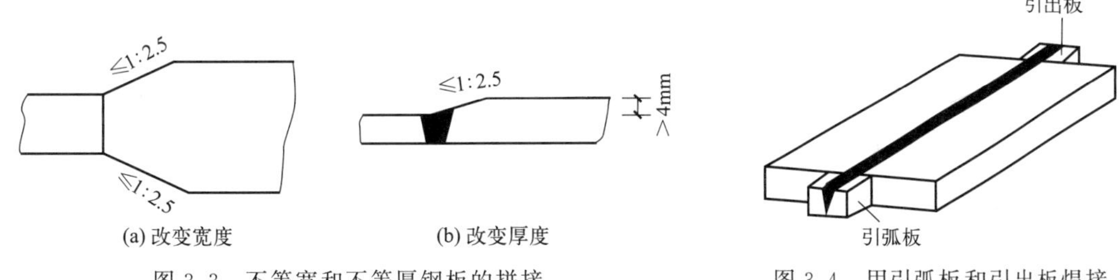

图 3.3　不等宽和不等厚钢板的拼接　　图 3.4　用引弧板和引出板焊接

在对接焊缝的起灭弧处常会出现弧坑等缺陷，这些缺陷对连接承载力影响很大，故焊接时一般应设置引弧板和引出板（图 3.4），焊后将它割除。凡要求等强的对接焊缝，施焊时均应采用引弧板和引出板，以避免焊缝两端的起、落弧缺陷。承受静力荷载的结构，当设置引弧板（引出板）有困难时，允许不设置引弧板（引出板），此时可令焊缝计算长度等于实际长度减去 $2t$（t 为较薄板件厚度）。

3.3　角焊缝的连接设计

3.3.1　角焊缝的工作性能

根据焊缝的应力分布情况，可分为侧面角焊缝（图 3.5）和正面角焊缝（图 3.6）。

（1）侧面角焊缝

大量试验结果表明，侧面角焊缝主要承受剪应力，弹性模量较低，强度也较低，但塑性较好。传力线通过侧面角焊缝时产生弯折，因而应力沿焊缝长度方向的分布不均匀，呈两端大而中间小的状态。焊缝越长，应力分布不均匀性越显著，但在临塑性工作阶段时，产生应力重分布，可使应力分布的不

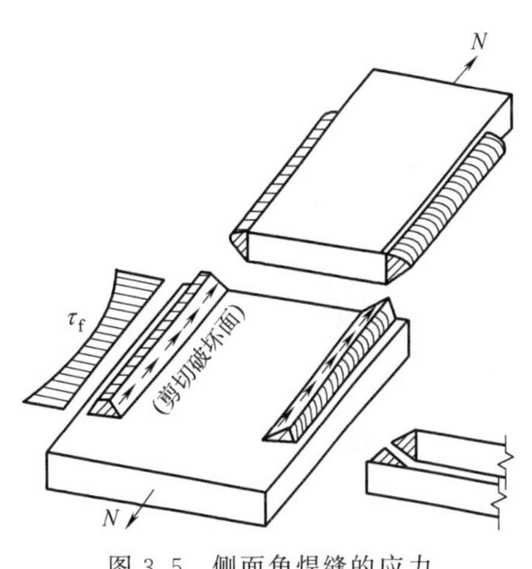

图 3.5　侧面角焊缝的应力

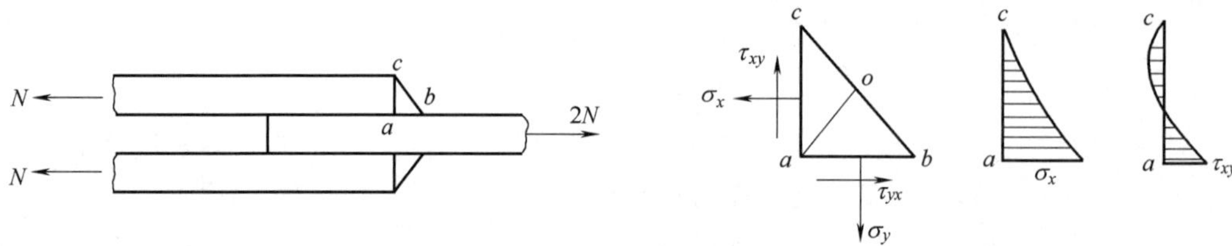

图 3.6 正面角焊缝的应力

均匀现象渐趋缓和。

(2) 正面角焊缝

正面角焊缝受力复杂，截面中的各面均存在正应力和剪应力，焊根处存在很严重的应力集中。正面角焊缝的受力以正应力为主，因而刚度较大，强度较高，故其破坏强度高于侧面角焊缝（是侧面焊缝的 1.35～1.55 倍），但塑性变形要差一些。

3.3.2 直角角焊缝强度计算的基本公式

直角角焊缝的直角边长度 h_f 称为角焊缝的焊脚尺寸。试验表明角焊缝的破坏常发生在焊喉处，故取直角角焊缝 45°方向的最小厚度 $h_e=\frac{\sqrt{2}}{2}h_f\approx 0.7h_f$ 为角焊缝的有效厚度，即以以有效厚度与焊缝计算长度的乘积作为角焊缝破坏时的有效截面（或计算截面）。

直角角焊缝强度计算的基本公式为

$$\sqrt{\left(\frac{\sigma_f}{\beta_f}\right)^2+\tau_f^2}\leqslant f_f^w \tag{3.2}$$

式中 β_f——正面角焊缝的强度增大系数，$\beta_f=\sqrt{\frac{3}{2}}\approx 1.22$。

对正面角焊缝，此时 $\tau_f=0$，由式（3.2）可得

$$\sigma_f=\frac{N}{h_e l_w}\leqslant \beta_f f_f^w \tag{3.3}$$

对侧面角焊缝，此时 $\sigma_f=0$，由式（3.2）可得

$$\tau_f=\frac{N}{h_e l_w}\leqslant f_f^w \tag{3.4}$$

式（3.2）～式（3.4）即为角焊缝强度的基本计算公式。只要将焊缝应力分解为垂直于焊缝长度方向的应力 σ_f 和平行于焊缝长度方向的应力 τ_f，上述基本公式就可适用于任何受力状态。

对于直接承受动力荷载结构中的焊缝，虽然正面角焊缝的强度试验值比侧面角焊缝高，但判别结构或连接的工作性能，除是否具有较高的强度指标外，还需检验其延性指标（也即塑性变形能力）。由于正面角焊缝的刚度大、韧性差，应力集中现象较严重，使用时应降低其强度，故对于直接承受动力荷载结构中的角焊缝，取 $\beta_f=1.0$，相当于按 σ_f 和 τ_f 的合应力进行计算，即 $\sqrt{\sigma_f^2+\tau_f^2}\leqslant f_f^w$。

3.3.3 角焊缝的等级要求

由于角焊缝的内部质量不易探测，故规定其质量等级一般为三级，只对直接承受动力荷载且需要验算疲劳和起重量 $Q\geqslant 50$t 的中级工作制吊车梁以及梁柱、牛腿等重要节点才规定

角焊缝的外观质量应符合二级标准规定。

3.3.4 角焊缝的构造要求

(1) 最大焊脚尺寸

焊缝在施焊后，由于冷却引起了收缩应力，施焊的焊脚尺寸越大，则收缩应力越大，因此，为避免焊缝区的基本金属“过烧”，减小焊件的焊接残余应力和焊接变形，焊脚尺寸不必过于加大。

对板件边缘的角焊缝，当板件厚度 $t>6$mm 时，根据焊工的施焊经验，不易焊满全厚度，故取 $h_f \leqslant t-(1\sim2)$mm；当 $t\leqslant6$mm 时，通常采用小焊条施焊，易于焊满全厚度，则取 $h_f \leqslant t$。

(2) 最小焊脚尺寸

角焊缝的焊脚尺寸也不能过小，否则会因输入能量过小，而焊件厚度相对较大，以致施焊时冷却速率过快，产生淬硬组织，导致母材开裂。设计标准规定角焊缝最小焊脚尺寸如表3.1所示，其中母材厚度 t 的取值与焊接方法有关。当采用不预热的非低氢焊接方法进行焊接时，t 等于焊接连接部位中较厚件的厚度，并宜采用单道焊缝，当采用预热的非低氢焊接方法或低氢焊接方法进行焊接时，t 等于焊接连接部位中较薄件的厚度。此外，对于承受动荷载的角焊缝最小焊脚尺寸不宜小于5mm。

表 3.1　角焊缝最小焊脚尺寸　　单位：mm

母材厚度	角焊缝最小焊脚尺寸 h_f
$t\leqslant6$	3
$6<t\leqslant12$	5
$12<t\leqslant20$	6
$t>20$	8

(3) 侧面角焊缝的最大计算长度

搭接焊接连接中的侧面角焊缝在弹性阶段沿长度方向受力不均匀，两端大而中间小。在静力荷载作用下，如果焊缝长度不过大，当焊缝两端点处的应力达到屈服强度后，由于焊缝材料的塑性变形性能，继续加载则应力会渐趋均匀。但如果焊缝长度超过某一限值时，由于焊缝越长，应力不均匀现象越显著，则有可能首先在焊缝的两端破坏，为避免发生这种情况，一般规定侧面角焊缝的计算长度 $l_w \leqslant 60h_f$。当实际长度大于上述限值时，其超过部分在计算中可以不予考虑。

若内力沿侧面角焊缝全长分布，比如焊接梁翼缘板与腹板的连接焊缝，屋架中弦杆与节点板的连接焊缝，以及梁的支承加劲肋与腹板连接焊缝等，其计算长度可不受最大计算长度要求的限制。

(4) 角焊缝的最小计算长度

角焊缝的焊脚尺寸大而长度较小时，焊件的局部加热严重，焊缝起灭弧所引起的缺陷相距太近，以及焊缝中可能产生的其他缺陷（气孔、非金属夹杂等），使焊缝不够可靠。另外，对搭接连接的侧面角焊缝而言，如果焊缝长度过小，由于应力线弯折大也会造成严重应力集中。因此，为使焊缝能具有一定的承载能力，根据使用经验，侧面角焊缝或正面角焊缝的计算长度不得小于 $8h_f$ 和 40mm；焊缝计算长度应为扣除起弧、灭弧长度后的焊缝长度。

(5) 搭接连接的构造要求

当板件端部仅有两条侧面角焊缝连接时，连接的承载力与 b/l_w 的比值有关。为使连接强度不致过分降低，应使每条侧焊缝的长度不宜小于两侧焊缝之间的距离，即 $b/l_w \leqslant 1$。两侧角焊缝之间的距离 b 还不应大于 200mm，当 $b>200$mm 时，应加横向角焊缝或中间塞焊，以免因焊缝横向收缩而引起板件向外发生较大拱曲。

在搭接连接中，当仅采用正面角焊缝时，其搭接长度不得小于焊件较小厚度的 5 倍，也不得小于 25mm。采用角焊缝焊接连接时，不宜将厚板接到较薄板上。

杆件端部搭接采用三面围焊时，在转角处截面突变，会产生应力集中，如在此处起灭弧，可能出现弧坑或咬边等缺陷，从而加大应力集中的影响，故所有围焊的转角处必须连续施焊。对于非围焊情况，当角焊缝的端部在构件转角处时，可连续地做长度为 $2h_f$ 的绕角焊。

(6) 断续角焊缝

在次要构件或次要焊接连接中，可采用断续角焊缝。断续角焊缝焊段的长度不得小于 $10h_f$ 或 50mm，其净距不应大于 $15t$（对受压构件）或 $30t$（对受拉构件），t 为较薄焊件厚度。腐蚀环境中板件间需要密闭，因而不宜采用断续角焊缝。承受动荷载时，严禁采用断续坡口焊缝和断续角焊缝。

在钢桁架中，角钢腹杆与节点板的连接焊缝一般采用两面侧焊［图 3.7（a）］，也可采用三面围焊［图 3.7（b）］，特殊情况也允许采用 L 形围焊［图 3.7（c）］。桁架角钢腹杆受轴心力作用，为避免杆端焊缝连接出现偏心受力，连接设计时应考虑将焊缝群所传递的合力作用线与角钢杆件轴线相重合。

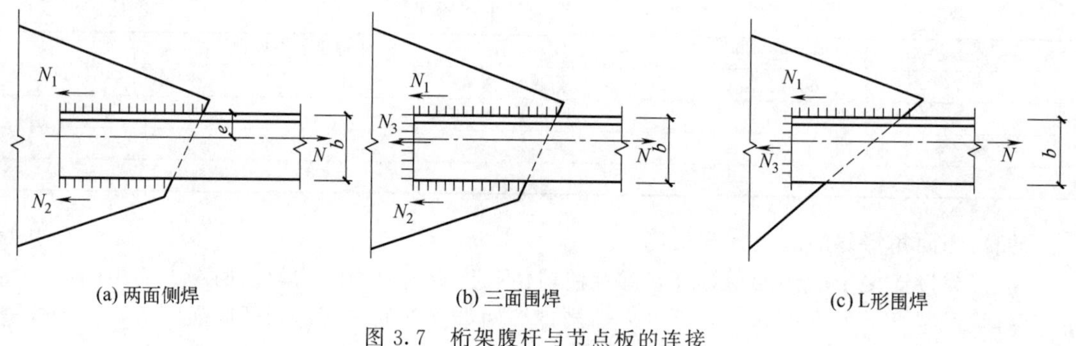

图 3.7　桁架腹杆与节点板的连接

① 对于三面围焊［图 3.7（b）］，已知正面角焊缝的计算长度 l_{w3} 等于角钢肢宽 b，故先假定正面角焊缝的焊脚尺寸 h_{f3}，求出正面角焊缝所分担的轴心力 N_3 为

$$N_3=2\times0.7h_{f3}l_{w3}\beta_f f_f^w \tag{3.5}$$

由平衡条件（$\sum M=0$）可分别求得角钢肢背和肢尖侧面角焊缝所分担的轴力。

$$N_1=\frac{N(b-e)}{b}-\frac{N_3}{2}=\alpha_1 N-\frac{N_3}{2} \tag{3.6}$$

$$N_2=\frac{N_e}{b}-\frac{N_3}{2}=\alpha_2 N-\frac{N_3}{2} \tag{3.7}$$

式中　N_1，N_2——角钢肢背和肢尖上的侧面角焊缝所分担的轴力；

e——角钢的形心距；

α_1，α_2——角钢肢背和肢尖焊缝的内力分配系数，设计时可近似取 $\alpha_1=2/3$，$\alpha_2=1/3$。

② 对于两面侧焊［图 3.7（a）］，因 $N_3=0$，由式（3.6）和式（3.7）可得

$$N_1=\alpha_1 N \tag{3.8}$$

$$N_2=\alpha_2 N \tag{3.9}$$

由式（3.6）～式（3.9）求得各条侧面角焊缝所受的内力后，按构造要求（角焊缝的尺寸限制）假定肢背和肢尖焊缝的焊脚尺寸，即可求出两侧面角焊缝的计算长度。

$$l_{w1}=\frac{N_1}{2\times 0.7h_{f1}f_f^w} \tag{3.10}$$

$$l_{w2}=\frac{N_1}{2\times 0.7h_{f2}f_f^w} \tag{3.11}$$

式中 h_{f1}，l_{w1}——一个角钢肢背上侧面角焊缝的焊脚尺寸及计算长度；

h_{f2}，l_{w2}——一个角钢肢尖上侧面角焊缝的焊脚尺寸及计算长度。

对于三面围焊，由于在杆件端部转角处必须连续施焊，每条侧面角焊缝只有一端可能起灭弧，故侧面焊缝实际长度为计算长度加 h_f。对于两面侧焊，如果在杆件端部转角处连续做 $2h_f$ 的绕角焊，则侧面角焊缝实际长度为计算长度加 h_f；如果在杆件端部未做绕角焊，则侧面角焊缝实际长度为计算长度加 $2h_f$。

③ 对于L形围焊［图3.7（c）］，仅当杆件受力很小时采用。由于只有正面角焊缝和角钢肢背上的侧面角焊缝，可令式（3.7）中的 $N_2=0$，得

$$N_3=2\alpha_2 N \tag{3.12}$$

$$N_1=N-N_3 \tag{3.13}$$

角钢肢背上的角焊缝计算长度可按式（3.10）计算，由于在杆件端部转角处必须连续施焊，侧面角焊缝只有一端可能起灭弧，故侧面角焊缝实际长度为计算长度加 h_f。角钢端部的正面角焊缝的长度已知，可按式（3.14）计算其焊脚尺寸。

$$h_{f3}=\frac{N_3}{2\times 0.7l_{w3}\beta_f f_f^w} \tag{3.14}$$

式中，$l_{w3}=b$（采用 $2h_f$ 的绕角焊）或 $l_{w3}=b-h_{f3}$（未采用绕角焊）。

3.3.5 承受弯矩、剪力或轴力作用

图3.8（a）所示的双面角焊缝连接承受偏心斜拉力 N 作用，将作用力 N 分解为 N_x 和 N_y 两个分力后，可知角焊缝同时受轴心力 N_x、剪力 N_y 以及偏心弯矩 $M=N_xe$ 的共同作用。从焊缝计算截面上的应力分布［图3.8（b）］可以看出，A 点应力最大，为控制设计点，此时对整个角焊缝连接的计算就转化为对 A 点应力的验算，如果该点强度满足要求，则角焊缝连接可以安全承载。

A 点处垂直于焊缝长度方向的应力由轴心拉力 N_x 产生的应力 σ_N 以及由弯矩 M 产生的应力 σ_M 两部分组成，这两部分应力在 A 点处的方向相同，可直接叠加，故 A 点垂直于焊缝长度方向的应力为

$$\sigma_f=\sigma_N+\sigma_M=\frac{N_x}{A_e}+\frac{M}{W_e}=\frac{N_x}{2h_el_w}+\frac{6M}{2h_el_w^2} \tag{3.15}$$

式中 A_e——全部焊缝有效截面面积。

W_e——全部焊缝有效截面对中和轴的抗弯截面模量。

A 点处平行于焊缝长度方向的应力应由剪力 N_y 产生。

$$\tau_f=\frac{N_y}{A_e}=\frac{N_y}{2h_el_w} \tag{3.16}$$

将 σ_f、τ_f 代入式（3.7）即可验算焊缝 A 点处的强度，即

$$\sqrt{\left(\frac{\sigma_f}{\beta_f}\right)^2+\tau_f^2}\leqslant f_f^w$$

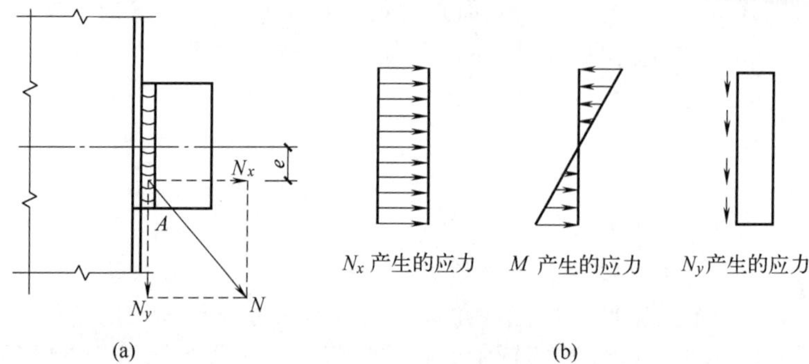

图 3.8　承受偏心斜拉力的角焊缝

3.3.6　承担扭矩与剪力作用

图 3.9 所示为三面围焊的角焊缝连接，承受静态竖向剪力 $V=F$ 以及扭矩 $T=F(e_1+e_2)$ 作用。

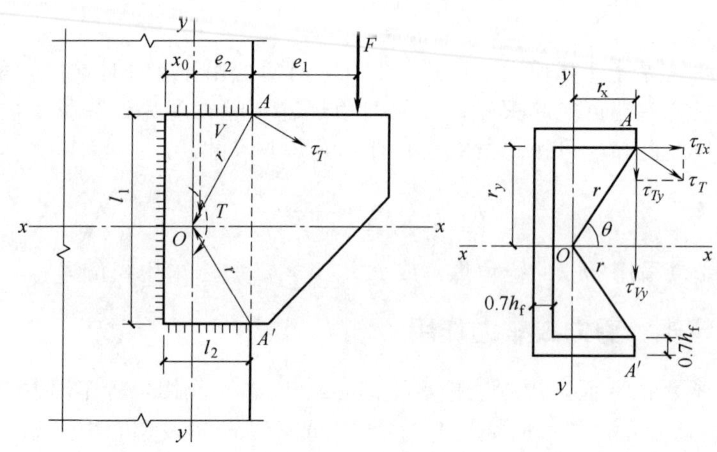

图 3.9　受扭矩与剪力作用的角焊缝

计算焊缝群在扭矩 T 作用下产生的应力时，可基于下列假定：

① 假设角焊缝是弹性的，被连接件是绝对刚性并有绕焊缝形心 O 旋转的趋势；

② 焊缝群上任一点的应力方向垂直于该点与焊缝形心的连线，且应力大小与连线长度 r 成正比。

由以上假设，求解焊缝群在扭矩 T 作用下的剪应力可采用如下公式。

$$\tau_T=\frac{Tr}{I_p} \tag{3.17}$$

式中　I_p——焊缝有效截面的极惯性矩，$I_p=I_x+I_y$。

由图 3.9 中可知 A 点（或 A'点）距形心 O 点最远，由扭矩 T 引起的剪应力 τ_T 最大，故 A 点（或 A'）为设计控制点。

在扭矩 T 作用下 A 点（或 A'点）的应力为

$$\tau_T=\frac{T_r}{I_p}=\frac{T_r}{I_x+I_y} \tag{3.18}$$

将 τ_T 沿 x 轴和 y 轴分解为

$$\tau_{Tx}=\tau_T\sin\theta=\frac{T_r}{I_p}\times\frac{r_y}{r}=\frac{T_{ry}}{I_p} \tag{3.19}$$

$$\tau_{Ty}=\tau_T\cos\theta=\frac{T_r}{I_p}\times\frac{r_x}{r}=\frac{T_{rx}}{I_p} \tag{3.20}$$

由剪力 V 在焊缝群引起的剪力 τ_V 按均匀分布考虑，A 点（或 A'点）引起的应力 τ_{Vy} 为

$$\tau_{Vy}=\frac{V}{\sum(h_e l_w)} \tag{3.21}$$

则 A 点（或 A'点）受到垂直于焊缝长度方向的应力为 $\sigma_f=\tau_{Ty}+\tau_{Vy}$，$A$ 点（或 A'点）沿焊缝长度方向的应力为 τ_{Tx}，最后得到 A 点（或 A'点）合力应满足的强度条件为

$$\sqrt{\left(\frac{\tau_{Ty}+\tau_{Vy}}{\beta_f}\right)^2+\tau_{Tx}^2}\leqslant f_f^w \tag{3.22}$$

当连接直接承受动态荷载时，取 $\beta_f=1.0$。

需要注意的是，为了便于设计，上述计算方法存在一定的近似性。

① 在求剪力 V 引起的 τ_{Vy} 时，假设剪力 V 在焊缝群引起的剪应力均匀分布。事实上由于正面角焊缝（即图 3.9 中水平焊缝）与侧面角焊缝（即图 3.9 中竖向焊缝）的强度不同，在轴心力作用下两者单位长度分担的应力是不同的，前者较大而后者较小，因此，假设轴心力产生的应力为平均分布，与前面基本公式推导中考虑焊缝方向的思路不符。

② 在确定焊缝形心位置以及计算扭矩作用下产生的应力时，同样也没有考虑焊缝方向对计算结果的影响，但是最后却又在验算式（3.22）时考虑焊缝的方向而引进了系数 β_f。

3.3.7 直角角焊缝连续计算的应用举例

【例 3.1】 试设计用两块拼接盖板的对接连接（【例 3.1】图）。已知钢板宽 $B=270$mm，厚度 $t_1=28$mm，拼接盖板厚度 $t_2=16$mm。该连接承受的静态轴心力设计值 $N=1750$kN，钢材为 Q355B，手工焊，焊条为 E50 型的非低氢型，焊前不预热。

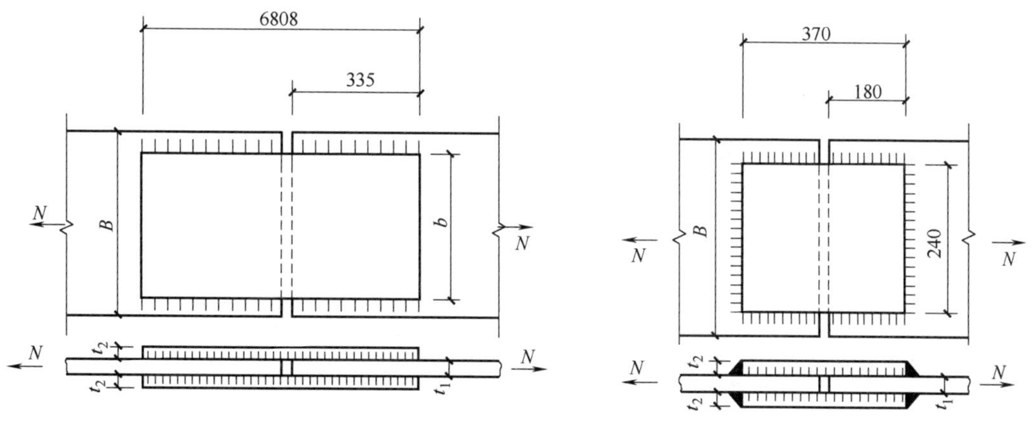

图 3.10 【例 3.1】图

【解】 设计拼接盖板的对接连接时可以先假定焊脚尺寸求焊缝长度，再由焊缝长度确定拼接盖板的尺寸。

角焊缝的最大焊脚尺寸：$h_{fmax}=t_2-(1\sim2)\text{mm}=16-(1\sim2)\text{mm}=14\sim15\text{mm}$。焊接采用不预热的非低氢型焊接方法，焊接连接部位中较厚板件厚度 $t_1=28\text{mm}>20\text{mm}$，由表 3.2 可查得角焊缝的最小焊脚尺寸为 8mm。故可取 $h_f=10$mm。

(1) 采用两面侧焊

连接一侧所需焊缝的总长度为

$$\sum l_w=\frac{N}{h_e f_f^w}=\frac{1750\times10^3}{0.7\times10\times200}=1250\ (\text{mm})$$

此对接连接采用上下两块拼接盖板，共有 4 条侧焊缝的实际长度为

$$l'_w=\frac{\sum l_w}{4}+2h_f=\frac{1250}{4}+20=332.5(\text{mm})<60h_f=60\times10=600\ (\text{mm})$$

考虑两块被连接钢板间的间隙（10mm）后，所需拼接盖板长度为：$L=2l'_w+10=2\times332.5+10=675$（mm），取 680mm。

拼接盖板的宽度 b 就是两条侧面角焊缝之间的距离，应根据强度条件和构造要求确定。

强度条件：在钢材种类相同的情况下，拼接盖板的截面积 A'应等于或大于被连接钢板的截面面积。

选定拼接盖板宽度 $b=240$mm，则 $A'=240\times2\times16=7680$（mm^2）$>A=270\times28=7560$（mm^2），$b>7560/(2\times16)=236.3$（mm），取 $b=240$mm 可满足强度条件。

构造要求：$b=240\text{mm}<l_w=315\text{mm}$，但 $b>200$mm，不满足构造要求，应对连接盖板加横向角焊缝或中间塞焊方能满足设计需求。考虑到需要增设横向角焊缝，因此，本例可直接采用三面围焊方式进行设计。

(2) 采用三面围焊

三面围焊形式可以减小两侧侧面角焊缝长度，从而减小拼接盖板的尺寸。设拼接盖板的宽度与采用两面侧焊时相同，故仅需求得盖板长度。考虑到正面角焊缝的强度及刚度均较侧面角焊缝大，所以采用三面围焊连接时先计算正面角焊缝所能够承受的最大内力 N'，余下内力（$N-N'$）再由侧面角焊缝承担。

已知正面角焊缝的长度 $l_{w1}=b=240$mm，则正面角焊缝所能承受的内力为

$$N'=2h_c l_{w1}\beta_f f_f^w=2\times0.7\times10\times240\times1.22\times200=819.8\ (\text{kN})$$

连接一侧侧面角焊缝的总长度为

$$\sum l_w=\frac{N-N'}{h_e f_f^w}=\frac{1750\times10^3-819.8\times10^3}{0.7\times10\times200}=664\ (\text{mm})$$

连接一侧共有 4 条侧面角焊缝，则 1 条侧面角焊缝的长度为 $l'_w=\frac{\sum l_w}{4}+h_f=\frac{664}{4}+10=176$（mm），取 180mm。

所需拼接盖板的长度为

$$L=2l'_w+10=2\times180+10=370\ (\text{mm})$$

【例 3.2】 如图 3.11 所示钢桁架中角钢腹杆与节点板的连接，承受静态轴心力，采用三面围焊连接，试确定该连接的承载力及肢尖焊缝长度。已知角钢为 2∟125×10，与厚度 8mm 的节点板连接，搭接长度（肢背焊缝长度）为 300mm，焊缝焊脚尺寸均为 $h_f=8$mm，钢材为 Q355B，手工焊，

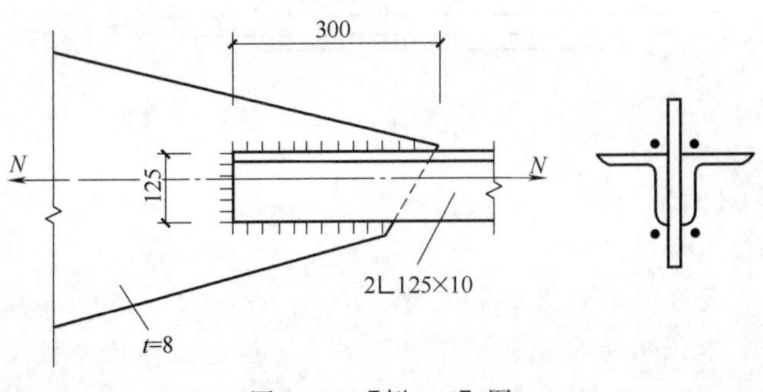

图 3.11 【例 3.2】图

焊条为 E50 型。

【解】 正面角焊缝所能承担的内力 N_3 为

$$N_3=2\times0.7h_f b\beta_f f_f^w=2\times0.7\times8\times125\times1.22\times200=341.6\ (\text{kN})$$

肢背角焊缝承受的内力 N_1 为

$$N_1=2\times0.7h_f l_{w1} f_f^w=2\times0.7\times8\times(300-8)\times200=651.4(\text{kN})$$

其中，$N_1=\alpha_1 N-\dfrac{N_3}{2}=0.67N-\dfrac{341.6}{2}=654.1\ (\text{kN})$，可求得 $N=1231.2\text{kN}$。

肢尖焊缝承受的内力 N_2 为

$$N_2=\alpha_2 N-\frac{N_3}{2}=0.33\times1231.2-\frac{341.6}{2}=235.5\ (\text{kN})$$

由此可算出肢尖焊缝的实际长度为：$l'_{w2}=\dfrac{N_2}{2\times0.7h_f f_f^w}+h_f=\dfrac{235.5\times10^3}{2\times0.7\times8\times200}+8=$ 113 (mm)，可取成 115mm。

3.4 焊接残余应力和焊接变形

3.4.1 焊接残余应力分类

焊接过程是一个不均匀加热和冷却的过程。施焊时焊件上产生不均匀的温度场，焊缝及附近温度最高，可达 1600℃以上，而邻近区域温度则急剧下降。不均匀的温度场产生不均匀的膨胀，温度高的钢材膨胀大，但受到周围温度较低、膨胀量较小的钢材所限制，产生了热态塑性压缩。焊缝冷却时，被塑性压缩的焊缝区趋向于缩短，但受到周围钢材限制而产生拉应力。在低碳钢和低合金钢中，这种拉应力经常达到钢材的屈服强度。焊接残余应力是一种无荷载作用下的内应力，因此会在焊件内部自相平衡，这就必然在距焊缝稍远区段内产生压应力。

焊接残余应力分为沿焊缝长度方向的纵向残余应力、垂直于焊缝长度方向的横向残余应力以及沿钢板厚度方向的残余应力。

(1) 沿焊缝长度方向的纵向残余应力

沿焊缝长度方向的纵向残余应力是由焊缝的纵向收缩引起的。一般情况下，焊缝区及近焊缝两侧的纵向应力为拉应力区，远离焊缝的两侧为压应力区。

(2) 垂直于焊缝长度方向的横向残余应力

垂直于焊缝长度方向的横向残余应力是由两部分收缩力引起的：一是由于焊缝纵向收缩，使两块钢板趋向于形成反方向的弯曲变形，但实际上焊缝将两块钢板连成整体，不能分开，于是两块板的中间产生横向拉应力，而两端则产生压应力；二是由于先焊的焊缝已经凝固，阻止后焊焊缝在横向自由膨胀，使后焊焊缝发生横向的塑性压缩变形。当后焊焊缝冷却时，其收缩受到已凝固的先焊焊缝限制而产生横向拉应力，而先焊部分则产生横向压应力，因应力自相平衡，更远处的另一端焊缝则受拉应力。焊缝的横向应力就是上述两部分应力合成的结果。

(3) 沿钢板厚度方向的残余应力

在厚钢板的焊接连接中，焊缝需要多层施焊。因此，除有纵向和横向残余应力 σ_x、σ_y 外，还存在着沿钢板厚度方向的焊接残余应力 σ_z，这三种应力形成三向拉应力场，将大大降低连接的塑性。

3.4.2 焊接残余应力对结构性能的影响

(1) 对结构静力强度的影响

对在常温下工作并具有一定塑性的钢材，在静荷载作用下，焊接残余应力不会影响结构强度。

(2) 对结构刚度的影响

焊接残余应力的存在增大了结构的变形，降低了结构的刚度。对于轴心受压构件，焊接残余应力使其挠曲刚度减小，将导致压杆稳定承载力的降低，这方面的内容将在轴压构件章节中详细讨论。

(3) 对低温工作的影响

在厚板焊接处或具有交叉焊缝的部位，将产生三向焊接残余拉应力，阻碍这些区域塑性变形的发展，增加钢材在低温下的脆断倾向。因此，降低或消除焊缝中的焊接残余应力是改善结构低温冷脆性能的重要措施之一。

(4) 对疲劳强度的影响

在焊缝及其附近的主体金属焊接残余拉应力通常会达到钢材的屈服点，此部位正是形成和发展疲劳裂纹最为敏感的区域，因此，焊接残余应力对结构的疲劳强度有明显不利影响。

3.4.3 焊接变形的形式

在焊接过程中由于不均匀的加热和冷却，焊接区沿纵向和横向收缩时，势必导致构件产生焊接变形。焊接变形包括纵向收缩变形、横向收缩变形、弯曲变形、角变形和扭曲变形等，通常表现为几种变形的组合。任意焊接变形超过《钢结构工程施工质量验收标准》（GB 50205—2020）的规定时，必须进行校正，以免影响构件在正常使用条件下的承载。

3.4.4 减少焊接应力和焊接变形的方法

(1) 设计上的措施

① 焊接位置安排要合理。只要结构上允许，焊缝的布置宜对称于构件截面的形心轴，以减小焊接变形。

② 焊缝尺寸要适当。在保证安全的前提下，不得随意加大焊缝厚度。焊缝尺寸过大容易引起过大的焊接残余应力，且在施焊时易发生焊穿、过烧等缺陷，未必有利于连接的强度。

③ 焊缝不宜过分集中。热量高度集中会引起过大的焊接变形。

④ 避免焊缝双向或三向交叉。梁腹板加劲肋与腹板及翼缘的连接焊缝，应通过切角的方式予以中断，以保证主要焊缝（翼缘与腹板的连接焊缝）连续通过。

⑤ 避免板厚方向的焊接应力。厚度方向的焊接收缩应力易引起板材层状撕裂。

(2) 工艺上的措施

① 采取合理的施焊次序，钢板对接采用分段退焊，厚焊缝采用分层焊，工字形截面采用对角跳焊，钢板拼接时采用分块拼接。

② 采用反变形施焊前给构件一个与焊接变形反方向的预变形，使之与焊接所引起的变形相抵消，从而达到减小焊接变形的目的。

③ 对于小型焊件，焊前预热或焊后回火（加热至600℃左右然后缓慢冷却）可以部分消除焊接应力和焊接变形，也可采用刚性固定法将构件加以固定来限制焊接变形，但增加了焊接应力。

3.5 螺栓的基本知识

3.5.1 螺栓连接的形式及特点

螺栓连接有普通螺栓连接和高强度螺栓连接两大类。

(1) 普通螺栓连接

普通螺栓分为A、B、C三级，其中A级和B级为精制螺栓，C级为粗制螺栓。A级和B级普通螺栓的性能等级有5.6级和8.8级两种，C级普通螺栓的性能等级有4.6级和4.8级两种。螺栓性能等级的含义是（以常用的4.6级C级普通螺栓为例）：小数点前的数字“4”表示螺栓的最低抗拉强度为400MPa，小数点及小数点后面的数字“6”表示其屈强比（屈服强度与抗拉强度之比）为0.6。

A级与B级普通螺栓是由毛坯在车床上经过切削加工精制而成的，其表面光滑、尺寸准确，A、B级普通螺栓的孔径d_0仅比螺栓公称直径d大0.2～0.5mm，对成孔质量要求高（Ⅰ类孔）。由于A级与B级普通螺栓有较高的精度，因而受剪性能好，但制作和安装复杂，造价偏高，较少在钢结构中采用。

C级普通螺栓由未经加工的圆钢压制而成，其表面粗糙，一般采用在单个零件上一次冲成或不用钻模钻成设计孔径的孔（Ⅱ类孔），螺栓孔径比螺栓杆直径大1.0～1.5mm。由于螺栓杆与螺栓孔壁之间有较大的间隙，故C级螺栓连接受剪力作用时将会产生较大的剪切滑移。但C级螺栓安装方便，且能有效传递拉力，宜用于沿其杆轴方向受拉的连接，如承受静荷载或间接承受动力荷载结构中的次要连接、承受静力荷载的可拆卸结构的连接、临时固定构件用的安装连接。

(2) 高强度螺栓连接

高强度螺栓一般采用45号钢、40B钢和20MnTiB钢并经热处理加工而成，其性能等级有8.8级和10.9级两种，分别对应螺栓的抗拉强度不低于830MPa和1040MPa。

高强度螺栓根据外形来分，有大六角头型［图3.12(a)］和扭剪型［图3.12(b)］两种。这两种高强度螺栓都是通过拧紧螺母使螺杆受到拉伸，从而产生很大的预拉力，以使被连接板层间产生压紧力。但两种螺栓对预拉力的控制方法各不相同：大六角头型高强度螺栓通过控制拧紧力矩或转动角度来控制预拉力；扭剪型高强度螺栓采用特制电动扳手，将螺杆顶部的十二面体拧断则连接达到所要求的预拉力。

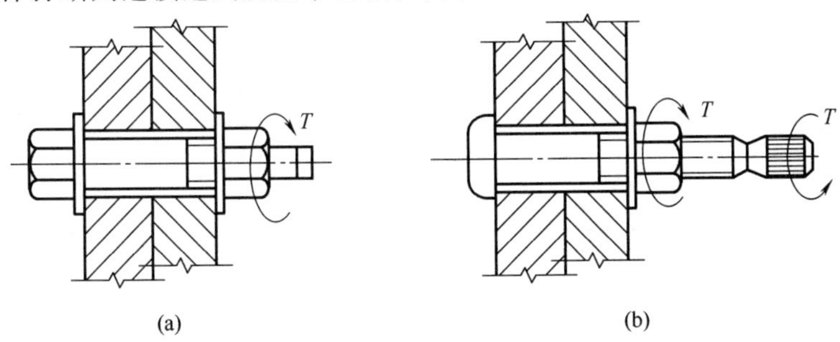

图3.12　高强度螺栓

高强度螺栓根据设计准则来分，有高强度螺栓摩擦型连接和高强度螺栓承压型连接。高强度螺栓摩擦型连接只依靠板层间的摩擦阻力传力，并以剪力不超过接触面摩擦力作为设计准则，其连接的剪切变形小，弹性性能好，耐疲劳，特别适用于直接承受动力荷载的构件的连接。对于直接承受动力荷载构件的抗剪螺栓连接，应采用高强度螺栓摩擦型连接。而高强度螺栓承压型连接允许连接达到破坏前接触面滑移，以螺栓杆被剪断或板件被挤压破坏时的极限承载力作为设计准则，其连接的剪切变形比摩擦型大，故只适用于承受静力荷载或间接承受动力荷载的结构。

需要注意的是，根据设计的要求，大六角头型和扭剪型高强度螺栓均可设计用于摩擦型连接或承压型连接。

3.5.2 螺栓的排列要求

螺栓在构件上的排列应符合简单整齐、规格统一、布置紧凑的原则，其连接中心宜与被连接构件截面的重心相一致。常用的排列方式有并列和错列两种形式：并列简单整齐，连接板尺寸较小，但对构件截面削弱较大［图 3.13 (a)］；而错列对截面削弱较小，但螺栓排列不如并列紧凑，连接板尺寸较大［图 3.13 (b)］。

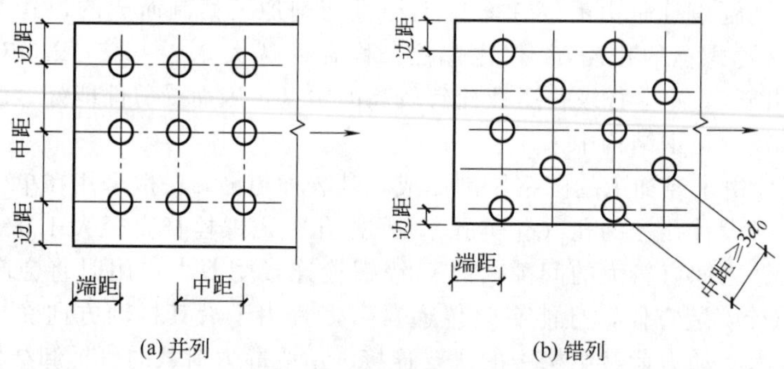

图 3.13 钢板的螺栓排列

螺栓在构件上排列的距离应符合表 3.2 的要求，规定螺栓的最小中心距和边距（端距）的取值是基于受力要求和施工安装要求而定的，规定螺栓的最大中心距和边距（端距）是为了保证钢板间的紧密贴合。

表 3.2 螺栓或铆钉的最大、最小允许距离

<table>
<tr><th>名称</th><th colspan="3">位置和方向</th><th>最大允许距离
(取两者的较小值)</th><th>最小允许距离</th></tr>
<tr><td rowspan="5">中心间距</td><td colspan="3">外排(垂直内力方向或顺内力方向)</td><td>$8d_0$ 或 $12t$</td><td rowspan="5">$3d_0$</td></tr>
<tr><td rowspan="4">中间排</td><td colspan="2">垂直内力方向</td><td>$16d_0$ 或 $24t$</td></tr>
<tr><td rowspan="2">顺内力方向</td><td>构件受压力</td><td>$12d_0$ 或 $18t$</td></tr>
<tr><td>构件受拉力</td><td>$16d_0$ 或 $24t$</td></tr>
<tr><td colspan="2">沿对角线方向</td><td></td></tr>
<tr><td rowspan="4">中心至构件边缘距离</td><td colspan="3">顺内力方向</td><td rowspan="4">$4d_0$ 或 $8t$</td><td>$2d_0$</td></tr>
<tr><td rowspan="3">垂直内力方向</td><td colspan="2">剪切边或手工气割边</td><td rowspan="2">$1.5d_0$</td></tr>
<tr><td rowspan="2">轧制边、自动气割或锯割边</td><td>高强度螺栓</td></tr>
<tr><td>其他螺栓或铆钉</td><td>$1.2d_0$</td></tr>
</table>

注：d_0 为螺栓孔直径，t 为外层较薄板件的厚度。

钢板边缘与刚性构件（如角钢、槽钢等）相连的高强度螺栓的最大间距，可按中间排的数值采用。计算螺栓孔引起的截面削弱时可取 $d+4$mm 和 d_0 的较大值。

3.5.3 螺栓连接的构造要求

螺栓连接除满足上述排列的允许距离外，根据不同情况尚应满足下列构造要求。

① 为使连接可靠，螺栓连接或拼接节点中，每一杆件一端的永久性螺栓数不宜少于 2

个。对组合构件的缀条，其端部连接可采用 1 个螺栓，某些塔桅结构的腹杆也有用 1 个螺栓的情况。

② 对直接承受动力荷载构件的普通螺栓受拉连接，应采用双螺母或其他能防止螺母松动的有效措施，比如采用弹簧垫圈或将螺母和螺杆焊死等方法。

③ 当型钢构件拼接采用高强度螺栓连接时，由于构件本身抗弯刚度较大，为了保证高强度螺栓摩擦面的紧密贴合，拼接件宜采用刚度较弱的钢板。

④ 沿杆轴方向受拉的螺栓连接中的端板（法兰板），应适当加大其刚度（如加设加劲肋），以减少撬力对螺栓抗拉承载力的不利影响。

3.6 普通螺栓连接设计

3.6.1 螺栓抗剪的工作性能

抗剪连接是最常见的螺栓连接形式。图 3.14（a）所示的螺栓连接试件抗剪试验，可得出试件上 a、b 两点之间的相对位移 δ 与作用力 N 之间的关系曲线，如图 3.14（b）所示。

由此关系曲线可知，试件由零载一直加载至连接破坏的全过程，经历了以下四个阶段。

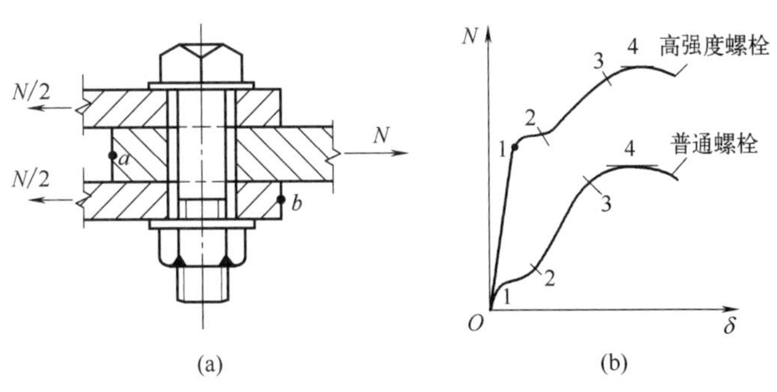

图 3.14 单个螺栓抗剪试验结果

(1) 摩擦传力的弹性阶段

在施加荷载的最初阶段荷载较小，连接中的剪力也较小，荷载靠板层间接触面的摩擦力传递，螺栓杆与孔壁之间的间隙保持不变，连接处于弹性工作阶段，在 N-δ 图中呈现出 O-1 斜直线段。但由于板件间摩擦力的大小取决于拧紧螺母时施加于螺杆中的初始拉力，而普通螺栓的初始拉力一般很小，故此阶段很短，可略去不计。

(2) 滑移阶段

当荷载增大，连接中的剪力达到板件间摩擦力的最大值时，板件间突然产生相对滑移，直至螺栓杆与孔壁接触，其最大滑移量即为螺栓杆与孔壁之间的间隙，该阶段在 N-δ 图中表现为 1-2 的近似水平线段。

(3) 螺杆直接传力的弹性阶段

当荷载继续增加时，连接所承受的外力就主要靠螺栓杆与孔壁之间的接触传递。此时螺栓杆除主要受剪力外，还有弯矩作用，而孔壁则受到挤压。由于接头材料的弹性性质，N-δ 图呈直线上升状态，达到弹性极限“3”点后此阶段结束。

(4) 弹塑性阶段

当荷载进一步增大时，在此阶段即使给荷载很小的增量，连接的剪切变形也迅速加大，直到连接最后破坏。N-δ 图中曲线的最高点“4”对应的荷载即为螺栓抗剪连接的极限荷载。

3.6.2 普通螺栓的抗剪连接

普通螺栓抗剪连接达到极限承载力时可能发生的破坏形式如下。

① 当螺杆直径较小而板件较厚时，螺杆可能先被剪断［图 3.15（a）］，这种破坏形式称

为螺栓杆受剪破坏。

② 当螺杆直径较大而板件较薄时，板件可能先被挤坏［图 3.15（b）］，这种破坏形式称为孔壁承压破坏。由于螺杆和板件的挤压是相互的，故也把这种破坏叫作螺栓承压破坏。

③ 当板件净截面面积因螺栓孔削弱太多时，板件可能被拉断［图 3.15（c）］，这种破坏形式可以通过构件的强度计算来保证，故不将其纳入连接设计范畴。

④ 当螺栓排列的端距太小，端距范围内的板件有可能被螺杆冲剪破坏［图 3.15（d）］，但如果满足规范规定的螺栓排列要求（端距≥$2d$），这种破坏形式就不会发生。

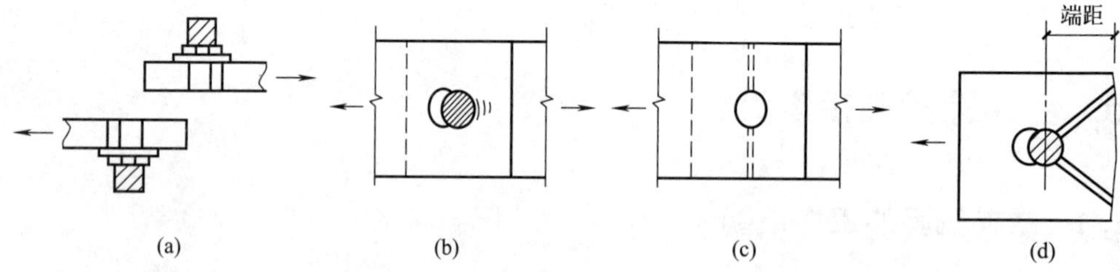

图 3.15 普通螺栓抗剪连接的破坏形式

由普通螺栓抗剪连接可能发生的破坏形式可以知道，连接计算只需考虑第①种（螺栓杆受剪破坏）和第②种（孔壁承压破坏）两种情况。设计时可以分别求得螺栓杆受剪承载力N_v^b、孔壁承压承载力N_c^b，取两者之中较小的承载力作为单个普通螺栓抗剪连接的承载力设计值，即$N_{min}^b=\min(N_v^b,N_c^b)$。

假定螺栓杆受剪面上的剪应力是均匀分布的，则螺栓杆受剪承载力设计值计算公式为

$$N_v^b=n_v\frac{\pi d^2}{4}f_v^b \tag{3.23}$$

式中 n_v——受剪面数目，单剪$n_v=1$，双剪$n_v=2$，四剪$n_v=4$；

d——螺栓杆直径；

f_v^b——螺栓抗剪强度设计值。

由于螺栓的实际承压应力分布情况较难确定，因此为简化计算，假定螺栓承压应力分布于螺栓直径平面上（图 3.16），而且假定该承压面上的应力为均匀分布，则螺栓承压（或孔壁承压）时承载力设计值为

$$N_c^b=d\sum tf_c^b \tag{3.24}$$

式中 $\sum t$——在同一受力方向的承压构件的较小总厚度；

f_c^b——螺栓承压强度设计值。

试验表明，螺栓群（包括普通螺栓和高强度螺栓）的折剪连接承受轴心力时，螺栓群在长度方向上的各螺栓受力不均匀，如图 3.17 所示，表现为两端螺栓受力大而中间螺栓受力小。

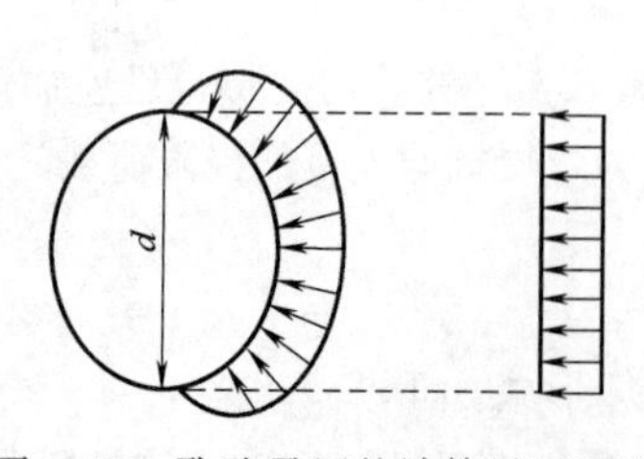

图 3.16 孔壁承压的计算承压面积

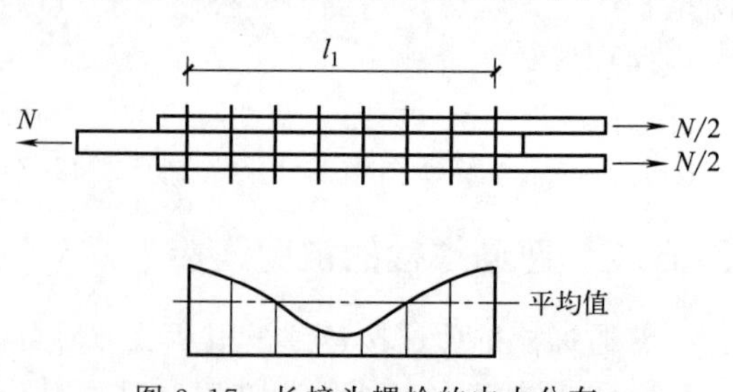

图 3.17 长接头螺栓的内力分布

当连接长度 $l_1 \leqslant 15d_0$（d_0 为螺孔直径）时，由于连接工作进入弹塑性阶段后内力发生重分布，螺栓群中各螺栓受力逐渐接近，故可认为轴心力 N 由每个螺栓平均分担。当连接长度 $l_1 > 15d_0$ 时，由于接头较长，连接工作进入弹塑性阶段后各螺栓所受内力也不易均匀，端部螺栓首先达到极限强度而破坏，随后由外向里依次破坏。

由上述分析，故《钢结构设计标准》（GB 50017—2017）规定：在构件的节点处或拼接接头的一端，当螺栓（包括普通螺栓和高强度螺栓）沿轴向受力方向的连接长度 $l_1 > 15d_0$ 时，应将螺栓的承载力设计值乘以长接头折减系数 $\eta = 1.1 - \dfrac{l_1}{150d_0}$；当 $l_1 > 60d_0$ 时，折减系数取为定值 0.7。

3.6.3　普通螺栓的抗拉连接

对于抗拉螺栓连接，在外力作用下，构件的接触面有脱开趋势。此时螺栓受到沿杆轴方向的拉力作用，故抗拉螺栓连接的破坏形式表现为螺栓杆被拉断。

单个抗拉螺栓的承载力设计值为

$$N_t^b = A_e f_t^b = \frac{\pi d_e^2}{4} f_t^b \tag{3.25}$$

式中　A_e——螺栓在螺纹处的有效截面面积；

d_e——螺栓在螺纹中的有效直径；

f_t^b——螺栓抗拉强度设计值。

螺栓受拉时，通常不可能使拉力正好作用在每个螺栓轴线上，而是通过与螺杆垂直的板件传递。如图 3.18（a）所示的 T 形连接，如果连接件的刚度较小，受力后与螺栓垂直的连接件总会有变形，因而形成杠杆作用，螺栓有被撬开的趋势，使螺杆中的拉力增加并产生弯曲现象。撬力的大小与连接件的刚度有关，连接件的刚度越小撬力越大。同时，撬力也与螺栓直径和螺栓所在位置等因素有关。由于撬力的确定比较复杂，为了简化计算，可将普通螺栓抗拉强度设计值 f_t^b 取为螺栓钢材抗拉强度设计值 f 的 0.8 倍（即 $f_t^b = 0.8f$），以考虑撬力的影响。此外，在构造上也可采取一些措施加强连接件的刚度，如设置加劲肋，如图 3.18（b）所示，可以减小甚至消除撬力的影响。

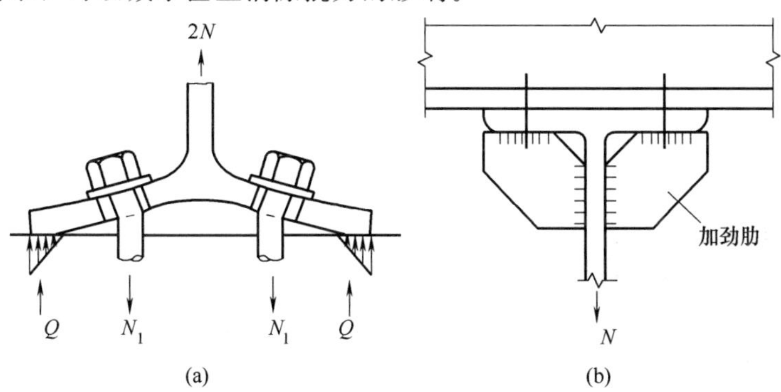

图 3.18　长接头螺栓的内力分布

3.6.4　普通螺栓受拉剪共同作用

当螺栓群承受剪力 V 和偏心拉力 N（偏心拉力 N 可以看作轴心拉力 N 和弯矩 $M = Ne$ 的合成）的联合作用时，对于承受剪力和拉力联合作用的普通螺栓，应考虑两种可能的破坏形式：一是螺杆受剪兼受拉破坏；二是孔壁承压破坏。

(1) 螺栓杆受剪兼受拉计算

根据试验结果可知，兼受剪力和拉力的螺杆，将剪力和拉力分别除以各自单独作用时的承载力，这样无量纲化后的相关关系近似为一个圆曲线。故螺栓杆受剪兼受拉的计算式为

$$\left(\frac{N_v}{N_v^b}\right)^2+\left(\frac{N_t}{N_t^b}\right)^2\leqslant 1 \tag{3.26}$$

或

$$\sqrt{\left(\frac{N_v}{N_v^b}\right)^2+\left(\frac{N_t}{N_t^b}\right)^2}\leqslant 1 \tag{3.27}$$

式中 N_v——单个螺栓所受的剪力设计值，一般假定剪力 V 由每个螺栓平均承担，即 $N_v=N/n$，n 为螺栓数量（个）；

N_t——单个螺栓所受的拉力设计值，由偏心拉力引起的螺栓最大拉力 N_t 按后面例题讲述的方法进行计算；

N_v^b，N_t^b——单个螺栓的抗剪和抗拉承载力设计值。

需要注意的是，在式（3.26）左侧加根号，数学上没有意义，但加根号后可以更明确地看出计算结果的富余量或不足量。假如按式（3.26）左侧算出的数值为0.9，不能误认为富余量为10%，实际上应为式（3.27）算出的数值0.95，富余量仅为5%。

(2) 孔壁承压计算

孔壁承压的计算式为

$$N_v\leqslant N_c^b \tag{3.28}$$

式中 N_c^b——单个螺栓的孔壁承压承载力设计值，按式（3.24）计算。

3.6.5 普通螺栓连接计算的应用举例

3.6.5.1 普通螺栓群承受轴心剪力作用

【例 3.3】 设计两块钢板用普通螺栓连接的盖板拼接。已知轴心拉力设计值 $N=413\text{kN}$，钢材为Q355B，螺栓直径 $d=20\text{mm}$（粗制螺栓）。

【解】 先求单个螺栓抗剪连接的承载力设计值。

螺栓杆受剪承载力设计值为

$$N_v^b=n_v\frac{\pi d^2}{4}f_v^b=2\times\frac{3.14\times 20^2}{4}\times 140=87920\ (\text{N})=87.92\ (\text{kN})$$

孔壁承压承载力设计值为

$$N_c^b=d\sum tf_c^b=20\times 8\times 385=61600\ (\text{N})=61.6\ (\text{kN})$$

A 在轴心剪力作用下可认为每个螺栓平均受力，则连接一侧所需螺栓数：$n=N/N_{\min}^b=6.7$，取8个，按图3.19所示排列。

3.6.5.2 普通螺栓群承受偏心剪力作用

图3.20所示即为螺栓群承受偏心剪力的情形，剪力 F 的作用线至螺栓群中心线的距离为 e，故螺栓群同时受到轴心剪力 F 和扭矩 $T=Fe$ 的联合作用。

在轴心剪力 F 作用下，每个螺栓平均承受竖直向下的剪力，则

$$N_{1F}=\frac{F}{n} \tag{3.29}$$

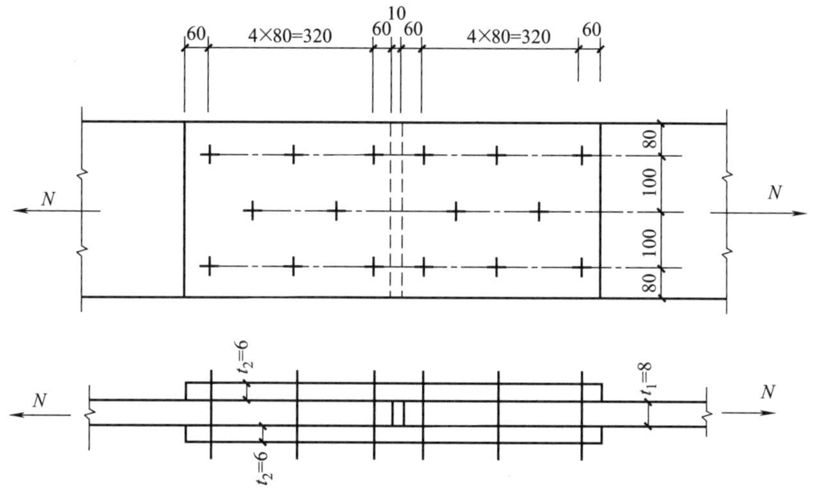

图 3.19 【例 3.3】图

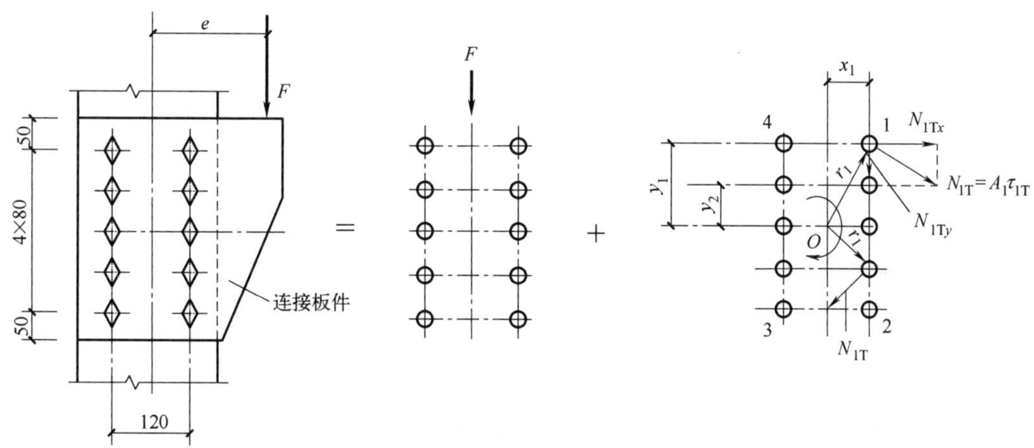

图 3.20 螺栓群偏心受剪

在扭矩 $T=Fe$ 作用下每个螺栓均受剪，但承受的剪力大小或方向均有所不同。为了便于设计，连接计算从弹性设计法的角度出发，并基于下列假设计算扭矩 T 作用下的螺栓剪力：

① 连接板件为绝对刚性，螺栓为弹性体；

② 连接板件绕螺栓群形心旋转，各螺栓所受剪力大小与该螺栓至形心距离 r_i 成正比，剪力方向则与连线 r_i 垂直（图 3.20）。

螺栓 1 距形心 O 最远，其所受剪力 N_{1T} 最大。

$$N_{1T}=A_1\tau_{1T}=A_1\frac{Tr_1}{I_P}=A_1\frac{Tr_1}{A_1\sum r_i^2}=\frac{Tr_1}{\sum r_i^2} \tag{3.30}$$

式中 A_1——单个螺栓的截面面积；

τ_{1T}——螺栓 1 的剪应力；

I_P——螺栓群对形心 O 的极惯性矩；

r_i——任一螺栓至形心的距离。

将 N_{1T} 分解为水平分力 N_{1Tx} 和垂直分力 N_{1Ty}。

$$N_{1Tx}=N_{1T}\frac{y_1}{r_1}=\frac{T_{y1}}{\sum r_i^2}=\frac{T_{y1}}{\sum x_i^2+\sum y_i^2} \tag{3.31}$$

$$N_{1Ty}=N_{1T}\frac{x_1}{r_1}=\frac{T_{x1}}{\sum r_i^2}=\frac{T_{x1}}{\sum x_i^2+\sum y_i^2} \tag{3.32}$$

由此可得螺栓群偏心受剪时，受力最大的螺栓 1 所受合力为

$$\sqrt{N_{1Tx}^2+(N_{1Ty}^2+N_{1F})^2}=\sqrt{\left(\frac{T_{y1}}{\sum x_i^2+\sum y_i^2}\right)^2+\left(\frac{T_{x1}}{\sum x_i^2+\sum y_i^2}+\frac{F}{n}\right)^2}\leqslant N_{\min}^{b} \tag{3.33}$$

当螺栓群布置在一个狭长带，例如 $y_1>3x_1$ 时，可取 $x_i=0$ 以简化计算，则式（3.33）为

$$\sqrt{\left(\frac{T_{y1}}{\sum y_i^2}\right)^2+\left(\frac{F}{n}\right)^2}\leqslant N_{\min}^{b} \tag{3.34}$$

设计时通常是先按构造要求排好螺栓，再用式（3.34）验算受力最大的螺栓。由于连接由受力最大螺栓的承载力控制，而其他大多数螺栓受力较小，不能充分发挥作用，因此，这是一种偏安全的弹性设计法。

3.6.5.3 普通螺栓群弯矩受拉

螺栓群在弯矩作用下，离中和轴越远的螺栓所受拉力越大，而压应力则由弯矩指向一侧的部分端板承受。这种连接的受拉螺栓截面只是孤立的几个螺栓点，而端板受压区则是宽度较大的实体矩形截面。当计算其形心位置并将形心轴作为中和轴时，所求得的端板受压区高度 c 总是很小，中和轴通常在弯矩指向一侧最外排螺栓附近的某个位置。因此，实际计算时可近似取中和轴位于最下排螺栓处。

3.6.5.4 普通螺栓群偏心受拉

螺栓群偏心受拉相当于连接承受轴心拉力 N 和弯矩 $M=Ne$ 的联合作用。按弹性设计法，根据偏心距的大小可能出现小偏心受拉和大偏心受拉两种情况。

对于小偏心受拉，是指所有螺栓均承受拉力作用，端板与柱翼缘有分离趋势，故轴心拉力 N 由各螺栓均匀承受，而弯矩 M 则引起以螺栓群形心 O 处水平轴为中和轴的三角形应力分布，表现为上部螺栓受拉，下部螺栓受压；与轴心拉力叠加后全部螺栓均为受拉。

在偏心距 e 比较大时，螺栓连接端板底部将出现受压区，这种情况称为大偏心受拉。

3.7 高强度螺栓连接的设计

3.7.1 高强度螺栓的预拉力及抗滑移系数

前已述及，高强度螺栓连接按其设计准则分为摩擦型连接和承压型连接两种类型。摩擦型连接依靠被连接件之间的摩擦阻力传递内力，并以荷载设计值引起的剪力不超过摩擦阻力这一条件作为设计准则。高强度螺栓的预拉力 P（即板件间的法向压紧力）、摩擦面间的抗滑移系数等因素直接影响到高强度螺栓连接的承载力。

(1) 高强度螺栓的预拉力

高强度螺栓的设计预拉力 P 由式（3.35）计算得到。

$$P=\frac{0.9\times0.9\times0.9}{1.2}A_e f_u \tag{3.35}$$

式中 A_e——螺纹处的有效面积；

f_u——螺纹材料经热处理后的最低抗拉强度，对 8.8 级螺栓，$f_u=830\text{N/mm}^2$，对 10.9 级螺栓，$f_u=1040\text{N/mm}^2$。

式（3.35）中的系数考虑了以下几个因素。

① 拧紧螺母时螺栓同时受到预拉力引起的拉应力 σ 和由螺纹力矩引起的扭转剪应力 τ 共同作用，式（3.35）中分母的 1.2 即为考虑拧紧螺栓时扭矩对螺杆的不利影响系数。

② 施工时为了补偿高强度螺栓预拉力的松弛损失，一般超张拉 5%～10%，故式（3.35）右端分子中考虑了一个超张拉系数 0.9。

③ 考虑螺栓材质不均匀性，故式（3.35）分子中引入一个折减系数 0.9。

④ 由于以螺栓的抗拉强度 f_u 而非通常情况下的屈服强度为基准（高强度螺栓没有明显的屈服点），为安全起见，式（3.35）分子中再引入一个附加安全系数 0.9。

各种规格高强度螺栓预拉力的取值见表 3.3。

表 3.3 高强度螺栓的设计预拉力值 单位：kN

螺栓的承载性能等级	螺栓公称直径/mm					
	M16	M20	M22	M24	M27	M30
8.8 级	80	125	150	175	230	280
10.9 级	100	155	190	225	290	355

(2) 高强度螺栓的抗滑移系数

国内外研究和工程实践表明，摩擦型连接的摩擦面抗滑移系数 μ 主要与钢材表面处理工艺和涂层厚度有关，表 3.4 规定了对应不同接触面处理方法的抗滑移系数值。根据工程实践及相关研究，限制抗滑移系数最大值不超过 0.45。试验表明，此系数会随着被连接构件接触面间的压紧力减小而降低，故与物理学中的摩擦系数有区别。

表 3.4 摩擦面的抗滑移系数 μ 值

连接处构件接触面的处理方法	构件的钢材牌号		
	Q235 钢	Q355 钢或 Q390 钢	Q420 钢或 Q460 钢
喷硬质石英砂或铸钢棱角砂	0.45	0.45	0.45
抛丸(喷砂)	0.40	0.40	0.40
用钢丝刷清除浮锈或未经处理的干净轧制表面	0.30	0.35	—

在对摩擦面进行处理时，钢丝刷除锈方向应与受力方向垂直；当连接构件采用不同钢材牌号时，摩擦面抗滑移系数按相应较低强度者取值；如摩擦面采用其他方法处理，其处理工艺及抗滑移系数值均需经试验确定。考虑到高强度钢材连接需要较高的连接强度，故表 3.4 中未列入接触面处理为用钢丝刷清除浮锈或未经处理的干净轧制面的抗滑移系数。试验证明，摩擦面涂红丹防锈漆后 $\mu<0.15$，即使经处理后仍然很低，故严禁在摩擦面上涂刷防锈漆。另外，若在潮湿或淋雨条件下拼装，也会降低 μ 值，故应采取有效措施保证连接处表面的干燥。

3.7.2 高强度螺栓的抗剪连接

(1) 高强度螺栓摩擦型连接

在拧紧高强度螺栓时，螺杆中产生了很大的预拉力，而被连接板件间则产生很大的预压力。如图 3.14（b）所示，连接受力后由于接触面上产生的摩擦力，能在相当大的荷载情况下阻止板件间的相对滑移，因而摩擦传力的弹性工作阶段较长。当外力超过接触面摩擦力后，板件间即产生相对滑动。高强度螺栓摩擦型连接以板件间出现滑动为抗剪承载力极限状态，故它的最大承载力不能取图 3.14（b）的最高点，而应取板件产生相对滑动的起始点“1”。

摩擦型连接的承载力取决于构件接触面的摩擦力，此摩擦力的大小与螺栓所受预拉力、摩擦面的抗滑移系数以及连接的传力摩擦面数有关。因此，单个高强度螺栓摩擦型连接的抗剪承载力设计值由式（3.36）给出。当高强度螺栓摩擦型连接采用大圆孔或槽孔时，由于连接的摩擦面面积有所减少，应对抗剪承载力进行折减，因此，式（3.36）右侧乘以孔型折减系数 k。

$$N_v^b = 0.9 k n_f \mu P \tag{3.36}$$

式中 0.9——抗力分项系数 γ_R（$\gamma_R = 1.111$）的倒数；

k——孔型系数，标准孔取 1.0，大圆孔取 0.85，内力与槽孔长向垂直时取 0.7，内力与槽孔长向平行时取 0.6；

n_f——高强度螺栓的传力摩擦面数目，单剪时 $n_f = 1$，双剪时 $n_f = 2$；

P——单个高强度螺栓的设计预拉力，按表 3.3 采用；

μ——摩擦面抗滑移系数，按表 3.4 采用。

试验证明，低温对高强度螺栓摩擦型连接抗剪承载力无明显影响，但当环境温度为 100～150℃时，螺栓的预拉力将产生温度损失，故应将高强度螺栓连接的抗剪承载力设计值降低 10%；当高强度螺栓连接长期受热达 150℃以上时，应采用加耐热隔热涂层、热辐射屏蔽等隔热防护措施。

(2) 高强度螺栓承压型连接

按承压型连接设计的高强度螺栓，安装时同样也按表 3.3 施加预拉力。当螺栓受剪时，从受力直至破坏的荷载-位移（N-δ）曲线如图 3.14（b）所示。由于它允许接触面滑动并以连接达到破坏（螺栓杆被剪断或板件承压破坏）的极限状态作为设计准则，接触面的摩擦力只起延缓滑动的作用，因此，承压型连接的最大抗剪承载力应取图 3.14（b）所示曲线的最高点“4”。连接达到极限承载力时，由于螺杆伸长，预拉力几乎全部消失，故高强度螺栓承压型连接的计算方法与普通螺栓连接相同，仍可采用式（3.23）和式（3.24）计算单个螺栓的抗剪承载力，只是应采用承压型连接中的高强度螺栓强度设计值。抗剪承压型连接在正常使用极限状态下尚应符合摩擦型连接的设计要求。值得注意的是，只有采用标准孔时，高强度螺栓摩擦型连接的极限状态才可转变为承压型连接。

对不同螺栓剪切面的取法需要区别：当剪切面在螺纹处时，高强度螺栓承压型连接的抗剪承载力应按螺纹处的有效截面 A_e 计算。但对于普通螺栓，其抗剪承载力是根据连接的试验数据统计而定的，试验时未分剪切面是否在螺纹处，故计算普通螺栓的抗剪承载力时直接采用公称直径。

由于高强度螺栓承压型连接的计算准则与摩擦型连接不同，故前者对构件接触面的要求较低，清除连接处构件接触面的油污及浮锈即可，仅承受拉力的高强度螺栓承压型连接，可不要求对接触面进行抗滑移处理。

3.7.3 高强度螺栓的抗拉连接

(1) 高强度螺栓摩擦型连接

高强度螺栓在承受外拉力前，螺杆中存在很大的预拉力 P，板层间存在与之相平衡的压紧力 C，拉力 P 与压力 C 是等值反向的（图 3.21）。

由实验得知，当外力 N_t 大于螺栓预拉力 P 时，卸荷后螺杆中的预拉力会变小，即发生松弛现象。但如果外拉力小于螺栓预拉力的 80%，则无松弛现象发生。由上述分析知，沿杆轴方向受拉的高强度螺栓摩擦型连接中，单个高强度螺栓抗拉承载力设计值可取为

$$N_t^b=0.8P \tag{3.37}$$

(2) 高强度螺栓承压型连接

尽管高强度螺栓承压型连接的预拉力 P 的施拧工艺和设计预拉力值大小与高强度螺栓摩擦型连接相同，但考虑到高强度螺栓承压型连接的设计准则与普通螺栓类似，故其抗拉承载力设计值 N_t^b 采用与普通螺栓相同的计算公式 $N_t^b=A_e f_t^b$（注意强度设计值 f_t^b 取值不同），不过按此式计算得到的结果与 $0.8P$ 相差不大。

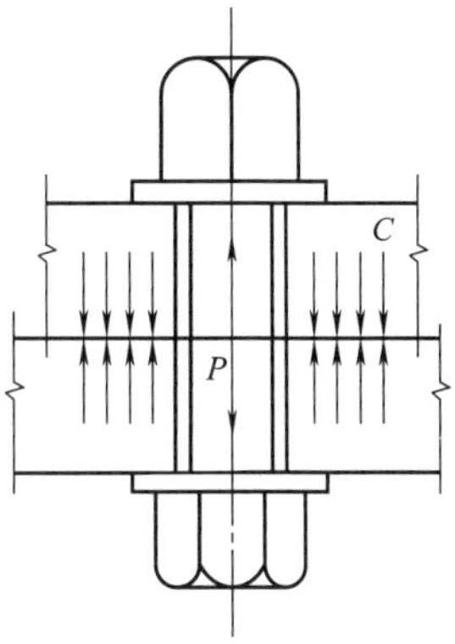

图 3.21 高强度螺栓受拉

3.7.4 高强度螺栓受拉剪共同作用

(1) 高强度螺栓摩擦型连接

如前所述，当螺栓连接所受外拉力 $N_t \leqslant 0.8P$ 时，螺杆中的预拉力 P 基本不变，但板层间压力将减小。试验研究表明，这时接触面的抗滑移系数 μ 也有所降低，而且值随 N_t 的增大而减小。将 N_t 乘以 1.125 的系数来考虑 μ 值降低的不利影响，故采用标准孔时，单个高强度螺栓摩擦型连接有拉力作用时的抗剪承载力设计值为

$$N_v^b=0.9n_f\mu(P-1.125\times1.111N_t)=0.9n_f\mu(P-1.25N_t) \tag{3.38}$$

式中的 1.111 为抗力分项系数 γ_R。式（3.38）通过变化后，可以简化成如下相关形式。

$$\frac{N_v}{N_v^b}+\frac{N_t}{N_t^b}\leqslant1 \tag{3.39}$$

式中 N_v，N_t——单个高强度螺栓所承受的剪力和拉力；

N_v^b——单个高强度螺栓抗剪承载力设计值，$N_v^b=0.9n_f\mu P$，对于非标准孔，引入孔型系数 k，有 $N_v^b=0.9kn_f\mu P$；

N_t^b——单个高强度螺栓抗拉承载力设计值，$N_t^b=0.8P$。

将 N_v^b 和 N_t^b 代入式（3.39），并令推导得出的 $N_v^b=0.9n_f\mu P$ 为 $N_{v,t}b$，即可得到式（3.38），可见两者是等效的，《钢结构设计标准》（GB 50017—2017）中采用式（3.39）进行计算。

(2) 高强度螺栓承压型连接

同时承受剪力和杆轴方向拉力的高强度螺栓承压型连接的计算方法与普通螺栓相同，即

$$\sqrt{\left(\frac{N_v}{N_v^b}\right)^2+\left(\frac{N_t}{N_t^b}\right)^2}\leqslant1 \tag{3.40}$$

高强度螺栓承压型连接只承受剪力时，由于板层间存在着由高强度螺栓预拉力产生的强大压紧力，因此当板层间的摩擦力被克服，螺杆与孔壁接触挤压时，板件孔前区形成三向压应力场，因而高强度螺栓承压型连接的承压强度比普通螺栓的高得多（两者相差约 50%）。但当高强度螺栓承压型连接同时受沿杆轴方向的拉力时，由于板层间压紧力随外拉力的增加而减小，因而其承压强度设计值也随之降低。

为了计算简便，《钢结构设计标准》（GB 50017—2017）规定：只要有外拉力存在，就将承压强度设计值除以 1.2 予以降低，从而忽略承压强度设计值随外拉力大小而变化这一因素。因为所有高强度螺栓的外拉力一般均不大于 $0.8P$，此时整个板层间始终处于紧密接触状态，采用统一除以 1.2 的做法来降低承压强度，一般能保证安全。

因此，对于兼受剪力和杆轴方向拉力的高强度螺栓承压型连接，除按式（3.39）计算螺栓的强度外，尚应按式（3.41）计算孔壁承压。

$$N_v \leqslant \frac{N_c^b}{1.2} = \frac{1}{1.2} d \sum t f_c^b \tag{3.41}$$

式中 N_c^b——只承受剪力时孔壁承压承载力设计值；

f_c^b——高强度螺栓承压型连接的承压强度设计值，按附录取值。

习题

一、思考题

1. 普通螺栓抗剪连接达到极限承载力时可能发生的破坏形式有哪些？

2. 静力荷载作用下，侧面角焊缝的计算长度不宜大于多少？为什么要限制侧面角焊缝的最大计算长度？

3. 为什么要限制角焊缝的最大和最小焊脚尺寸？

4. 焊接残余应力的种类以及对结构性能的影响有哪些？

5. 摩擦型高强螺栓和承压型高强螺栓的区别是什么？

6. 普通螺栓和摩擦型高强度螺栓连接，在抗剪连接中的传力方式和破坏形式有何不同？

7. 普通螺栓抗剪连接中，有可能出现哪几种破坏形式？具体设计时，哪些破坏形式是通过计算来防止的？哪些是通过构造措施来防止的？

二、设计计算题

1. 双角钢与节点板的角焊缝连接，$h_f=6$mm。钢材为 Q235B，焊条为 E43 型，手工焊，轴心力 $N=800$kN（设计值），试采用三面围焊进行设计（$f_f^w=160\text{N/mm}^2$）。

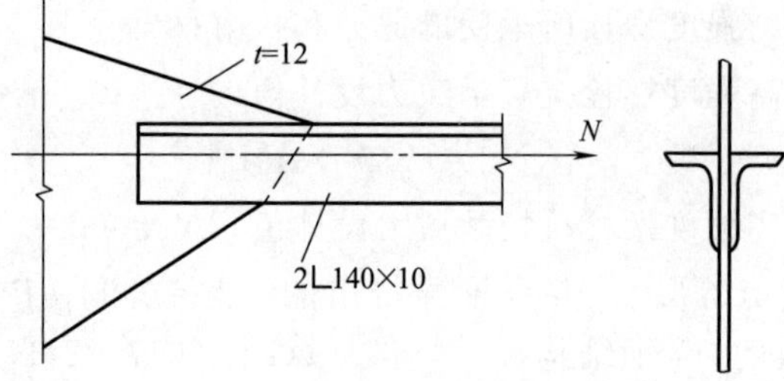

2. 如下图所示为 C 级螺栓的搭接接头（图中单位为 mm）。作用力设计值 $F=150$kN，偏心距 $e=250$mm。材料为 Q235 钢，螺栓为 M22 粗制螺栓，试验算该连接是否满足承载力要求（$f_v^b=140\text{N/mm}^2$，$f_c^b=305\text{N/mm}^2$）。

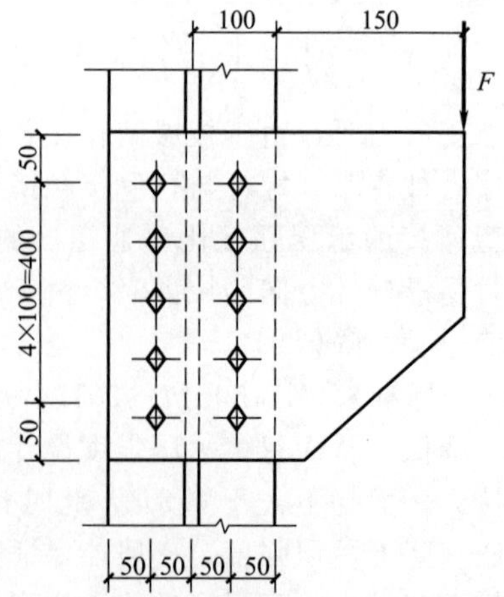

第 4 章　轴心受力构件

4.1　概述

在钢结构中轴心受力构件的应用十分广泛，例如桁架、塔架和网架、网壳等的杆件体系。这类结构通常假设其节点为铰接连接，当无节间荷载作用时，只受轴向拉力和压力的作用，分别称为轴心受拉构件和轴心受压构件。图 4.1 即为轴心受力构件在工程中应用的一些实例。

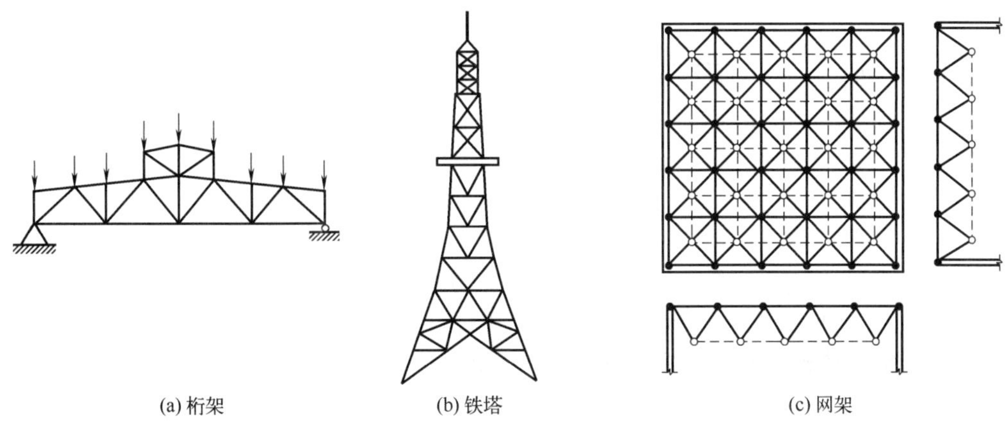

图 4.1　轴心受力构件在工程中的应用

轴心压杆也经常用作工业建筑的工作平台支柱。柱由柱头、柱身和柱脚三部分组成（图 4.2）。柱头用来支承平台梁或桁架，柱脚的作用是将压力传至基础。

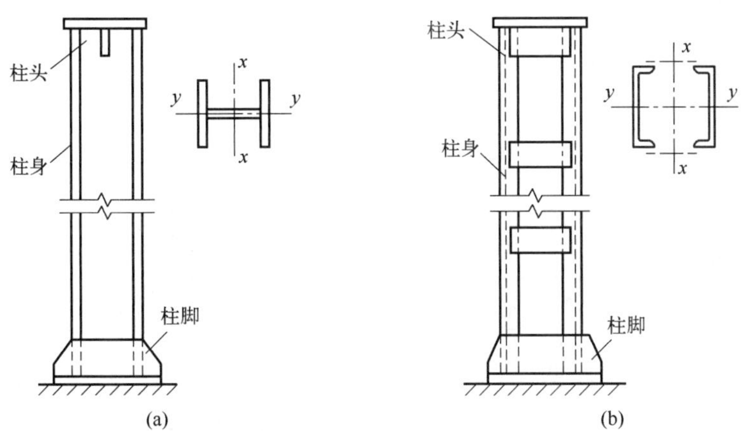

图 4.2　柱的组成

轴心受力构件的常用截面形式可分为实腹式和格构式两大类。

实腹式构件制作简单，与其他构件连接也较方便，其常用截面形式很多。可直接选用单个型钢截面，如圆钢、钢管、角钢、T 型钢、槽钢、工字钢、H 型钢等［图 4.3（a）］，也可选用由型钢或钢板组成的组合截面［图 4.3（b）］。一般桁架结构中的弦杆和腹杆，除 T 型钢外，常采用角钢或双角钢组合截面［图 4.3（c）］，在轻型结构中则可采用冷弯薄壁型钢截面［图 4.3（d）］。以上这些截面中，截面紧凑（如圆钢和组成板件宽厚比较小截面）或对两主轴刚度相差悬殊者（如单槽钢、工字钢），一般只可能用于轴心受拉构件。而受压构件通常采用较为开展、组成板件宽而薄的截面。

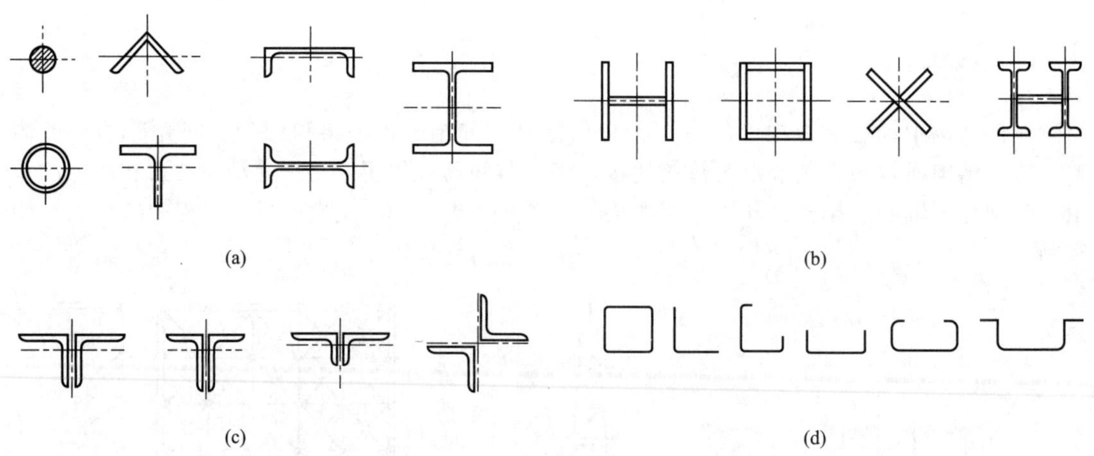

图 4.3　轴心受力实腹式构件的截面形式

格构式构件容易使压杆实现两主轴方向的等稳定性，刚度大，抗扭性能也好，用料较省。其截面一般由两个或多个型钢肢件组成（图 4.4），肢件间采用缀条［图 4.5（a）］或缀板［图 4.5（b）］连成整体，缀板和缀条统称为缀材。

在进行轴心受力构件的设计时，应同时满足第一极限状态和第二极限状态的要求。对于承载能力的极限状态，受拉构件一般以强度控制，而受压构件需同时满足强度和稳定性的要求。对于正常使用的极限状态，是通过保证构件的刚度限制其长细比来达到的。因此，按其受力性质的不同，轴心受拉构件的设计需分别进行强度和刚度的验算，而轴心受压构件的设计需分别进行强度、稳定性和刚度的验算。

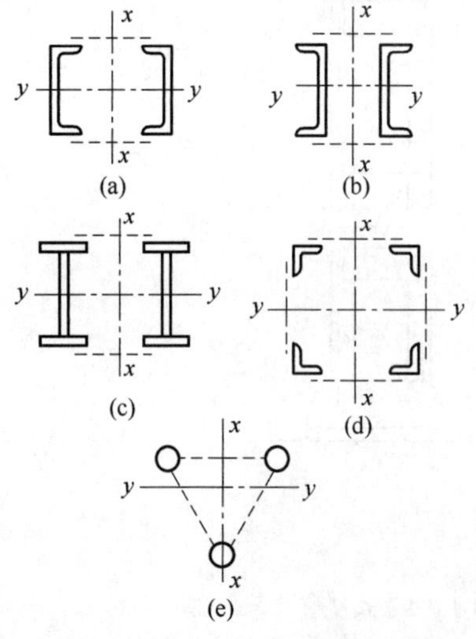

图 4.4　格构式构件常用截面形式

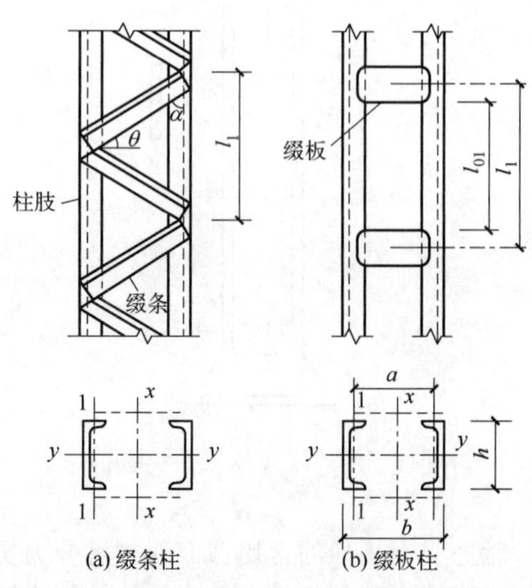

图 4.5　格构式构件的缀材布置

4.2 轴心受力构件的强度和刚度

4.2.1 强度计算

4.2.1.1 轴心受拉构件的强度计算

(1) 截面无削弱的轴心受拉构件

在轴心拉力作用下，构件毛截面上的应力是均匀分布的，从钢材的应力-应变关系可知，当轴心受力构件的截面平均应力达到钢材的抗拉强度时，构件才达到强度极限承载力。但当构件毛截面屈服时，由于构件塑性变形的发展，构件将产生过大的变形，以致达到不适于继续承载的变形的极限状态。因此，对于无孔洞削弱的轴心受拉构件，以毛截面上的平均应力达到屈服强度作为强度极限状态，引入抗力分项系数后按式（4.1）进行毛截面强度计算。

$$\sigma=\frac{N}{A}\leqslant f \tag{4.1}$$

式中 N——构件计算截面处的轴心拉力设计值；

A——构件计算截面处的毛截面面积；

f——钢材的抗拉强度设计值。

(2) 有孔洞削弱的轴心受拉构件

在孔洞处存在应力集中现象（图 4.6）。在弹性阶段，随孔洞形状的不同，孔壁边缘的最大应力 σ_{max} 可能达到构件毛截面平均应力 σ_a 的 3～4 倍［图 4.6（a）］。若拉力继续增加，当孔壁边缘的最大应力达到材料的屈服强度以后，应力不再继续增加而只发展塑性变形，由于应力重分布，净截面的应力可以均匀地达到屈服强度，如图 4.6（b）所示。因此，对于有孔洞削弱的轴心受拉构件，仍以其净截面的平均应力达到其强度限值作为极限状态。这要求在设计时选用具有良好塑性性能的材料。截面的平均应力达到其强度限值作为极限状态。

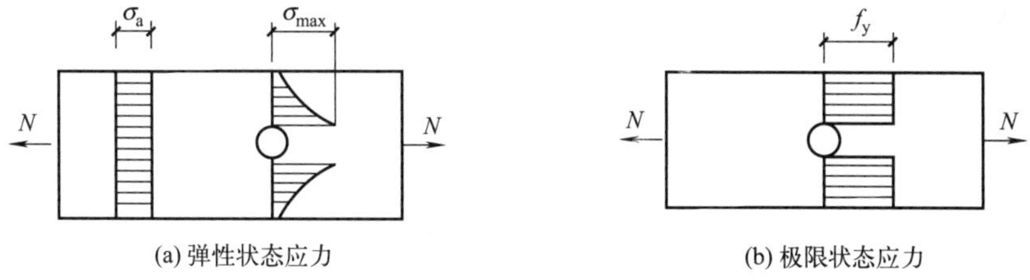

图 4.6 有孔洞拉杆截面的应力分布

① 端部连接或中部拼接采用螺栓连接的轴心受拉构件［图 4.7（a）］。

毛截面上的应力仍须满足式（4.1）的要求，以防止构件产生不适于继续承载的变形。另外，孔洞削弱处的截面是薄弱部位，须按净截面核算强度。由于少数截面的屈服不会使构件产生过大的变形，即便净截面屈服，构件还能承担更大的拉力，直至净截面被拉断。因此可以净截面上的拉应力达到抗拉强度 f_u 作为轴心受拉构件的强度准则，引入相应的抗力分项系数 γ_{Ru}。由于净截面孔眼附近应力集中较大，容易首先出现裂缝，且拉断的后果要比构件屈服严重得多，因此，抗力分项系数应予提高，可取 $\gamma_{Ru}=1.1\times1.3=1.43$，其倒数约为 0.7。引入抗力分项系数后构件的净截面强度应按式（4.2）进行计算。

$$\sigma=\frac{N}{A_n}\leqslant 0.7f_u \tag{4.2}$$

式中 f_u——钢材抗拉强度最小值；

A_n——构件的净截面面积。

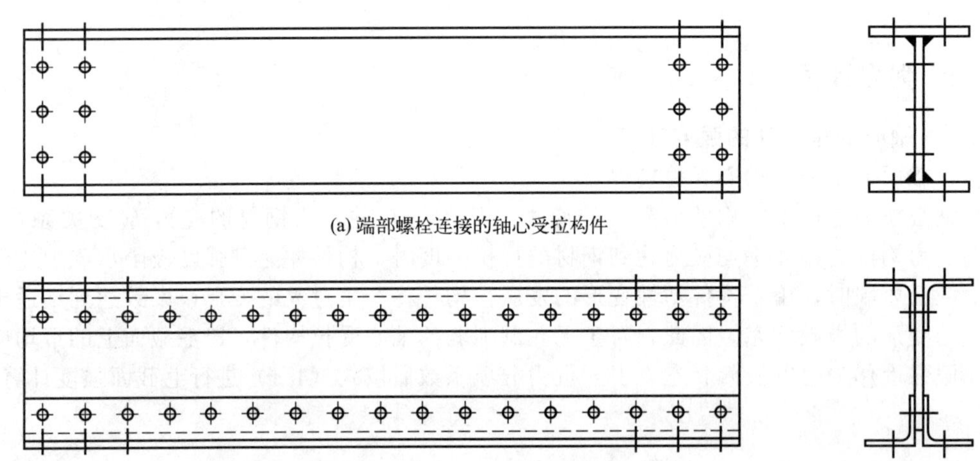

(a) 端部螺栓连接的轴心受拉构件

(b) 采用较密螺栓连接的组合受拉构件

图 4.7 带孔洞的轴心受拉构件

当轴心受力构件采用普通螺栓（或铆钉）连接时，若螺栓（或铆钉）为并列布置［图 4.8 (a)］，按最危险的正交截面（Ⅰ—Ⅰ截面）计算。若螺栓（或铆钉）为错列布置［图 4.8 (b) 和 (c)］，构件既可能沿正交截面Ⅰ—Ⅰ破坏，也可能沿齿状截面Ⅱ—Ⅱ破坏。截面Ⅱ—Ⅱ的毛截面长度较大但孔洞较多，其净截面面积不一定比截面Ⅰ—Ⅰ的净截面面积大。A_n 应取Ⅰ—Ⅰ截面和Ⅱ—Ⅱ截面的较小面积。

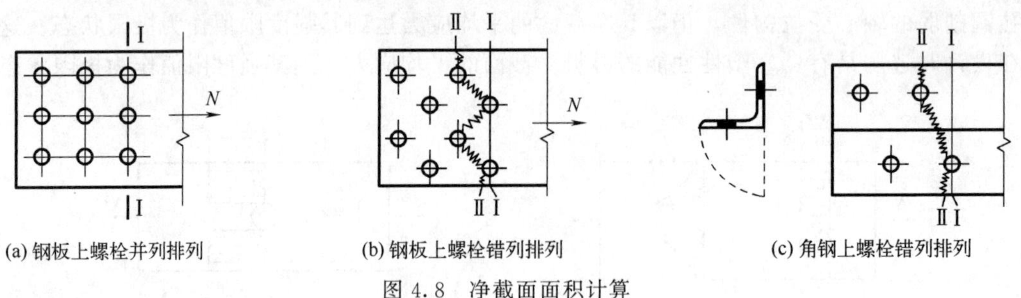

(a) 钢板上螺栓并列排列　(b) 钢板上螺栓错列排列　(c) 角钢上螺栓错列排列

图 4.8 净截面面积计算

当端部连接或中部拼接采用高强度螺栓摩擦型连接时，考虑到螺栓传递的剪力是由摩擦力传递的，截面上每个螺栓所传之力的一部分已由摩擦力在孔前传走，净截面上的内力应当扣除孔前传走的力（图 4.9）。因此，验算最外列螺栓处净截面的强度时，式 (4.2) 应按下式进行修正。

$$N'=N\left(\frac{1-0.5n_1}{n}\right) \tag{4.3a}$$

$$\sigma=\frac{N'}{A_n}\leqslant 0.7f_u \tag{4.3b}$$

式中 n——计算截面（最外列螺栓处）上的高强度螺栓数目；

n_1——节点或拼接处，构件一端连接的高强度螺栓数目；

0.5——孔前传力系数。

② 沿全长都有排列较密螺栓的组合受拉构件［图 4.7 (b)］。

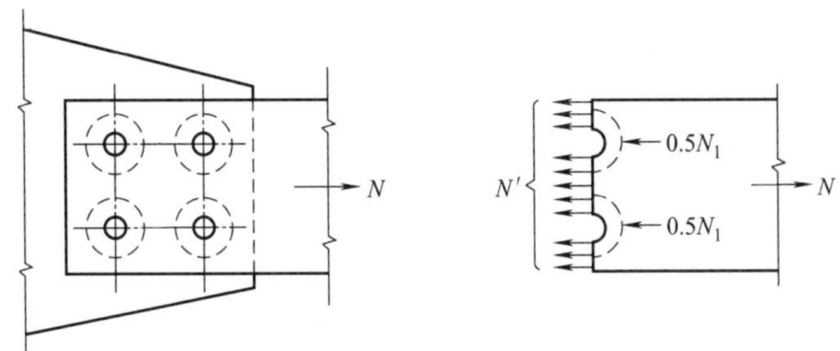

图 4.9 高强度螺栓的孔前传力

N_1—单颗螺栓传递的力

当构件沿长度方向分布有较密的螺栓孔时，每个螺栓孔处构件的屈服都将导致杆件出现相当可观的变形，此时，应以净截面上的平均应力达到屈服强度作为轴心受拉构件的损度准则，按式（4.4）进行计算。

$$\sigma=\frac{N}{A_n}\leqslant f \tag{4.4}$$

4.2.1.2 轴心受压构件的强度计算

轴心受压构件毛截面强度按式（4.1）进行计算。当端部连接或中部拼接采用高强度螺栓摩擦型连接时，净截面强度应按式（4.3）进行计算；其他情况，若孔洞内有螺栓填充，由于在净截面处部分轴力已经通过螺栓与孔壁的承压传走，因此，不必验算净截面强度，仅当存在虚孔时，才须按式（4.2）计算孔心处的强度。

沿全长都有排列较密螺栓的组合受压构件强度按式（4.4）进行计算。

4.2.1.3 轴心受力构件的有效截面系数

轴心受力构件的端部连接或中间拼接应尽量采用全部宜接传力的连接方式，如图 4.10（a）所示的 H 形截面，上、下翼缘及腹板均设拼接板，力可以通过翼缘、腹板直接传递，因此，这种连接构造净截面全部有效。如图 4.10（b）所示为仅设置翼缘拼接板的部分直接传力的连接方式，由于腹板没有拼接板，其内力要通过剪切传入翼缘，继而传给焊缝，在 B—B 截面，正应力分布不均匀，这种现象称为剪力滞后。正应力分布不均匀使得 B—B 截面应力最大处在达到全截面屈服之前出现裂缝，使得 B—B 截面并非全部有效。因此，对未

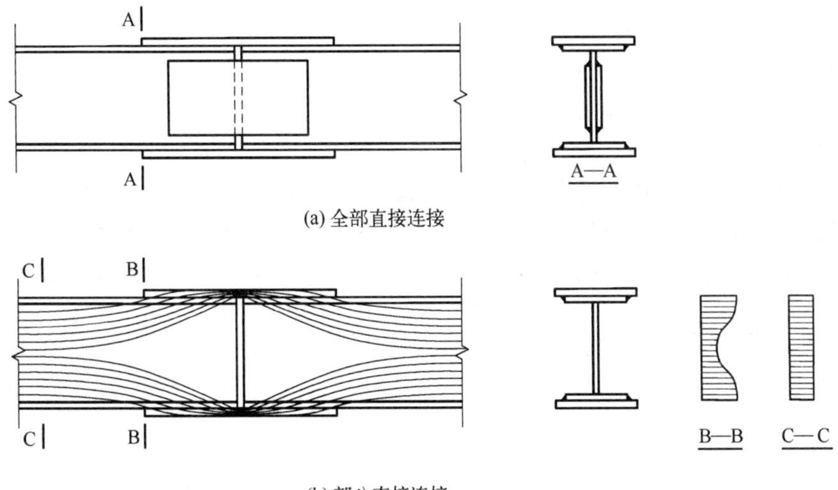

图 4.10 H 形截面轴心受力构件的全部直接连接和部分直接连接

采用全部直接传力连接构造的节点或拼接，按以上各公式对轴心受力构件进行强度计算时，应对危险截面的面积乘以有效截面系数 η。不同构件截面形式和连接方式的 η 值可按表 4.1 的规定采用。

表 4.1 轴心受力构件节点或拼接处危险截面有效截面系数

构件截面形式	连接形式	η	图例
角钢	单边连接	0.85	
工字形，H 形	翼缘连接	0.90	
	腹板连接	0.70	

4.2.2 刚度计算

为满足结构的正常使用要求，轴心受力构件不应做得过分柔细，而应具有一定的刚度，以保证构件不会产生过度的变形。

受拉和受压构件的刚度是以保证其长细比限值 λ 来实现的，即

$$\lambda=\frac{l_0}{i}\leqslant[\lambda] \tag{4.5}$$

式中 λ——构件的最大长细比；

l_0——构件的计算长度；

i——截面的回转半径；

$[\lambda]$——构件的允许长细比。

验算受压构件的长细比时，可不考虑扭转效应。

当构件的长细比太大时，会产生下列不利影响：

① 在运输和安装过程中产生弯曲或过大的变形；

② 使用期间因其自重而明显下挠；

③ 在动力荷载作用下发生较大的振动；

④ 压杆的长细比过大时，除具有前述各种不利因素外，还使得构件的极限承载力显著降低，同时，初弯曲和自重产生的挠度也将对构件的整体稳定带来不利影响。

我国《钢结构设计标准》(GB 50017—2017) 在总结了钢结构长期使用经验的基础上，根据构件的重要性和荷载情况，对受拉构件的允许长细比规定了不同的要求和数值，见表 4.2。

表 4.2 受拉构件的容许长细比

构件名称	承受静力荷载或间接承受动力荷载的结构			直接承受动力的结构
	一般建筑结构	对腹杆提供平面外支点的弦杆	有重级工作制吊车的厂房	
桁架的杆件	350	250	250	250
吊车梁或吊车桁架以下的柱间支撑	300	—	200	—

续表

构件名称	承受静力荷载或间接承受动力荷载的结构			直接承受动力的结构
	一般建筑结构	对腹杆提供平面外支点的弦杆	有重级工作制吊车的厂房	
除张紧的圆钢外的其他拉杆、支撑、系杆等	400	—	350	—

注：1. 在直接或间接承受动力荷载的结构中，计算单角钢受拉构件的长细比时，应采用角钢的最小回转半径，但在计算交叉点相互连接的交叉构件平面外的长细比时，可采用与角钢肢边平行的回转半径。

2. 除对腹杆提供平面外支点的弦杆外，承受静力荷载的结构受拉构件，可仅计算竖向平面内的长细比。

3. 中、重级工作制吊车桁架下弦杆的长细比不宜超过200。

4. 受拉构件在永久荷载与风荷载组合作用下受压时，其长细比不宜超过250。

5. 跨度等于或大于60m的桁架，其受拉弦杆和腹杆的长细比，承受静力荷载或间接承受动力荷载时不宜超过300，直接承受动力荷载时，不宜超过250。

6. 在设有夹钳或刚性料耙等硬钩起重机的厂房中，支撑的长细比不宜超过300。

由于受压构件刚度不足产生的不利影响比受拉构件严重，《钢结构设计标准》（GB 50017—2017）对受压构件的允许长细比的规定更为严格，见表4.3。

表4.3　受压构件的允许长细比

构件名称	允许长细比
轴心受压柱、桁架和天窗架中的压杆	150
柱的缀条、吊车梁或吊车桁架以下的柱间支撑	150
支撑	200
用以减小受压构件长细比的杆件	200

注：1. 计算单角钢受压构件的长细比时，应采用角钢的最小回转半径，但在计算交叉点相互连接的交叉构件平面外的长细比时，可采用与角钢肢边平行的回转半径。

2. 跨度等于或大于60m的桁架，其受压弦杆、端压杆和直接承受动力荷载的受压腹杆的长细比不宜大于120。

3. 当杆件内力设计值不大于承载能力的50%时，允许长细比值可取200。

4.2.3　轴心拉杆的设计

受拉构件没有整体稳定和局部稳定问题，极限承载能力一般由强度控制，所以，设计时只考虑强度和刚度。

钢材比其他材料更适合受拉，所以钢拉杆不但用于钢结构，还用于钢与混凝土或木材的组合结构中。这种组合结构的受压杆件用钢筋混凝土或木材制作，而拉杆用钢材做成。

【例4.1】 图4.11所示为中级工作制吊车的厂房屋架的双角钢拉杆，截面为2∟100×10，填板厚度为10mm，角钢上有交错排列的普通螺栓孔，孔径d_0=20mm。试计算此拉杆所能承受的最大拉力及允许达到的最大计算长度。钢材为Q355B钢。

【解】 查本书附表7.5可知：角钢2∟100×10，$A=38.52\text{cm}^2$，$i_x=3.05\text{cm}$，$i_y=4.52\text{cm}$。由附表1.1可知：Q355B钢，角钢的厚度为10mm，$f=305\text{N/mm}^2$，$f_u=470\text{N/mm}^2$。

(1) 承载力计算

① 毛截面屈服承载力计算。

根据式（4.1）可得毛截面屈服承载力为

$$N=Af=38.52\times10^2\times305=1174860\ (\text{N})\ =1175\ (\text{kN})$$

② 净截面断裂承载力计算。

角钢的厚度为10mm，在确定危险截面之前先把它按中面展开，如图4.11（b）所示。

正交净截面（Ⅰ—Ⅰ）的面积为

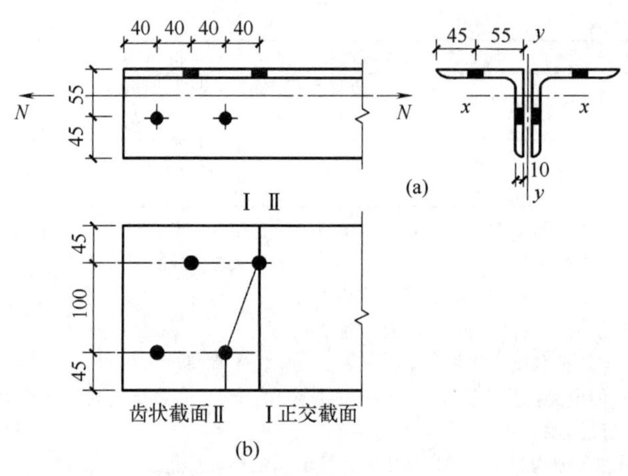

图 4.11 【例 4.1】图

$$A_{n\text{Ⅰ}}=38.52\times10^2-2\times10\times20=3452\ (\text{mm}^2)$$

齿状净截面（Ⅱ—Ⅱ）的面积为

$$A_{n\text{Ⅱ}}=2\times(45+\sqrt{100^2+40^2}+45-2\times20)\times10=3154\ (\text{mm}^2)<A_{n\text{Ⅰ}}$$

则Ⅱ—Ⅱ截面是危险截面。根据式（4.2）可得净截面断裂承载力为

$$N=0.7A_{n\text{Ⅱ}}f_u=0.7\times3154\times470=1037666\ (\text{N})\approx1038\ (\text{kN})$$

综合上述，此拉杆承载力由净截面断裂承载力控制，所能承受的最大拉力为 1038kN。

(2) 最大计算长度计算

查表 4.2 可知，该拉杆的允许长细比为 $[\lambda]=350$，根据式（4.5）可知

对 x 轴，$l_{ox}=[\lambda]i_x=350\times3.05\times10=10675$ (mm)

对 y 轴，$l_{oy}=[\lambda]i_y=350\times4.52\times10=15820$ (mm)

综合上述，此拉杆最大允许计算长度为 10675mm。

4.3 轴心受压构件的稳定

当轴心受压构件的长细比较大而截面又没有孔洞削弱时，一般不会因截面的平均应力达到抗压强度设计值而丧失承载能力，因而不必进行强度计算。近几十年来，由于结构形式的不断发展和较高强度钢材的应用，使构件更轻型而且是薄壁，以致更容易出现失稳现象。在钢结构工程事故中，因失稳而导致破坏的情况时有发生，因而对轴心受压构件来说，整体稳定是确定构件截面的最重要因素。

4.3.1 整体稳定的计算

4.3.1.1 整体稳定的临界应力

轴心受压构件的整体稳定临界应力和许多因素有关，而这些因素的影响又是错综复杂的，这就给压杆承载能力的计算带来了复杂性。确定轴心压杆整体稳定临界应力的方法，一般有下列四种。

(1) 屈曲准则

屈曲准则是建立在理想轴心压杆的假定上的。所谓理想轴心压杆就是假定杆件完全挺直、荷载沿杆件形心轴作用，杆件在受荷之前没有初始应力，也没有初弯曲和初偏心等缺陷，截面沿杆件是均匀的。此种杆件失稳，叫作发生屈曲。屈曲形式可分为三种，如下

所示。

① 弯曲屈曲。只发生弯曲变形，杆件的截面只绕一个主轴旋转，杆的纵轴由直线变为曲线，这是双轴对称截面最常见的屈曲形式。如图 4.12（a）所示就是两端铰支（即支承端能自由绕截面主轴转动，但不能侧移和扭转）工字形截面压杆发生绕弱轴（y 轴）的弯曲屈曲情况。

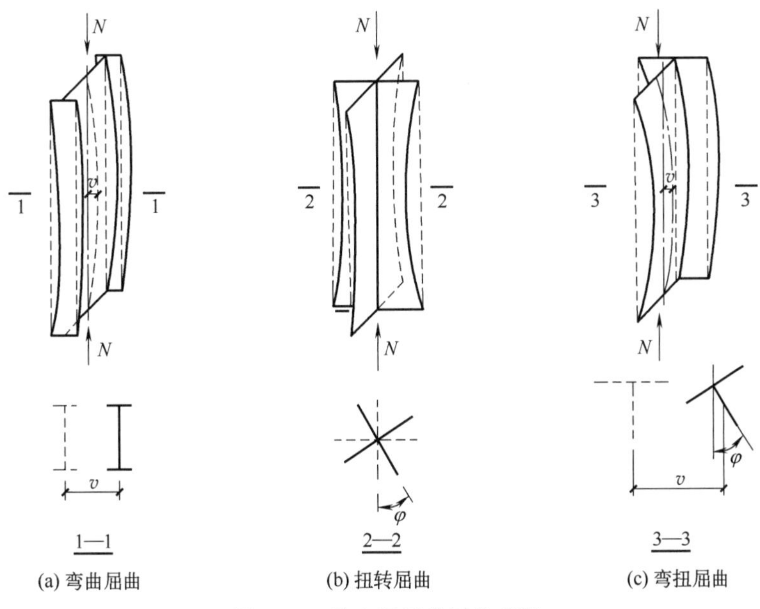

图 4.12 轴心压杆的屈曲变形

② 扭转屈曲。失稳时杆件除支承端外的各截面均绕纵轴扭转，这是某些双轴对称截面压杆可能发生的屈曲形式。如图 4.12（b）所示为长度较小的十字形截面杆件可能发生的扭转屈曲情况。

③ 弯扭屈曲。单轴对称截面绕对称轴屈曲时，杆件在发生弯曲变形的同时必然伴随着扭转。如图 4.12（c）所示即为 T 形截面的弯扭屈曲情况。

这三种屈曲形式中最基本且最简单的是弯曲屈曲。细长的理想直杆，在弹性阶段弯曲屈曲时的临界力 N_{cr} 和临界应力 σ_{cr} 可由欧拉（Euler）公式求出。

$$N_{cr}=\frac{\pi^2 EI}{l^2}$$

$$\sigma_{cr}=\frac{\pi^2 E}{\lambda^2}$$

式中 λ——构件的长细比。

由于欧拉公式的推导中假定构件材料为理想弹性体，当杆件的长细比 $\lambda<\lambda_p$（$\lambda_p=\pi\sqrt{E/f_p}$）时，临界应力超过了材料的比例极限 f_p，构件受力已进入弹塑性阶段，材料的应力-应变关系成为非线性的。德国科学家恩格塞尔（Engesser）于 1889 年提出了切线模量理论，该理论提出的 σ_{cr} 计算公式为

$$\sigma_{cr}=\frac{\pi^2 E_t}{\lambda^2}$$

式中 E_t——非弹性区的切线模量（图 4.13）。

切线模量公式提出后，曾经过试验验证，认为比较符合压杆的实际临界应力，但仅适用

于材料有明确的应力-应变曲线时。

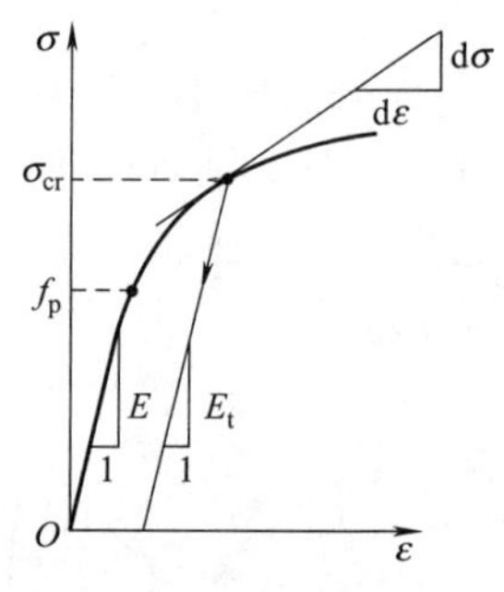

图 4.13 应力-应变曲线

建立在屈曲准则上的稳定计算方法，弹性阶段以欧拉临界力为基础，弹塑性阶段以切线模量临界力为基础，通过提高安全系数来考虑初偏心、初弯曲等不利影响。

(2) 边缘屈服准则

实际的轴心压杆与理想柱的受力性能之间是有很大差别的，这是因为实际轴心压杆是带有初始缺陷的构件。边缘屈服准则以有初偏心和初弯曲等的压杆为计算模型，截面边缘应力达到屈服点即视为压杆承载能力的极限。

(3) 最大强度准则

因为边缘纤维屈服以后塑性还可以深入截面，压力还可以继续增加，只是压力超过边缘屈服时的最大承载力以后（图 4.14），构件进入弹性阶段。随着截面塑性区的不断扩展，v 值增加得更快，到达 B 点之后，压杆的抵抗能力开始小于外力的作用，不能维持稳定平衡。曲线最高点 B 处的压力 N_B，才是具有初始缺陷的轴心压杆真正的稳定极限承载力，以此为准则计算压杆稳定，称为“最大强度准则”。

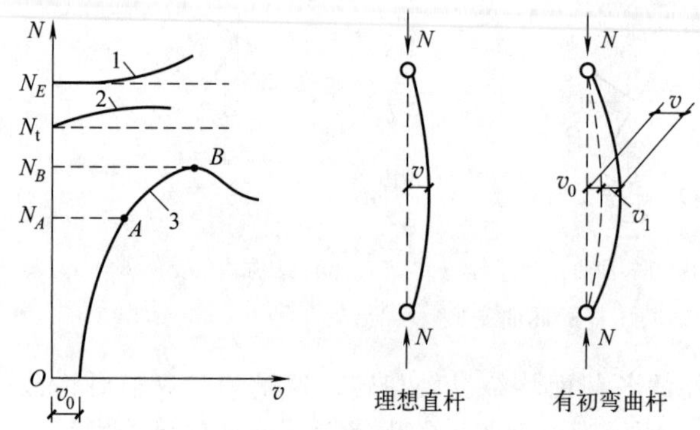

图 4.14 轴心压杆的压力-挠度曲线

最大强度准则仍以有初始缺陷（初偏心、初弯曲和残余应力等）的压杆为依据，但考虑塑性深入截面，以构件最后破坏时所能达到的最大轴心压力值作为压杆的稳定极限承载能力。

采用最大强度准则计算时，如果同时考虑残余应力和初弯曲缺陷，则沿横截面的各点以及沿杆长方向各截面，其应力-应变关系都是变数，很难列出临界力的解析式，只能借助计算机用数值方法求解。求解方法常用数值积分法。由于运算方法不同，又分为压杆挠曲线法（CDC 法）和逆算单元长度法等。

(4) 经验公式

临界应力主要根据试验资料确定，这是由于早期对柱弹塑性阶段的稳定理论还研究得很少，只能从实验数据中回归得出经验公式，作为压杆稳定承载能力的设计依据。

4.3.1.2 轴心受压构件的柱子曲线

压杆失稳时临界应力与长细比 λ 之间的关系曲线称为柱子曲线。我国现行《钢结构设计标准》（GB 50017—2017）所采用的轴心受压柱子曲线是按最大强度准则确定的，计算结果与国内各单位的试验结果进行了比较，较为吻合，说明了计算理论和方法的正确性。早期的《钢结构设计规范》（TJ 17—74）采用单一柱子曲线，即考虑压杆的极限承载能力只与长细比 λ 有关。事实上，压杆的极限承载力并不仅仅取决于长细比。由于残余应力的影响，即使长细比相同的构件，随着截面形状、弯曲方向、残余应力水平及分布情况的不同，构件的极限承载能力也有很大差异。这个范围的上、下限相差较大，特别是中等长细比的常用情况相差尤其显著。因此，若用一条曲线来代表，显然不合理。现行《钢结构设计标准》（GB 50017—2017）在上述计算资料的基础上，结合工程实际，将这些柱子曲线合并归纳为四组，取每组中柱子曲线的平均值作为代表曲线，即图 4.15 中的 a～d 四条曲线。在 $\lambda=40$～120 的常用范围，柱子曲线 a 比曲线 b 高出 4%～15%，而曲线 c 比曲线 b 低 7%～13%，d 曲线则更低，主要用于厚板截面。

组成板件厚度 $t<40\text{mm}$ 的轴心受压构件的截面分类见表 4.4，而 $t\geqslant 40\text{mm}$ 的截面分类见表 4.5。

一般的截面情况属于 b 类。

轧制圆管以及轧制普通工字钢绕 x 轴失稳时其残余应力影响较小，故属于 a 类。

格构式构件绕虚轴的稳定计算，由于此时不宜采用塑性深入截面的最大强度准则，参考《冷弯薄壁型钢结构技术规范》（GB 50018—2002），采用边缘屈服准则确定的 φ 值与曲线 b 接近，故取用曲线 b。

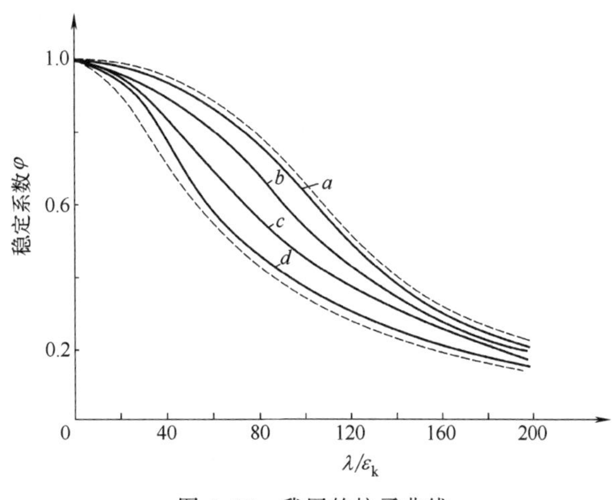

图 4.15 我国的柱子曲线

当槽形截面用于格构式柱的分肢时，由于分肢的扭转变形受到缀件的牵制，所以计算分肢绕其自身对称轴的稳定时，可用曲线 b。翼缘为轧制或剪切边的焊接工字形截面，绕弱轴失稳时边缘为残余压应力，使承载能力降低，故将其归入曲线 c。

另外，国内外针对高强钢轴心受压构件的稳定研究表明：热轧型钢的残余应力峰值和钢材强度无关，它的不利影响随钢材强度的提高而减弱。因此，对屈服强度达到和超过 355N/mm^2、$b/h>0.8$ 的 H 型钢及等边角钢，系数 φ 可比 Q235 钢提高一类采用。

板件厚度大于 40mm 的轧制工字形截面和焊接实腹截面，残余应力不但沿板件宽度方向变化，在厚度方向的变化也比较显著。另外，厚板质量较差也会对稳定性带来不利影响，故应按表 4.5 进行分类。

表 4.4 轴心受压构件的截面分类（板厚 $t<40\text{mm}$）

截面形式		对 x 轴	对 y 轴
x—x 轧制（y—y）		a 类	b 类
轧制（b，h，x—x，y—y）	$b/h\leqslant 0.8$	a 类	b 类
	$b/h>0.8$	a* 类	b* 类
轧制等边角钢（x—x，y—y）		a* 类	b* 类
焊接，翼缘为焰切边（x—x，y—y）	焊接（x—x，y—y）	b 类	b 类

续表

截面形式		对 x 轴	对 y 轴
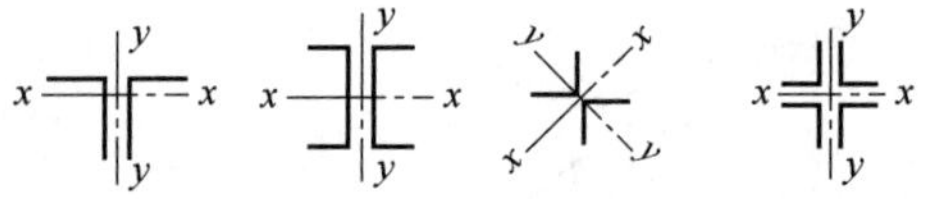 轧制		b类	b类
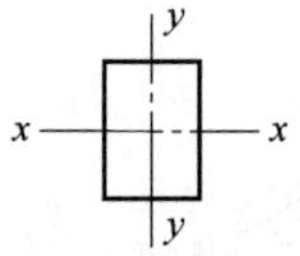 轧制，焊接(板件宽厚比＞20) 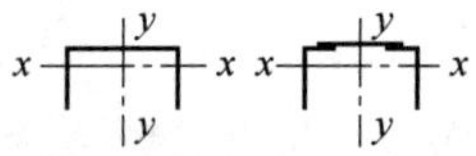	轧制或焊接		
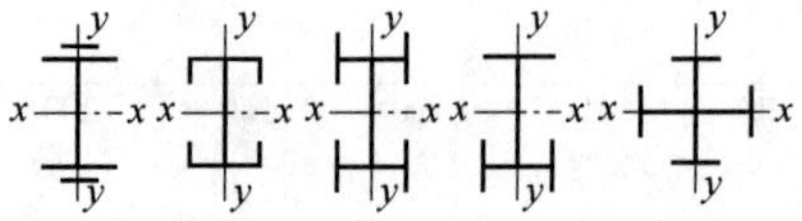 焊接 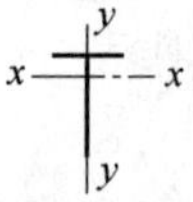	轧制截面和翼缘为焰切边的焊接截面		
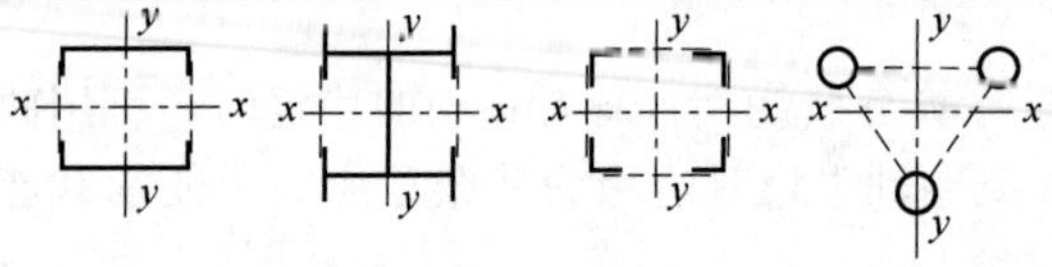 格构式 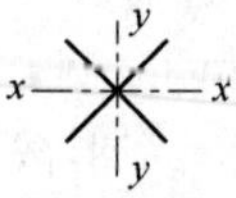	焊接，板件边缘焰切		
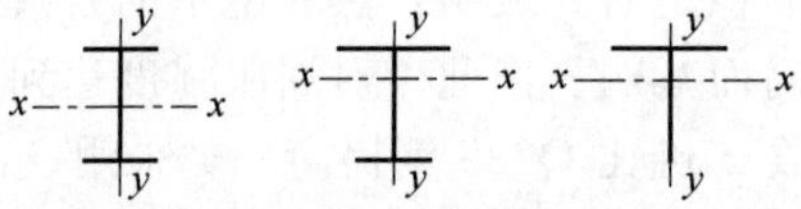 焊接，翼缘为轧制或剪切边		b类	c类
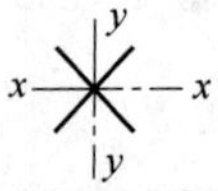 焊接，板件边缘轧制或剪切 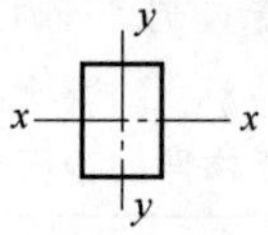	轧制，焊接(板件宽厚比≤20)	c类	c类

注：1. a* 类含义为 Q235 钢取 b 类，Q355、Q390、Q420 和 Q460 钢取 a 类；b* 类含义为 Q235 钢取 c 类，Q355、Q390、Q420 和 Q460 钢取 b 类。

2. 无对称轴且剪心和形心不重合的截面，其截面分类可按有对称轴的类似截面确定，如不等边角钢采用等边角钢的类别；当无类似截面时，可取 c 类。

表 4.5 轴心受压构件的截面分类（板厚 $t \geqslant 40$mm）

截面形式		对 x 轴	对 y 轴
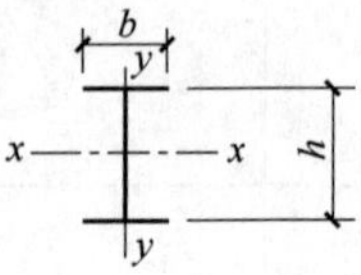 轧制工字形或 H 形截面	$t<80$mm	b类	c类
	$t \geqslant 80$mm	c类	d类
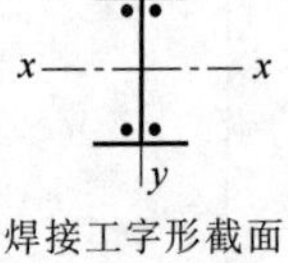 焊接工字形截面	翼缘为焰切边	b类	b类
	翼缘为轧制或剪切边	c类	d类

续表

截面形式		对 x 轴	对 y 轴
焊接箱形截面	板件宽厚比>20	b类	b类
	板件宽厚比≤20	c类	c类

4.3.1.3 轴心受压构件的整体稳定计算

轴心受压构件所受应力应不大于整体稳定的临界应力，考虑抗力分项系数 γ_R 后，即为

$$\sigma=\frac{N}{A}\leqslant\frac{\sigma_{cr}}{\gamma_R}=\frac{\sigma_{cr}}{f_y}\times\frac{f_y}{\gamma_R}=\varphi f$$

《钢结构设计标准》（GB 50017—2017）对轴心受压构件的整体稳定计算采用下列形式。

$$\frac{N}{\varphi Af}\leqslant 1.0 \tag{4.6}$$

式中 φ——轴心受压构件的整体稳定系数，$\varphi=\sigma_{cr}/f_y$。

整体稳定系数 φ 值应根据表 4.4、表 4.5 的截面分类和构件的长细比，按附录 4 中附表 4.1～附表 4.4 查出。

计算轴心受压构件整体稳定承载力时，构件长细比应根据失稳模式，按照下列规定确定。

(1) 截面形心与剪心重合的构件（如截面为双轴对称或极对称的构件）

① 计算绕两个主轴的弯曲屈曲时

$$\lambda_x=\frac{l_{ox}}{i_x} \tag{4.7}$$

$$\lambda_y=\frac{l_{oy}}{i_y} \tag{4.8}$$

式中 l_{ox}，l_{oy}——构件对主轴 x 和 y 的计算长度；

i_x，i_y——构件截面对主轴 x 和 y 的回转半径。

② 计算扭转屈曲时：

$$\lambda_z=\sqrt{\frac{I_o}{\dfrac{I_t}{25.7}+\dfrac{I_\omega}{l_\omega^2}}} \tag{4.9}$$

式中 I_o，I_t，I_ω——构件毛截面对剪心的极惯性矩、自由扭转常数和扇性惯性矩，对十字形截面可近似取 $I_\omega=0$；

l_ω——扭转屈曲的计算长度，两端铰支且端截面可自由翘曲者，取几何长度 l，两端嵌固且端部截面的翘曲完全受到约束者，取 $0.5l$。

双轴对称十字形截面板件宽厚比不超过 $15\varepsilon_k$ 时，其扭转失稳临界力大于弯曲失稳临界力，因此可不计算扭转屈曲。

(2) 截面为单轴对称的构件

① 当计算绕非对称主轴（设为 x 轴）的弯曲屈曲时，长细比应按式（4.7）计算。

② 对于单轴对称截面，由于截面形心与剪心（即剪切中心）不重合，当绕对称轴（设为 y 轴）失稳时，在弯曲的同时总伴随着扭转，即形成弯扭屈曲。在相同情况下，弯扭失稳比弯曲失稳的临界应力要低。因此，对双板 T 形和槽形等单轴对称截面进行弯扭分析后，

认为绕对称轴（y 轴）的稳定应用计及扭转效应的下列公式换算长细比代替 λ_y。

$$\lambda_{yz}=\frac{1}{\sqrt{2}}\left[(\lambda_y^2+\lambda_z^2)+\sqrt{(\lambda_y^2+\lambda_z^2)^2-4\left(1-\frac{y_s^2}{i_0^2}\right)\lambda_y^2\lambda_z^2}\right]^{\frac{1}{2}} \tag{4.10}$$

$$i_0^2=y_s^2+i_x^2+i_y^2 \tag{4.11}$$

式中 y_s——截面形心至剪心的距离；

i_0——截面对剪心的极回转半径；

λ_z——扭转屈曲的换算长细比，按式（4.9）计算。

③ 对于等边单角钢［图 4.16（a）］轴心受压构件，当绕两主轴弯曲的计算长度相等时，计算分析和试验研究都表明，绕强轴弯扭屈曲的承载力总是高于绕弱轴弯曲屈曲承载力，因此，这类构件可不计算弯扭屈曲。

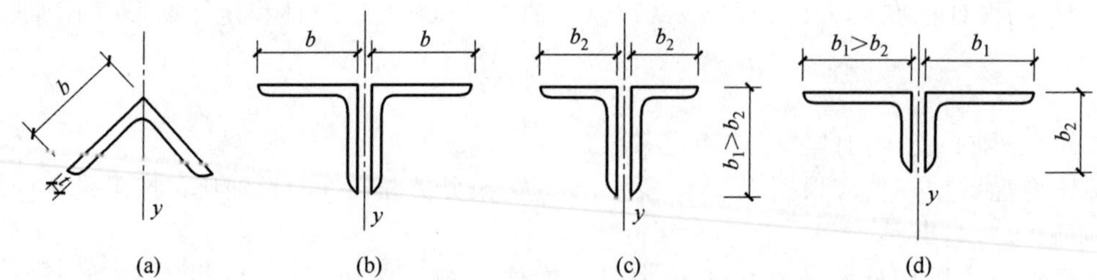

图 4.16 单角钢截面和双角钢组合 T 形截面

b—等边角钢肢宽度；b_1—不等边角钢长肢宽度；b_2—不等边角钢短肢宽度

④ 对于双角钢组合 T 形截面绕对称轴的换算，长细比 λ_{yz} 可采用下列简化方法确定。

a. 等边双角钢截面［图 4.16（b）］。

当 $\lambda_y \geqslant \lambda_z$ 时

$$\lambda_{yz}=\lambda_y\left[1+0.16\left(\frac{\lambda_z}{\lambda_y}\right)^2\right] \tag{4.12}$$

当 $\lambda_y<\lambda_z$ 时

$$\lambda_{yz}=\lambda_y\left[1+0.16\left(\frac{\lambda_y}{\lambda_z}\right)^2\right] \tag{4.13}$$

$$\lambda_z=3.9\frac{b}{t} \tag{4.14}$$

式中 t——角钢肢厚度。

b. 长肢相并的不等边双角钢截面［图 4.16（c）］。

当 $\lambda_y \geqslant \lambda_z$ 时

$$\lambda_{yz}=\lambda_y\left[1+0.25\left(\frac{\lambda_z}{\lambda_y}\right)^2\right] \tag{4.15}$$

当 $\lambda_y<\lambda_z$ 时

$$\lambda_{yz}=\lambda_y\left[1+0.25\left(\frac{\lambda_y}{\lambda_z}\right)^2\right] \tag{4.16}$$

$$\lambda_z=5.1\frac{b_2}{t} \tag{4.17}$$

c. 短肢相并的不等边双角钢截面［图 4.16（d）］。

当 $\lambda_y \geqslant \lambda_z$ 时

$$\lambda_{yz}=\lambda_y\left[1+0.06\left(\frac{\lambda_z}{\lambda_y}\right)^2\right] \tag{4.18}$$

当 $\lambda_y<\lambda_z$ 时

$$\lambda_{yz}=\lambda_y\left[1+0.06\left(\frac{\lambda_y}{\lambda_z}\right)^2\right] \tag{4.19}$$

$$\lambda_z=3.7\frac{b_1}{t} \tag{4.20}$$

(3) 不等边单角钢轴心受压构件（图 4.17）

换算长细比可按下列简化公式确定。

当 $\lambda_v \geqslant \lambda_z$ 时

$$\lambda_{xyz}=\lambda_v\left[1+0.25\left(\frac{\lambda_z}{\lambda_v}\right)^2\right] \tag{4.21}$$

当 $\lambda_v<\lambda_z$ 时

$$\lambda_{xyz}=\lambda_v\left[1+0.25\left(\frac{\lambda_v}{\lambda_z}\right)^2\right] \tag{4.22}$$

$$\lambda_z=4.21\frac{b_1}{t} \tag{4.23}$$

截面无任何对称轴且剪心和形心不重合的构件（单面连接的不等边单角钢除外）不宜用作轴心受压构件。

对单面连接的单角钢轴心受压构件，其强度计算和稳定计算考虑折减系数（见本书附表 1.5）后，可不考虑弯扭效应。

当槽形截面用于格构式构件的分肢，计算分肢绕对称轴（y 轴）的稳定性时，不必考虑扭转效应，直接用 λ_y 查出 φ_y 值。

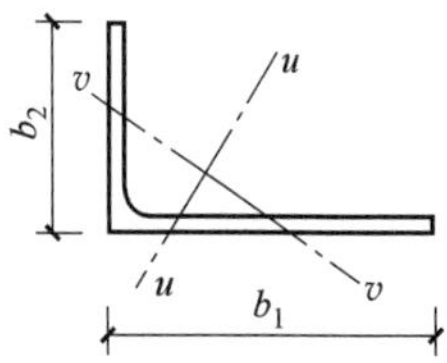

图 4.17 不等边角钢

v—角钢的弱轴；

b_1—角钢长肢宽度；

b_2—角钢短肢宽度

4.3.2 局部稳定计算

4.3.2.1 板件的局部稳定性

轴心受压构件都是由一些板件组成的，一般板件的厚度和板的宽度相比都较小，设计时应考虑局部稳定问题。如图 4.18 所示为轴心受压构件发生局部失稳，图 4.18（a）和图 4.18（b）分别表示腹板和翼缘失稳时的情况。构件丧失局部稳定后还可能继续维持着整体的平衡状态，但由于部分板件屈曲后退出工作，使构件的有效截面减少，会加速构件整体失稳而丧失承载能力。

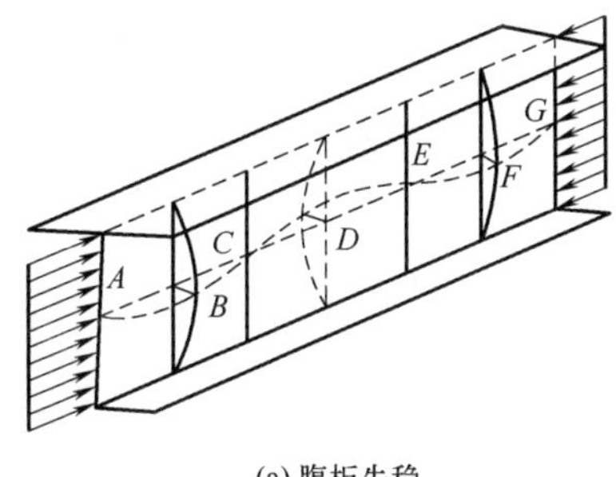

(a) 腹板失稳

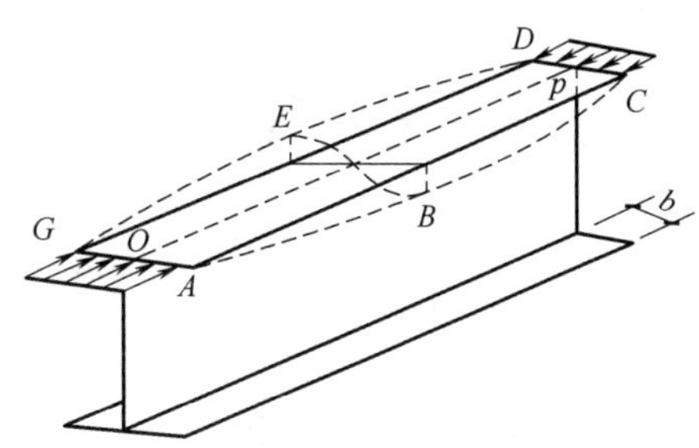

(b) 翼缘失稳

图 4.18 轴心受压构件的局部失稳

4.3.2.2 板件宽厚比限值

根据弹性稳定理论，板件在稳定状态所能承受的最大应力（即临界应力）与板件的形状、尺寸、支承情况以及应力情况等有关。以工字形截面的板件为例，如下所示。

(1) 翼缘

由于工字形截面的腹板一般较翼缘板薄，腹板对翼缘板几乎没有嵌固作用，因此翼缘可视为三边简支一边自由的均匀受压板，采用下列简单的直线式表达。

$$\frac{b}{t_f} \leqslant (10+0.1\lambda)\varepsilon_k \tag{4.24}$$

式中 b，t_f——翼缘板自由外伸宽度和厚度；

λ——构件两方向长细比的较大值，当 $\lambda<30$ 时，取 $\lambda=30$，当 $\lambda>100$ 时，取 $\lambda=100$。

(2) 腹板

腹板可视为四边支承板。当腹板发生屈曲时，翼缘板作为腹板纵向边的支承，对腹板将起一定的弹性嵌固作用，这种嵌固作用可使腹板的临界应力提高，简化后得到腹板高厚比 h_0/t_w 的简化表达式。

$$\frac{h_0}{t_w} \leqslant (25+0.5\lambda)\varepsilon_k \tag{4.25}$$

其他截面构件的板件宽厚比限值见表 4.6。对箱形截面中的板件（包括双层翼缘板的外层板），其宽厚比限值是近似借用了箱形梁翼缘板的规定（参见本书第 5 章相关内容）；对圆管截面，是根据材料为理想弹塑性体，轴向压应力达屈服强度的前提下导出的。

表 4.6 轴心受压构件板件宽厚比限值

截面及板件尺寸	宽厚比限值
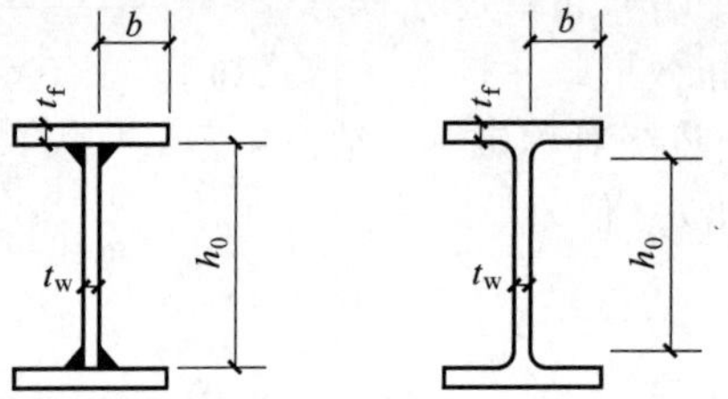	翼缘：$\frac{b}{t_f} \leqslant (10+0.1\lambda)\varepsilon_k$ 腹板：$\frac{h_0}{t_w} \leqslant (25+0.5\lambda)\varepsilon_k$
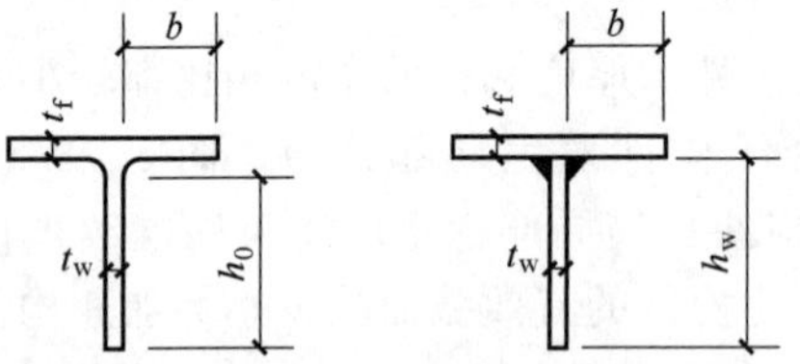	翼缘：$\frac{b}{t_f} \leqslant (10+0.1\lambda)\varepsilon_k$ 腹板： 热轧部分 T 形钢：$\frac{h_0}{t_w} \leqslant (15+0.2\lambda)\varepsilon_k$ 焊接 T 形钢：$\frac{h_0}{t_w} \leqslant (13+0.17\lambda)\varepsilon_k$
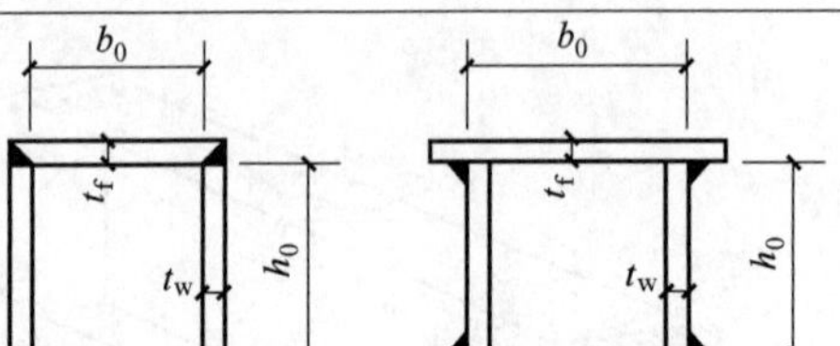	$\frac{h_0}{t_w}\left(或\frac{b_0}{t_f}\right) \leqslant 40\varepsilon_k$
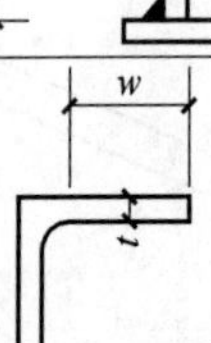	当 $\lambda \leqslant 80\varepsilon_k$ 时：$\frac{w}{t} \leqslant 15\varepsilon_k$ 当 $\lambda > 80\varepsilon_k$ 时：$\frac{w}{t} \leqslant 5\varepsilon_k+0.125\lambda$

续表

截面及板件尺寸	宽厚比限值
（圆管截面，标注 t、d）	$\frac{d}{t} \leqslant 100\varepsilon_k^2$

式（4.25）和式（4.26）是按照构件的整体稳定承载力达到极限值时推导出来的，显然，当轴心受压构件的压力小于稳定承载力 φAf 时，得出的板件宽厚比限值还可适当放宽，即可将表 4.6 中的板件宽厚比限值乘以放大系数 $\alpha=\sqrt{\varphi Af/N}$。

4.3.2.3　板件屈曲后强度的利用

当轴心受压构件的板件宽厚比不满足表 4.6 的要求时，除了加厚板件（此方法不一定经济）外，对箱形截面的壁板、H 形或工字形截面的腹板，较有效的方法是在腹板中部设置纵向加劲肋。由于纵向加劲肋与翼缘板构成了腹板纵向边的支承，因此，加强后腹板的有效高度 h_0 成为翼缘与纵向加劲肋之间的距离，如图 4.19 所示。纵向加劲肋宜在腹板两侧成对配置，且应具有一定的刚度，所以其一侧外伸宽度不应小于 $10t_w$，厚度不应小于 $0.75t_w$。

限制板件宽厚比和设置纵向加劲肋是为了保证在构件丧失整体稳定之前板件不会出现局部屈曲。实际上，四边支承理想平板在屈曲后还有很大的承载能力，一般称为屈曲后强度。板件的屈曲后强度主要来自平板中面的横向张力，因而板件屈曲后还能继续承载，此时板内的纵向压力出现不均匀，如图 4.20 所示为工字形截面腹板屈曲后的有效截面。

若近似以图 4.20（a）中虚线所示的应力图形来代替工字形截面腹板屈曲后纵向压应力的分布，即引入等效宽度和有效截面的概念，考虑腹板部分退出工作，实际腹板可由应力为 f_y、宽度为 ρh_0 的等效平板代替，等效平板的截面即为有效截面。考虑板件屈曲后强度的利用，应先计算板件的有效截面，再分别按下式计算构件的强度和整体稳定。

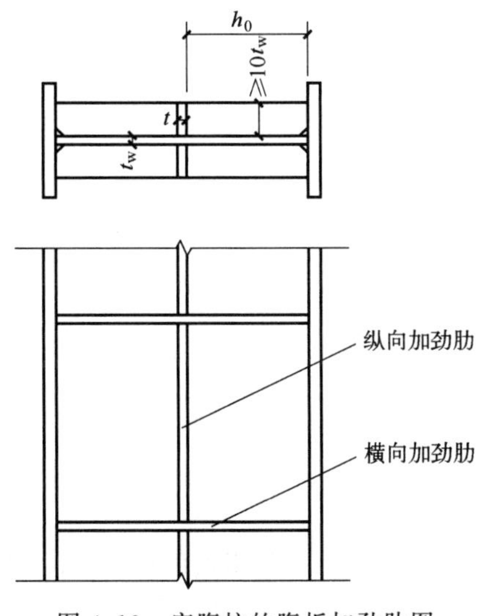

图 4.19　实腹柱的腹板加劲肋图

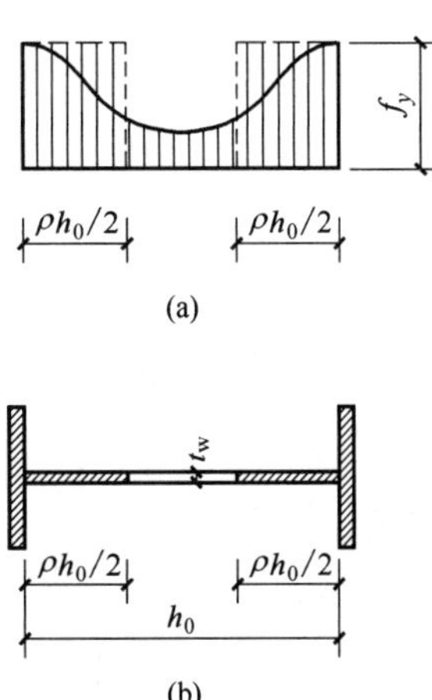

图 4.20　工字形截面腹板屈曲后的有效截面

强度计算

$$\frac{N}{A_{ne}} \leqslant f \tag{4.26}$$

整体稳定计算

$$\frac{N}{\varphi A_{e} f} \leqslant 1.0 \tag{4.27}$$

$$A_{ne} = \sum \rho_i A_{ni} \tag{4.28}$$

$$A_{e} = \sum \rho_i A_{i} \tag{4.29}$$

式中 A_{ne}，A_{e}——有效净截面面积和有效毛截面面积；

A_{ni}，A_{i}——各板件净截面面积和有效毛截面面积；

φ——整体稳定系数，可按毛截面计算；

ρ_i——各板件有效截面系数，按下列方法计算。

① 箱形截面的壁板、H 形或工字形截面的腹板。

当 $h_0/t_w \leqslant 42\varepsilon_k$ 时

$$\rho = 1.0 \tag{4.30}$$

当 $h_0/t_w > 42\varepsilon_k$ 时

$$\rho = \frac{1}{\lambda_{n,p}}\left(1 - \frac{0.19}{\lambda_{n,p}}\right) \tag{4.31}$$

$$\lambda_{n,p} = \frac{\frac{h_0}{t_w}}{56.2\varepsilon_k} \tag{4.32}$$

当 $\lambda > 52\varepsilon_k$ 时

$$\rho \geqslant (29\varepsilon_k + 0.25\lambda)\frac{t_w}{h_0} \tag{4.33}$$

式中 h_0，t_w——壁板或腹板的净宽度和厚度。

② 单角钢。

当 $\omega/t \geqslant 15\varepsilon_k$ 时

$$\rho \geqslant \frac{1}{\lambda_{n,p}}\left(1 - \frac{0.1}{\lambda_{n,p}}\right) \tag{4.34}$$

$$\lambda_{n,p} = \frac{\frac{\omega}{t}}{16.8\varepsilon_k} \tag{4.35}$$

当 $\lambda \geqslant 80\varepsilon_k$ 时

$$\rho \geqslant (5\varepsilon_k + 0.13\lambda)\frac{t}{\omega} \tag{4.36}$$

4.4 轴心受压柱的设计

4.4.1 实腹柱设计

4.4.1.1 截面形式

实腹式轴心受压柱一般采用双轴对称截面，以避免弯扭失稳。常用截面形式有轧制普通工字钢、H 型钢、焊接工字形截面、型钢和钢板的组合截面、圆管和方管截面等，见图 4.21。

选择实腹式轴心受压柱的截面时，应考虑以下几个原则：

① 面积的分布应尽量开展，以增加截面的惯性矩和回转半径，提高柱的整体稳定性和刚度；

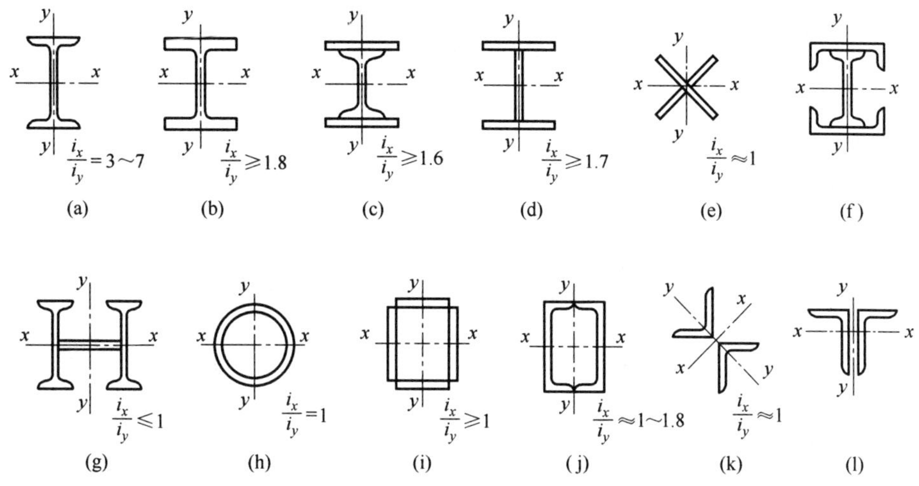

图 4.21 实腹式轴心受压柱常用截面

② 使两个主轴方向等稳定性，即使 $\varphi_x=\varphi_y$，以达到经济的效果；

③ 便于与其他构件进行连接；

④ 尽可能构造简单，制造省工，取材方便。

进行截面选择时一般应根据内力大小、两方向的计算长度值以及制造加工量、材料供应等情况综合进行考虑。单根轧制普通工字钢［图 4.21（a)］，由于对 y 轴的回转半径比对 x 轴的回转半径小得多，因而只适用于计算长度如 $l_{ox}\geqslant3l_{oy}$ 的情况。热轧宽翼缘 H 型钢［图 4.21（b)］的最大优点是制造省工，腹板较薄，翼缘较宽，可以做到与截面的高度相同（HW 型)，因而具有很好的截面特性。用三块板焊成的工字钢［图 4.21（d)］及十字形截面［图 4.21（e)］组合灵活，容易使截面分布合理，制造并不复杂。用型钢组成的截面［图 4.21（c)、(f)、(g)］适用于压力很大的柱。管形截面［图 4.21（h)、(i)、(j)］从受力性能来看，由于两个方向的回转半径相近，因而最适合两方向计算长度相等的轴心受压柱。这类构件为封闭式，内部不易生锈，但与其他构件的连接和构造较麻烦。

4.4.1.2 截面设计

设计截面时，首先按上述原则选定合适的截面形式，再初步选择截面尺寸，然后进行强度、整体稳定、局部稳定、刚度等的验算，具体步骤如下。

① 假定柱的长细比 λ，求出需要的截面积 A。一般假定 $\lambda=50\sim100$，当压力大而计算长度小时取较小值；反之取较大值。根据 λ、截面分类和钢种可查得稳定系数 φ，则需要的截面面积为

$$A=\frac{N}{\varphi f}$$

② 求两个主轴所需要的回转半径。

$$i_x=\frac{l_{ox}}{\lambda_x},\quad i_y=\frac{l_{oy}}{\lambda_y}$$

由已知截面面积 A，两个主轴的回转半径 i_x 和 i_y，优先选用轧制型钢，如普通工字钢、H 型钢等。当现有型钢规格不满足所需截面尺寸时，可以采用组合截面，这时需先初步定出截面的轮廓尺寸，一般是根据回转半径确定所需截面的高度 h 和宽度 b。

$$h=\frac{i_x}{\alpha_1},\quad b=\frac{i_y}{\alpha_2}$$

式中，α_1 和 α_2 为系数，表示 h、b 和回转半径 i_x、i_y 之间的近似数值关系，常用截面可由表 4.7 查得。例如由三块钢板组成的工字形截面 $\alpha_1=0.43$，$\alpha_2=0.24$。

表 4.7 各种截面回转半径的近似值

截面	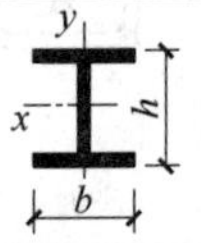 工字形	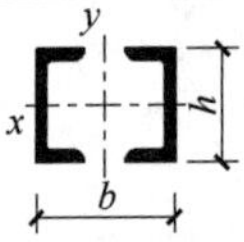 双槽钢（肢尖向内）	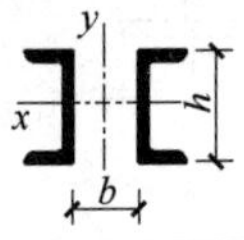 双槽钢（肢背向内）	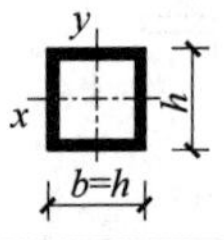 箱形（$b=h$）	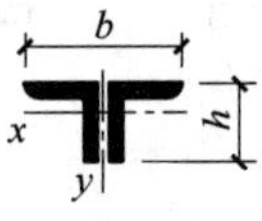 T形	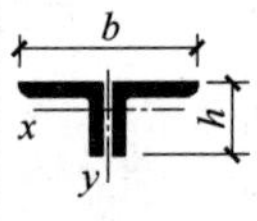 T形	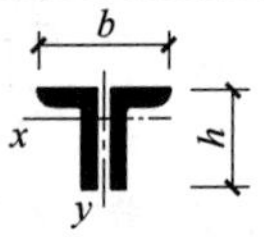 T形
$i_x=\alpha_1 h$	$0.43h$	$0.38h$	$0.38h$	$0.40h$	$0.30h$	$0.28h$	$0.32h$
$i_y=\alpha_2 b$	$0.24b$	$0.44b$	$0.60b$	$0.40b$	$0.215b$	$0.24b$	$0.20b$

④ 由所需要的 A、h、b 等，再考虑构造要求、局部稳定以及钢材规格等，确定截面的初选尺寸。

⑤ 构件强度、稳定和刚度验算。

a. 当截面有削弱时，需进行强度验算。

$$\sigma=\frac{N}{A_n}\leqslant f_u$$

式中 A_n——构件的净截面面积。

b. 整体稳定验算。

$$\frac{N}{\varphi A f}\leqslant 1.0$$

c. 局部稳定验算。如上所述，轴心受压构件的局部稳定是以限制其组成板件的宽厚比来保证的。对于热轧型钢截面，由于其板件的宽厚比较小，一般能满足要求，可不验算。对于组合截面，则应根据表 4.6 的规定对板件的宽厚比进行验算。

d. 刚度验算。轴心受压实腹柱的长细比应符合规范所规定的允许长细比要求。事实上，在进行整体稳定验算时，构件的长细比已预先求出，以确定整体稳定系数 φ，因而刚度验算可与整体稳定验算同时进行。

4.4.1.3 构造要求

当实腹柱的腹板高厚比 $h_0/t_w>80\varepsilon_k$ 时，为防止腹板在施工和运输过程中发生变形、提高柱的抗扭刚度，应设置横向加劲板。横向加劲肋的间距不得大于 $3h_0$，其截面尺寸要求为双侧加劲肋的外伸宽度 b 应不小于 $\frac{h_0}{30}+40\text{mm}$，厚度 t_s 应大于外伸宽度的 1/15。

轴心受压实腹柱的纵向焊缝（翼缘与腹板的连接焊缝）受力很小，不必计算，可按构造要求确定焊缝尺寸。

【例 4.2】 如图 4.22 (a) 所示为某管道支架，其支柱的设计压力为 $N=1600\text{kN}$（设计值），柱两端铰接，钢材为 Q355B，截面无孔眼削弱。试设计此支柱的截面：①用普通轧制工字钢；②用热轧 H 型钢；③用焊接工字形截面，翼缘板为焰切边。

【解】 支柱在两个方向的计算长度不相等，故取如图 4.22 (b) 所示的截面朝向，将强轴顺 x 轴方向，弱轴顺 y 轴方向。这样，柱在两个方向的计算长度分别为 $l_{ox}=6000\text{mm}$，$l_{oy}=3000\text{mm}$。材料 Q355B 的强度指标：$f_1=305\text{N/mm}^2$（$t\leqslant 16\text{mm}$），$f_2=295\text{N/mm}^2$（$16\text{mm}<t\leqslant 40\text{mm}$）。修正系数：$\varepsilon_k=\sqrt{\frac{235}{355}}=0.814$。

(1) 轧制工字钢［图 4.22 (b)］

① 试选截面。假定 $\lambda=90$，$\frac{\lambda}{\varepsilon_k}=900\div 0.814=110.6$，对于轧制工字钢，当绕 x 轴失稳

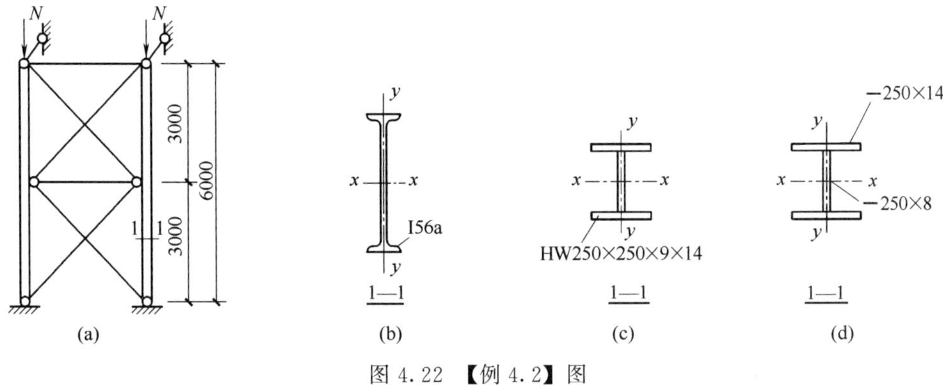

图 4.22 【例 4.2】图

时属于 a 类截面，由附表 4.1 查得 $\varphi_x=0.558$；绕 y 轴失稳时属于 b 类截面，由附表 4.2 查得 $\varphi_y=0.489$。需要的截面几何量为

$$A=\frac{N}{\varphi_{\min}f}=\frac{1600\times1000}{0.489\times305\times10^2}=107.3\ (\text{cm}^2)$$

$$i_x=\frac{l_{ox}}{\lambda_x}=\frac{6000}{90}=66.7\ (\text{mm})=6.67\ (\text{cm})$$

$$i_y=\frac{l_{oy}}{\lambda_y}=\frac{3000}{90}=33.3\ (\text{mm})=3.33\ (\text{cm})$$

由附表 7.1 中不可能选出同时满足 A、i_x 和 i_y 的型号，可适当照顾到 A 和 i_y 进行选择。现试选I 56a，$A=135\text{cm}^2$，$i_x=22.0\text{cm}$，$i_x=3.18\text{cm}$。

② 截面验算。因截面无孔眼削弱，可不验算强度。又因轧制工字钢的翼缘和腹板均较厚，可不验算局部稳定，只需进行整体稳定和刚度验算。

长细比

$$\lambda_x=\frac{l_{ox}}{i_x}=\frac{6000}{220}=27.3<[\lambda]=150$$

$$\lambda_y=\frac{l_{oy}}{i_y}=\frac{3000}{31.8}=94.3<[\lambda]=150$$

查表 4.4，对于轧制工字钢，$b/h=0.3<0.8$，绕 x 轴失稳时属于 a 类截面，绕 y 轴失稳时属于 b 类截面。

由 $\lambda_x/\varepsilon_k=27.3\div0.814=33.5$，查附表 4.1 得 $\varphi_x=0.956$。

由 $\lambda_y/\varepsilon_k=94.3\div0.814=115.8$，查附表 4.1 得 $\varphi_y=0.459$。

$\varphi_y<\varphi_x$，构件的稳定承载力由 y 轴控制。

$$\frac{N}{\varphi_y Af}=\frac{1600\times10^3}{0.459\times135\times10^2\times295}=0.875<1.0$$

因为翼缘厚度 $t=21\text{mm}>16\text{mm}$，故 $f=f_2=295\text{N/mm}^2$。

整体稳定满足要求。

(2) 热轧 H 型钢 [图 4.22 (c)]

① 试选截面。由于热轧 H 型钢可以选用宽翼缘的形式，截面宽度较大，因此，长细比的假设值可适当减小，假设 $\lambda=60$。对宽翼缘 H 型钢，因 $b/h>0.8$，所以，对 x 轴属于 a 类截面，对 y 轴属于 b 类截面。

由 $\lambda/\varepsilon_k=60\div0.814=73.7$，查附表 4.1 得 $\varphi_x=0.820$。

查附表 4.2 得 $\varphi_y=0.728$。所需截面几何量为

$$A=\frac{N}{\varphi_{\min}f}=\frac{1600\times10^3}{0.728\times305\times10^2}=72.1(\text{cm}^2)$$

$$i_x=\frac{l_{ox}}{\lambda_x}=\frac{6000}{60}=100(\text{mm})=10(\text{cm})$$

$$i_y=\frac{l_{oy}}{\lambda_y}=\frac{3000}{60}=50(\text{mm})=5.0(\text{cm})$$

由附表 7.2 中试选 HW250×250×9×14：$A=91.43\text{cm}^2$，$i_x=10.81\text{cm}$，$i_y=6.32\text{cm}$。

② 截面验算。因截面无孔眼削弱，可不验算强度。又因为热轧型钢，亦可不验算局部稳定，只需进行整体稳定和刚度验算。

整体稳定承载力验算。

$$\lambda_x=\frac{l_{ox}}{i_x}=\frac{6000}{108.1}=55.5<[\lambda]=150$$

$$\lambda_y=\frac{l_{oy}}{i_y}=\frac{3000}{63.2}=47.5<[\lambda]=150$$

查表 4.4，热轧 H 型钢，$b/h=10>0.8$，对 Q355 钢，绕 x 轴失稳时属于 a 类截面，绕 y 轴失稳时属于 b 类截面。

由 $\lambda_x/\varepsilon_k=55.5\div0.814=68.2$，查附表 4.1 得 $\varphi_x=0.848$。

由 $\lambda_y/\varepsilon_k=47.7\div0.814=58.6$，查附表 4.2 得 $\varphi_y=0.816$。

$\varphi_y<\varphi_x$，构件的稳定承载力由 y 轴控制。

$$\frac{N}{\varphi_y Af}=\frac{1600\times10^3}{0.816\times91.43\times10^2\times305}=0.703<1.0$$

整体稳定满足要求。

(3) 焊接工字形截面［图 4.22 (d)］

① 试选截面。参照 H 型钢截面，选用截面如图 4.22（d）所示，翼缘 2-250×14，腹板 1-250×8，截面几何特征为

$$A=2\times250\times14+250\times8=9000(\text{mm}^2)$$

$$I_x=\frac{1}{12}\times(250\times278^3-242\times250^3)=13250\times10^4(\text{mm}^4)$$

$$I_y=\frac{1}{12}\times(2\times14\times250^3+250\times8^3)=3646.9\times10^4(\text{mm}^4)$$

$$i_x=\sqrt{\frac{I_x}{A}}=\sqrt{\frac{13250\times10^4}{9000}}=121.3(\text{mm})=12.13(\text{cm})$$

$$i_y=\sqrt{\frac{I_y}{A}}=\sqrt{\frac{3646.9\times10^4}{9000}}=63.6(\text{mm})=6.36(\text{cm})$$

② 整体稳定承载力和刚度验算。

$$\lambda_x=\frac{l_{ox}}{i_x}=\frac{6000}{121.3}=49.5<[\lambda]=150$$

$$\lambda_y=\frac{l_{oy}}{i_y}=\frac{3000}{63.6}=47.2<[\lambda]=150$$

查表 4.4，翼缘为焰切边的焊接 H 型钢，绕 x 轴和 y 轴失稳时均属于 b 类截面。由于

$\lambda_x > \lambda_y$，由$\dfrac{\lambda_x}{\varepsilon_k}=49.5\div 0.814=60.8$，查附表 4.2 得 $\varphi_x=0.803$。

整体稳定满足要求。

③ 局部稳定验算冀缘外伸部分。

$$\frac{b}{t}=\frac{(250-8)/2}{14}=8.6<(10+0.1\lambda)\varepsilon_k=(10+0.1\times 49.5)\times 0.814=12.2$$

腹板的局部稳定。

$$\frac{h_0}{t_w}=\frac{250}{8}=31.3<(25+0.5\lambda)\varepsilon_k=(25+0.5\times 49.5)\times 0.814=40.5$$

截面无孔眼削弱，不必验算强度。

④ 构造。因腹板高厚比小于 $80\varepsilon_k$，故不必设置横向加劲肋。翼缘与腹板的连接焊缝最小焊脚尺寸 $h_f=6$mm，采用 $h_f=6$mm。

以上采用三种不同截面形式对本例中的支柱进行了设计，由计算结果可知，轧制普通工字钢截面要比热轧 H 型钢截面和焊接工字形截面约大 50%，这是由于普通工字钢绕弱轴的回转半径太小。在本例中，尽管弱轴方向的计算长度仅为强轴方向计算长度的 1/2，前者的长细比仍远大于后者，因而支柱的承载能力是由弱轴所控制的，对强轴则有较大富余，这显然是不经济的，若必须采用这种截面，宜再增加侧向支撑的数量。对于轧制 H 型钢和焊接工字形截面，由于其两个方向的长细比非常接近，基本上做到了等稳定性，用料较经济。但焊接工字形截面增加焊接工序，设计实腹式轴心受压柱时宜优先选用轧制 H 型钢。

【例 4.3】（注册结构师考题题型）

封闭式通廊的中间支架如图 4.23 所示，通廊和支架均采用钢结构，材料为 Q355B 钢，焊条采用 E50 型。支架柱肢的中心距为 7m 和 4m，支架的交叉腹杆按单杆受拉考虑。

(1) 已知支架受压柱肢的压力设计值$N=2698$kN，柱肢采用热轧 H 型钢 HW394×398×11×18，$A=18681\text{mm}^2$，$i_x=172.5$mm，$i_y=100.6$mm，柱肢近似作为桁架的弦杆，按轴心受压杆件设计，计算其整体稳定数值（N/mm^2）。

(2) 与（ ）最接近。

提示：对 x 轴按 a 类截面、对 y 轴按 b 类截面查轴心压杆稳定系数。

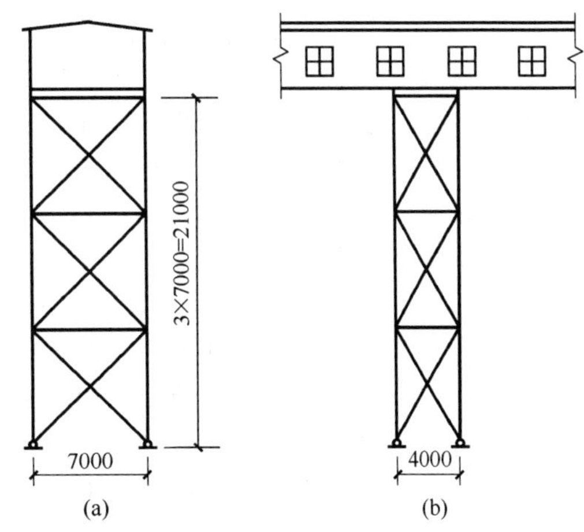

图 4.23 【例 4.3】图

(A) 191.5 (B) 179.2 (C) 163.1 (D) 222.9

答案：(D)。

主要作答过程如下。

柱在两个方向的计算长度：$l_{ox}=l_{oy}=7000$mm。材料 Q355B 钢的强度指标 $f=295\text{N/mm}^2$（16mm$<t<$40 mm）；修正系数：$\varepsilon_k=0.814$。

$$\lambda_y=\frac{l_{oy}}{i_y}=\frac{7000}{100}=70$$

由 $\lambda_y/\varepsilon_k=70\div 0.814=86.0$，查附表 4.2 得 $\varphi_y=0.648$。

$$\frac{N}{\varphi_y A}=\frac{2698\times 10^3}{0.648\times 18681}=222.9(\text{N/mm}^2)<f=295\text{N/mm}^2。$$

(3) 同上题条件，用焊接钢管代替 H 型钢，钢管取 $\phi500\times10$，$A=15400\text{mm}^2$，$i=173\text{mm}$，其由强度计算所得的压应力（N/mm^2）和整体稳定计算数值（N/mm^2）分别为（　　）。

提示：按 b 类截面查轴心压杆稳定系数。

A. 175.2，185.8　B. 152.3，185.8　C. 175.2，204.2　D. 152.3，204.2

答案：C。

主要作答过程如下。

① 强度验算。

$$\frac{N}{A_n}=\frac{2698\times10^3}{15400}=175.2(\text{N/mm}^2)<f=305(\text{N/mm}^2)$$

② 整体稳定计算。

$$\lambda=\frac{l_o}{i}=\frac{7000}{173}=40.5$$

由$\frac{\lambda}{\varepsilon_k}=40.5\div0.814=49.7$，查附表 4.2 得 $\varphi=0.858$。

$$\frac{N}{\varphi A}=\frac{2698\times10^3}{0.858\times15400}=204.2(\text{N/mm}^2)<f_1=305(\text{N/mm}^2)$$

4.4.2 格构柱设计

4.4.2.1 格构柱的截面形式

轴心受压格构柱一般采用双轴对称截面，如用两根槽钢［图 4.4（a）、（b）］或 H 型钢［图 4.4（c）］作为肢件，两肢间用缀条［图 4.5（a）］或缀板［图 4.5（b）］连成整体。格构柱调整两肢间的距离很方便，易于实现对两个主轴的等稳定性。槽钢肢件的翼缘可以向内［图 4.4（a）］，也可以向外［图 4.4（b）］，前者外观平整优于后者。

在柱的横截面上穿过肢件腹板的轴叫实轴（图 4.5 中的 y 轴），穿过两肢之间缀材面的轴称为虚轴（图 4.5 中的 x 轴）。

用四根角钢组成的四肢柱［图 4.4（d）］，适用于长度较大而受力不大的柱，四面皆以缀材相连，两个主轴 x-x 和 y-y 都为虚轴。三面用缀材相连的三肢柱［图 4.4（e）］，一般用圆管作为肢件，其截面是几何不变的三角形，受力性能较好，两个主轴也都为虚轴。四肢柱和三肢柱的缀材一般采用缀条而不用缀板。

缀条一般用单根角钢做成，而缀板通常用钢板做成。

4.4.2.2 格构柱绕虚轴的换算长细比

格构柱绕实轴的稳定计算与实腹式构件相同，但绕虚轴的整体稳定临界力比长细比相同的实腹式构件低。

轴心受压构件整体弯曲后，沿杆长各截面上将存在弯矩和剪力。对实腹式构件，剪力引起的附加变形很小，对临界力的影响只占 3/1000 左右。因此，在确定实腹式轴心受压构件整体稳定的临界力时，仅仅考虑由弯矩作用所产生的变形，而忽略剪力所产生的变形。对于格构式柱，当绕虚轴失稳时，情况有所不同，因肢件之间并不是连续的板，而只是每隔一定距离用缀条或缀板联系起来。柱的剪切变形较大，剪力造成的附加挠曲影响就不能忽略。在格构式柱的设计中，对虚轴失稳的计算，常以加大长细比的办法来考虑剪切变形的影响，加大后的长细比称为换算长细比。

《钢结构设计标准》(GB 50017—2017) 对缀条柱和缀板柱采用不同的换算长细比计算公式。

(1) 双肢缀条柱

双肢缀条柱绕虚轴的换算长细比为 λ_{ox}，即

$$\lambda_{ox}=\sqrt{\lambda_x^2+27\frac{A}{A_1}} \tag{4.37}$$

式中　λ_x——整个柱对虚轴的长细比；

A——整个柱的毛截面面积。

需要注意的是，当斜缀条与柱轴线间的夹角不在40°～70°范围内，尤其是小于40°时，式（4.37）是偏于不安全的。

（2）双肢缀板柱

标准规定双肢缀板柱的换算长细比采用

$$\lambda_{ox}=\sqrt{\lambda_x^2+\lambda_1^2} \tag{4.38}$$

式中　λ_1——分肢的长细比，$\lambda_1=l_{01}/i_1$，i_1为分肢弱轴的回转半径，l_{01}为缀板间的净距离［图4.5（b）］。

4.4.2.3　缀材设计

（1）轴心受压格构柱的横向剪力

格构柱绕虚轴失稳发生弯曲时，缀材要承受横向剪力的作用。因此，需要首先计算出横向剪力的数值，然后才能进行缀材的设计。

轴心受压格构柱平行于缀材面的最大剪力为

$$V=\frac{Af}{85\varepsilon_k} \tag{4.39}$$

（2）缀条的设计

缀条的布置一般采用单系缀条［图4.24（a）］，也可采用交叉缀条［图4.24（b）］。缀条可视为以柱肢为弦杆的平行弦桁架的腹杆，内力与桁架腹杆的计算方法相同。在横向剪力作用下，一个斜缀条的轴心力为

$$N_1=\frac{V_1}{n\cos\theta} \tag{4.40}$$

式中　V_1——分配到一个缀材面上的剪力；

n——承受剪力V_1的斜缀条数，单系缀条时$n=1$，交叉缀条时$n=2$；

θ——缀条的倾角（图4.24）。

由于剪力的方向不定，斜缀条可能受拉也可能受压，应按轴心压杆选择截面。

缀条一般采用单角钢，与柱单面连接，考虑到受力时的偏心和受压时的弯扭，当按轴心受力构件设计（不考虑扭转效应）时，应按钢材强度设计值乘以下列折减系数η。

① 按轴心受力计算构件的强度和连接强度时$\eta=0.85$。

② 按轴心受压计算构件的稳定性时：

a. 等边角钢$\eta=0.6+0.0015\lambda$，但不大于1.0；

b. 短边相连的不等边角钢$\eta=0.5+0.0025\lambda$，但不大于1.0；

c. 长边相连的不等边角钢$\eta=0.70$。

λ为缀条的长细比，对中间无联系的单角钢压杆，按最小回转半径计算，当$\lambda<20$时，取$\lambda=20$。交叉缀条体系［图4.24（b）］的横缀条按受压力$N=V_1$计算。为了减小分肢的计算长度，单系缀条［图4.24（a）］也可加横缀条，其截面尺寸一般与斜缀条相同，也可按允许长细比（$[\lambda]=150$）确定。

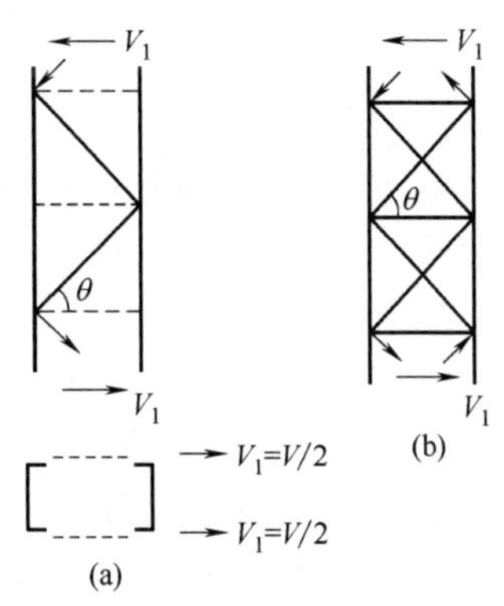

图4.24　缀条内力

(3) 缀板的设计

从柱中取出如图 4.25 (a) 所示脱离体，可得缀板内力。

剪力

$$T=\frac{V_1 l_1}{a} \tag{4.41}$$

弯矩（与肢件连接处）

$$M=T\frac{a}{2}=\frac{V_1 l_1}{2} \tag{4.42}$$

式中 l_1——缀板中心线间的距离；

a——肢件轴线间的距离。

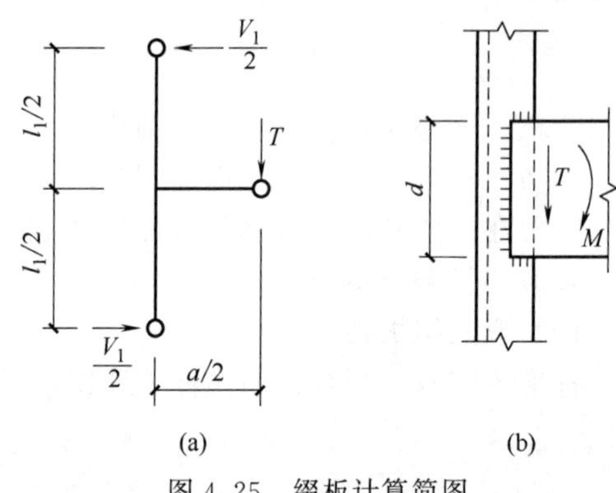

图 4.25 缀板计算简图

缀板与肢体间用角焊缝相连，角焊缝承受剪力和弯矩的共同作用。由于角焊缝的强度设计值小于钢材的强度设计值，故只需用上述 M 和 T 验算缀板与肢件间的连接焊缝。

缀板应有一定的刚度。相关规范规定，同一截面处两侧缀板线刚度之和不得小于一个分肢线刚度的 6 倍。一般取宽度 $d \geqslant 2a/3$ [图 4.25 (b)]，厚度 $t \geqslant a/40$，并不小于 6mm。端缀板宜适当加宽，取 $d=a$。

4.4.2.4 格构柱的设计步骤

格构柱的设计需首先选择柱肢截面和缀材的形式，中小型柱可用缀板柱或缀条柱，大型柱宜用缀条柱，然后按下列步骤进行设计。

① 按对实轴（y-y 轴）的整体稳定性选择柱的截面，方法与实腹柱的计算相同。

② 按对虚轴（x-x 轴）的整体稳定性确定两分肢的距离。

为了获得等稳定性，应使两方向的长细比相等，即使 $\lambda_{ox}=\lambda_y$。

缀条柱（双肢）

$$\lambda_{ox}=\sqrt{\lambda_x^2+27\frac{A}{A_1}}$$

即

$$\lambda_x=\sqrt{\lambda_y^2-27\frac{A}{A_1}} \tag{4.43}$$

缀板柱（双肢）

$$\lambda_{ox}=\sqrt{\lambda_x^2+\lambda_1^2}$$

即

$$\lambda_x=\sqrt{\lambda_y^2-\lambda_1^2} \tag{4.44}$$

对缀条柱应预先确定斜缀条的截面 A_1；对缀板柱应先假定分肢长细比 λ_1。

按式 (4.43) 或式 (4.44) 计算得出 λ_x 后，即可得到对虚轴的回转半径。

$$i_x=\frac{l_{ox}}{\lambda_x}$$

根据表 4.7，可得柱在缀材方向的宽度 $b=i_x/a_1$，亦可由已知截面的几何量直接算出柱的宽度 b。

③ 验算对虚轴的整体稳定性，不合适时应修改柱宽后再进行验算。

④ 设计缀条或缀板（包括它们与分肢的连接）。

进行以上计算时应注意：

① 柱对实轴的长细比 λ_y 和对虚轴的换算长细比 λ_{ox} 均不得超过允许长细比 [λ]；

② 缀条柱的分肢长细比 $\lambda_1=l_1/i_1$ 不得超过柱两方向长细比（对虚轴为换算长细比）较大值的 0.7 倍，否则分肢可能先于整体失稳；

③ 缀板柱的分肢长细比 $\lambda_1 = l_{01}/i_1$ 不应大于 40，并不应大于柱较大长细比 λ_{max} 的 0.5 倍（当 $\lambda_{max} < 50$ 时，取 $\lambda_{max} = 50$），亦是为了保证分肢不先于整体构件失去承载能力。

4.4.3 柱的横隔

格构柱的横截面为中部空心的矩形，抗扭刚度较差。为了提高格构柱的抗扭刚度，保证柱子在运输和安装过程中的截面形状不变，应每隔一段距离设置横隔。另外，大型实腹柱（工字形或箱形）也应设置横隔（图 4.26）。横隔的间距不得大于柱子较大宽度的 9 倍或 8m，且每个运送单元的端部均应设置横隔。

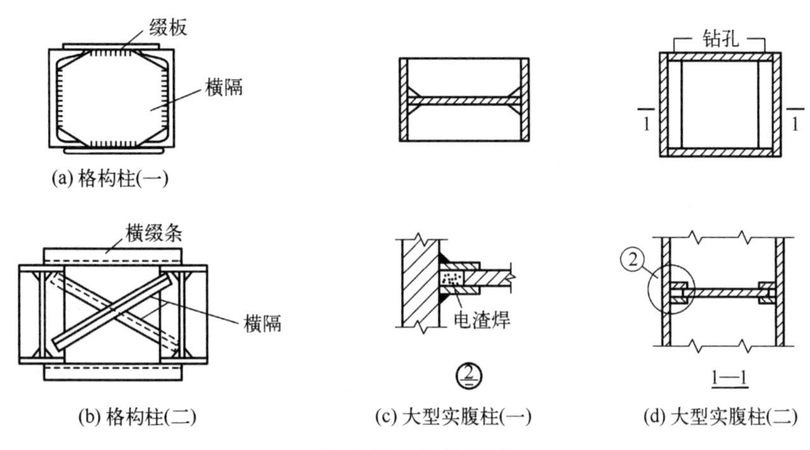

图 4.26　柱的横隔

当柱身某一处受有较大水平集中力作用时，也应在该处设置横隔，以免柱肢局部受弯。横隔可用钢板［图 4.26（a）、(c)、(d)］或交叉角钢［图 4.26（b）］做成。工字形截面实腹柱的横隔只能用钢板，它与横向加劲肋的区别在于与翼缘同宽［图 4.26（c）］，而横向加劲肋则通常较窄。箱形截面实腹柱的横隔，有一边或两边不能预先焊接，可先焊两边或三边，装配后再在柱壁钻孔，用电渣焊焊接其他边［图 4.26（d）］。

【例 4.4】 某轴心受压柱，柱高 6m，两端铰接，承受轴心压力 1000kN（设计值），钢材为 Q355 钢，截面无孔眼削弱。试设计一缀条柱。

【解】 由题意，柱的计算长度 $l_{ox} = l_{oy} = 6000\text{mm}$，钢材强度设计值 305N/mm^2，修正系数 $\varepsilon_k = \sqrt{\frac{235}{355}} = 0.814$。

缀条柱设计如下。

(1) 按实轴（y-y 轴）的整体稳定性选择柱的截面

假设 $\lambda_y = 70$，$\lambda_x/\varepsilon_k = 70 \div 0.814 = 86.0$，查附表 4.2（b 类截面）得 $\varphi_y = 0.648$，需要的截面面积为

$$A = \frac{N}{\varphi_y f} = \frac{1000 \times 10^3}{0.648 \times 305} = 5060(\text{mm})^2$$

选用 2[22a，$A = 63.68\text{cm}^2$，$i_y = 8.67\text{cm}$。

验算整体稳定性。

$$\lambda_y = \frac{l_{oy}}{i_y} = \frac{6000}{8.67 \times 10} = 69.2 < [\lambda] = 150$$

由$\frac{\lambda_y}{\varepsilon_k}=69.2\div0.814=85.0$，查附表 4.2（b 类截面）得 $\varphi_y=0.654$。

$$\frac{N}{\varphi_y Af}=\frac{1000\times10^3}{0.654\times63.68\times10^2\times305}=0.787<1.0$$

满足要求。

(2) 确定柱宽 b

初选缀条截面∟45×4，查得 $A'_1=6.98\mathrm{cm}^2$，为了获得等稳定性，柱绕虚轴（x-x 轴）的长细比应满足

$$\lambda_x=\sqrt{\lambda_y^2-27\frac{A}{A_1}}=\sqrt{69.2^2-27\times\frac{63.6}{6.98}}=67.4$$

$$i_x=\frac{l_{ox}}{\lambda_x}=\frac{600}{67.4}=8.9(\mathrm{cm})$$

采用图 4.27 所示的截面形式，由表 4.7 可知，截面绕虚轴的回转半径近似为

$$i_x\approx0.44b$$

$b\approx\frac{i_x}{0.44}=20.23$（cm），取 $b=210\mathrm{mm}$

查附表 7.3 可知，单个槽钢⊏22a 的截面数据为：$A=31.8\mathrm{cm}^2$，$Z_0=2.1\mathrm{cm}$，$I_1=157.8\mathrm{cm}^4$，$i_1=2.23\mathrm{cm}$。

整个截面对虚轴（x-x）的数据为

$$I_x=2\times\left[157.8+31.8\times\left(\frac{21.0-2.1\times2}{2}\right)^2\right]=4803.2(\mathrm{cm}^4)$$

$$i_x=\sqrt{\frac{4803.2}{63.6}}=8.69(\mathrm{cm})\quad\lambda_x=\frac{600}{8.69}=69.0$$

$$\lambda_{ox}=\sqrt{\lambda_x^2+27\frac{A}{A_1}}=\sqrt{69.0^2+27\frac{63.6}{6.98}}=70.8<[\lambda]=150$$

由$\frac{\lambda_{ox}}{\varepsilon_k}=\frac{70.9}{0.814}=87.0$，查附表 4.2 得（b 类截面）$\varphi_x=0.641$。

$$\frac{N}{\varphi_y Af}=\frac{1000\times10^3}{0.641\times63.68\times10^2\times305}=0.803<1.0$$

绕虚轴的整体稳定满足要求。

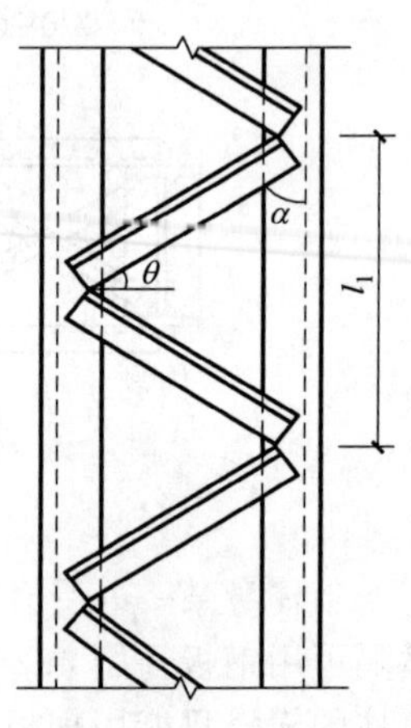

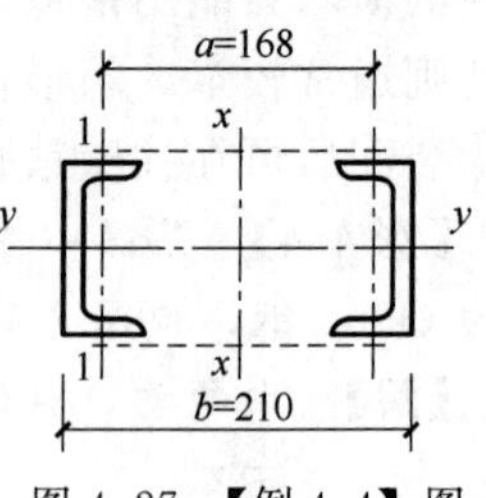

图 4.27 【例 4.4】图

(3) 缀条验算

如图 4.27 所示，取 $\theta=45$。

缀条所受的剪力为

$$V=\frac{Af}{85\varepsilon_k}=\frac{63.68\times10^3\times305}{85\times0.814}=28071(\mathrm{N})$$

一个斜缀条的轴心力为

$$N_1=\frac{\frac{V}{2}}{\cos\theta}=\frac{\frac{28071}{2}}{\cos45^\circ}=19849(\mathrm{N})$$

$$a=b-2Z_0=210-2\times21=168(\mathrm{mm})$$

缀条长度为

$$l_0=\frac{a}{\cos45°}=\frac{168}{\frac{\sqrt{2}}{2}}=238(\text{mm})$$

长细比为

$$\lambda=\frac{0.9l_0}{i_1}=\frac{0.9\times238}{0.89\times10}=24<[\lambda]=150$$

由 $\lambda_x/\varepsilon_k=24\div0.814=29.5$，查附表 4.2 得（b 类截面）$\varphi_x=0.9375$。

等边单角钢与柱单面连接，强度应乘以折减系数。

$$\eta=0.6+0.0015\lambda=0.64$$

$$\frac{N_1}{\eta\varphi_x A'_1 f}=\frac{19849}{0.64\times0.9375\times3.49\times10^2\times305}=0.313<1.0$$

因为L45×4 为最小截面，故缀条选用L45×4 满足要求。

缀条与柱肢之间的连接角焊缝采用低氢焊接方法，取 $h_f=4\text{mm}$。

肢背

$$l_{w1}\geqslant\frac{\frac{2}{3}N_1}{0.7h_f\eta f_f^w}=\frac{\frac{2}{3}\times19849}{0.7\times4\times0.85\times200}=28(\text{mm})$$

肢尖

$$l_{w1}\geqslant\frac{\frac{1}{3}N_1}{0.7h_f\eta f_f^w}=\frac{\frac{1}{3}\times19849}{0.7\times4\times0.85\times200}=14(\text{mm})$$

考虑构造要求，肢背和肢尖的实际焊缝长度都取 50mm。

(4) 单肢的稳定

柱单肢在平面内（绕 1 轴）的长细比

$$i_1=2.23\text{cm}$$

缀条的节间长度

$$l_1=2a\tan\alpha=2\times(210-2\times21)\tan45°=336(\text{mm})$$

$$\lambda_1=\frac{l_1}{i_1}=\frac{336}{22.3}=15<0.7\{\lambda_{ox},\lambda_y\}_{\max}=0.7\times70.9=49.6$$

单肢的稳定能保证。

4.5 柱头和柱脚

单个构件必须通过相互连接才能形成结构整体，轴心受压柱通过柱头直接承受上部结构传来的荷载，同时通过柱脚将柱身的内力可靠地传给基础。最常见的上部结构是梁格系统。梁与柱的连接节点设计必须遵循传力可靠、构造简单和便于安装的原则。

4.5.1 梁与柱的连接

梁与轴心受压柱的连接只能是铰接，若为刚接，则柱将承受较大弯矩成为受压受弯柱。梁与柱铰接时，梁可支承在柱顶上［图 4.28 (a)～(c)］，亦可连于柱的侧面［图 4.28 (d)、(e)］。梁支于柱顶时，梁的支座反力通过柱顶板传给柱身。顶板与柱用焊缝连接，顶板厚度一般取 16～20mm。为了便于安装定位，梁与顶板用普通螺栓连接。图 4.28 (a) 的构造方案，将梁的反力通过支承加劲肋直接传给柱的翼缘。

两相邻梁之间留一些空隙，以便于安装，最后用夹板和构造螺栓连接。这种连接方式构造简单，对梁长度尺寸的制作要求不高。缺点是当柱顶两侧梁的反力不等时将使柱偏心受压。图 4.28（b）的构造方案，梁的反力通过端部加劲肋的凸出部分传给柱的轴线附近，因此即使两相邻梁的反力不等，柱仍接近轴心受压。梁端加劲肋的底面应刨平顶紧于柱顶板。由于梁的反力大部分传给柱的腹板，因而腹板不能太薄且必须用加劲肋加强。两相邻梁之间可留一些空隙，安装时嵌入合适尺寸的填板并用普通螺栓连接。对于格构柱［图 4.28（c）］，为了保证传力均匀并托住顶板，应在两柱肢之间设置竖向隔板。

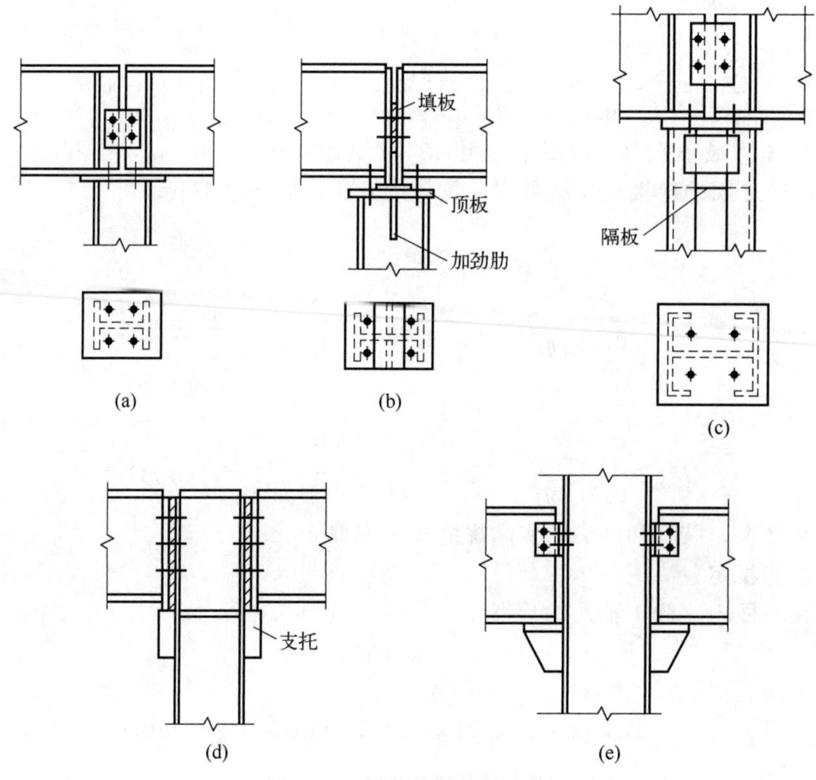

图 4.28　梁与柱的铰接连接

在多层框架的中间梁柱中，横梁只能在柱侧相连。图 4.28（d）、（e）是梁连接于柱侧面的铰接构造。梁的反力由梁端加劲肋传给支托，支托可采用 T 形［图 4.28（e）］，也可用厚钢板做成［图 4.28（d）］，支托与柱翼缘间用角焊缝相连。用厚钢板做支托的方案适用于承受较大的压力，但制作与安装的精度要求较高。支托的端面必须刨平并与梁的端加劲肋顶紧以便直接传递压力。考虑到荷载偏心的不利影响，支托与柱的连接焊缝按梁支座反力的 1.25 倍计算。为方便安装，梁端与柱间应留空隙加填板并设置构造螺栓。当两侧梁的支座反力相差较大时，应考虑偏心，按压弯柱计算。

4.5.2 柱脚

柱脚的构造应使柱身的内力可靠地传给基础，并和基础有牢固的连接。轴心受压柱的柱脚主要传递轴心压力，与基础的连接一般采用铰接。

如图 4.29 所示是几种常用的平板式铰接柱脚。由于基础混凝土强度远比钢材低，所以必须把柱的底部放大，以增加其与基础顶部的接触面积。图 4.29（a）是一种最简单的柱脚构造形式，在柱下端仅焊一块底板，柱中压力由焊缝传至底板，再传给基础。这种柱脚只能用于小型柱，如果用于大型柱，底板会太厚。一般的铰接柱脚常采用图 4.29（b)～(d）的形式，在柱端部与底板之间增设一些中间传力零件，如靴梁、隔板和肋板等，以增加柱与底板的连接焊缝长度，并且将底板分隔成几个区格，使底板的弯矩减小，厚度减薄。图 4.29（b）中，靴梁焊于柱的两侧，在靴梁之间用隔板加强，以减小底板的弯矩，并提高靴梁的稳定性。图 4.29（c）是格构柱的柱脚构造。图 4.29（d）中，在靴梁外侧设置肋板，底板做成正方形或接近正方形。

布置柱脚中的连接焊缝时，应考虑施焊的方便与可能。例如图 4.29（b）隔板的里侧，图 4.29（c)、(d）中靴梁中央部分的里侧，都不宜布置焊缝。

柱脚是利用预埋在基础中的锚栓来固定其位置的。铰接柱脚只沿着一条轴线设立两个连接于底板上的锚栓，见图 4.29。底板的抗弯刚度较小，锚栓受拉时，底板会产生弯曲变形，阻止柱端转动的抗力不大，因而此种柱脚仍视为铰接。如果用完全符合力学图形的铰，将给安装工作带来很大困难，而且构造复杂，一般情况没有此种必要。

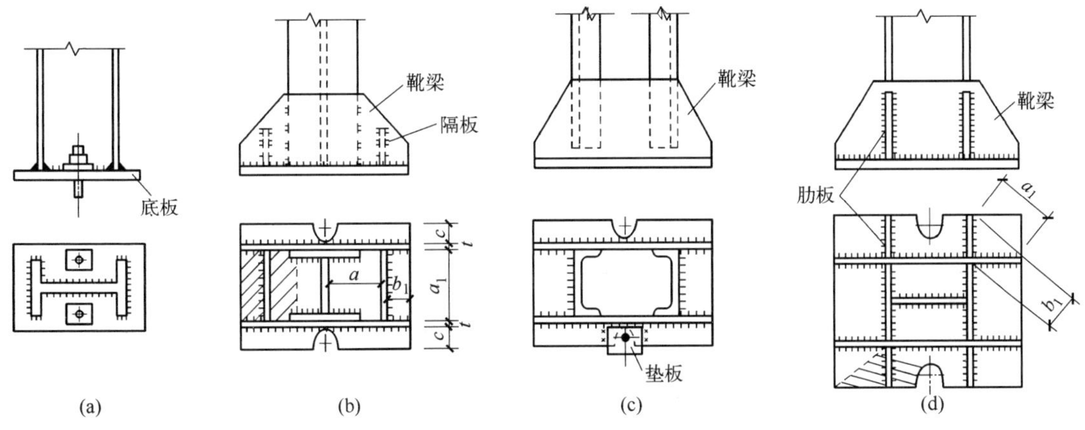

图 4.29　几种常用的平板式铰接柱脚

铰接柱脚不承受弯矩，只承受轴向压力和剪力。剪力通常由底板与基础表面的摩擦力传递。当此摩擦力不足以承受水平剪力时，应在柱脚底板下设置抗剪键（图 4.30），抗剪键可用方钢、短 T 字钢或 H 型钢做成。

铰接柱脚通常仅按承受轴向压力计算，轴向压力 N 一部分由柱身传给靴梁、肋板等，再传给底板，最后传给基础；另一部分是经柱身与底板间的连接焊缝传给底板，再传给基础。然而实际工程中，柱端难以做到齐平，而且为了便于控制柱长的准确性，柱端可能比靴梁缩进一些。

(1) 底板的计算

① 底板的面积。底板的平面尺寸取决于基础材料的抗压能力，基础对底板的压应力可近似认为是均匀分布的，这样，所需要的底板净面积 A_n（底板宽乘以长，减去锚栓孔面积）应按式（4.45）确定。

$$A_n=\frac{N}{\beta_c f_c} \tag{4.45}$$

式中　f_c——基础混凝土的抗压强度设计值；

β_c——基础混凝土局部承压时的强度提高系数。

f_c 和 β_c 均按现行国家标准《混凝土结构设计规范》(GB 50010—2010)（2015 年版）取值。

② 底板的厚度。底板的厚度由板的抗弯强度决定。底板可视为一个支承在靴梁、隔板

和柱端的平板，它承受基础传来的均匀反力。靴梁、肋板、隔板和柱的端面均可视为底板的支承边，并将底板分隔成不同的区格，其中有四边支承、三边支承、两相邻边支承和一边支承等区格。在均匀分布的基础反力作用下，各区格板单位宽度上的最大弯矩如下。

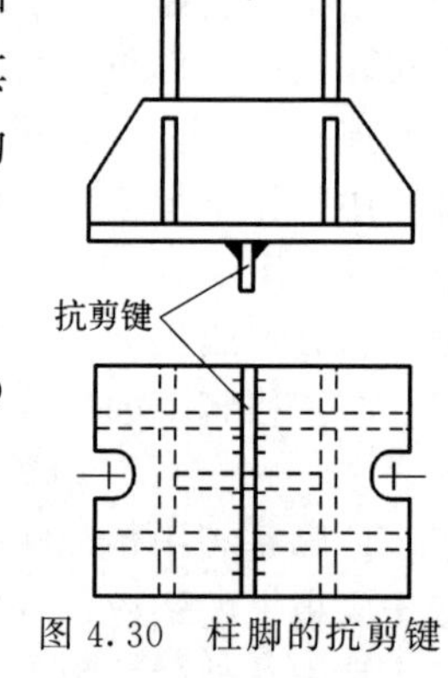

图 4.30 柱脚的抗剪键

a. 四边支承区格。

$$M=\alpha qa^2 \tag{4.46}$$

式中 q——作用于底板单位面积上的压应力，$q=N/A_n$；

a——四边支承区格的短边长度；

α——系数，根据长边 b 与短边 a 之比按表 4.8 取用。

表 4.8 α 值

b/a	1.0	1.1	1.2	1.3	1.4	1.5	1.6	1.7	1.8	1.9	2.0	3.0	≥4.0
α	0.048	0.055	0.063	0.069	0.075	0.081	0.086	0.091	0.095	0.099	0.101	0.119	0.125

b. 三边支承区格和两相邻边支承区格。

$$M=\beta qa_1^2 \tag{4.47}$$

式中 a_1——对三边支承区格为自由边长度，对两相邻边支承区格为对角线长度；

β——系数，根据 b_1/a_1 值由表 4.9 查得，对三边支承区格，b_1 为垂直于自由边的宽度，对两相邻边支承区格，b_1 为内角顶点至对角线的垂直距离。

表 4.9 β 值

b_1/a_1	0.3	0.4	0.5	0.6	0.7	0.8	0.9	1.0	1.1	≥1.2
β	0.026	0.042	0.056	0.072	0.085	0.092	0.104	0.111	0.120	0.125

当三边支承区格的 $b_1/a_1<0.3$ 时，可按悬臂长度为 b_1 的悬臂板计算。

c. 一边支承区格（即悬臂板）。

$$M=\frac{1}{2}qc^2 \tag{4.48}$$

式中 c——悬臂长度［图 4.29（b）］。

这几部分板承受的弯矩一般不相同，取各区格板中的最大弯矩 M_{max} 来确定板的厚度 t。

$$t\geqslant\sqrt{\frac{6M_{max}}{f}} \tag{4.49}$$

设计时要注意到靴梁和隔板的布置应尽可能使各区格板中的弯矩相差不要太大，以免所需的底板过厚。当各区格板中弯矩相差太大时，应调整底板尺寸或重新划分区格。

底板的厚度通常为 20～40mm，最薄一般不得小于 14mm，以保证底板具有必要的刚度，从而满足基础反力是均匀分布的假设。

(2) 靴梁的计算

靴梁的高度由其与柱边连接所需要的焊缝长度决定，此连接焊缝承受柱身传来的压力 N。靴梁的厚度比柱翼缘厚度略小。

靴梁按支承于柱边的双悬臂梁计算，根据所承受的最大弯矩和最大剪力值，验算靴梁的抗弯和抗剪强度。

(3) 隔板与肋板的计算

为了支承底板，隔板应具有一定刚度，因此隔板的厚度不得小于其宽度 b 的 1/50，一般比靴梁略薄些，高度略小些。

隔板可视为支承于靴梁上的简支梁，荷载可按承受图 4.29（b）中阴影面积的底板反力计算，按此荷载所产生的内力验算隔板与靴梁的连接焊缝以及隔板本身的强度。注意隔板内侧的焊缝不易施焊，计算时不能考虑受力。

肋板按悬臂梁计算，承受的荷载为图 4.29（d）所示的阴影部分的底板反力。肋板与靴梁间的连接焊缝以及肋板本身的强度均应按其承受的弯矩和剪力来计算。

【例 4.5】 根据【例 4.2】所选择的焊接工字形截面柱设计其柱脚。轴心压力的设计值为 1700kN，柱脚钢材为 Q355C 钢，焊条为 E50 型，基础混凝土采用 C15，其抗压强度设计值 $f_c=7.2\text{N/mm}^2$。

【解】 采用图 4.29（b）的柱脚形式。

(1) 底板尺寸

需要的底板净面积为

$$A_n \geqslant \frac{N}{f_c}=\frac{1700\times10^3}{7.2}=23611(\text{mm}^2)$$

采用宽为 450mm、长为 600mm 的底板（图 4.31），毛面积为 $450\times600=270000$（mm^2），减去锚栓孔面积（约为 4000mm^2），大于所需净面积。

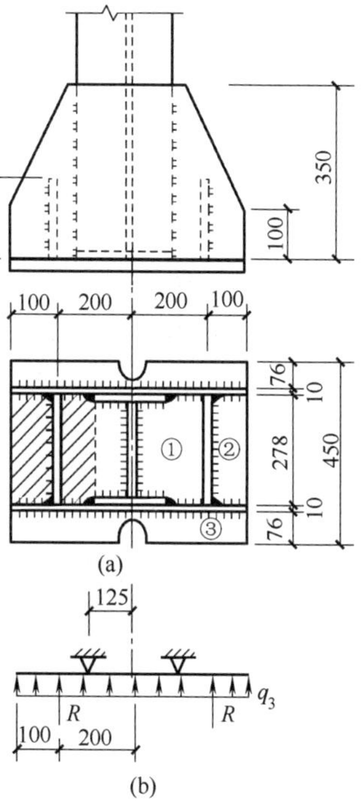

基础对底板的压应力为

$$q=\frac{N}{A_n}=\frac{1700\times10^3}{270000-4000}=6.4(\text{N/mm}^2)$$

底板的区格有三种，现分别计算其单位宽度的弯矩。

区格①为四边支承板，$b/a=278/200=1.39$，查表 4.8 得，$\alpha=0.0744$。

$$M_1=\alpha qa^2=0.0744\times6.4\times200^2=19046.4(\text{N}\cdot\text{mm})$$

区格②为三边支承板，$b_1/a_1=100/278=0.36$，查表 4.9 得，$\beta=0.0356$。

$$M_2=\beta qa_1^2=0.0356\times6.4\times278^2=17608.4(\text{N}\cdot\text{mm})$$

区格③为悬臂部分

$$M_3=\frac{1}{2}qc^2=\frac{1}{2}\times6.4\times76^2=18483.2(\text{N}\cdot\text{mm})$$

图 4.31 【例 4.5】图

这三种区格的弯矩值相差不大，不必调整底板平面尺寸和隔板位置。最大弯矩为

$$M_{\max}=19046.4\text{N}\cdot\text{mm}$$

底板厚度

$$t\geqslant\sqrt{\frac{6M_{\max}}{f}}=\sqrt{\frac{6\times19064.4}{295}}=19.7(\text{mm})$$

取 $t=24$mm。

(2) 隔板计算

将隔板视为两端支于靴梁的简支梁，其线荷载为

$$\sigma_1=200\times6.4=1280(\text{N/mm})$$

隔板与底板的连接（仅考虑外侧一条焊缝）为正面角焊缝，$\beta_f=1.22$。取 $h_f=10$mm，计算焊缝强度。

$$\sigma_f=\frac{1280}{1.22\times0.7\times10}=150(\text{N/mm}^2)<f_f^w=200(\text{N/mm}^2)$$

隔板与靴梁的连接（外侧一条焊缝）为侧面角焊缝，所受隔板的支座反力为

$$R=\frac{1}{2}\times1280\times278=177920(\text{N})$$

设 $h_f=8\text{mm}$，求焊缝长度（即隔板高度）。

$$l_w=\frac{R}{0.7h_f f_f^w}+2h_f=\frac{177920}{0.7\times8\times200}+2\times8=175(\text{mm})$$

取隔板高 270mm，设隔板厚度 $t=8\text{mm}>b/50=278/50=5.6$（mm）。

验算隔板抗剪抗弯强度。

$$V_{max}=R=177920\text{N}$$

$$\tau=1.5\frac{V_{max}}{ht}=1.5\frac{177920}{200\times8}=167\ (\text{N/mm}^2)<f_v=175\ (\text{N/mm}^2)$$

$$M_{max}=\frac{1}{8}\times1280\times278^2=12.37\times10^6(\text{N}\cdot\text{mm}^2)$$

$$\sigma=\frac{M_{max}}{W}=\frac{6\times12.37\times10^6}{8\times200^2}=232(\text{N/mm}^2)<f=305(\text{N/mm}^2)$$

(3) 靴梁计算

靴梁与柱身的连接（4 条焊缝），按承受柱的压力 $N=1700\text{kN}$ 计算，此焊缝为侧面角焊缝，设 $h_f=10\text{mm}$，求其长度。

$$l_w=\frac{N}{4\times0.7h_f f_f^w}+2h_f=\frac{1700\times10^3}{4\times0.7\times10\times200}+2\times10=324(\text{mm})$$

取靴梁高 350mm。

靴梁作为支承于柱边的悬伸梁，设厚度 $t=10\text{mm}$，验算其抗剪和抗弯强度，即

$$V_{max}=177920+86\times6.4\times175=274240(\text{N})$$

$$\tau=1.5\frac{V_{max}}{ht}=1.5\frac{274240}{350\times10}=118(\text{N/mm}^2)<f_v=175(\text{N/mm}^2)$$

$$M_{max}=177920\times75+\frac{1}{2}\times86\times6.4\times175^2=21.78\times10^6(\text{N}\cdot\text{mm})$$

$$\sigma=\frac{M_{max}}{W}=\frac{6\times21.78\times10^6}{10\times350^2}=107(\text{N/mm}^2)<f=305(\text{N/mm}^2)$$

靴梁与底板的连接焊缝和隔板与底板的连接焊缝传递全部柱的压力，设焊脚尺寸均为 $h_f=10\text{mm}$。

所需的焊缝总计算长度应为

$$\sum l_w=\frac{N}{1.22\times0.7h_f f_f^w}=\frac{1700\times10^3}{1.22\times0.7\times10\times200}=995(\text{mm})$$

显然焊缝的实际计算总长度已超过此值。

柱脚与基础的连接按构造采用两个 20mm 的锚栓。

习题

一、思考题

1. 简述理想轴心压杆的屈曲形式，并判断如下图所示截面可能发生的屈曲形式。

2. 计算格构式轴心受压构件绕虚轴的整体稳定时，为什么采用换算长细比？

3. 提高钢材强度等级是否能明显提高轴心受压构件的整体稳定性？为什么？

二、设计计算题

1. 某车间工作平台柱高 2.6m，按两端铰接的轴心受压柱考虑，允许长细比 $[\lambda]=150$。如果柱采用 I16（16 号热轧工字钢），I16 的截面特性：$A=26.1\text{cm}^2$，$i_x=6.57\text{cm}$，$i_y=1.89\text{cm}$，$f=215\text{N/mm}^2$，试经过计算解答：

（1）钢材采用 Q235 钢时，设计承载力为多少？

（2）如果轴心压力为 330kN（设计值），I16 能否满足要求？如不满足，从构造上采取什么措施就能满足要求？

截面稳定系数表

λ/ε_k	0	1	2	3	4	5	6	7	8	9
30	0.963	0.961	0.959	0.957	0.954	0.952	0.950	0.948	0.946	0.944
40	0.941	0.939	0.937	0.934	0.932	0.929	0.927	0.924	0.921	0.918
50	0.916	0.913	0.910	0.907	0.903	0.900	0.897	0.893	0.890	0.886
60	0.807	0.802	0.796	0.791	0.785	0.780	0.774	0.768	0.762	0.757
120	0.436	0.431	0.426	0.421	0.416	0.411	0.406	0.401	0.396	0.392
130	0.387	0.383	0.378	0.374	0.369	0.365	0.361	0.357	0.352	0.348

2. 如下图所示，为某中级工作制吊车的厂房屋架的双角钢拉杆，截面为 2L100×10，填板厚度为 10mm，材料为 Q355B 钢，轴心拉力设计值 $N=1000\text{kN}$，计算长度 $l_0=10\text{m}$，角钢上有交错排列的普通螺栓孔，孔径 $d_0=20\text{mm}$。试验算此拉杆的强度和刚度。已知：$f_u=470\text{N/mm}^2$，$f=305\text{N/mm}^2$，$[\lambda]=350$，$A=38.52\text{cm}^2$，$i_x=3.05\text{cm}$，$i_y=4.52\text{cm}$。

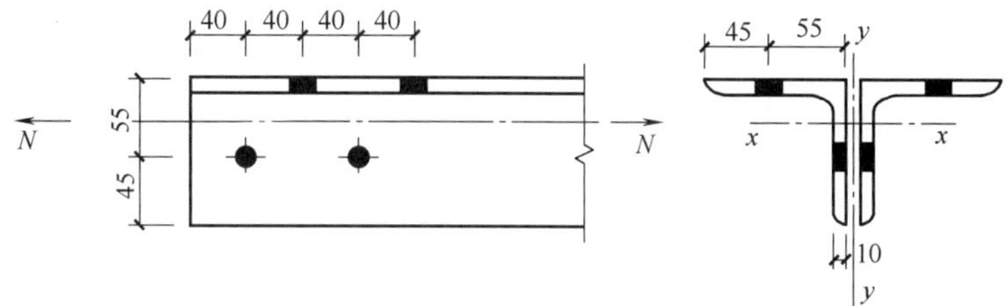

3. 某重级工作制吊车的单层厂房，其边跨纵向柱列的柱间支撑布置及几何尺寸如下图所示。上段、下段柱间支撑 ZC-1、ZC-2 均采用十字交叉式，按柔性受拉斜杆设计，柱顶设有通长刚性系杆。材料采用 Q235 钢，焊条为 E43 型。假定，上段柱间支撑 ZC-1 采用等边单角钢组成的单片交叉式支撑，在交叉点相互连接。试问，若仅按构件的允许长细比控制，该支撑选用何种规格角钢最为合理？提示：斜平面内的计算长度可取平面外计算长度的 0.7 倍。其中L80×6（$i_x=24.7\text{mm}$，$i_{min}=15.9\text{mm}$），L90×6（$i_x=27.9\text{mm}$，$i_{min}=18.0\text{mm}$），L100×6（$i_x=31.0\text{mm}$，$i_{min}=20.0\text{mm}$）。

长细比限制

$[\lambda]$	一般建筑结构	对腹杆提供平面外支点的弦杆	有重级工作制吊车的厂房
除张紧的圆钢外的其他拉杆、支撑、系杆等	400	—	350

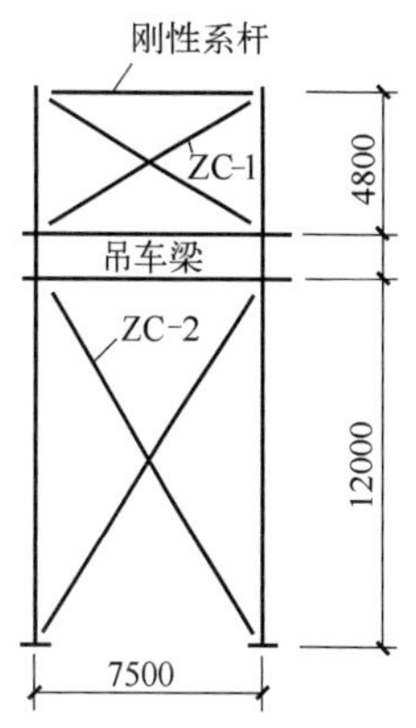

4. 如下图所示，为摩擦型高强螺栓连接（图中单位为 mm）。轴心拉力设计值 $N=360\text{kN}$，钢材为 Q235-A，10.9 级 M20 螺栓，孔径 $d_0=21.5\text{mm}$，采用标准孔。摩擦面采用喷砂处理，抗滑移系数 $\mu=0.4$，试确定此连接所需螺栓数量并验算钢材强度是否满足要求（$f=215\text{N/mm}^2$，$f_u=370\text{N/mm}^2$）。

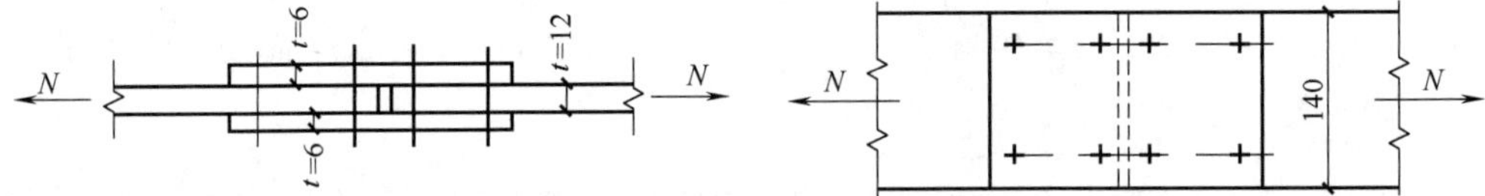

5. 验算如下图所示焊接工字形截面轴心受压构件的整体稳定性，其承受轴心压力设计值为 $N=1500\text{kN}$，钢材为 Q235，沿两个主轴平面的支撑条件及截面尺寸如下图所示，$I_x=47654.9\text{cm}^4$，$I_y=3127.1\text{cm}^4$，$A=100\text{cm}^2$，$f=215\text{N/mm}^2$。

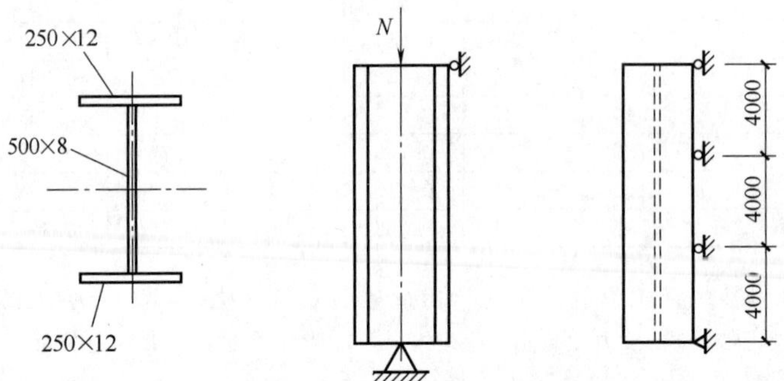

截面稳定系数表

λ/ε_k	0	1	2	3	4	5
50	0.856	0.852	0.847	0.842	0.837	0.833
60	0.807	0.802	0.796	0.791	0.785	0.780
70	0.751	0.745	0.738	0.732	0.726	0.720
80	0.687	0.681	0.674	0.668	0.661	0.654
90	0.621	0.614	0.607	0.601	0.594	0.587
100	0.555	0.548	0.542	0.535	0.529	0.523

6. 如下图所示焊接工字形受压柱截面，承受轴心压力设计值 $N=4000\text{kN}$（包括自重），计算长度 $l_{0x}=8\text{m}$，$l_{0y}=4\text{m}$（柱子中间 x 方向有一侧向支承），翼缘钢板为火焰切割边，属于 b 类截面，允许长细比 $[\lambda]=150$，材料为 Q235B，验算此柱的整体稳定和局部稳定性（$f=205\text{N/mm}^2$，$i_x=233\text{mm}$，$i_y=122\text{mm}$）。

b 类截面轴心受压构件的稳定系数 φ

$\lambda\sqrt{\frac{f_y}{235}}$	0	1	2	3	4	5	6	7	8	9
0	1.000	1.000	1.000	0.999	0.999	0.998	0.997	0.996	0.995	0.994
10	0.992	0.991	0.989	0.987	0.985	0.983	0.981	0.978	0.976	0.973
20	0.970	0.967	0.963	0.960	0.957	0.953	0.950	0.946	0.943	0.939
30	0.936	0.932	0.929	0.925	0.922	0.918	0.914	0.910	0.906	0.903
40	0.899	0.895	0.891	0.887	0.882	0.878	0.874	0.870	0.865	0.861
50	0.856	0.852	0.847	0.842	0.838	0.833	0.828	0.823	0.818	0.813
60	0.807	0.802	0.797	0.791	0.786	0.780	0.774	0.769	0.763	0.757

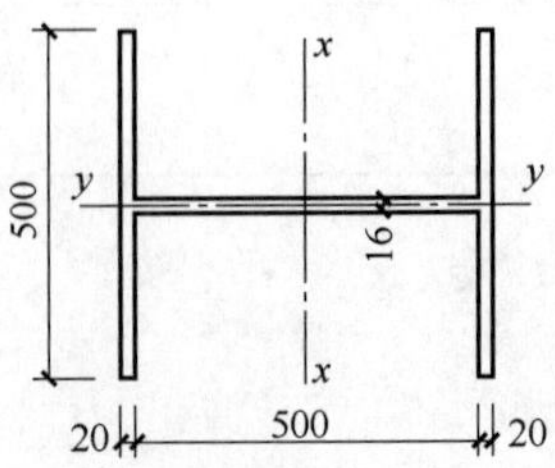

7. 如下图所示支架，支柱的压力设计值 $N=1200\text{kN}$，柱两端铰接，钢材为 Q235（$f=205\text{N/mm}^2$），允许长细比 $[\lambda]=150$，截面无孔眼削弱，支柱轧制工字形截面I50a，已知面积 $A=119\text{cm}^2$，$i_x=19.7\text{cm}$，$i_y=3.07\text{cm}$，验算此支柱是否安全。

b 类截面稳定性系数

λ	0	1	2	3	4	5	6	7	8	9
30	0.936	0.932	0.929	0.925	0.921	0.918	0.914	0.910	0.906	0.903
90	0.621	0.614	0.608	0.601	0.592	0.588	0.581	0.575	0.568	0.561

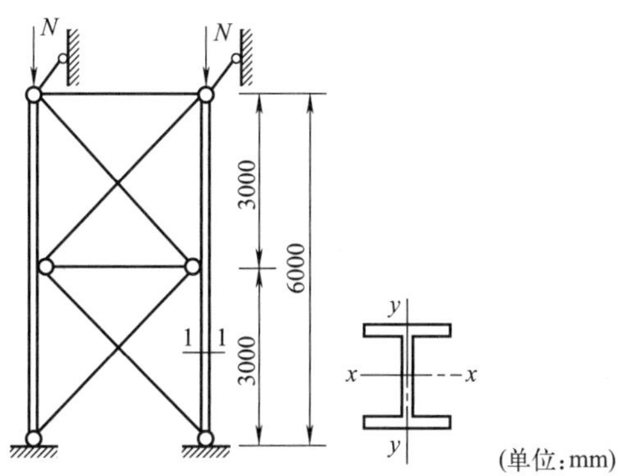

8. 如下图所示焊接工字形截面轴压柱，在柱 1/3 处有两个 M20 的 C 级螺栓孔，并在跨中有一侧向支撑，$I_x=92354167\text{mm}^4$，$I_y=26046167\text{mm}^4$，试验算该柱的强度、整体稳定。已知：钢材 Q235-B，$A=6500\text{mm}^2$，$f=215\text{N/mm}^2$，$F=1000\text{kN}$。

Q235 钢 b 类截面轴心受压构件稳定系数

λ	30	35	40	45	50	55	60
φ	0.936	0.918	0.899	0.878	0.856	0.833	0.807

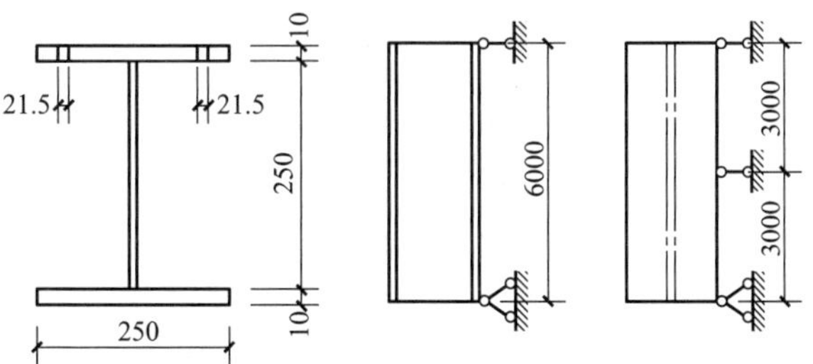

9. 有一个轴心受压实腹式柱，柱截面为焊接工字型，两主轴方向均属 b 类截面，如下图所示，钢材 Q235，已知：$N=1500\text{kN}$，$l_{0x}=10.8\text{m}$，$l_{0y}=3.6\text{m}$，$f=215\text{N/mm}^2$，试验算此柱的整体稳定性及局部稳定。$I_x=244230827\text{mm}^4$，$I_y=36890667\text{mm}^4$，$A=10880\text{mm}^2$。

Q235 钢 b 类截面轴心受压构件稳定系数

λ	50	60	70	80	90	100
b类	0.856	0.807	0.751	0.688	0.621	0.555

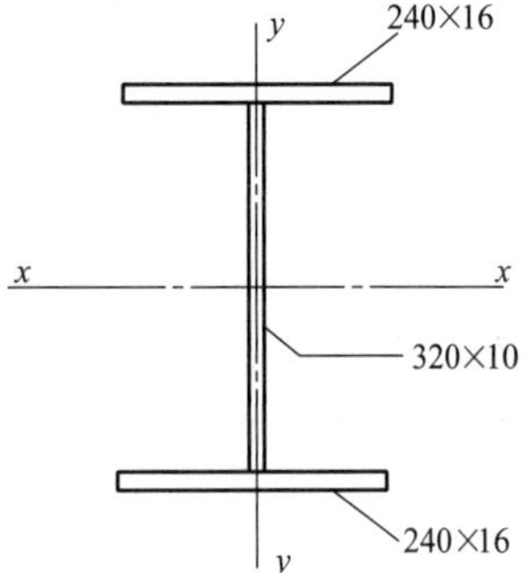

10. 桁架竖腹杆采用 Q235 钢，最大轴压力设计值为 400kN，$l_{0x}=1600\text{mm}$，$l_{0y}=2250\text{mm}$，截面为 2L90×7 组成的 T 形截面，面积 $A=24.6\text{cm}^2$，绕非对称轴的回转半径 $i_x=27.8\text{mm}$，绕对称轴的回转半径 $i_y=41.4\text{mm}$。试验算该腹杆整体稳定性是否满足要求。

第5章 受弯构件

5.1 受弯构件的形式和应用

承受横向荷载的构件称为受弯构件，其形式有实腹式和格构式两个系列。

5.1.1 实腹式受弯构件——梁

实腹式受弯构件通常称为梁，在土木工程中应用很广泛，例如房屋建筑中的楼盖梁、工作平台梁、吊车梁、屋面檩条和墙架横梁，以及桥梁、水工闸门、起重机、海上采油平台中的梁等。

钢梁分为型钢梁和组合梁两大类。型钢梁构造简单、制造省工、成本较低，因而应优先采用。但在荷载较大或跨度较大时，由于轧制条件的限制，型钢的尺寸、规格不能满足梁承载力和刚度的要求，就必须采用组合梁。

型钢梁的截面有热轧工字钢［图 5.1（a）］、热轧 H 型钢［图 5.1（b）］和槽钢［图 5.1（c）］三种，其中以热轧 H 型钢的截面分布最合理，翼缘内外边缘平行，与其他构件连接较方便，应予优先采用。用于梁的 H 型钢宜为窄翼缘型（HN 型）。槽钢因其截面扭转中心在腹板外侧，弯曲时将同时产生扭转，受荷不利，故只有在构造上使荷载作用线接近扭转中心，或能适当保证截面不发生扭转时才被采用。由于轧制条件的限制，热轧型钢腹板的厚度较大，用钢量较多。某些受弯构件（如檩条）采用冷弯薄壁型钢［图 5.1（d）～(f)］较经济，但防腐要求较高。

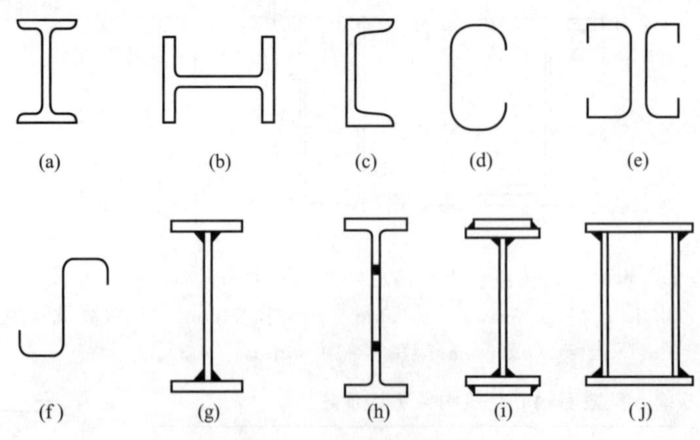

图 5.1 梁的截面类型

组合梁一般采用三块钢板焊接而成的工字形截面［图 5.1（g）］，或由 T 型钢（用 H 型钢剖分而成）中间加板的焊接截面［图 5.1（h）］。当焊接组合梁翼缘需要很厚时，可采用两层翼缘板的截面［图 5.1（i）］。荷载很大而高度受到限制或梁的抗扭要求较高时，可采用箱形截面［图 5.1（j）］。组合梁的截面组成比较灵活，可使材料在截面上的分布更为合理，节省钢材。

钢梁可做成简支梁、连续梁、悬伸梁等。简支梁的用钢量虽然较多，但由于制造、安装、修理、拆换较方便，而且不受温度变化和支座沉陷的影响，因而用得最为广泛。

在土木工程中，除少数情况（如吊车梁、起重机大梁或上承式铁路板梁桥等）可由单根梁或两根梁成对布置外，通常由若干梁平行或交叉排列而成梁格，图 5.2 即为工作平台梁格布置示例。

根据主梁和次梁的排列情况，梁格可分为以下三种类型。

① 单向梁格［图 5.3（a)］：只有主梁，适用于楼盖或平台结构的横向尺寸较小或面板跨度较大的情况。

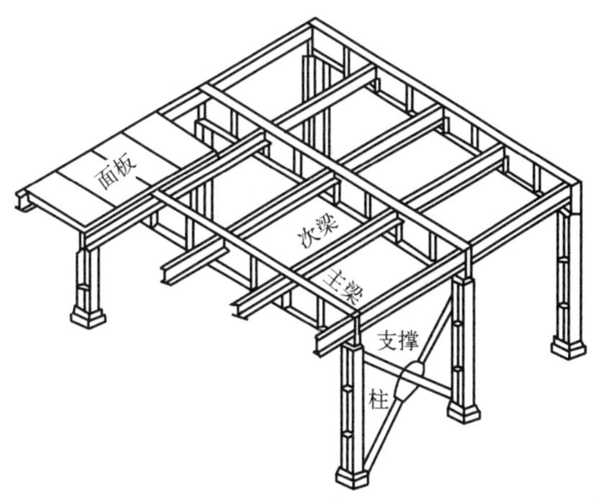

图 5.2　工作平台梁格布置示例

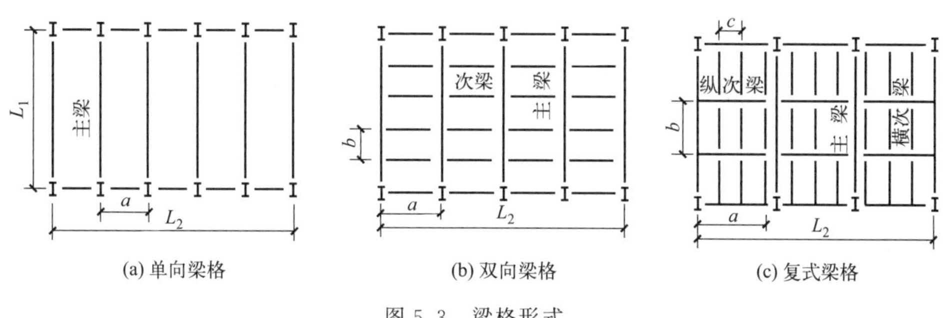

图 5.3　梁格形式

② 双向梁格［图 5.3（b)］：有主梁及一个方向的次梁，次梁由主梁支承，是最为常用的梁格类型。

③ 复式梁格［图 5.3（c)］：在主梁间设纵向次梁，纵向次梁间再设横向次梁。荷载传递层次多，梁格构造复杂，故应用较少，只适用于荷载重或主梁间距很大的情况。

5.1.2　格构式受弯构件——桁架

主要承受横向荷载的格构式受弯构件称为桁架。与梁相比，其特点是以弦杆代替翼缘、以腹杆代替腹板，而在各节点将腹杆与弦杆连接。这样，桁架整体受弯时，弯矩表现为上、下弦杆的轴心压力和拉力，剪力则表现为各腹杆的轴心压力或拉力。钢桁架可以根据不同使用要求制成所需的外形，对跨度和高度较大的构件，其钢材用量比实腹梁有所减少，而刚度却有所增加。只是桁架的杆件和节点较多，构造较复杂，制造较为费工。

与梁一样，平面钢桁架在土木工程中应用很广泛，例如建筑工程中的屋架、托架、吊车桁架（桁架式吊车梁），桥梁中的桁架桥，还有其他领域，如起重机臂架、水工闸门和海洋平台的主要受弯构件等。大跨度屋盖结构中采用的钢网架，以及各种类型的塔桅结构，则属于空间钢桁架。

钢桁架的结构类型如下。

① 简支梁式［图 5.4（a)～(d)］，受力明确，杆件内力不受支座沉陷的影响，施工方便，使用最广［图 5.4（a)～(c）用作屋架，i 为屋面坡度］。

② 刚架横梁式，将图 5.4（a)、(c）所示的桁架端部上下弦与钢柱相连组成单跨或多跨刚架，可提高其水平刚度，常用于单层厂房结构。

③ 连续式 [图 5.4 (e)]，跨越较大的桥架常用多跨连续的桁架，可增加刚度并节约材料。

④ 伸臂式 [图 5.4 (f)]，既有连续式节约材料的优点，又有简支梁式不受支座沉陷影响的优点，只是铰接处构造较复杂。

⑤ 悬臂式（图 5.5），用于塔架等，主要承受水平风荷载引起的弯矩。

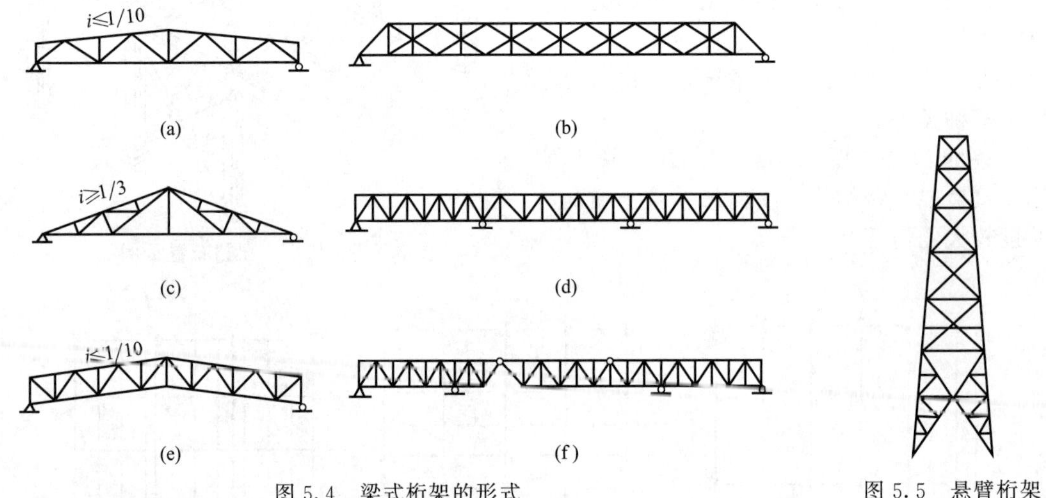

图 5.4 梁式桁架的形式

图 5.5 悬臂桁架

钢桁架按杆件截面形式和节点构造特点可分为普通、重型和轻型三种。普通钢桁架通常指在每个节点用一块节点板相连的单腹壁桁架，杆件一般采用双角钢组成的 T 形、十字形截面或轧制 T 形截面，构造简单，应用广泛。重型钢桁架的杆件受力较大，通常采用轧制 H 型钢或三板焊接工字形截面，有时也采用四板焊接的箱形截面或双槽钢、双工字钢组成的格构式截面；每个节点处用两块平行的节点板连接，通常称为双腹壁桁架。轻型钢桁架指用冷弯薄壁型钢或小角钢及圆钢做成的桁架，节点处可用节点板相连，也可将杆件直接连接，主要用于跨度小、屋面轻的屋盖桁架（屋架或桁架式檩条等）。

桁架的杆件主要为轴心拉杆和轴心压杆，设计方法已在第 4 章叙述；特殊情况下，也可能出现压弯杆件，设计方法见第 6 章。桁架的腹杆体系、支撑布置和节点构造等可参见本书第 7 章（单层厂房结构）的有关内容，以及钢桥和塔桅结构方面的书籍。

下面主要介绍实腹式受弯构件（梁）的工作性能和设计方法。

5.2 梁的强度和刚度

为了确保安全适用、经济合理，同其他构件一样，梁的设计必须同时考虑第一和第二两种极限状态。第一种极限状态即承载力极限状态。在钢梁的设计中包括强度、整体稳定和局部稳定三个方面。设计时，要求在荷载设计值作用下，梁的弯曲正应力、剪应力、局部压应力和折算应力均不超过标准规定的相应的强度设计值；整根梁不会侧向弯扭屈曲；组成梁的板件不会出现波状的局部屈曲。第二种极限状态即正常使用的极限状态。在钢梁的设计中主要考虑梁的刚度。设计时要求梁有足够的抗弯刚度，即在荷载标准值作用下，梁的最大挠度不大于规范规定的允许挠度。

梁的强度分抗弯强度、抗剪强度、局部承压强度和在复杂应力作用下的折算应力强度等，其中抗弯强度的计算又是首要的。

5.2.1 梁的强度

5.2.1.1 梁截面正应力发展过程

钢材的性能接近理想的弹塑性，在弯矩作用下，梁截面正应力的发展过程一般会经历三个阶段（图 5.6）。

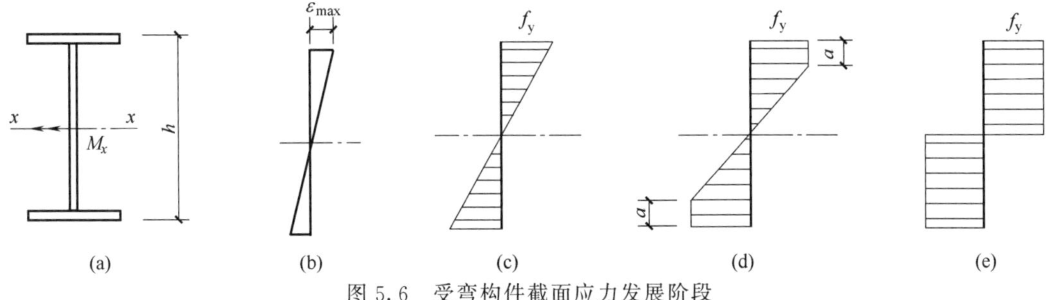

图 5.6 受弯构件截面应力发展阶段

(1) 弹性工作阶段

当作用在构件上的弯矩 M_x 较小时，截面上各点的应力和应变关系成正比，此时截面上的最大应力小于钢材的屈服强度，构件全截面处于弹性阶段［图 5.6（b）］，此时截面边缘的最大正应力 σ 可按材料力学公式计算，即

$$\sigma=\frac{M_x}{W_x} \tag{5.1}$$

式中 M_x——绕 x 轴的弯矩；

W_x——截面对 x 轴的弹性截面模量。

弹性工作阶段的极限是截面最外边缘的正应力达到屈服强度 f_y［图 5.6（c）］，这时除截面边缘的纤维屈服以外，其余区域纤维的应力仍小于屈服强度。此时截面上的弯矩称为屈服弯矩（亦即弹性最大弯矩）M_x，按式（5.2）计算。

$$M_{ex}=W_x f_y \tag{5.2}$$

如果以屈服弯矩 M 作为梁抗弯承载能力的极限，称为边缘纤维屈服准则，则截面抗弯强度的计算公式为

$$M_x \leqslant M_{ex}=W_x f_y \tag{5.3}$$

(2) 弹塑性工作阶段

截面边缘屈服后，尚有继续承载的能力。如果弯矩 M_x 继续增加，截面上各点的应变继续发展，截面外侧及附近纤维的应力相继达到屈服点，形成塑性区，而主轴附近则保留一个弹性核［图 5.6（d）］，截面处于弹塑性阶段。

如果允许截面部分进入塑性，但将截面塑性区的范围［图 5.6（d）中的 a 值］加以限制，并以与之对应的弹塑性弯矩作为梁抗弯承载力的极限，则称为有限塑性发展的强度准则。此时，如果用 γ_x 或 γ_y 来代表弹塑性截面模量和弹性截面模量的比值，则截面抗弯强度的计算公式为

$$M_x \leqslant \gamma_x W_x f_y \tag{5.4}$$

(3) 塑性工作阶段

如果弯矩 M_x 继续增加，梁截面的塑性区便不断向内发展，弹性区面积逐渐缩小，在理想状态下，最终整个截面都可进入塑性［图 5.6（e）］，之后弯矩 M_x 不能再加大，而变形却可继续发展，该截面在保持极限弯矩的条件下形成“塑性铰”。此时的截面弯矩称为塑性

弯矩或极限弯矩，塑性弯矩 M_{Px} 可按式（5.5）计算。

$$M_{Px}=(S_{1x}+S_{2x})f_y=W_{Px}f_y \tag{5.5}$$

式中 S_{1x}，S_{2x}——中和轴以上和以下截面对中和轴 x 的面积矩；

W_{Px}——截面绕 x 轴的塑性截面模量，$W_{Px}=S_{1x}+S_{2x}$。

如果以塑性弯矩 W_{Px} 作为构件抗弯承载能力的极限，称为全截面塑性准则，则截面抗弯强度的计算公式为

$$M_x \leqslant W_{Px}f_y \tag{5.6}$$

由式（5.2）和式（5.5）可以得到塑性铰弯矩 M_{Px} 与弹性最大弯矩 M_{ex} 之比。

$$\gamma_F=\frac{M_{Px}}{M_{ex}}=\frac{W_{Px}}{W_{ex}} \tag{5.7}$$

γ_F 即是塑性截面模量与弹性截面模量之比，称为截面形状系数。显然，γ_F 值仅与截面的几何形状有关，而与材料无关，常用截面的 γ_F 值如图 5.7 所示。

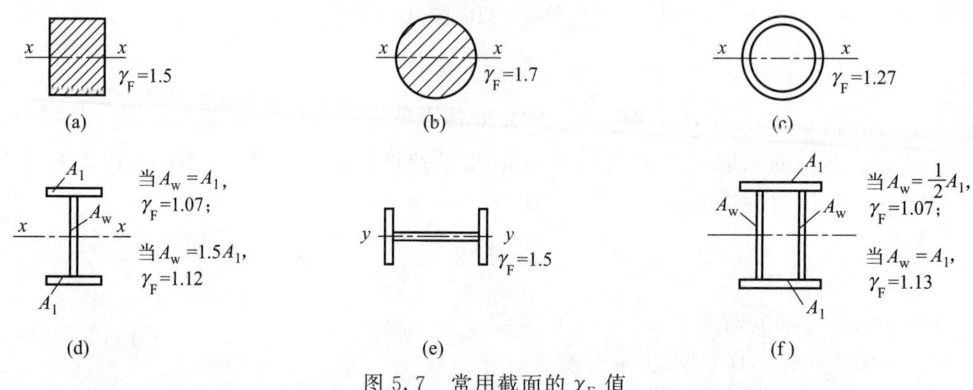

图 5.7 常用截面的 γ_F 值

γ_F 和式（5.4）中的塑性发展系数 γ_x 含义有差别，γ_x 不仅和截面形状有关，还和允许的塑性发展深度 a 有关，当 $a=0$ 时，全截面为弹性状态 $\gamma_x=1.0$；当 $a=h/2$ 时，全截面进入塑性状态，$\gamma_x=\gamma_F$。计算抗弯强度时若考虑截面塑性发展，可以获得较大的经济意义。但简支梁形成塑性铰后使结构成为机构，理论上构件的挠度会无限增长。对于普通梁，为防止过大的塑性变形影响受弯构件的使用，工程设计时塑性发展应该受到一定限制，即应采用塑性部分深入截面的弹塑性工作阶段［图 5.6（d）的应力状态］作为梁强度破坏时的极限状态。我国钢结构设计标准取截面塑性变形发展的深度 a 不超过梁截面高度的 1/8，此时 $1.0 \leqslant \gamma_x \leqslant \gamma_F$。

5.2.1.2 梁截面的宽厚比等级

梁是由若干板件组成的，如果板件的宽厚比（或高厚比）过大，板件可能在梁未达到塑性阶段甚至未进入弹塑性阶段便发生局部屈曲，从而降低梁的转动能力，也限制了梁所能承担的最大弯矩值。国际上（如欧洲钢结构设计规范）根据梁的承载力和塑性转动能力，将梁截面分为 4 类，我国钢结构设计标准采用类似的分类方法，但考虑到我国钢结构设计标准在受弯构件的设计中采用截面塑性发展系数 γ_x，所以将梁截面划分为 5 个等级，分别为 S1、S2、S3、S4、S5。各个等级梁截面的转动能力可以通过弯矩 M 与构件变形后的曲率 φ 的相关曲线来表述，如图 5.8 所示。

曲线 1 为 S1 级截面构件的 M-ϕ 曲线，该类构件的转动能力最强，不但弯矩可达到全截面塑性弯矩 M_P，且在形成塑性铰后很长一段转动过程中承载力不降低，具有塑性设计的转动能力，此类截面又称为一级塑性截面，或塑性转动截面，一般要求梁弯矩下降段 M_P 对应的转动曲率 ϕ_{P1} 达到塑性弯矩 M_P 除以弹性初始刚度得到的曲率 ϕ_P 的 8～15 倍。在抗弯极

限状态下，S1 级截面的应力分布如图 5.6（e）所示，对采用塑性及弯矩调幅设计的结构构件，需要形成塑性铰并发生塑性转动的截面，应采用这类截面。一般用于不直接承受动力荷载的超静定梁和框架梁采用塑性设计时。

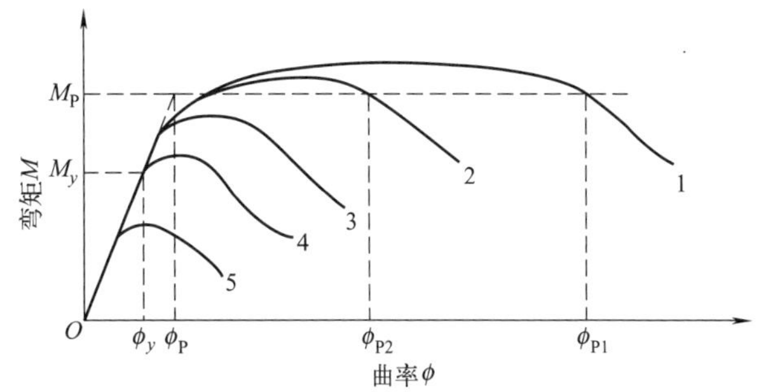

图 5.8 梁截面的分类及弯矩-曲率关系曲线

曲线 2 为 S2 级截面构件的 M-ϕ 曲线，该类构件弯矩也可达到全截面塑性弯矩 M_P，形成塑性铰，但由于之后组成板件的局部屈曲，塑性铰的转动能力有限，此类截面又称为二级塑性截面，梁弯矩下降段 M_P 对应的转动曲率 ϕ_{P2} 为 ϕ_P 的 2～3 倍。在抗弯极限状态下，S2 级截面的应力分布同 S1 级，该类截面同样用于塑性及弯矩调幅设计，一般用于塑性设计时最后形成塑性铰的截面。

曲线 3 为 S3 级截面构件的 M-ϕ 曲线，该类构件的弯矩可超过弹性弯矩值 M_y，但达不到塑性弯矩值 M_P。截面进入弹塑性阶段，翼缘全部和腹板不超过 1/4 截面高度的部分可屈服，此类截面称为弹塑性截面。在抗弯极限状态下，S3 级截面的应力分布如图 5.6（c）所示，对于普通钢结构梁，当不需要计算疲劳时，可以采用这类截面，即按弹塑性方法设计。

曲线 4 为 S4 级截面构件的 M-ϕ 曲线，该类构件的弯矩可达到弹性弯矩值 M_y，边缘纤维屈服，但由于组成板件的局部屈曲，截面不能发展成塑性状态，称为弹性截面。在抗弯极限状态下，S4 级截面的应力分布如图 5.6（b）所示。对直接承受动力荷载并需要计算疲劳的梁可以采用这类截面，即按弹性方法设计。

曲线 5 为 S5 级截面构件的 M-ϕ 曲线，该类截面板件宽厚比（或高厚比）较大，在边缘纤维屈服前，组成板件可能已经发生局部屈曲，因此弯矩值不能达 M_y。此类截面又称为薄壁截面。S5 级截面设计需要运用屈曲后强度理论，一般用于普通钢结构受弯及压弯构件腹板高厚比较大时，或冷弯薄壁型钢截面构件的设计。

综上所述，影响截面塑性转动能力的主要因素是组成板件的局部稳定性。组成板件的局部稳定承载力越高，截面的塑性转动能力越强，截面所能承担的弯矩越大，因此，截面的分类取决于组成截面板件的分类。我国《钢结构设计标准》（GB 50017—2017）对各级截面组成板件的宽厚比（高厚比）限值见表 5.1。

表 5.1 受弯构件的截面板件宽厚比等级及限值

构件	截面板件宽厚比等级		S1 级	S2 级	S3 级	S4 级	S5 级
受弯构件(梁)	工字形截面	翼缘 b/t	$9\varepsilon_k$	$11\varepsilon_k$	$13\varepsilon_k$	$15\varepsilon_k$	20
		腹板 h_0/t_w	$65\varepsilon_k$	$72\varepsilon_k$	$93\varepsilon_k$	$124\varepsilon_k$	250
	箱形截面	壁板(腹板)间翼缘 b_0/t	$25\varepsilon_k$	$32\varepsilon_k$	$37\varepsilon_k$	$42\varepsilon_k$	

5.2.1.3 梁的抗弯强度计算

前面讲到，确定梁抗弯强度的设计准则有三种：边缘纤维屈服准则、全截面屈服准则、有限塑性发展强度准则。S1、S2、S3 级截面，最大弯矩均大于弹性弯矩 M_y，截面可以全部（S1、S2 级截面）或部分（S3 级截面）进入塑性阶段，设计时如考虑部分截面塑性发展，采用有限塑性发展的强度准则进行设计，既不会出现较大的塑性变形，又可以获得较大的经济效益。S4 级截面不能进入弹塑性阶段，因此，只能采用边缘纤维屈服准则进行弹性设计；S5 级截面在弹性阶段内就有部分板件发生局部屈曲，并非全截面有效，设计时应扣除局部失稳部分，采用有效截面进行计算。

我国《钢结构设计标准》(GB 50017—2017) 对梁的抗弯强度计算采用下列设计表达式。

单向受弯构件

$$\frac{M_x}{\gamma_x W_{nx}} \leqslant f \tag{5.8}$$

双向受弯构件

$$\frac{M_x}{\gamma_x W_{nx}} + \frac{M_y}{\gamma_y W_{ny}} \leqslant f \tag{5.9}$$

式中 M_x，M_y——绕 x 轴和 y 轴的弯矩设计值；

W_{nx}，W_{ny}——对 x 轴和 y 轴的净截面模量，当截面板件宽厚比等级为 S1、S2、S3 或 S4 级时，应取全截面模量，当截面板件宽厚比等级为 S5 级时，可采用有效截面计算；

γ_x，γ_y——截面塑性发展系数。

我国《钢结构设计标准》(GB 50017—2017) 在确定截面塑性发展系数时，遵循不使截面塑性发展深度过大的原则，按下列规定取值。

① 工字形和箱形截面，当截面板件宽厚比等级为 S4 或 S5 级时，按弹性设计，截面塑性发展系数取为 1.0；当截面板件宽厚比等级为 S1、S2、S3 级时，截面塑性发展系数应按下列规定取值。

a. 工字形截面（x 轴为强轴，y 轴为弱轴）：$\gamma_x = 1.05$，$\gamma_y = 1.2$。

b. 箱形截面：$\gamma_x = \gamma_y = 1.05$。

② 其他截面根据其受压板件的内力分布情况确定其截面板件宽厚比等级，当满足 S3 级要求时，可按表 5.2 采用。

表 5.2 截面塑性发展系数

项次	截面形式	γ_x	γ_y
1	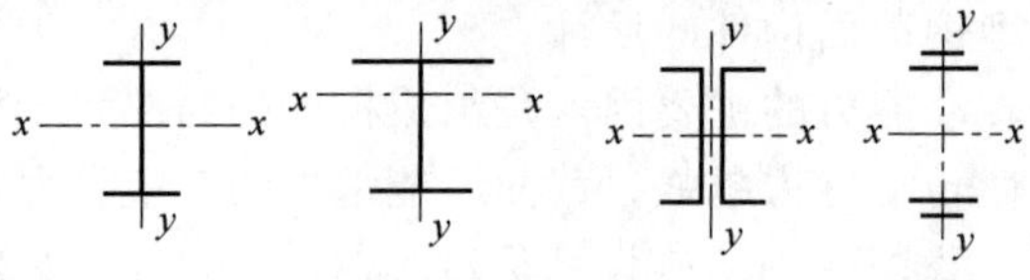 （截面图：x–x、y–y 轴）	1.05	1.2
2	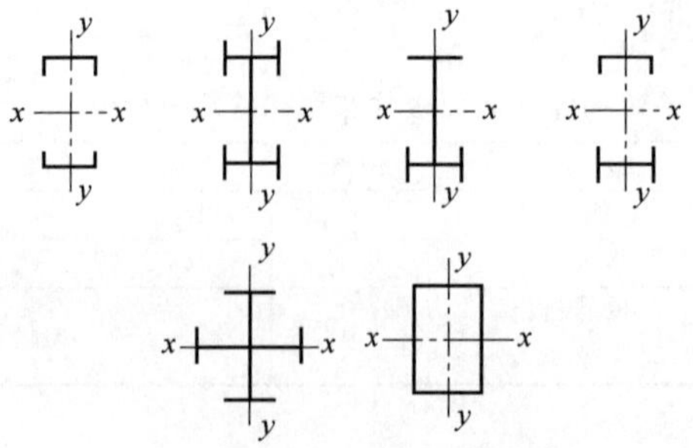 （截面图：x–x、y–y 轴）	1.05	1.05
3	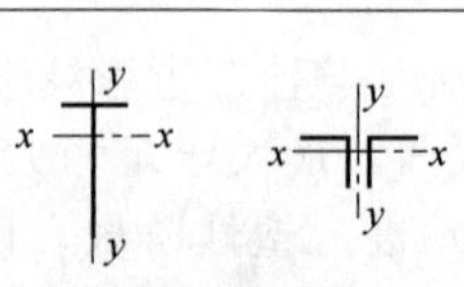 （截面图：x–x、y–y 轴）	$\gamma_{x1} = 1.05$ $\gamma_{x2} = 1.2$	1.2
4	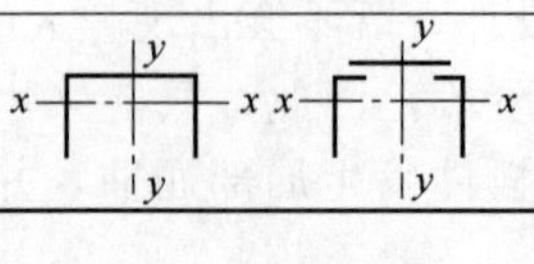 （截面图：x–x、y–y 轴）	$\gamma_{x1} = 1.05$ $\gamma_{x2} = 1.2$	1.05

续表

<table>
<tr><th>项次</th><th>截面形式</th><th>γ_x</th><th>γ_y</th></tr>
<tr><td>5</td><td></td><td>1.2</td><td>1.2</td></tr>
<tr><td>6</td><td></td><td>1.15</td><td>1.15</td></tr>
<tr><td>7</td><td></td><td rowspan="2">1.0</td><td>1.05</td></tr>
<tr><td>8</td><td></td><td>1.0</td></tr>
</table>

5.2.2 梁的抗剪强度

一般情况下，梁既承受弯矩，又承受剪力。工字形和槽形截面梁腹板上的剪应力分布如图 5.9 所示。

剪应力的计算式为

$$\tau=\frac{VS}{It_w} \tag{5.10}$$

式中 V——计算截面沿腹板平面作用的剪力；

S——计算剪应力处以上（或下）毛截面对中和轴的面积矩；

I——毛截面惯性矩；

t_w——腹板厚度。

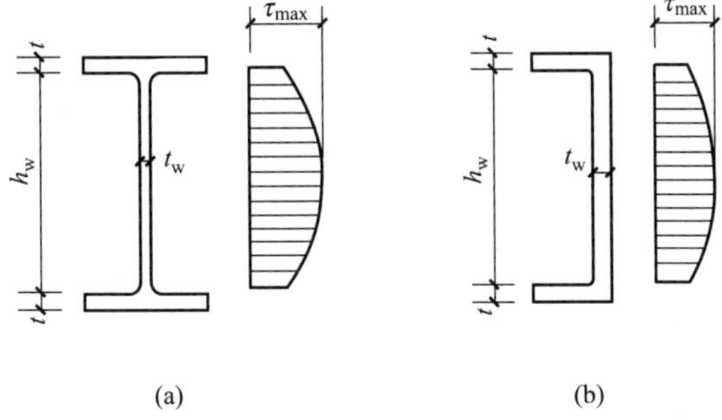

图 5.9 工字形和槽形截面梁腹板上的剪应力分布

截面上的最大剪应力发生在腹板中和轴处，因此，在主平面受弯的实腹构件，其抗剪强度应按式（5.11）计算。

$$\tau_{max}=\frac{VS}{It_w}\leqslant f_v \tag{5.11}$$

式中 S——中和轴以上毛截面对中和轴的面积矩；

f_v——钢材的抗剪强度设计值。

当梁的抗剪强度不足时（很少见），最有效的办法是增大腹板的面积，但腹板高度 h_w 一般由梁的刚度条件和构造要求确定，故设计时可采用加大腹板厚度 t_w 的办法来增大梁的抗剪强度。

5.2.3 梁的局部承压强度

作用在梁上的荷载一般以分布荷载或集中荷载的形式出现。实际工程中的集中荷载也是有一定分布长度的，不过其分布范围较小而已。当梁翼缘受有沿腹板平面作用的压力（包括集中荷载和支座反力），且该处又未设置支承加劲肋时［图 5.10（a）］，或受有移动的集中荷载（如吊车的轮压）时［图 5.10（b）］，应验算腹板计算高度边缘的局部承压强度。

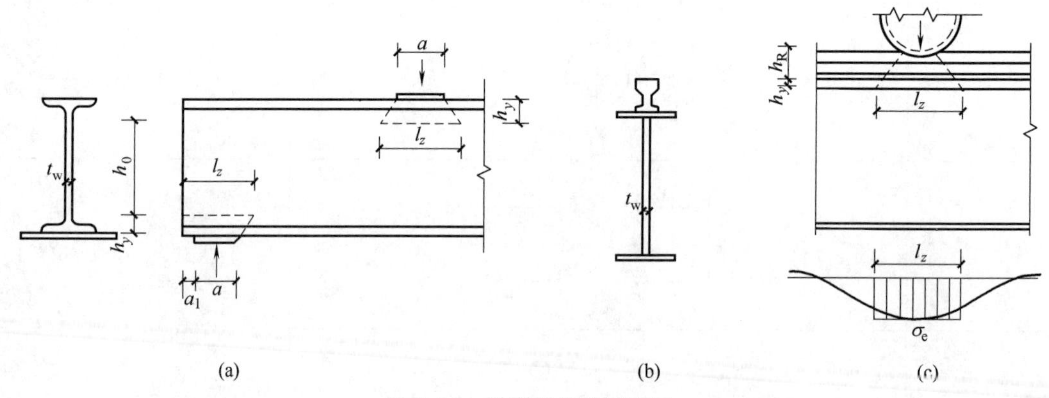

图 5.10　梁腹板的局部承压

在集中荷载作用下，梁的翼缘（在吊车梁中，还包括轨道）类似支承于腹板的弹性地基梁，腹板高度边缘的压应力分布如图 5.10（c）的曲线所示。若假定集中荷载从作用处以一定的角度扩散，均匀分布于腹板计算高度边缘，即可将此集中力视为作用于长度 l_z 的均布荷载。研究表明，假定分布长度 l_z 与轨道和受压翼缘的抗弯刚度以及腹板的厚度有关，当轨道上作用有轮压，压力穿过具有抗弯刚度的轨道向腹板内扩散时，轨道及受压翼缘的抗弯刚度越大，扩散的范围越大；腹板厚度越小（即下部越软弱），则扩散的范围越大。我国《钢结构设计标准》（GB 50017—2017）关于假定分布长度采用如下计算式。

$$l_z=3.25\sqrt[3]{\frac{I_R+I_f}{t_w}} \tag{5.12}$$

式中　I_R——轨道绕自身形心轴的惯性矩；

I_f——梁上翼缘绕翼缘中面的惯性矩。

此外，假定分布长度 l_z 的计算还可以采用式（5.13）的简化公式，即假定集中荷载从作用处以 1∶2.5（在 h_y 高度范围）和 1∶1（在 h_R 高度范围）扩散，均匀分布于腹板计算高度边缘。

对跨中集中荷载：

$$l_z=a+5h_y+2h_R \tag{5.13a}$$

对梁端支反力

$$l_z=a+2.5h_y+a_1 \tag{5.13b}$$

式中　a——集中荷载沿梁跨度方向的支承长度，对钢轨上的轮压可取为 50mm；

h_y——自梁顶面（或底面）至腹板计算高度边缘的距离；

h_R——轨道的高度，计算处无轨道时 $h_R=0$；

a_1——梁端到支座板外边缘的距离，按实取，但不得大于 $2.5h_y$。

按上述假定分布长度计算的均布压应力不应超过材料的屈服强度，若以此作为局部承压的设计准则，则梁腹板上边缘处的局部承压强度可按式（5.14）计算。

$$\sigma_c=\frac{\psi F}{t_w l_z}\leqslant f \tag{5.14}$$

式中 F——集中荷载设计值，对动态荷载应考虑动力系数；

ψ——集中荷载增大系数，用以考虑吊车轮压分配的不均，对重级工作制吊车梁 $\psi=1.35$，其他梁 $\psi=1.0$；

l_z——集中荷载在腹板计算高度上边缘的假定分布长度，宜按式（5.12）计算，也可采用简化式［式（5.13）］计算。

当计算不能满足时，应在固定集中荷载处（包括支座处）设置支承加劲肋，对腹板予以加强（图 5.11），支承加劲肋的计算详见本章 5.4.4 小节；对移动集中荷载，则只能加大腹板厚度。

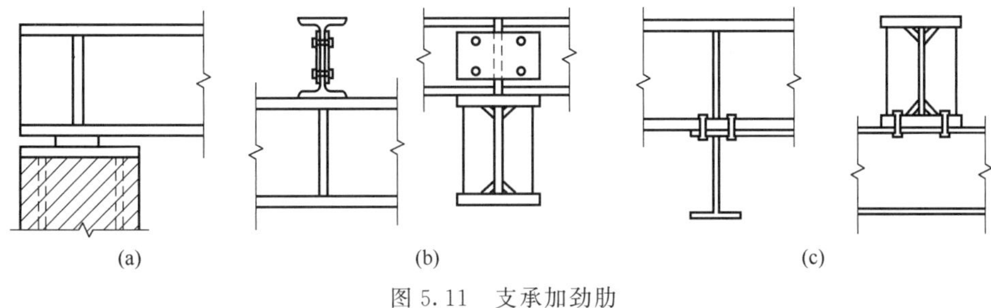

(a) (b) (c)

图 5.11 支承加劲肋

5.2.4 梁在复杂应力作用下的强度计算

在梁（主要是组合梁）的腹板计算高度边缘处，当同时受有较大的正应力、剪应力和局部压应力，或同时受有较大的正应力和剪应力（如连续梁中部支座处或梁的翼缘截面改变处等）时，应按式（5.15）验算该处的折算应力。

$$\sqrt{\sigma^2+\sigma_c^2-\sigma\sigma_c+3\tau^2}\leqslant\beta_1 f \tag{5.15}$$

式中 σ，τ，σ_c——腹板计算高度边缘同一点上同时产生的弯曲正应力、剪应力和局部压应力；

β_1——验算折算应力的强度设计值增大系数，当 σ 与 σ_c 异号时，取 $\beta_1=1.2$，当 σ 与 σ_c 同号或 $\sigma_c=0$ 时，取 $\beta_1=1.1$。

σ_c 按式（5.14）“$\leqslant$”号的左端计算，τ 按式（5.10）计算，σ 按式（5.16）计算。

$$\sigma=\frac{M_x h_0}{W_{nx} h} \tag{5.16}$$

σ 和 σ_c 均以拉应力为正值，压应力为负值。

在式（5.15）中，考虑到所验算的部位是腹板边缘的局部区域，几种应力皆以其较大值在同一点上出现的概率很小，故将强度设计值乘以 β_1 予以提高。当 σ 与 σ_c 异号时，其塑性变形能力比 σ 与 σ_c 同号时大，因此前者的 β_1 值大于后者。

5.2.5 梁的刚度

梁的刚度用荷载作用下的挠度大小来度量。梁的刚度不足，就不能保证其正常使用。如楼盖梁的挠度超过正常使用的某一限值时，一方面给人们一种不舒服和不安全的感觉，另一方面可能使其上部的楼面及下部的抹灰开裂，影响结构的功能。吊车梁挠度过大，会加剧吊车运行时的冲击和振动，甚至使吊车运行困难等。因此，应按式（5.17）验算梁的刚度。

$$v \leqslant [v] \tag{5.17}$$

式中 v——由荷载标准值（不考虑荷载分项系数和动力系数）产生的最大挠度；

$[v]$——梁的允许挠度值，对某些常用的受弯构件，相关规范根据实践经验规定的允许挠度值 $[v]$ 见附录 2。

梁的挠度可按材料力学和结构力学的方法计算，也可由结构静力计算手册取用。受多个集中荷载的梁（如吊车梁、楼盖主梁等），其挠度的精确计算较为复杂，但与最大弯矩相同的均布荷载作用下的挠度接近。于是，可采用下列近似公式验算梁的挠度。

对等截面简支梁

$$\frac{v}{l}=\frac{5}{384}\times\frac{q_{\mathrm{k}}l^{3}}{EI_{x}}=\frac{5}{48}\times\frac{q_{\mathrm{k}}l^{2}l}{8EI_{x}}\approx\frac{M_{\mathrm{k}}l}{10EI_{x}}\leqslant\frac{[v]}{l} \tag{5.18}$$

对变截面简支梁

$$\frac{v}{l}=\frac{M_{\mathrm{k}}l}{10EI_{x}}\left(1+\frac{3}{25}\frac{I_{x}-I_{x1}}{I_{x}}\right)\leqslant\frac{[v]}{l} \tag{5.19}$$

式中 q_{k}——均布线荷载标准值；

M_{k}——荷载标准值产生的最大弯矩；

I_{x}——跨中毛截面惯性矩；

I_{x1}——支座附近毛截面惯性矩；

l——梁的长度；

E——梁截面弹性模量。

计算梁的挠度 v 值时，取用的荷载标准值应与本书附录 2 规定的允许挠度值 $[v]$ 相对应。例如，对吊车梁，挠度 v 应按自重和起重量最大的一台吊车计算；对楼盖或工作平台梁，应分别验算全部荷载产生的挠度和仅有可变荷载产生的挠度。

5.3 梁的整体稳定

5.3.1 梁整体稳定的概念

为了提高抗弯强度，节省钢材，钢梁截面一般做成高而窄的形式，受荷方向刚度大，侧向刚度较小，如果梁的侧向支承较弱（比如仅在支座处有侧向支承），梁的弯曲会随荷载大小的不同而呈现两种截然不同的平衡状态。

如图 5.12 所示的工字形截面梁，荷载作用在其最大刚度平面内，当荷载较小时，梁的弯曲平衡状态是稳定的。虽然外界各种因素会使梁产生微小的侧向弯曲或扭转变形，但外界影响消失后，梁仍能恢复原来的弯曲平衡状态。然而，当荷载增大到某一数值后，梁在向下弯曲的同时，将突然发生侧向弯曲或扭转变形而破坏，这种现象称为梁的侧向弯扭屈曲或整体失稳。梁维持其稳定平衡状态所承担的最大荷载或最大弯矩，称为临界荷载或临界弯矩。

梁整体稳定的临界荷载与梁的侧向抗弯刚度、抗扭刚度、荷载沿梁跨分布情况及其在截面上的作用点位置等因素有关。根据弹性稳定理论，双轴对称工字形截面简支梁的临界弯矩和临界应力如下。

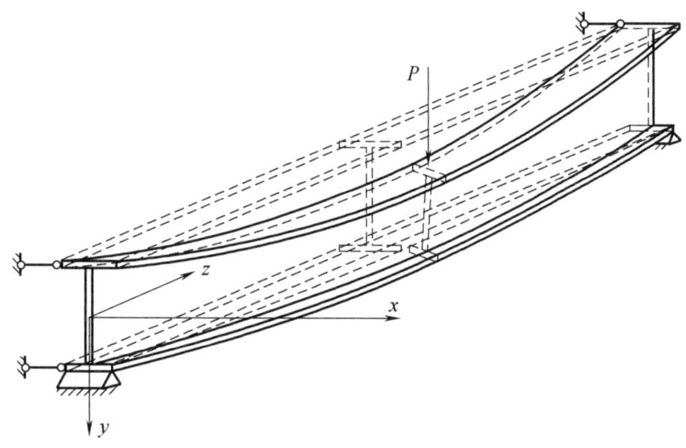

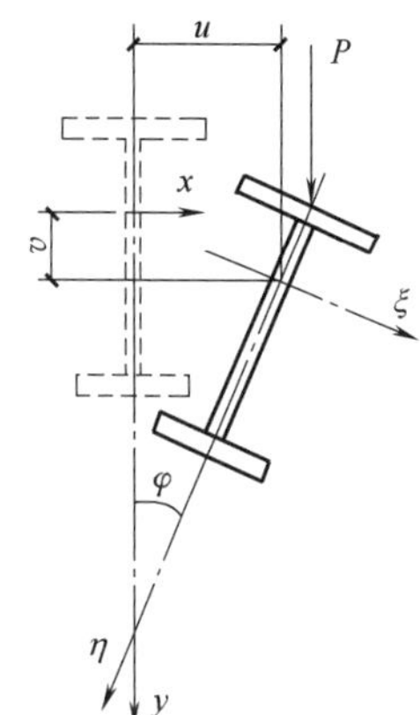

图 5.12 梁的整体失稳

临界弯矩

$$M_{cr}=\beta\frac{\sqrt{EI_yGI_t}}{l_1} \tag{5.20}$$

临界应力

$$\sigma_{cr}=\frac{M_{cr}}{W_x}=\beta\frac{\sqrt{EI_yGI_t}}{l_1W_x} \tag{5.21}$$

式中 I_y——梁对 y 轴（弱轴）的毛截面惯性矩；

I_t——梁毛截面扭转惯性矩；

l_1——梁受压翼缘的自由长度（受压翼缘侧向支承点之间的距离）；

W_x——梁对 x 轴的毛截面模量；

E，G——钢材的弹性模量及剪切模量；

β——梁的侧扭屈曲系数，与荷载类型、梁端支承方式以及横向荷载作用位置等有关。

由临界弯矩 M_{cr} 的计算公式和 β 值，可总结出如下规律：

① 梁的侧向抗弯刚度 EI_y、抗扭刚度 GI_t 越大，临界弯矩 M_{cr} 越大；

② 梁受压翼缘的自由长度 l_1 越大，临界弯矩 M_{cr} 越小；

③ 荷载作用于下翼缘比作用于上翼缘的临界弯矩 M_{cr} 大，这是由于梁一旦扭转，作用于下翼缘的荷载对剪心产生的附加扭矩与梁的扭转方向是相反的，因而会减缓梁的扭转。该条与 β 值相关，β 值计算可参见《钢结构设计标准》(GB 50017—2017)。

5.3.2 梁整体稳定的保证

为保证梁的整体稳定或增强梁抵抗整体失稳的能力，当梁上有密铺的刚性铺板（楼盖梁的楼面板或公路桥、人行天桥的面板等）时，应使之与梁的受压翼缘连接牢固［图 5.13 (a)］；若无刚性铺板或铺板与梁受压翼缘连接不可靠，则应设置平面支撑［图 5.13 (b)］。楼盖或工作平台梁格的平面支撑有横向平面支撑和纵向平面支撑两种，横向支撑使主梁受压翼缘的自由长度由其跨长减小为 l_1（次梁间距）；纵向支撑是为了保证整个楼面的横向刚度。无论有无连接牢固的刚性铺板，支承工作平台梁格的支柱间均应设置柱间支撑，除非柱列设计为上端铰接、下端嵌固于基础的排架。

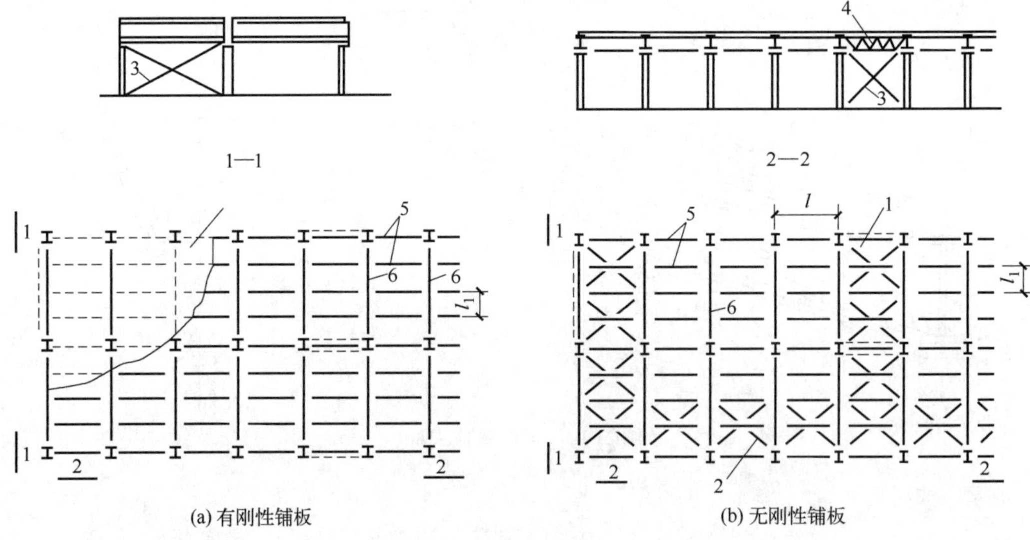

图 5.13 楼盖或工作平台梁格

1—横向平面支撑；2—纵向平面支撑；3—柱间垂直支撑；4—主梁间垂直支撑；5—次梁；6—主梁

《钢结构设计标准》（GB 50017—2017）规定，当符合下列情况之一时，梁的整体稳定可以得到保证，不必计算：

① 有刚性铺板密铺在梁的受压翼缘上并与其连接牢固，能阻止梁受压翼缘的侧向位移时，例如图 5.13（a）中的次梁即属于此种情况；

② 箱形截面简支梁，其截面尺寸（图 5.14）满足 $h/b_0 \leqslant 6$，且 $l_1/b_0 \leqslant 95\varepsilon_k^2$ 时（箱形截面的此条件很容易满足）。

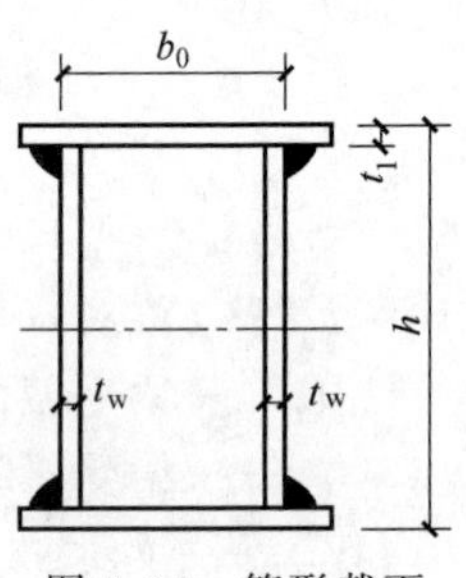

图 5.14 箱形截面

5.3.3 梁整体稳定的计算方法

当不满足前述不必计算整体稳定条件时，应对梁的整体稳定性进行验算，即使梁截面上的最大受压纤维弯曲正应力不超过整体稳定的临界应力，考虑抗力分项系数 γ_R 后，可得以下结论。

(1) 在最大刚度主平面内单向受弯的梁

$$\sigma_{max}=\frac{M_x}{W_x}\leqslant\frac{M_{cr}}{W_x}\times\frac{1}{\gamma_R}=\frac{\sigma_{cr}}{\gamma_R}=\frac{\sigma_{cr}}{f_y}\times\frac{f_y}{\gamma_R}=\varphi_b f \tag{5.22}$$

或写成《钢结构设计标准》(GB 50017—2017) 采用的形式。

$$\frac{M_x}{\varphi_b W_x f}\leqslant 1.0 \tag{5.23}$$

式中 M_x——绕截面强轴 x 作用的最大弯矩设计值；

W_x——按受压最大纤维确定的梁毛截面模量，当截面板件宽厚比等级为 S1、S2、S3 或 S4 级时，应取全截面模量，当截面板件宽厚比等级为 S5 级时，应取有效截面模量；

φ_b——梁整体稳定系数，$\varphi_b=\dfrac{\sigma_{cr}}{f_y}$。

（2）在两个主平面内受弯的H型钢截面或工字形截面梁

$$\frac{M_x}{\varphi_b W_x f}+\frac{M_y}{\gamma_y W_y f}\leqslant 1.0 \tag{5.24}$$

式中 W_x，W_y——按受压纤维确定的对 x 轴（强轴）和对 y 轴的毛截面模量；

φ_b——绕强轴弯曲所确定的梁整体稳定系数。

式（5.24）为一个经验公式，式中第二项表示绕弱轴弯曲的影响，但分母中 γ_y 在此处仅起适当降低此项影响的作用，并不表示截面允许发展塑性。

现以受纯弯曲的双轴对称工字形截面简支梁为例，导出 φ_b 的计算公式。此时，梁的侧扭屈曲系 $\beta=\pi\sqrt{1+\left(\frac{\pi h}{2l_1}\right)^2\frac{EI_y}{GI_t}}$，将其代入式（5.21），从而有

$$\varphi_b=\frac{\sigma_{cr}}{f_y}=\pi\sqrt{1+\left(\frac{\pi h}{2l_1}\right)^2\frac{EI_y}{GI_t}}\times\frac{\sqrt{EI_yGI_t}}{W_x l_1 f_y}=\frac{\pi^2 EI_y h}{2l_1^2 W_x f_y}\sqrt{1+\left(\frac{2l_1}{\pi h}\right)^2\frac{GI_t}{EI_y}} \tag{5.25}$$

式（5.25）中，代入数值 $E=2.06\times10^5\text{N/mm}^2$，$E/G=2.6$，令 $I_y=Ai_y^2$，$\frac{l_1}{i_y}=\lambda_y$，钢号修正系数 $\varepsilon_k=\sqrt{\frac{235}{f_y}}$，式中 f_y 为钢材屈服点（N/mm^2），并假定扭转惯性矩近似值为 $I_t=\frac{1}{3}Ai_y^2$，可得

$$\varphi_b=\frac{4320}{\lambda_y^2}\times\frac{Ah}{W_x}\left[\sqrt{1+\left(\frac{\lambda_y t_1}{4.4h}\right)^2}\right]\varepsilon_k^2 \tag{5.26}$$

式中 A——梁毛截面面积；

t_1——受压翼缘厚度。

这就是受纯弯曲的双轴对称焊接工字形截面简支梁的整体稳定系数计算公式。实际上梁受纯弯曲的情况是不多的，当梁受任意横向荷载或梁为单轴对称截面时，式（5.26）应加以修正。《钢结构设计标准》（GB 50017—2017）对梁的整体稳定系数 φ_b 的规定，见本书附录3。

上述整体稳定系数是按弹性稳定理论求得的。研究证明，当求得的 $\varphi_b>0.6$ 时，梁已进入非弹性工作阶段，整体稳定临界应力有明显的降低，必须对 φ_b 进行修正。相关规范规定，当按上述公式或表格确定的 $\varphi_b>0.6$ 时，用式（5.27）求得的 φ_b' 代替 φ_b 进行梁的整体稳定计算，即

$$\varphi_b'=1.07-\frac{0.282}{\varphi_b}\leqslant 1.0 \tag{5.27}$$

当梁的整体稳定承载力不足时，可采用加大梁的截面尺寸或增加侧向支承的办法予以解决，前一种办法中尤其是增大受压翼缘的宽度最有效。

必须指出的是：无论梁是否需要计算整体稳定性，梁的支承处均应采取构造措施以阻止其端截面的扭转（在力学意义上称为“夹支”，参见图5.15）。图5.13的平台结构纵向剖面2—2中，两主梁间的竖向支撑桁架“4”，即能阻止所连主梁端截面的扭转，其他主梁通过次梁和柱顶支撑杆与此支撑桁架相连，也不会发生端截面的扭转。

用作减小梁受压翼缘自由长度的侧向支撑，应将梁的受压翼缘视为轴心压杆，按第4章的方法计算支撑力。图5.13（b）的横向平面支撑和纵向平面支撑应设置在（或靠近）梁的受压翼缘平面。交叉支撑杆可设计为只能承受拉力的柔性杆件，并视为以梁受压翼缘为弦杆

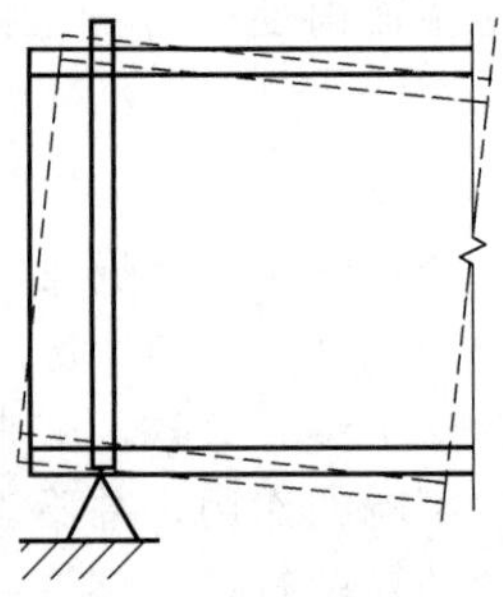

图 5.15 梁支座夹支的力学图形

的平行弦桁架的斜腹杆。横向腹杆则为次梁，此次梁应按压杆验算长细比（$[\lambda]=200$）。

【例 5.1】 设图 5.13 的平台梁格，荷载标准值：恒荷载（不包括梁自重）为 $1.5\mathrm{kN/m^2}$，活荷载为 $9\mathrm{kN/m^2}$。

试按平台铺板与次梁连接牢固和平台铺板不与次梁连接牢固两种情况，分别选择次梁的截面。次梁跨度为 5m，间距为 2.5m，材料为 Q355C 钢。

【解】 ① 平台铺板与次梁连接牢固时，不必计算整体稳定性。假设次梁自重为 0.6kN/m，次梁承受的线荷载标准值为

$$q_k=(1.5\times2.5+0.6)+9\times2.5=4.35+22.5=26.85(\mathrm{kN/m})$$

按荷载效应基本组合［式（1.2）］：恒荷载分项系数为 1.3，活荷载分项系数为 1.5。

$$q=4.35\times1.3+22.5\times1.5=39.405(\mathrm{kN/m})$$

最大弯矩设计值为

$$M_x=\frac{1}{8}ql^2=\frac{1}{8}\times39.405\times5^2=123.1(\mathrm{kN\cdot m})$$

根据抗弯强度选择截面，需要的截面模量为

$$W_{nx}=\frac{M_x}{\gamma_x f}=\frac{123.1\times10^6}{1.05\times305}=384\times10^3(\mathrm{mm^3})$$

选用 HN298×149×5.5×8，其中 $W_x=396.7\mathrm{cm^3}$，跨中无孔眼削弱，此 W_x 大于需要的 $384\mathrm{cm^3}$，梁的抗弯强度已足够。由于型钢的腹板较厚，一般不必验算抗剪强度；若将次梁连于主梁的加劲肋上，也不必验算次梁支座处的局部承压强度。

其他截面特性，$I_x=5911\mathrm{cm^4}$；自重 32kg/m＝0.32kN/m，略小于假设自重，不必重新计算。

验算挠度。

在全部荷载标准值作用下

$$\frac{v_T}{l}=\frac{5}{384}\times\frac{q_k l^3}{EI_x}=\frac{5}{384}\times\frac{26.85\times5000^3}{206\times10^5\times5911\times10^4}=\frac{1}{279}<\frac{[v_T]}{l}=\frac{1}{250}$$

在可变荷载标准值作用下

$$\frac{v_Q}{l}=\frac{1}{279}\times\frac{22.5}{26.85}=\frac{1}{333}<\frac{[v_Q]}{l}=\frac{1}{300}$$

注：若选用普通工字钢，则需I25a，自重 38.1kg/m，比 H 型钢重 19%。

② 若平台铺板不与次梁连牢，则需要计算其整体稳定。

按整体稳定要求试选截面：式（5.23）中有 φ_b 和 W_x 两个未知量，用试算法假设次梁自重为 0.6kN/m，参考普通工字钢的整体稳定系数（本书附录 3 的附表 3.2），$\varphi_b=0.73\times$

$\varepsilon_k^2=0.73\times\frac{235}{355}=0.48$，需要的截面模量为

$$W_x=\frac{M_x}{\varphi_b}f=\frac{123.1\times10^6}{0.48}\times305=8.41\times10^5(\text{mm}^3)$$

选用 HN400×150×8×13，$W_x=895.3\text{cm}^3$；自重 55.2kg/m＝0.55kN/m，与假设相符。另外，截面的 $i_y=3.23\text{cm}$，$A=70.37\text{cm}^2$。

由于试选截面时，整体稳定系数是参考普通工字钢假定的。对 H 型钢应按本书附录 3 的附表 3.1 进行计算。

$$\xi=\frac{l_1t_1}{b_1h}=\frac{5000\times13}{150\times400}=1.08$$

$$\beta_b=0.69+0.13\times1.08=0.8304$$

$$\lambda_y=\frac{500}{3.23}=155$$

$$\varphi_b=\beta_b\frac{4320}{\lambda_y^2}\times\frac{Ah}{W_x}\left[\sqrt{1+\left(\frac{\lambda_yt_1}{4.4h}\right)^2}\right]\varepsilon_k^2$$

$$=0.8304\times\frac{4320}{155^2}\times\frac{70.37\times40}{895.3}\times\sqrt{1+\left(\frac{155\times1.3}{4.4\times40}\right)^2}\times\frac{235}{355}=0.47$$

验算整体稳定性。

$$\frac{M_x}{\varphi_bW_xf}=\frac{123.1\times10^6}{0.47\times895.3\times10^3\times305}=0.96<1.0$$

兼作平面支撑桁架横向腹杆的次梁，其 $\lambda_y=155<[\lambda]=200$，$\lambda_y$ 更小，满足要求。

其他验算从略（若选用普通工字钢则需I36a，自重 60kg/m，比型钢重 8.6%）。

5.4 梁的局部稳定

组合梁一般由翼缘和腹板等板件组成，为了增加梁截面的抗弯强度或整体稳定，在保持梁截面尺寸不变的情况下，通常需加大其截面各板件的宽厚比或高厚比。如果将这些板件不适当地减薄加宽，板中压应力或剪应力达到某一数值后，腹板或受压冀缘有可能偏离其平面位置，出现波形鼓曲（图 5.16），这种现象称为梁局部失稳。

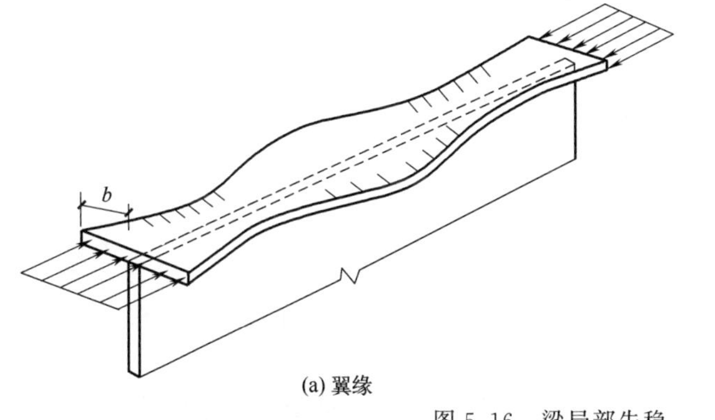

(a) 翼缘

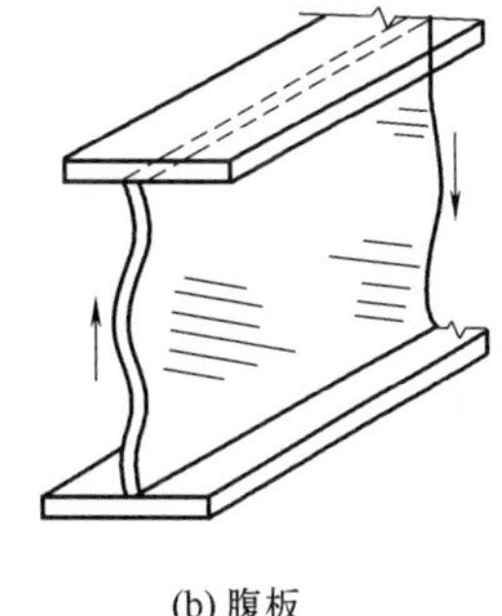
(b) 腹板

图 5.16 梁局部失稳

由于轧制条件所限，热轧型钢板件宽厚比较小，都能满足局部稳定要求，不需要计算。对冷弯薄壁型钢梁的受压或受弯板件，宽厚比不超过规定的限制时，认为板件全部有效；当

超过此限制时，则只考虑一部分宽度有效（称为有效宽度），应按《冷弯薄壁型钢结构技术规范》（GB 50018—2002）计算。

这里主要介绍一般钢结构组合梁中翼缘和腹板的局部稳定。

5.4.1 受压翼缘的局部稳定

梁的受压翼缘板主要受均布压应力作用（图 5.17）。为了充分发挥材料强度，翼缘的合理设计是采用一定厚度的钢板，让其临界应力 σ_{cr} 不低于钢材的屈服点 f_y，从而使翼缘不丧失稳定。一般采用限制宽厚比的办法来保证梁受压翼缘板的稳定性。

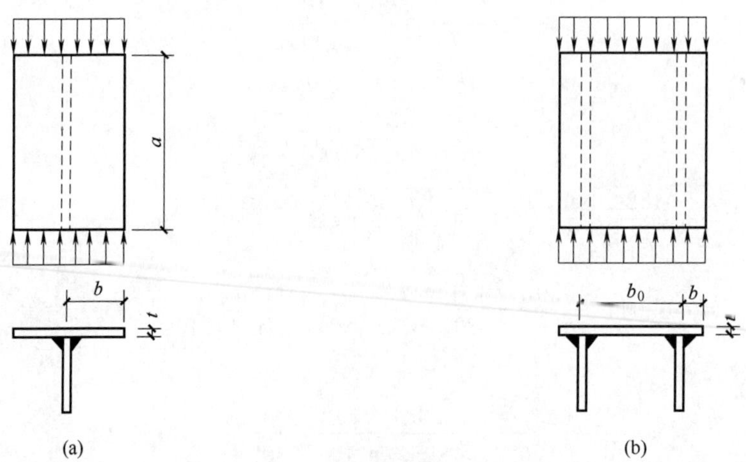

图 5.17 梁的受压翼缘板

根据弹性稳定理论，单向均匀受压板的临界应力可用式（5.28）表达。

$$\sigma_{cr}=\beta\chi\,\frac{\pi^2 E}{12(1-\nu^2)}\left(\frac{t}{b}\right)^2 \tag{5.28}$$

式中 χ——板边缘的弹性约束系数，对简支边取 $\chi=1.0$；

β——简支板的弹性屈曲系数，与荷载分布情况和支承边数有关，受弯构件的受压翼缘板可视为三边简支、一边自由的均匀受压板，因此，$\beta=0.425$；

ν——材料泊松比，对钢材 $\nu=0.3$；

t，b——翼缘板的厚度和外伸宽度，见图 5.17。

为满足局部失稳不先于受压边缘最大应力屈服的条件，令式（5.28）的 $\sigma_{cr}\geqslant f_y$，则

$$\sigma_{cr}=0.425\times1.0\times\frac{\pi^2\times206\times10^3}{12\times(1-0.3^2)}\left(\frac{t}{b}\right)^2\geqslant f_y \tag{5.29}$$

得

$$b/t\leqslant18.6\varepsilon_k \tag{5.30}$$

对不需要验算疲劳的梁，考虑梁塑性深入程度不同的影响，S1 级、S2 级、S3 级、S4 级、S5 级分类的受压翼缘界限宽厚比分别是式（5.30）右端 18.6 的 0.5、0.6、0.7、0.8 和 1.1 倍，取整数后，可按表 5.1 采用。

截面宽厚比等级 S1 或 S2 级为塑性截面，由于民用建筑在抗震性能化设计时，框架梁往往设计为塑性耗能区，要求在设防烈度的地震作用下形成塑性铰，所以设计标准对宽厚比限制更严格。

截面宽厚比等级 S3 级为弹塑性截面，当考虑截面部分发展塑性变形时，截面上形成塑

性区和弹性区，翼缘板整个厚度上的应力均可达到屈服点 f_y，但在与压应力相垂直的方向仍然是弹性的，这种情况属正交异性板，其临界应力的精确计算较为复杂，一般可用 $\sqrt{\eta}E$ 代替弹性模量 E 来考虑这种影响（系数 $\eta \leqslant 1$，为切线模量 E_t 与弹性模量 E 之比）。若取 $\eta=0.25$，则

$$\sigma_{cr}=0.425\times1.0\times\frac{\pi^2\times\sqrt{0.25}\times206\times10^3}{12\times(1-0.3^2)}\left(\frac{t}{b}\right)^2\geqslant f_y \tag{5.31}$$

得

$$\frac{b}{t}\leqslant13\varepsilon_k \tag{5.32}$$

截面宽厚比等级 S4 级为弹性截面，但考虑残余应力的影响，翼缘板部分区域纵向应力已超过有效比例极限进入弹塑性阶段，如取 $\eta=0.5$，再令式（5.28）的 $\sigma_{cr}\geqslant f_y$（即满足局部失稳不先于受压边缘最大应力屈服的条件），则

$$\sigma_{cr}=0.425\times1.0\times\frac{\pi^2\times\sqrt{0.5}\times206\times10^3}{12\times(1-0.3^2)}\left(\frac{t}{b}\right)^2\geqslant f_y \tag{5.33}$$

得

$$\frac{b}{t}\leqslant15\varepsilon_k \tag{5.34}$$

截面宽厚比等级 S5 级称为薄壁截面，带有自由边的板件，局部屈曲后可能带来截面刚度中心的变化，从而改变构件的受力，所以，即使 S5 级可采用有效截面法计算承载力，设计标准仍然对板件宽厚比给予限制。

对箱形截面梁，受压翼缘板在两腹板间的部分［图 5.17（b）］可视为四边简支纵向均匀受压板，屈曲系数 $\beta=4$，取弹性约束系数 $\chi=1.0$，按式（5.28），令 $\sigma_{cr}\geqslant f_y$，板件宽厚比为

$$\frac{b_0}{t}\leqslant56.29\varepsilon_k \tag{5.35}$$

式中　b_0，t——受压翼缘板在两腹板之间的宽度和厚度。

同理，S1 级、S2 级、S3 级和 S4 级分类的界限宽厚比分别为 b_0/t 的 0.5、0.6、0.7、0.8 倍，适当调整成整数，可按表 5.1 采用。对 S5 级，因为两纵向边支承的翼缘可以考虑屈曲后强度，所以板件宽厚比不再做额外限制。

5.4.2 腹板的局部稳定

承受静力荷载和间接承受动力荷载的组合梁，一般考虑腹板屈曲后强度，按《钢结构设计标准》（GB 50017—2017）的规定布置加劲肋并计算其抗弯和抗剪承载力，而直接承受动力荷载的吊车梁及类似构件，则按下列规定配置加劲肋，并计算各板段的稳定。

① 当 $h_0/t_w\leqslant80\varepsilon_k$ 时，对有局部压应力（$\sigma_c\neq0$）的梁，宜按构造配置横向加劲肋，当局部压应力较小时，可不配置横向加劲肋［图 5.18（a）］。

② 当 $h_0/t_w>80\varepsilon_k$ 时，应按计算配置横向加劲肋［图 5.18（a）］。

③ 当 $h_0/t_w>170\varepsilon_k$（受压翼缘扭转受到约束，如连有刚性铺板、制动板或焊有钢轨时）或 $h_0/t_w>150\varepsilon_k$（受压翼缘扭转未受到约束时）或按计算需要时，应在弯矩较大区格的受压区增加配置纵向加劲肋［图 5.18（b）、（c）］。局部压应力很大的梁，必要时尚宜在受压区配置短加劲肋［图 5.18（c）］。

任何情况下，h_0/t_w 均不应超过 $250\varepsilon_k$。

以上叙述中，h_0 为腹板计算高度，对焊接梁 h_0 等于腹板高度；对轧制型钢梁为腹板与

上、下翼缘相交接处两内弧起点间的距离。对单轴对称梁，第③款中的 h_0 应取腹板受压区高度 h_c 的 2 倍。

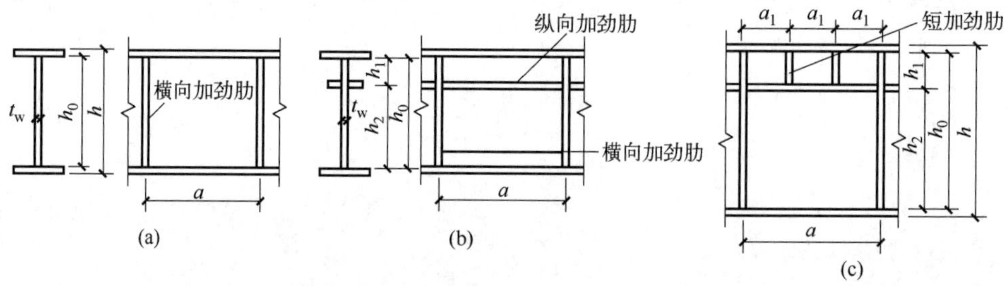

图 5.18 腹板加劲肋的布置

④ 梁的支座处和上翼缘受有较大固定集中荷载处宜设置支承加劲肋。

为避免焊接后的不对称残余变形并减少制造工作量，焊接吊车梁宜尽量避免设置纵向加劲肋，尤其是短加劲肋。

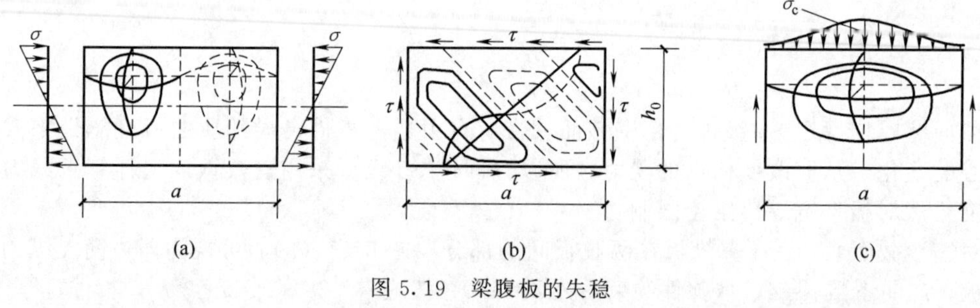

图 5.19 梁腹板的失稳

梁的加劲肋和翼缘使腹板成为若干四边支承的矩形板区格。这些区格一般受有弯曲正应力、剪应力以及局部压应力。在弯曲正应力单独作用下，腹板的失稳形式如图 5.19（a）所示，凸凹波形的中心靠近其压应力合力的作用线。在剪应力单独作用下，腹板在 45°方向产生主应力，主拉应力和主压应力数值上都等于剪应力。在主压应力作用下，腹板失稳形式如图 5.19（b）所示，为大约 45°方向倾斜的凸凹波形。在局部压应力单独作用下，腹板的失稳形式如图 5.19（c）所示，产生一个靠近横向压应力作用边缘的鼓曲面。

横向加劲肋主要防止由剪应力和局部压应力可能引起的腹板失稳，纵向加劲肋主要防止由弯曲压应力可能引起的腹板失稳，短加劲肋主要防止由局部压应力可能引起的腹板失稳。计算时，先布置加劲肋，再计算各区格板的平均作用应力和相应的临界应力，使其满足稳定条件。若不满足（不足或太富余），再调整加劲肋间距，重新计算。以下介绍各种加劲肋配置时的腹板稳定计算方法。

5.4.3 加劲肋的构造和截面尺寸

焊接梁的加劲肋一般用钢板做成，并在腹板两侧成对布置（图 5.20）。对非吊车梁的中间加劲肋，为了节约钢材和减少制造工作量，也可单侧布置。

横向加劲肋的间距 a 不得小于 $0.5h_0$，也不得大于 $2h_0$（对 $\sigma_c=0$ 的梁，$h_0/t_w \leqslant 100$ 时，可采用 $2.5h_0$）。

加劲肋应有足够的刚度才能作为腹板的可靠支承，所以对加劲肋的截面尺寸和截面惯性矩应有一定要求。

双侧布置的钢板横向加劲肋的外伸宽度 b_s（mm）应满足式（5.36）的要求。

$$b_s \geqslant \frac{h_0}{30}+40 \tag{5.36}$$

单侧布置时，外伸宽度应比式（5.36）增大20%。

加劲肋的厚度不应小于实际取用外伸宽度的1/15，即 $t_s \geqslant b_s/15$。

当腹板同时用横向加劲肋和纵向加劲肋加强时，应在其相交处切断纵向加劲肋而使横向加劲肋保持连续。

为了避免焊缝交叉，减小焊接应力，在加劲肋端部应切去宽约 $b_s/3$（≤40mm）、高约 $b_s/2$（≤60mm）的斜角（图5.21）。对直接承受动力荷载的梁（如吊车梁），中间横向加劲肋下端不应与受拉翼缘焊接（若焊接，将降低受拉翼缘的疲劳强度），一般在距受拉翼缘50～100mm处断开［图5.22（b）］。

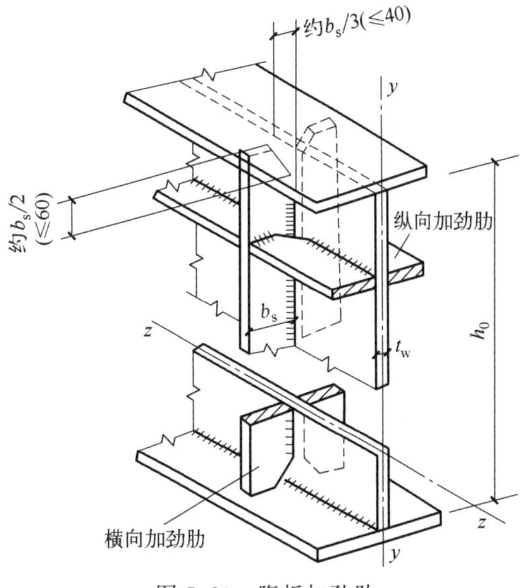

图5.20 腹板加劲肋

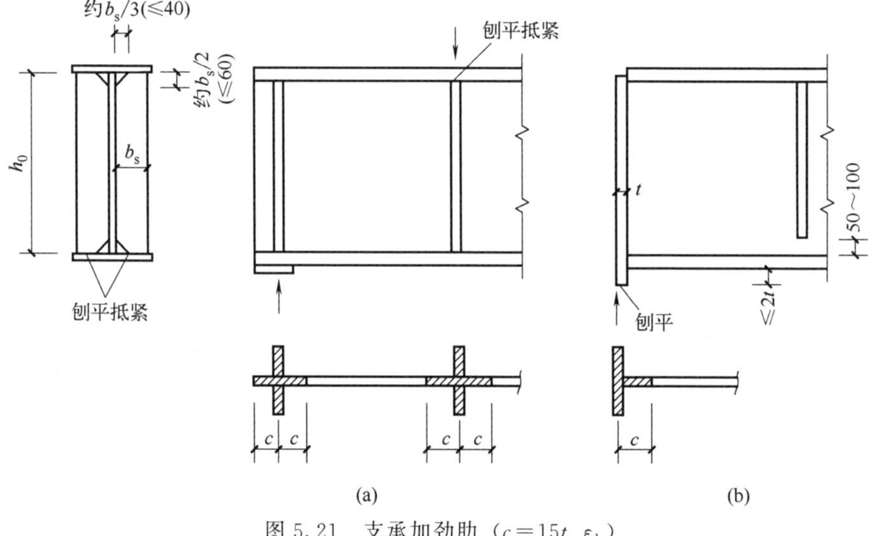

图5.21 支承加劲肋（$c=15t_w\varepsilon_k$）

5.4.4 支承加劲肋的计算

支承加劲肋是指承受固定集中荷载或者支座反力的横向加劲肋。此种加劲肋应在腹板两侧成对设置，并应进行整体稳定和端面承压计算，其截面往往比中间横向加劲肋大。

① 按轴心压杆计算支承加劲肋在腹板平面外的稳定性。此压杆的截面包括加劲肋以及每侧各 $15t_w\varepsilon_k$ 范围内的腹板面积［（图5.21）中阴影部分］，其计算长度近似取为 h_0。

② 支承加劲肋一般刨平抵紧于梁的翼缘［图5.21（a）］或柱顶［图5.21（b）］，其端面承压强度按式（5.37）计算。

$$\sigma_{ce}=\frac{F}{A_{ce}} \leqslant f_{ce} \tag{5.37}$$

式中　F——集中荷载或支座反力；

A_{ce}——端面承压面积；

f_{ce}——钢材端面承压强度设计值。

突缘支座［图 5.21 (b)］的伸出长度不应大于加劲肋厚度的 2 倍。

③ 支承加劲肋与腹板的连接焊缝，应按承受全部集中力或支反力进行计算。计算时假定应力沿焊缝长度均匀分布。

【例 5.2】（注册结构工程师考试题型）

某简支吊车梁，跨度 12m，钢材为 Q355C 钢，焊条为 E50 系列，承受两台 50t/10t 重级工作制桥式吊车。吊车梁截面如图 5.22 (a) 所示，钢轨与受压翼缘牢固连接。

1. 为保证吊车梁的腹板局部稳定性，需（　　）。

A. 配置横向加劲肋　　B. 配置纵向加劲肋

C. 同时配置纵、横向加劲肋　　D. 不需配置加劲肋

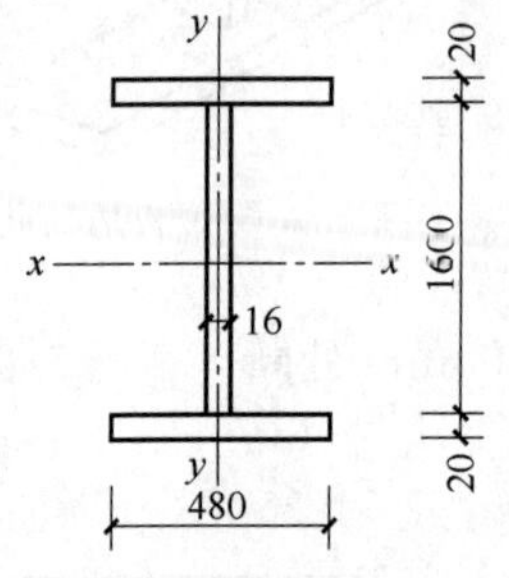

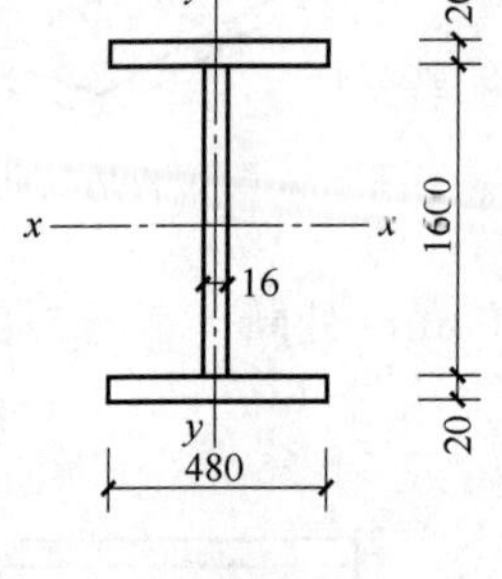

(a) 吊车梁截面尺寸　　(b) 跨中加劲肋布置

上翼缘

图 5.22 【例 5.2】图

【解】（A）。

$\frac{h_0}{t_w}=\frac{1600}{16}=100>80\times\sqrt{\frac{235}{235}}=65$，且$\frac{h_0}{t_w}=\frac{1600}{16}=100<170\times\sqrt{\frac{235}{235}}=138$，应按计算配置横向加劲肋。

2. 若吊车梁改为承受两台 75t/20t 重级工作制桥式吊车，相应吊车梁的截面尺寸做了修改（仍然为双轴对称工字形组合截面），经验算此时吊车梁需同时配置纵、横向加劲肋。图 5.22 (b) 所示为该吊车梁跨中加劲肋布置图。从构造上看，其中共（　　）处不妥或错误之处。

A. 一处　　B. 两处　　C. 三处　　D. 无不妥或错误之处

【解】（B）。

纵向加劲肋应配置在受压区而不是受拉区；横向加劲肋不应与下翼缘焊牢，应在距下翼缘 50～100mm 处断开。

【例 5.3】 某钢梁端部支承加劲肋设计采用突缘加劲板，尺寸如图 5-23 所示，支座反力 $F=920.5\text{kN}$，钢材采用 Q355B，试验算该加劲肋。

【解】（1）支撑加劲肋在腹板平面外的整体稳定

$$I_z=\frac{1}{12}\times1.6\times16^3+\frac{1}{12}\times18\times1.2^3=5.49\times10^2(\text{cm}^4)$$

$$A=16\times1.6+18\times1.2=47.2(\text{cm}^2)$$

$$i_z=\sqrt{\frac{I_z}{A}}=\sqrt{\frac{5.49\times10^2}{47.2}}=3.41(\text{cm})$$

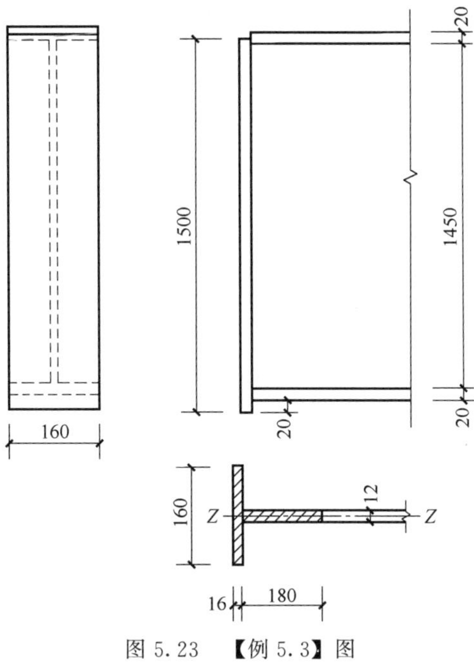

图 5.23 【例 5.3】图

$$\lambda=\frac{h_0}{i_z}=\frac{145}{3.41}=42.5 \quad \frac{\lambda}{\varepsilon_k}=\lambda\sqrt{\frac{f_y}{235}}=42.5\times\sqrt{\frac{355}{235}}=52.2$$

查本书附表 4.2 得 $\varphi=0.846$（b 类）。

$$\frac{F}{\varphi Af}=\frac{920.5\times10^3}{0.846\times4720\times305}=0.76<1.0$$

(2) 端部承压强度

查本书附表 1.1 可知，$f_{ce}=400\text{N/mm}^2$。

$$\sigma_{ce}=\frac{F}{A_{ce}}=\frac{920.5\times10^3}{160\times16}=359.6(\text{N/mm}^2)<f_{ce}=400\text{N/mm}^2$$

(3) 支撑加劲肋与腹板的接焊接

查本书附表 1.2 可知，$f_f^w=200\text{N/mm}^2$，取 $h_f=8\text{mm}$。

$$\frac{F}{2\times0.7h_f l_w}=\frac{920.5\times10^3}{2\times0.7\times8\times(1450-16)}=57.31(\text{N/mm}^2)<f_f^w=200\text{N/mm}^2$$

5.5 型钢梁的设计

5.5.1 单向弯曲型钢梁

单向弯曲型钢梁的设计比较简单，通常先按抗弯强度（当梁的整体稳定有保证时）或整体稳定（当需要计算整体稳定时）求出需要的截面模量。

$$W_{nx}=\frac{M_{\max}}{\gamma_x f}$$

或

$$W_x=\frac{M_{\max}}{\varphi_b f}$$

式中的整体稳定系数 φ_b 可估计假定。由截面模量选择合适的型钢（一般为 H 型钢或普通工字钢），然后验算其他项目。由于型钢截面的翼缘和腹板厚度较大，因此不必验算局部稳定；端部无大的削弱时，也不必验算剪应力。而局部压应力也只在有较大集中荷载或支座反力处才验算。

单向弯曲型钢梁的截面选择方法参见【例 5.1】。

5.5.2 双向弯曲型钢梁

双向弯曲型钢梁承受两个主平面方向的荷载，设计方法与单向弯曲型钢梁相同，应考虑抗弯强度、整体稳定、挠度等的计算，而剪应力和局部稳定一般不必计算，局部压应力只有在有较大集中荷载或支座反力的情况下，必要时才验算。

双向弯曲梁的抗弯强度按式（5.9）计算，即

$$\frac{M_x}{\gamma_x W_{nx}}+\frac{M_y}{\gamma_y W_{ny}}\leqslant f$$

双向弯曲梁的整体稳定的理论分析较为复杂，一般按经验近似公式计算。《钢结构设计标准》（GB 50017—2017）规定双向受弯的 H 型钢或工字钢截面梁应按式（5.38）计算其整体稳定。

$$\frac{M_x}{\varphi_b W_x}+\frac{M_y}{\gamma_y W_y}\leqslant f \tag{5.38}$$

式中　φ_b——绕强轴（x 轴）弯曲所确定的梁整体稳定系数。

设计时应尽量满足不需计算整体稳定的条件，这样可按抗弯强度条件选择型钢截面，由式（5.9）可得

$$W_{nx}=\left(M_x+\frac{\gamma_x}{\gamma_y}\frac{W_{nx}}{W_{ny}}M_y\right)\frac{1}{\gamma_x f}=\frac{M_x+\alpha M_y}{\gamma_x f} \tag{5.39}$$

对小型号的型钢，可近似取 $\alpha=6$（窄翼缘 H 型钢和工字钢）或 $\alpha=5$（槽钢）。

双向弯曲型钢梁最常用于檩条，其截面一般为 H 型钢（檩条跨度较大时）、槽钢（跨度较小时）或冷弯薄壁 Z 形钢（跨度不大且为轻型屋面时）等。这些型钢的腹板垂直于屋面放置，因而竖向线荷载 q 可分解为垂直于截面两个主轴 x-x 和 y-y 的分荷载 $q_x=q\cos\varphi$ 和 $q_y=q\sin\varphi$（图 5.24），从而引起双向弯曲。φ 为荷载 q 与主轴 y-y 的夹角：对 H 型钢和槽钢 φ 等于屋面坡角 α；对 Z 形截面 $\varphi=|\alpha-\theta|$，θ 为主轴 x-x 与平行于屋面轴 x_1-x_1 的夹角。

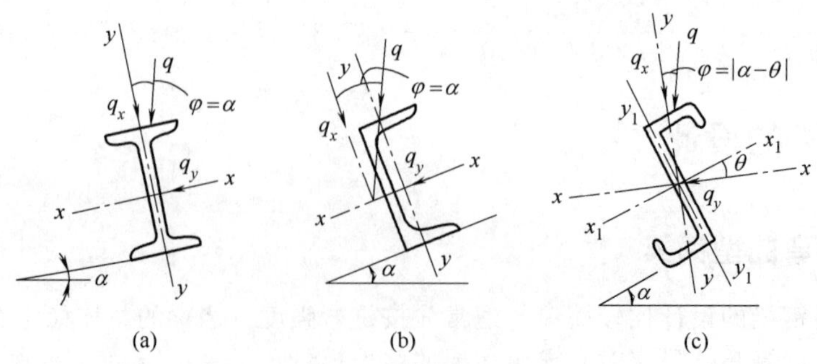

图 5.24　檩条的计算简图

槽钢和 Z 形钢檩条通常用于屋面坡度较大的情况，为了减少其侧向弯矩，提高檩条的承载能力，一般在跨中平行于屋面设置 1～2 道拉条（图 5.25），把侧向变为跨度缩至（1/2）～（1/3）的连续梁。通常是跨度 $l\leqslant 6$m 时，设置一道拉条；$l>6$m 时设置两道拉条。拉条一般用 ϕ16 圆钢（最小应为 ϕ12）。

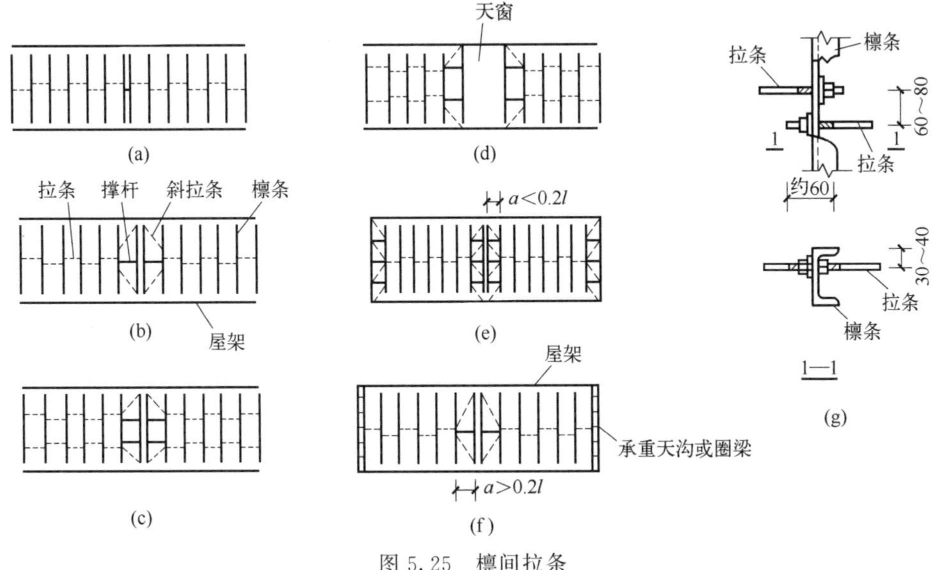

图 5.25 檩间拉条

拉条把檩条平行于屋面的反力向上传递，直到屋脊上左右坡面的力互相平衡[图 5.25 (a)]。为使传力更好，常在顶部区格（或天窗两侧区格）设置斜拉条和撑杆，将坡向力传至屋架 [图 5.25 (b)～(f)]。Z 形檩条的主轴倾斜角 θ 可能接近或超过屋面坡角，拉力是向上还是向下并不十分确定，故除在屋脊处（或天窗架两侧）用上述方法固定外，还应在檐檩处设置斜拉条和撑杆 [图 5.25 (e)] 或将拉条连于刚度较大的承重天沟或圈梁上[图 5.25 (f)]，以防止 Z 形檩条向上倾覆。

拉条应设置于檩条顶部下 30～40mm 处 [图 5.25 (g)]。拉条不但减少檩条的侧向弯矩，而且大大增强檩条的整体稳定性，可以认为：设置拉条的檩条不必计算整体稳定。另外屋面板刚度较大且与檩条连接牢固时，也不必计算整体稳定。

檩条的支座处应有足够的侧向约束，一般每端用两个螺栓连于预先焊在屋架上弦的短角钢上（图 5.26）。H 型钢檩条宜在连接处将下翼缘切去一半，以便于与支承短角钢相连

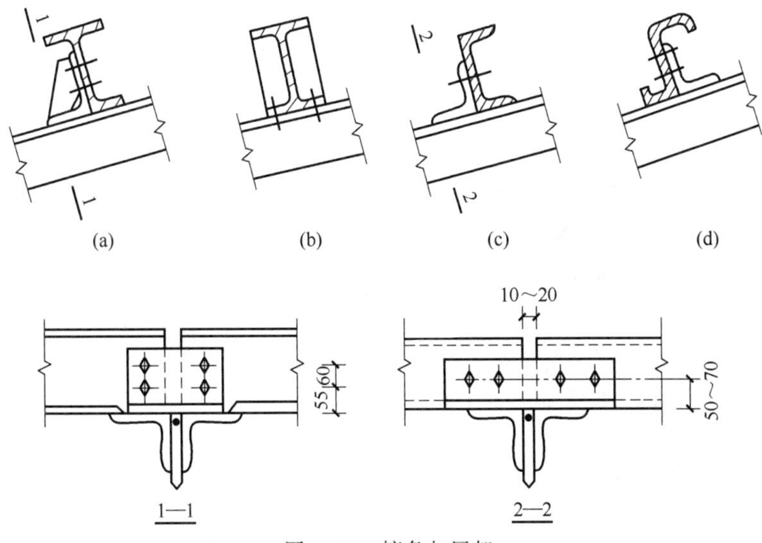

图 5.26 檩条与屋架

[图 5.26 (a)]；H 型钢的翼缘宽度较大时，可直接用螺栓连于屋架上，但宜设置支座加劲肋，以加强檩条端部的抗扭能力。短角钢的垂直高度不宜小于檩条截面高度的 3/4。

设计檩条时，按水平投影面积计算的屋面活荷载标准值取 0.5kN/m^2（当受荷水平投影面积超过 60m^2 时，可取为 0.3kN/m^2，这个取值仅适用于只有一个可变荷载的情况）。此荷载不与雪荷载同时考虑，取两者较大值。积灰荷载应与屋面均布活荷载或雪荷载同时考虑。

在屋面天沟、阴角、天窗挡风板内，高低跨相接等处的雪荷载和积灰荷载应考虑荷载增大系数。对设有自由锻锤、铸件水爆池等振动较大的设备的厂房，要考虑竖向振动的影响，应将屋面总荷载增大 10%～15%。

雪荷载、积灰荷载、风荷载以及增大系数、组合值系数等应按现行国家标准《建筑结构荷载规范》(GB50009—2012) 的规定采用。

【例 5.4】 设计一根承压型钢板屋面的檩条，屋面坡度为 1/10，雪荷载为 0.25kN/m^2，无积灰荷载。檩条跨度 12m，水平间距为 5m（坡向间距 5.025m）。采用 H 型钢 [图 5.24 (a)]，材料为 Q355B 钢。

【解】 压型钢板屋面自重约为 0.15kN/m^2（坡向）。檩条自重假设为 0.5kN/m。

檩条受荷水平投影面积为 $5\times12=60$ (m^2)，未超过 60m^2，故屋面均布活荷载取 0.5kN/m^2，大于雪荷载，因此不考虑雪荷载。

檩条线荷载如下（对轻屋面，只考虑可变荷载效应控制的组合）。

标准值

$$q_k=0.15\times5.025+0.5+0.5\times5=3.754(\text{kN/m})=3.754(\text{N/mm})$$

设计值

$$q=1.3\times(0.15\times5.025+0.5)+1.5\times0.5\times5=5.380(\text{kN/m})$$

$$q_x=q\cos\varphi=5.380\times\frac{10}{\sqrt{101}}-5.35(\text{kN/m})$$

$$q_y=q\sin\varphi=5.380\times\frac{10}{\sqrt{101}}-0.535(\text{kN/m})$$

弯矩设计值为

$$M_x=\frac{1}{8}\times5.35\times12^2=96.3(\text{kN}\cdot\text{m})$$

$$M_y=\frac{1}{8}\times0.535\times12^2=9.63(\text{kN}\cdot\text{m})$$

采用紧固件（自攻螺钉、钢拉铆钉或射钉等）使压型钢板与檩条受压翼缘连接牢固，可不计算檩条的整体稳定性。由抗弯强度要求的截面模量近似值为 [式 (5.39)]

$$W_{nx}=\frac{M_x+\alpha M_y}{\gamma_x f}=\frac{(96.3+6\times9.63)\times10^6}{1.05\times305}=4.81\times10^5(\text{mm}^3)$$

选用 HN350×174×6×9，其 $I_x=10456\text{cm}^4$，$W_x=604.4\text{cm}^3$，$W_y=90.9\text{cm}^3$，$i_x=14.12\text{cm}$，$i_y=3.88\text{cm}$。自重 0.41kN/m，加上连接压型钢板零件重量，与假设自重 0.5kN/m 相等。

验算强度（跨中无孔眼削弱，$W_{nx}=W_x$，$W_{ny}=W_y$）。

$$\frac{M_x}{\gamma_x W_{nx}}+\frac{M_y}{\gamma_y W_{ny}}=\frac{96.3\times10^6}{1.05\times604.4\times10^3}+\frac{9.63\times10^6}{1.2\times90.9\times10^3}=240(\text{N/mm}^2)\leqslant f=305\text{N/mm}^2$$

为使屋面平整，檩条在垂直于屋面方向的挠度 v_T（或相对挠度 v_T/l）不能超过其允许值 $[v_T]$（对压型钢板屋面 $[v_T]=l/150$）。

$$\frac{v_T}{l}=\frac{5}{384}\times\frac{q_{kx}l^3}{EI_x}=\frac{5}{384}\times\frac{3.754\times\left(\frac{10}{\sqrt{101}}\right)\times(12000)^3}{206\times10^3\times10456\times10^4}=\frac{1}{256}<\frac{[v]}{l}=\frac{1}{150}$$

作为屋架上弦水平支撑横杆或刚性系杆的檩条，应验算其长细比（由于有压型钢板连接牢固，屋面坡向可不验算）。

$$\lambda_x=\frac{1200}{14.12}=85<[\lambda]$$

【例 5.5】 设计一支承波形石棉瓦屋面的檩条，屋面坡度 1/2.5，无雪荷载和积灰荷载。檩条跨度为 6m，水平间距为 0.79m（沿屋面坡向间距为 0.851m），跨中设置一道拉条，采用槽钢截面［图 5.24（b）］，材料为 Q355B 钢。

【解】 波形石棉瓦自重 0.20kN/m^2（坡向），预估檩条（包括拉条）自重 0.15kN/m。可变荷载：无雪荷载，但屋面均布荷载为 0.50kN/m^2（水平投影面）。

檩条线荷载标准值为

$$q_k=0.2\times0.851+0.15+0.5\times0.79=0.715(\text{kN/m})$$

檩条线荷载设计值为

$$q=1.3\times(0.2\times0.851+0.15)+1.5\times0.5\times0.79=1.009(\text{kN/m})$$

$$q_x=1.009\times\frac{2.5}{\sqrt{2.5^2+1^2}}=0.94(\text{kN/m})$$

$$q_y=1.009\times\frac{1}{\sqrt{2.5^2+1^2}}=0.374(\text{kN/m})$$

弯矩设计值（图 5.27）。

$$M_x=\frac{1}{8}\times0.94\times6^2=4.23(\text{kN}\cdot\text{m})$$

$$M_y=\frac{1}{8}\times0.374\times3^2=0.421(\text{kN}\cdot\text{m})$$

由抗弯强度要求的截面模量近似值为

$$W_{nx}=\frac{M_x+\alpha M_y}{\gamma_x f}=\frac{(4.23+5\times0.421)\times10^6}{1.05\times305}=19.78\times10^3(\text{mm}^3)$$

选用槽钢[10，自重 0.10kN/m（加上拉条自重后与假设基本相符），截面几何特性：$W_x=39.7\text{cm}^3$，$W_{y\min}=7.8\text{cm}^3$，$I_x=198\text{cm}^4$，$i_x=3.95\text{cm}$，$i_y=1.42\text{cm}$。

因为有拉条，不必验算整体稳定，按式（5.9）验算强度（此时 $W_{nx}=W_x$，$W_{ny}=W_{y\min}$）。

$$\frac{M_x}{\gamma_x W_{nx}}+\frac{M_y}{\gamma_y W_{ny}}=\frac{4.23\times10^6}{1.05\times39.7\times10^3}+\frac{0.421\times10^6}{1.2\times7.8\times10^3}=146(\text{N/mm}^2)\leqslant f=305\text{N/mm}^2$$

验算垂直于屋面方向的挠度。

$$\frac{v_T}{l}=\frac{5}{384}\times\frac{q_{kx}l^3}{EI_x}=\frac{5}{384}\times\frac{0.715\times\left(\frac{2.5}{\sqrt{7.25}}\right)\times(6000)^3}{206\times10^3\times198\times10^4}=\frac{1}{218}<\frac{[v]}{l}=\frac{1}{200}$$

作为屋架上弦平面支撑的横杆或刚性撑杆的檩条，应验算其长细比。

$$\lambda_x=\frac{600}{3.95}=152<200$$

$$\lambda_y=\frac{300}{1.41}=213>200$$

故知此种檩条在坡向的刚度不足，可焊小角钢（图 5.28）予以加强，不作支撑横杆或刚性系杆的一般檩条不必加强。有时为了施工简便，也可将檩条改为⊏12.6（$i=1.57$cm），则不必考虑加强问题。

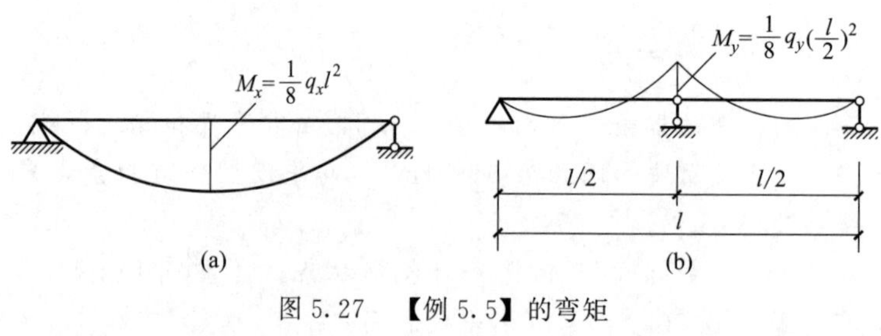

图 5.27 【例 5.5】的弯矩

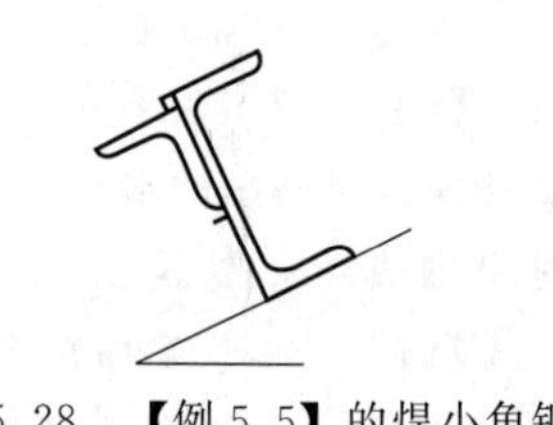

图 5.28 【例 5.5】的焊小角钢

5.6 组合梁的设计

5.6.1 试选截面

选择组合梁的截面时，首先要初步估算梁的截面高度、腹板厚度和翼缘尺寸。下面介绍焊接组合梁试选截面的方法。

5.6.1.1 梁的截面高度

确定梁的截面高度时应考虑建筑高度、刚度条件和经济条件。

建筑高度是指梁的底面到铺板顶面之间的高度，它往往由生产工艺和使用要求决定。给定了建筑高度也就决定了梁的最大高度 $h_{\max}$，有时还限制了梁与梁之间的连接形式。

刚度条件决定了梁的最小高度 $h_{\min}$。刚度条件是指要求梁在全部荷载标准值作用下的挠度 v 不大于允许挠度 $[v_T]$。现以 $M_kh/(2I_x)=\sigma_k$ 代入式（5.19）中得

$$\frac{v}{l}\approx\frac{M_kl}{10EI_x}=\frac{\sigma_kl}{5Eh}\leqslant\frac{[v_T]}{l}$$

式中 σ_k——全部荷载标准值产生的最大弯曲正应力。

若此梁的抗弯强度基本用足，可令 $\sigma_k=f/1.4$，这里 1.4 为假定的平均荷载分项系数。由此得梁的最小高跨比的计算式。

$$\frac{h_{\min}}{l}=\frac{\sigma_kl}{5E[v_T]}=\frac{f}{1.44\times10^6}\times\frac{l}{[v_T]}\tag{5.40}$$

从用料最省的角度出发，可以定出梁的经济高度。梁的经济高度，其确切含义是满足一切条件（强度、刚度、整体稳定和局部稳定）的、梁用钢量最少的高度。但条件多了之后，需按照优化设计的方法用计算机求解，比较复杂。对楼盖和平台结构来说，组合梁一般用作主梁。由于主梁的侧向有次梁支承，整体稳定不是最主要的，所以，梁的截面一般由抗弯强度控制。以下计算的便是满足抗弯强度的、梁用钢量最少的高度。这个高度在一般情况下就是梁的经济高度。由图 5.29 的截面得

$$I_x=\frac{1}{12}t_wh_w^3+2A_f\left(\frac{h_1}{2}\right)^2=W_x\frac{h}{2}$$

由此得每个翼缘的面积。

$$A_f = W_x \frac{h}{h_1^2} - \frac{1}{6} t_w \frac{h_w^3}{h_1^2}$$

近似取 $h \approx h_1 \approx h_w$，则翼缘面积为

$$A_f = \frac{W_x}{h_w} - \frac{1}{6} t_w h_w \tag{5.41}$$

梁截面的总面积 A 为两个翼缘面积（$2A_f$）与腹板面积（$t_w h_w$）之和。腹板加劲肋的用钢量约为腹板用钢量的 20%，故将腹板面积乘以构造系数 1.2。由此得

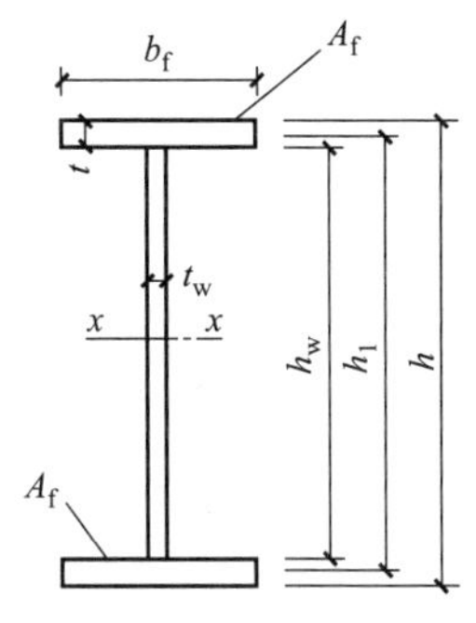

图 5.29 组合梁的截面尺寸

A_f—翼缘面积；b_f—翼缘板宽度；h_w—腹板高度；t_w—腹板厚度

$$A = 2A_f + 1.2 t_w h_w = 2\frac{W_x}{h_w} + 0.867 t_w h_w$$

腹板厚度与其高度有关，根据经验可取 $t_w = \sqrt{h_w}/3.5$（t_w 和 h_w 的单位均为 mm），代入上式得

$$A = \frac{2W_x}{h_w} + 0.248 h_w^{3/2}$$

总截面积最小的条件为

$$\frac{dA}{dh_w} = -\frac{2W_x}{h_w^2} + 0.372 h_w^{\frac{1}{2}} = 0$$

由此得用钢量最小时经济高度 h_s 为

$$h_s \approx h_w = (5.376 W_x)^{0.4} = 2W_x^{0.4} \tag{5.42}$$

式中，W_x 的单位为 mm^3；$h_s(h_w)$ 的单位为 mm。

W_x 可按式（5.43）求出。

$$W_x = \frac{M_x}{\alpha f} \tag{5.43}$$

式中 α——系数。

对一般单向弯曲梁：当最大弯矩处无孔眼时 $\alpha = \gamma_x = 1.05$；有孔眼时 $\alpha = 0.85 \sim 0.9$。对吊车梁，考虑横向水平荷载的作用可取 $\alpha = 0.7 \sim 0.9$。

实际采用的梁高，应大于由刚度条件确定的最小高度 h_{min}，而大约等于或略小于经济高度 h_s。此外，梁的高度不能影响建筑物使用要求所需的净空尺寸，即不能大于建筑物的最大允许梁高。

确定梁高时，应适当考虑腹板的规格尺寸，一般取腹板高度为 50mm 的倍数。

5.6.1.2 腹板厚度

腹板厚度应满足抗剪强度的要求。初选截面时，可近似地假定最大剪应力为腹板平均剪应力的 1.2 倍，腹板的抗剪强度计算公式简化为

$$\tau_{max} \approx 1.2 \frac{V_{max}}{h_w t_w} \leqslant f_v$$

于是

$$t_w \geqslant 1.2 \frac{V_{max}}{h_w f_v} \tag{5.44}$$

由式（5.44）确定的 t_w 值往往偏小。为了考虑局部稳定和构造等因素，腹板厚度一般用下列经验公式进行估算。

$$t_w=\frac{\sqrt{h_w}}{3.5} \tag{5.45}$$

式（5.45）中，t_w 和 h_w 的单位均为 mm。实际采用的腹板厚度应考虑钢板的现有规格，一般为 2mm 的倍数。对于非吊车梁，腹板厚度取值宜比式（5.45）的计算值略小；对考虑腹板屈曲后强度的梁，腹板厚度可更小，但不得小于 6mm，也不宜使高厚比超过 250。

5.6.1.3 翼缘尺寸

已知腹板尺寸，由式（5.41）即可求得需要的翼缘截面积 A_f。

翼缘板的宽度通常为 $b_f=(1/5\sim1/3)h$，厚度 $t=A_f/b_f$。翼缘板常用单层板做成，当厚度过大时，可采用双层板。

确定翼缘板的尺寸时，应注意满足局部稳定要求，使受压翼缘的外伸宽度 b 与其厚度 t 之比满足不同截面等级限值要求。应符合钢板规格，宽度取 10mm 的倍数，厚度取 2mm 的倍数。

5.6.2 截面验算

根据试选的截面尺寸，求出截面的各种几何数据，如惯性矩、截面模量等，然后进行验算。梁的截面验算包括强度、刚度、整体稳定和局部稳定几个方面。其中，腹板的局部稳定通常是采用配置加劲肋来保证的。

5.6.3 组合梁截面沿长度的改变

梁的弯矩是沿梁的长度变化的，因此，梁的截面如能随弯矩而变化，则可节约钢材。对跨度较小的梁，截面改变经济效果不大，或者改变截面节约的钢材不能抵消构造复杂带来的加工困难时，则不宜改变截面。

单层翼缘板的焊接梁改变截面时，宜改变翼缘板的宽度（图 5.30）而不改变其厚度。因改变厚度时，该处应力集中严重，且使梁顶部不平，有时使梁支承其他构件不便。

梁改变一次截面可节约钢材 10%～20%。如再多改变一次，可再多节约 3%～4%，效果不显著。为了便于制造，一般只改变一次截面。

对承受均布荷载的梁，截面改变位置在距支座 l/6 处［图 5.30（b）］最有利。较窄翼缘板宽度 b'_f 应由截面开始改变处的弯矩 M_1 确定。为了减少应力集中，宽板应从截面开始改变处向弯矩减小的一方以不大于 1∶2.5 的斜度切斜延长，然后与窄板对接。

多层翼缘板的梁，可用切断外层板的办法来改变梁的截面（图 5.31）。理论切断点的位

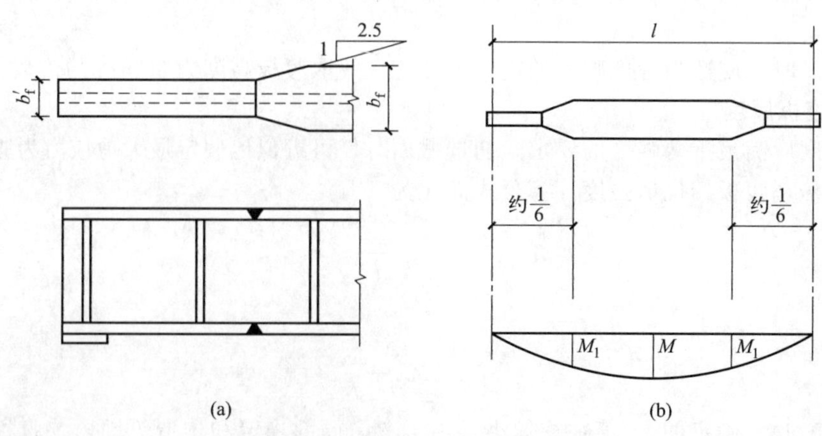

图 5.30 梁翼缘宽度的改变

置可由计算确定。为了保证被切断的翼缘板在理论切断处能正常参加工作，其外伸长度 l_1 应满足下列要求。

端部有正面角焊缝：当 $h_f \geqslant 0.75t_1$ 时 $l_1 \geqslant b_1$；当 $h_f < 0.75t_1$ 时 $l_1 \geqslant 1.5b_1$；端部无正面角焊缝 $l_1 \geqslant 2b_1$。

b_1 和 t_1 分别为被切断翼缘板的宽度和厚度；h_f 为侧面角焊缝和正面角焊缝的焊脚尺寸。

有时为了降低梁的建筑高度，简支梁可以在靠近支座处减小其高度，而使翼缘截面保持不变（图 5.32），其中图 5.32（a）构造简单、制作方便。梁端部高度应根据抗剪强度要求确定，但不宜小于跨中高度的 1/2。

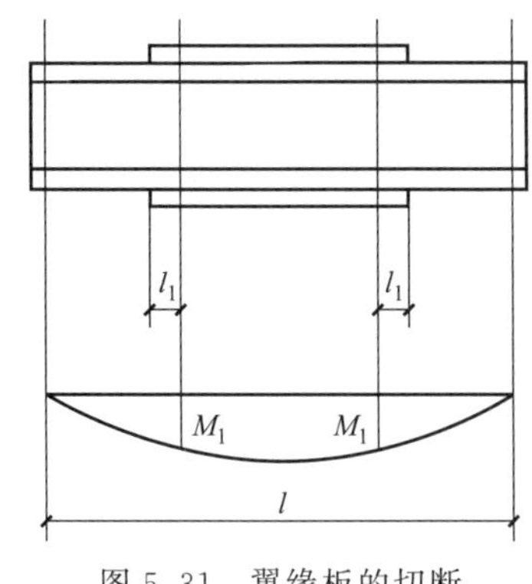

图 5.31 翼缘板的切断

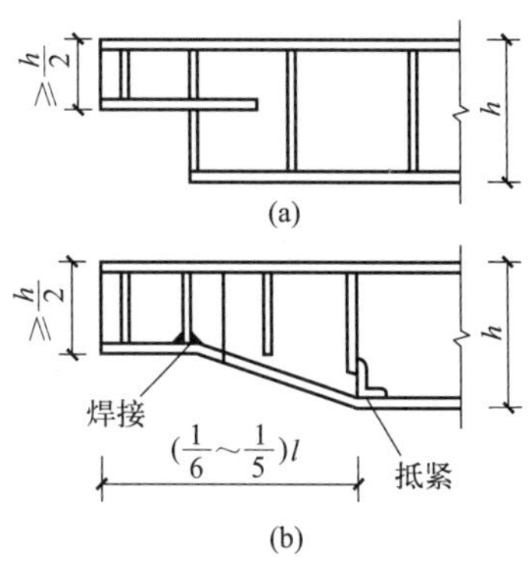

图 5.32 变高度梁

5.6.4 焊接组合梁翼缘焊缝的计算

当梁弯曲时，由于相邻截面中作用在翼缘截面的弯曲正应力有差值，翼缘与腹板间将产生水平剪应力（图 5.33）。沿梁单位长度的水平剪力为

$$v_1 = \tau_1 t_w = \frac{VS_1}{I_x t_w} t_w = \frac{VS_1}{I_x}$$

式中 τ_1——腹板与翼缘交界处的水平剪应力（与竖向剪应力相等），$\tau_1 = VS_1/(I_x t_w)$；

S_1——翼缘截面对梁中和轴的面积矩。

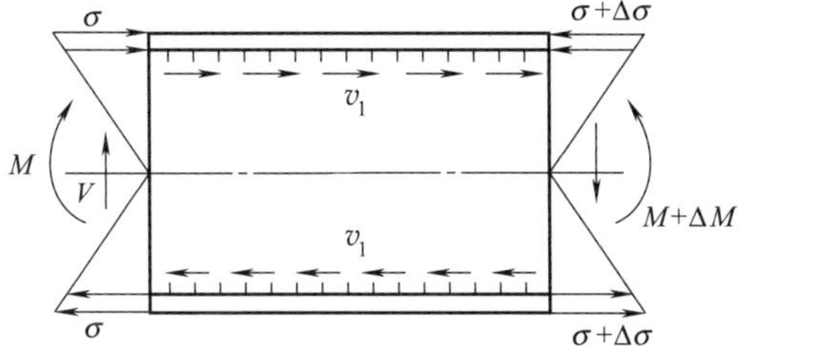

图 5.33 翼缘焊缝的水平剪力

当腹板与翼缘板用角焊缝连接时，角焊缝有效截面上承受的剪应力 τ_f 不应超过角焊缝强度设计值 f_f^w。

$$\tau_f = \frac{v_1}{2 \times 0.7h_f} = \frac{VS_1}{1.4h_f I_x} \leqslant f_f^w$$

需要的焊脚尺寸为

$$h_f \geqslant \frac{VS_1}{1.4 I_x f_f^w} \tag{5.46}$$

当梁的翼缘上受有固定集中荷载而未设置支承加劲肋，或受有移动集中荷载（如吊车轮压）时，上翼缘与腹板之间的连接焊缝，除承受沿焊缝长度方向的剪应力 τ_f 外，还承受垂直于焊缝长度方向的局部压应力。

$$\sigma_f=\frac{\psi F}{2h_e l_z}=\frac{\psi F}{1.4h_f l_z}$$

因此，受有局部压应力的上翼缘与腹板之间的连接焊缝应按下式计算强度。

$$\frac{1}{1.4h_f}\sqrt{\left(\frac{\psi F}{\beta_f l_z}\right)^2+\left(\frac{VS_1}{I_x}\right)^2}\leqslant f_f^w$$

从而

$$h_f\geqslant\frac{1}{1.4f_f^w}\sqrt{\left(\frac{\psi F}{\beta_f l_z}\right)^2+\left(\frac{VS_1}{I_x}\right)^2}$$

式中　β_f——系数，对直接承受动力荷载的梁（如吊车梁）$\beta_f=1.0$，对其他梁 $\beta_f=1.22$。

F、ψ、l_z 的意义同式（5.14）。

对承受动力荷载的梁（如重级工作制吊车梁和大吨位中级工作制吊车梁），腹板与上翼缘的连接焊缝常采用焊透的 T 形对接（图 5.34），此种焊缝与基本金属等强，不用计算其强度。

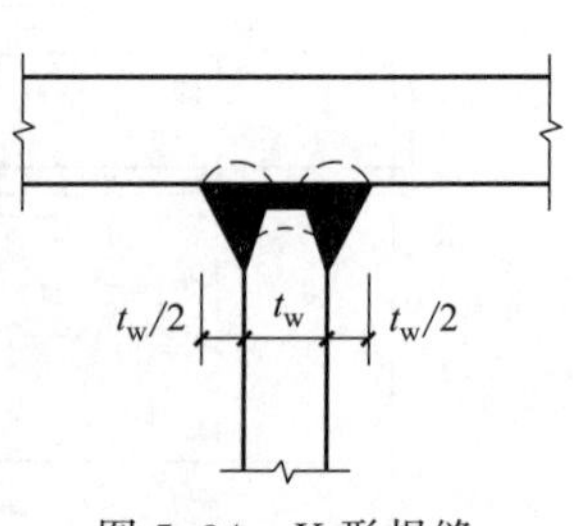

图 5.34　K 形焊缝

5.7　梁的拼接、连接和支座

5.7.1　梁的拼接

梁的拼接有工厂拼接和工地拼接两种。由于钢材尺寸的限制，必须将钢材接长或拼大，这种拼接常在工厂中进行，称为工厂拼接。由于运输或安装条件的限制，梁必须分段运输，然后在工地拼装连接，称为工地拼接。

型钢梁的拼接可采用对接焊缝连接［图 5.35（a）］，但由于翼缘与腹板连接处不易焊透，故有时采用拼接板拼接［图 5.35（b）］。上述拼接位置均宜放在弯矩较小处。

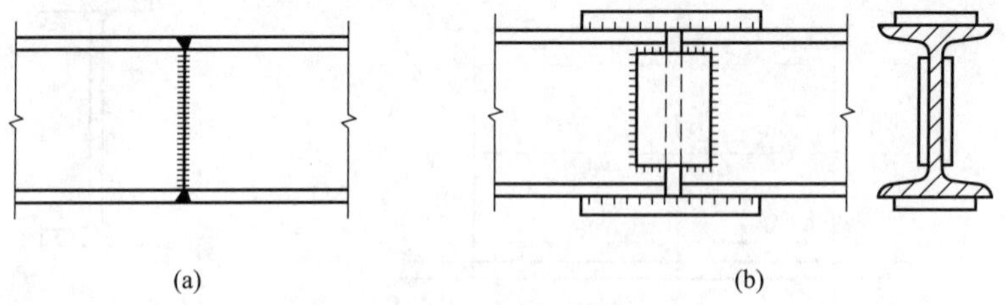

图 5.35　型钢梁的拼接

焊接组合梁的工厂拼接，翼缘和腹板的拼接位置最好错开并用直对接焊缝相连。腹板的拼接焊缝与横向加劲肋之间至少应相距 $10t$（图 5.36）。对接焊缝施焊时宜加引弧板，并采用一级或二级焊缝［根据现行《钢结构工程施工质量验收标准》（GB 50205—2020）的规定分级］，这样焊缝的强度可与基本金属等强。

梁的工地拼接应使翼缘和腹板基本上在同一截面处断开，以便分段运输。高大的梁在工地施焊时不便翻身，应将上、下翼缘的拼接边缘均做成向上开口的 V 形坡口，以便俯焊（图 5.37）。有时将翼缘和腹板的接头略微错开一些［图 5.37（b）］，这样受力情况较好，但对于运输单元凸出部分应进行特别保护，以免碰损。

图 5.37 中，将翼缘焊缝留一段不在工厂施焊，是为了减少焊缝收缩应力。注明的数字是工地施焊的适宜顺序。

由于现场施焊条件较差，焊缝质量难以保证，所以较重要或受动力荷载的大型梁，其工地拼接宜采用高强度螺栓（图 5.38）。

当梁拼接处的对接焊缝强度不能与基本金属等强时，例如采用 3 级焊缝时，应对受拉区翼缘焊缝进行计算，使拼接处弯曲拉应力不超过焊缝抗拉强度设计值。

图 5.36 组合梁的工厂拼接

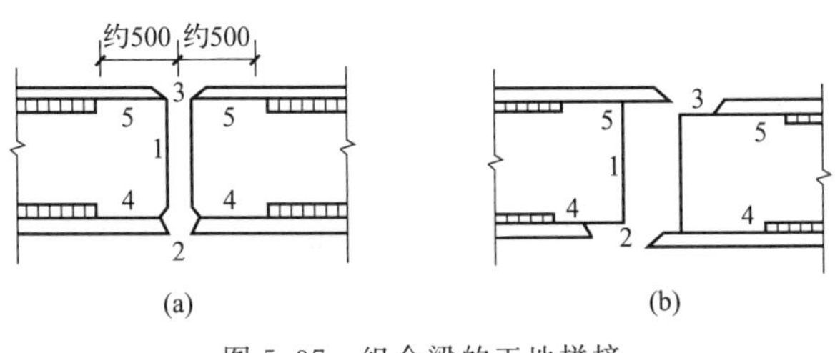

图 5.37 组合梁的工地拼接

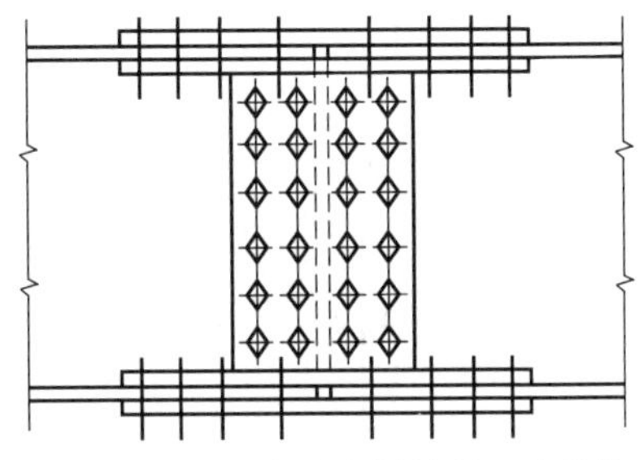
图 5.38 采用高强度螺栓的工地拼接

对用拼接板的接头［图 5.35（b），图 5.38］，应按下列规定的内力进行计算：翼缘拼接板及其连接所承受的内力 N_1 为翼缘板的最大承载力，即

$$N_1 = A_{fn} f$$

式中 A_{fn}——被拼接的翼缘板净截面面积。

腹板拼接板及其连接部位，主要承受梁截面上的全部剪力 V，以及按刚度分配到腹板上的弯矩 $M_w = MI_w / I$，式中，I_w 为腹板截面惯性矩；I 为整个梁截面的惯性矩。

5.7.2 次梁与主梁的连接

次梁与主梁的连接形式有叠接和平接两种。

叠接（图 5.39）是将次梁直接搁在主梁上面，用螺栓或焊缝连接，构造简单，但需要的结构高度大，其使用常受到限制。如图 5.39（a）所示是次梁为简支梁时与主梁连接的构造，而如图 5.39（b）所示是次梁为连续梁时与主梁连接的构造示例。如次梁截面较大，应另采取构造措施防止支承处截面的扭转。

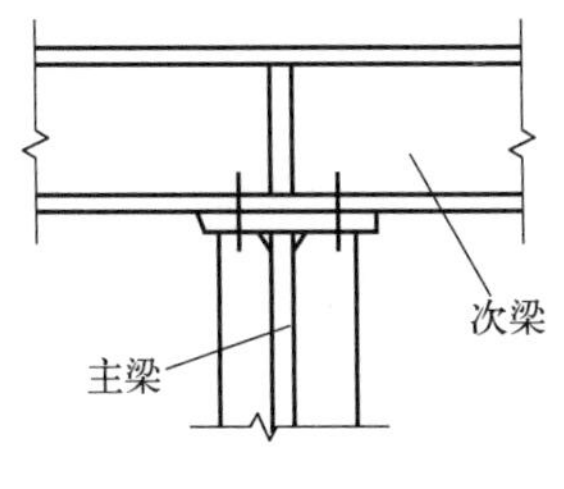

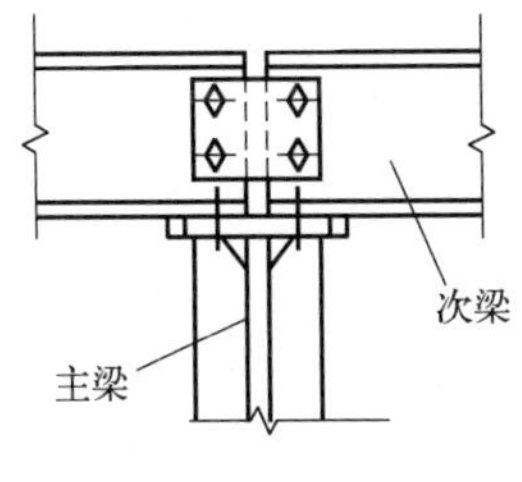

(a)

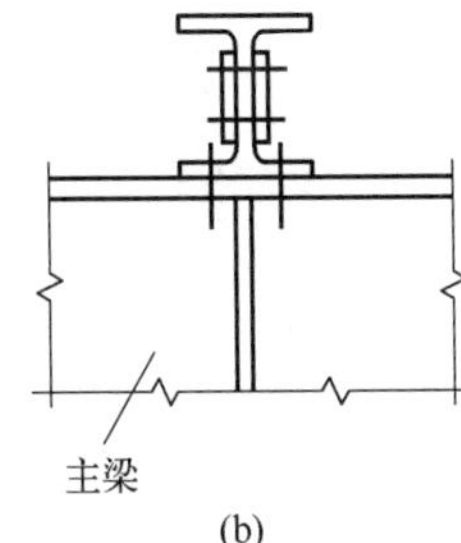

(b)

图 5.39 次梁与主梁的叠接

平接（图 5.40）是使次梁顶面与主梁相平或略高、略低于主梁顶面，从侧面与主梁的加劲肋或在腹板上专设的短角钢或支托相连接。如图 5.40（a）～（c）所示是次梁为简支梁

时与主梁连接的构造，如图 5.40（d）所示是次梁为连续梁时与主梁连接的构造。平接虽构造复杂，但可降低结构高度，故在实际工程中应用较广泛。

每一种连接构造都要将次梁支座的压力传给主梁，实质上这些支座压力就是梁的剪力。而梁腹板的主要作用是抗剪，所以应将次梁腹板连于主梁的腹板上，或连于与主梁腹板相连的铅垂方向抗剪刚度较大的加劲肋上或支托的竖直板上。在次梁支座压力作用下，按传力的大小计算连接焊缝或螺栓的强度。由于主梁、次梁翼缘及支托水平板的外伸部分在铅垂方向的抗剪强度较小，分析受力时不考虑它们传给次梁的支座压力。在图 5.40（c）、（d）中，次梁支座压力 V 先由焊缝①传给支托竖直板，然后由焊缝②传给主梁腹板。在其他连接构造中，支座压力的传递途径与此相似，不一一分析。具体计算时，在形式上可不考虑偏心作用，而将次梁支座压力增大 20%～30%，以考虑实际上存在的偏心影响。

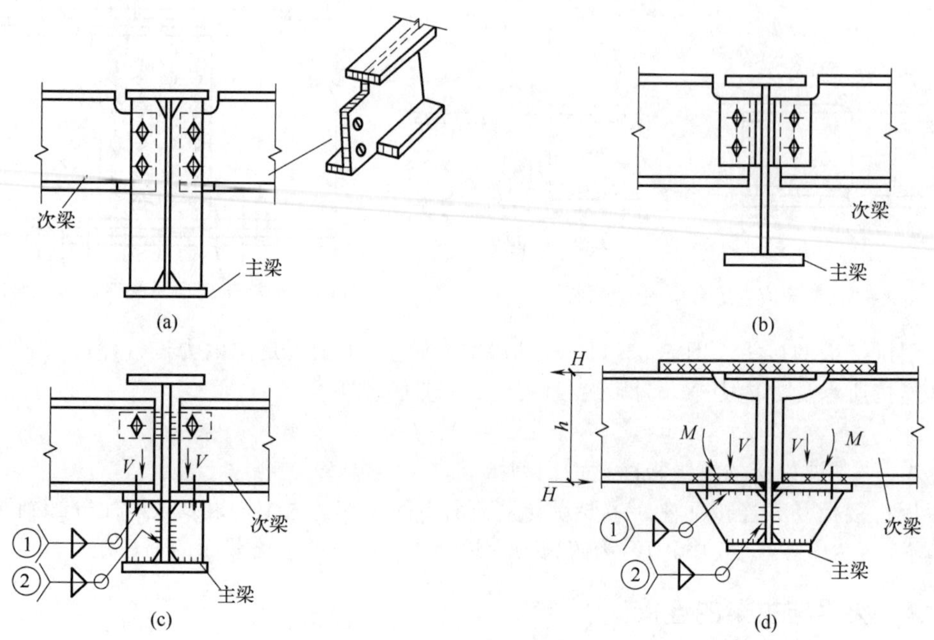

图 5.40　次梁与主梁的平接

对于刚接构造，次梁与次梁之间还要传递支座弯矩。图 5.39（b）中的次梁本身是连续的，支座弯矩可以直接传递，不必计算。图 5.39（d）中主梁两侧的次梁是断开的，支座弯矩靠焊缝连接的次梁上翼缘盖板、下翼缘支托水平顶板传递。由于梁的翼缘承受弯矩的大部分，所以连接盖板的截面及其焊缝可按承受水平力 $H=M/h$ 计算（M 为次梁支座弯矩，h 为次梁高度）。支托顶板与主梁腹板的连接焊缝也按力 H 计算。

5.7.3 梁的支座

梁通过在砌体、钢筋混凝土柱或钢柱上的支座，将荷载传给柱或墙体，再传给基础和地基。梁支于钢柱的支座或连接已在本书第 4 章中讨论，这里主要介绍支于砌体或钢筋混凝土上的支座。

支于砌体或钢筋混凝土上的支座有三种传统形式，即平板支座、弧形支座、铰轴式支座。

平板支座［图 5.41（a）］是在梁端下面垫上钢板做成的，使梁的端部不能自由移动和转动，一般用于跨度小于 20m 的梁中。弧形支座［也叫切线式支座，图 5.41（b）］，由厚 40～

50mm 顶面切削成圆弧形的钢垫板制成，使梁能自由转动并可产生适量的移动（摩阻系数约为 0.2），并使下部结构在支承面上的受力较均匀，常用于跨度为 20～40m、支反力不超过 750kN（设计值）的梁中。铰轴式支座［图 5.41（c）］完全符合梁简支的力学模型，可以自由转动，下面设置滚轴时称为辊轴支座［图 5.41（d）］。辊轴支座能自由转动和移动，只能安装在简支梁的一端。铰轴式支座用于跨度大于 40m 的梁中。

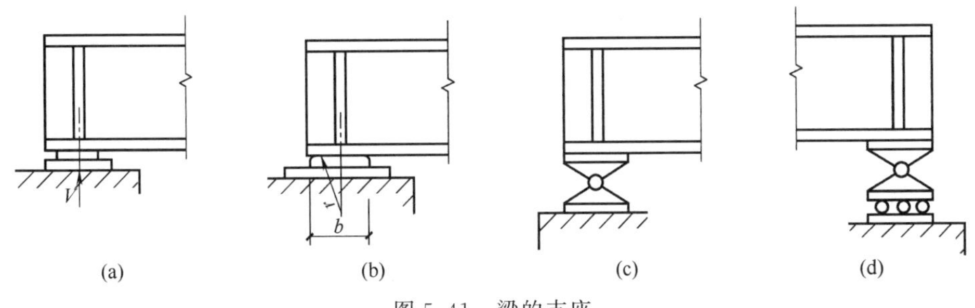

图 5.41　梁的支座

为了防止支承材料被压坏，支座板与支承结构顶面的接触面积按式（5.47）确定。

$$A=ab\geqslant\frac{V}{f_c} \tag{5.47}$$

式中　V——支座反力；

f_c——支承材料的承压强度设计值；

a，b——支座垫板的长和宽；

A——支座板的平面面积。

支座底板的厚度，按均布支反力产生的最大弯矩进行计算。

为了防止弧形支座的弧形垫块和辊轴支座的辊轴被劈裂，其圆弧面与钢板接触面（系切线接触）的承压力（劈裂应力），应满足式（5.48）的要求。

$$V\leqslant\frac{40nda_1f^2}{E} \tag{5.48}$$

式中　d——弧形支座板表面半径 r 的 2 倍或辊轴支座的辊轴半径，对弧形支座 $r\approx3b$；

a_1——弧形表面或辊轴与平板的接触长度；

n——辊轴数量，对于弧形支座 $n=1$。

铰轴式支座的圆柱形枢轴，当接触面中心角 $\theta\geqslant90°$时，其承压应力应满足式（5.49）的要求。

$$\sigma=\frac{2V}{dl}\leqslant f \tag{5.49}$$

式中　d——枢轴直径；

l——枢轴纵向接触长度。

在设计梁的支座时，除了保证梁端可靠传递支反力并符合梁的力学计算模型外，还应与整个梁格的设计一起，采取必要的构造措施使支座有足够的水平抗震能力和防止梁端截面的侧移及扭转。

图 5.37 所示支座仅为力学意义上的形式，具体详图可参见钢结构或钢桥设计手册。

【例 5.6】　图 5.42（a）为某工作平台主梁的计算简图，次梁传来的集中荷载标准值为 $F_k=253$kN，设计值为 354kN。试设计此主梁，钢材为 Q355C，焊条为 E43 型。

【解】　根据经验，假设此主梁自重标准值为 3kN/m，设计值为 1.3×3=3.9（kN/m）。

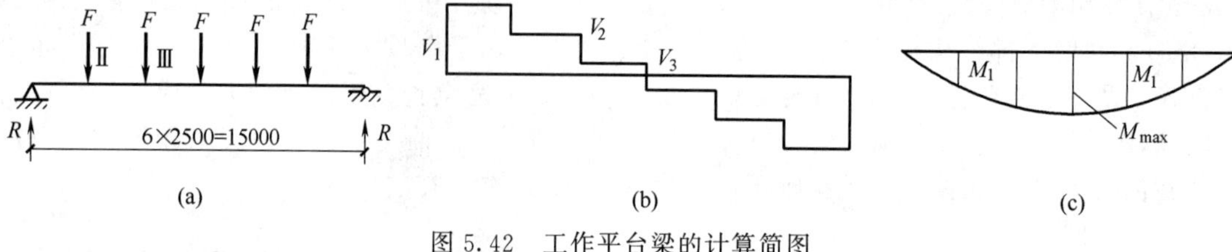

图 5.42 工作平台梁的计算简图

支座处最大剪力为

$$V_1=R=354\times2.5+\frac{1}{2}\times3.9\times1.5=914.3(\mathrm{kN})$$

跨中最大弯矩为

$$M_x=914.3\times7.5-354\times(5+2.5)-\frac{1}{2}\times3.9\times7.5^2=4093(\mathrm{kN\cdot m})$$

采用焊接组合梁，估计翼缘板厚度 $t_f\geqslant16\mathrm{mm}$，故抗弯强度设计值 $f=295\mathrm{N/mm^2}$，需要的截面模量为

$$W_x\geqslant\frac{M_x}{\alpha f}=\frac{4093\times10^6}{1.05\times295}=13214\times10^3(\mathrm{mm^3})$$

最大的轧制型钢也不能提供如此大的截面模量，可见此梁需选用组合梁。

(1) 试选截面

按刚度条件，梁的最小高度为［式 (5.39)］

$$h_{min}=\frac{f}{1.44\times10^6}\times\frac{l}{[v_T]}=\frac{295}{1.44\times10^6}\times\frac{15000}{1/400}=1229(\mathrm{mm})$$

梁的经济高度［式 (5.42)］

$$h_s=2W_x^{0.4}=2\times(13214\times10^3)^{0.4}=1411(\mathrm{mm})$$

取梁的腹板高度

$$h_w=h_0=1300\mathrm{mm}$$

按抗剪要求计算腹板厚度

$$t_w\geqslant1.2\frac{V_{max}}{h_wf_v}=1.3\times\frac{914.3\times10^3}{1300\times175}=5.2(\mathrm{mm})$$

按经验公式

$$t_w=\frac{\sqrt{h_w}}{3.5}=\frac{\sqrt{1300}}{3.5}=10.3(\mathrm{mm})$$

考虑腹板屈曲后强度，取腹板厚度 $t_w=8\mathrm{mm}$。

每个翼缘所需截面积

$$A_f=\frac{W_x}{h_w}-\frac{t_wh_w}{6}=\frac{13214\times10^3}{1300}-\frac{8\times1300}{6}=8431(\mathrm{mm^2})$$

翼缘宽度

$$b_f=\frac{h}{5}\sim\frac{h}{3}=\frac{1500}{5}\sim\frac{1500}{3}=260\sim433\mathrm{mm}$$

取 $b_f=420\mathrm{mm}$。

翼缘厚度

$$t_f=\frac{A_f}{b_f}=\frac{8431}{420}=20.1(\mathrm{mm})$$

取 $t_f=25\text{mm}$。

翼缘板外伸宽度

$$b=\frac{b_f}{2}-\frac{h_w}{2}=\frac{420}{2}-\frac{8}{2}=206(\text{mm})$$

翼缘板外伸宽度与厚度之比 $\frac{206}{25}=8.24<\sqrt{\frac{235}{355}}=10.58$，满足 S3 级截面局部稳定要求。

此组合梁的跨度并不是很大，为了施工方便，不沿梁长度改变截面。

(2) 强度验算

梁的截面几何常数（见图 5.43）

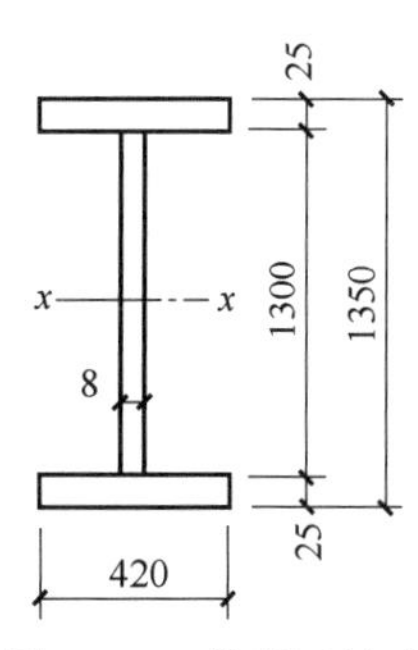

图 5.43 梁截面尺寸

$$I_x=\frac{1}{12}\times(42\times135^3-41.2\times130^3)=1068279(\text{cm}^4)$$

$$W_x=\frac{2I_x}{h}=\frac{2\times1068279}{135}=15826(\text{cm}^3)$$

$$A=130\times0.8+2\times42\times2.5=314(\text{cm}^2)$$

梁自重（钢材质量密度为 7850kg/m^3，重量集度为 77kN/m^3）

$$g_k=0.0314\times77=2.4(\text{kN/m})$$

考虑腹板加劲肋等增加的重量，原假设的梁自重 3kN/m 比较合适。

验算抗弯强度（无孔眼 $W_{nx}=W_x$）

$$\sigma=\frac{M_x}{\gamma_x W_{nx}}=\frac{4093\times10^6}{1.05\times15826\times10^3}=246.3(\text{N/mm}^2)<295\text{N/mm}^2$$

验算抗剪强度

$$\tau=\frac{V_{max}S}{I_x t_w}=\frac{914.3\times10^3}{1068279\times10^4\times8}\times(420\times25\times662.5+650\times8\times325)$$

$$=92.5(\text{N/mm}^2)<f_v=175\text{N/mm}^2$$

主梁的支承处以及支承次梁处均配置支承加劲肋，故不验算局部承压强度（即 $\sigma_c=0$）。

(3) 梁整体稳定验算

由于梁上铺有刚性铺板并与次梁连牢，故不需验算主梁的整体稳定性。

(4) 刚度验算

由本书附表 2.1，挠度允许值为 $[v_T]=1/400$（全部荷载标准值作用）或 $[v_Q]=1/500$（仅有可变荷载标准值作用）。

全部荷载标准值在梁跨中产生的最大弯矩

$$R_k=253\times2.5+3\times\frac{15}{2}=655.0(\text{kN})$$

$$M_k=655\times7.5-253\times(5+2.5)-3\times\frac{7.5^2}{2}=2930.6(\text{kN}\cdot\text{m})$$

由式（5.18）得：

$$\frac{v}{l}\approx\frac{M_k l}{10EI_x}=\frac{2930.6\times10^6\times15000}{10\times206000\times1068279\times10^4}=\frac{1}{501}\leqslant\frac{[v_T]}{l}=\frac{1}{400}$$

因 v_T 已小于 1/500，故不必再验算仅有可变荷载作用下的挠度。

(5) 翼缘和腹板的连接焊缝计算

翼缘和腹板之间采用角焊缝连接，按式（5.46）得

$$h_f \geqslant \frac{VS_1}{1.4I_x f_f^w} = \frac{914.3\times10^3\times420\times25\times662.5}{1.4\times1068279\times10^4\times200} = 2.1(\text{mm})$$

取 $h_f=8\text{mm}$，满足最小焊脚尺寸要求。

习题

一、思考题

1. 对于钢梁，在什么条件下可以不用考虑整体稳定性设计？

2. 工字形和箱形截面梁，其截面塑性发展系数 γ_x 和 γ_y 如何依据构件截面板件宽厚比等级进行取值？

3. 对梁进行验算时何时采用毛截面特性？何时采用净截面特性？

二、设计计算题

1. 验算图示用I36a 制作的简支梁的抗弯强度和刚度。梁上翼缘承受均布静力荷载作用。恒载标准值为10kN/m（含梁自重），活载标准值为20kN/m。I36a 的截面特性：$I_x=15800\text{cm}^4$，$W_x=878\text{cm}^3$（截面无削弱），钢材采用 Q235B，$\gamma_x=1.05$，$E=206\times10^3\text{N/mm}^2$，$f=215\text{N/mm}^2$，$[v_T]=L/250$，$[v_Q]=L/300$。

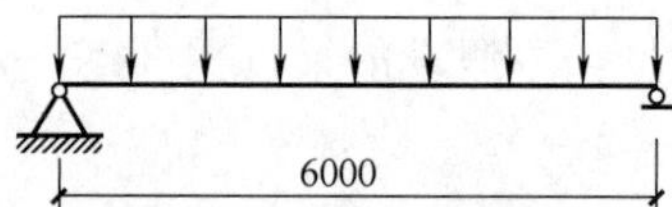

2. 屋面檩条两端为简支，采用焊接轻型 H250×125×4.5×6、Q235B 钢材，其截面特性为：$A=2571\text{mm}^2$，$I_x=2739\times10^4\text{mm}^4$，$W_x=219.1\times10^3\text{mm}^3$，$W_y=31.3\times103\text{mm}^3$，$f=215\text{N/mm}^2$。檩条在垂直屋面及平行屋面方向上的弯矩设计值分别为 $M_x=31.7\text{kN}\cdot\text{m}$，$M_y=0.79\text{kN}\cdot\text{m}$，试验算其强度。

截面板件宽厚比等级		S1 级	S2 级	S3 级	S4 级
工字形截面	翼缘 b/t	$9\varepsilon_k$	$11\varepsilon_k$	$13\varepsilon_k$	$15\varepsilon_k$
	腹板 h_0/t_w	$65\varepsilon_k$	$72\varepsilon_k$	$93\varepsilon_k$	$124\varepsilon_k$

3. 两个钢槽罐间需增设钢平台，采用 Q235 钢材，焊条采用 E43 型。钢平台布置如下图所示，图中标注尺寸单位为 mm。钢梁 L-1 为焊接工字钢，$l_y=10\text{m}$，截面特性如下图所示，最大弯矩设计值 $M_x=411\text{kN}\cdot\text{m}$，$f=215\text{N/mm}^2$。假定平台铺板不能保证钢梁 L-1 上翼缘的整体稳定，验算钢梁的整体稳定性。

提示：（1）$\varphi_b=\beta_b\frac{4320}{\lambda_y^2}\times\frac{Ah}{w_x}\left[\sqrt{1+\left(\frac{\lambda_y t_1}{4.4h}\right)^2}+\eta_b\right]\frac{235}{f_y}$；（2）等效临界弯矩系数 $\beta_b=0.8$。

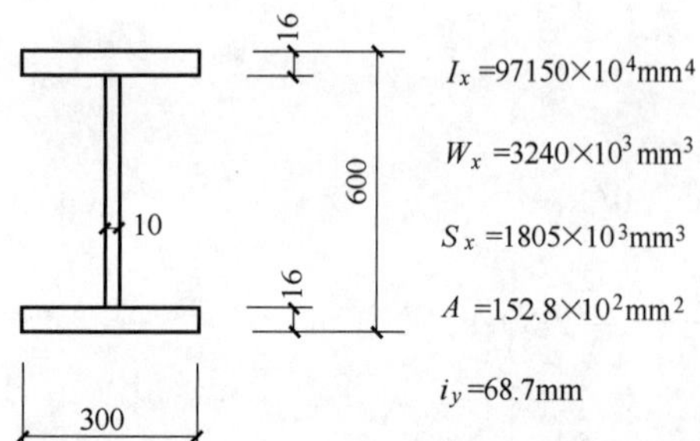

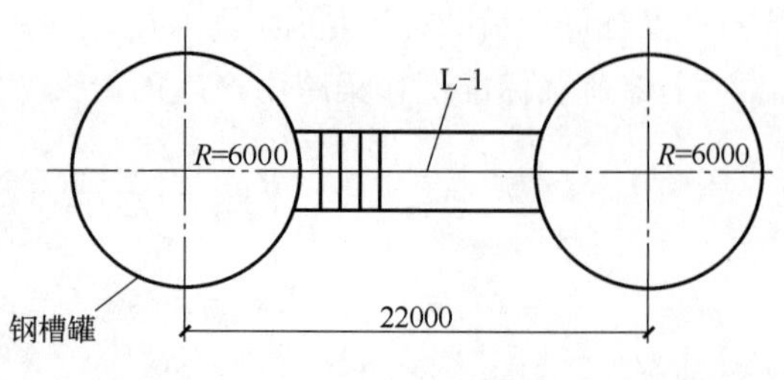

4. 如下图所示，次梁用I36a 型钢制成，跨中作用静力集中荷载，恒载标准值 $P_G=30\text{kN}$，活载标准值 $P_Q=50\text{kN}$，钢材采用 Q235，$f=215\text{N/mm}^2$。已知I36a 的参数为：$I_x=15800\text{cm}^4$、$W_x=878\text{cm}^3$，$\gamma_x=1.05$，$E=206\times10^3\text{N/mm}^2$，$[v_T]=L/250$，$[v_Q]=L/300$，试验算该梁的抗弯强度和刚度。

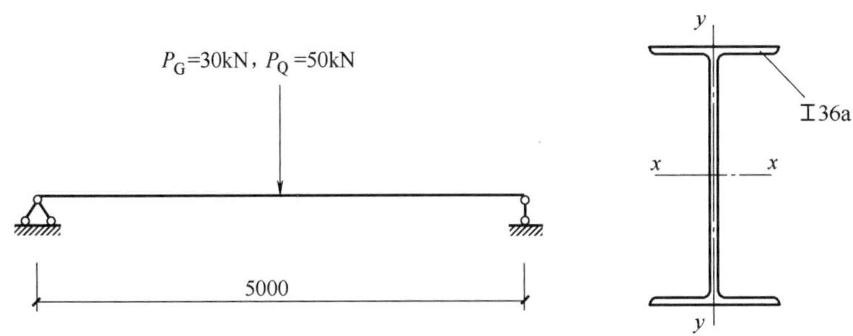

5. 图示焊接工字钢梁，均布荷载作用在上翼缘，材料为 Q235 钢，验算该梁的整体稳定。已知：$A=13200\text{mm}^2$，$f=215\text{N/mm}^2$，$\beta_b=0.71$，$I_x=3.06\times10^9\text{mm}^4$，$I_y=4.5\times10^7\text{mm}^4$，$W_x=5016.4\text{cm}^3$，$\varphi_b=\beta_b\dfrac{4320}{\lambda_y^2}\times\dfrac{Ah}{w_x}\left[\sqrt{1+\left(\dfrac{\lambda_y t_1}{4.4h}\right)^2}+\eta_b\right]\dfrac{235}{f_y}$，$\varphi_b'=1.07-\dfrac{0.282}{\varphi_b}\leqslant1.0$。

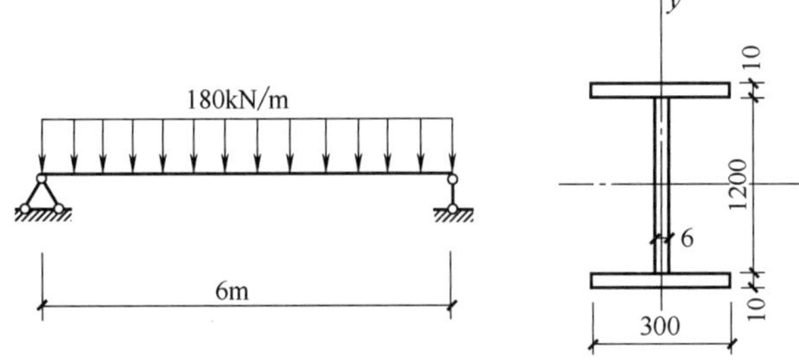

6. 图示焊接工字钢梁，钢材采用 Q355，承受次梁传来的集中荷载，次梁可作为主梁的侧向支撑点，验算该梁的整体稳定。已知：$F=300\text{kN}$，$A=15840\text{mm}^2$，$I_y=0.51\times10^8\text{mm}^4$，$f_f^w=160\text{N/mm}^2$，$f=305\text{N/mm}^2$，$\beta_b=1.20$，$\varphi_b=\beta_b\dfrac{4320}{\lambda_y^2}\times\dfrac{Ah}{w_x}\left[\sqrt{1+\left(\dfrac{\lambda_y t_1}{4.4h}\right)^2}+\eta_b\right]\dfrac{235}{f_y}$，$\varphi_b'=1.07-\dfrac{0.282}{\varphi_b}\leqslant1.0$。

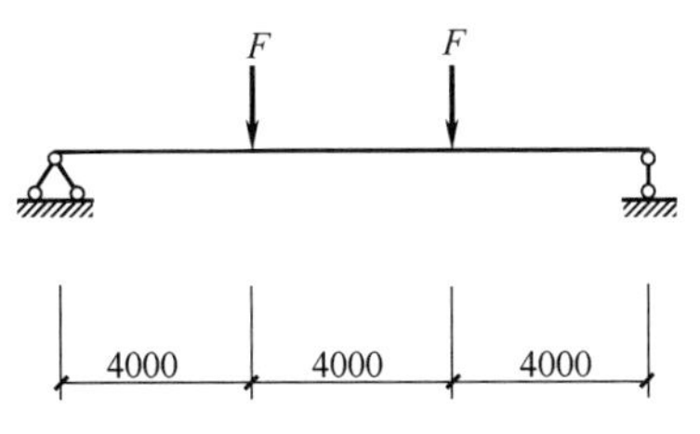

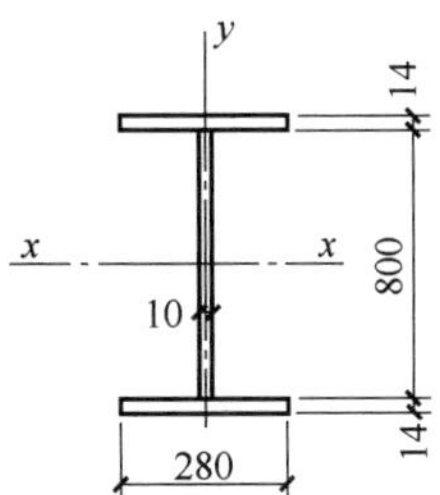

7. 某车间为单跨厂房，跨度 16m，柱距 7m，总长 63m，采用 Q235B 钢材。

(1) 假定，屋面檩条两端为简支，水平投影间距为 3500mm，采用焊接轻型 H 钢 H125×4.5×6，其截面特性为：$A=2571\text{mm}^2$，$I_x=2739\times10^4\text{mm}^4$，$W_x=219.1\times10^3\text{mm}^3$，$W_y=31.3\times10^3\text{mm}^3$。檩条在垂直屋面及平行屋面方向上的弯矩设计值分别为 $M_x=31.7\text{kN}\cdot\text{m}$，$M_y=0.79\text{kN}\cdot\text{m}$。试验算檩条抗弯强度。提示：不考虑截面削弱。

(2) 假定沿屋面竖向可变荷载标准值为 1.1kN/m，檩条每延米自重标准值为 0.2kN/m，试验算檩条刚度。

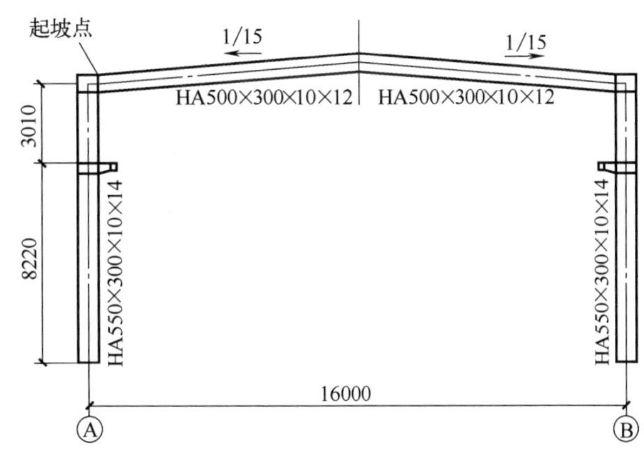

第 6 章　拉弯和压弯构件

6.1　概述

同时承受轴向力和弯矩的构件称为压弯（或拉弯）构件（图 6.1 和图 6.2）。弯矩可能由轴向力的偏心作用、端弯矩作用和横向荷载作用三种因素形成。当弯矩作用在截面的一个主轴平面内时称为单向压弯（或拉弯）构件，作用在两主轴平面的称为双向压弯（或拉弯）构件。

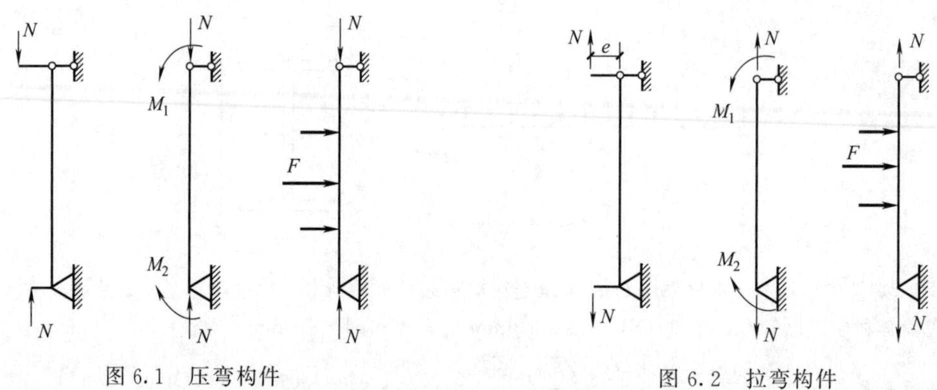

图 6.1　压弯构件

图 6.2　拉弯构件

在钢结构中压弯和拉弯构件的应用十分广泛，例如有节间荷载作用的桁架上下弦杆，受风荷载作用的墙架柱以及天窗架的侧立柱等。

压弯构件也广泛用作柱子，如工业建筑中的厂房框架柱（图 6.3）、多层（或高层）建筑中的框架柱（图 6.4）以及海洋平台的立柱等。它们不仅承受上部结构传下来的轴向压力，而且受弯矩和剪力。

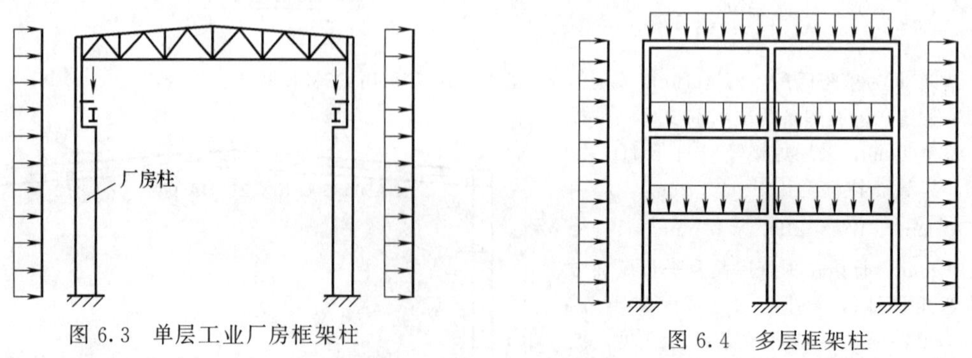

图 6.3　单层工业厂房框架柱

图 6.4　多层框架柱

与轴心受力构件一样，在进行拉弯和压弯构件设计时，应同时满足承载能力极限状态和正常使用极限状态的要求。对于拉弯构件，需要计算其强度和刚度（限制长细比）；对于压弯构件，则需要计算强度、整体稳定（弯矩作用平面内稳定和弯矩作用平面外稳定）、局部稳定和刚度（限制长细比）。

拉弯构件的允许长细比与轴心拉杆相同（表 4.2）；压弯构件的允许长细比与轴心压杆相同（表 4.3）。

6.2 拉弯和压弯构件的强度

考虑钢材的塑性性能，拉弯和压弯构件以截面出现塑性铰作为其强度极限。在轴心压力及弯矩的共同作用下，工字形截面上应力的发展过程如图 6.5 所示（拉力及弯矩共同作用下与此类似，仅应力图形上下相反）。

假设轴向力不变而弯矩不断增加，截面上应力的发展过程：①边缘纤维的最大应力达到屈服点［图 6.5（a）］；②最大应力一侧塑性部分深入截面［图 6.5（b）］；③两侧均有部分塑性深入截面［图 6.5（c）］；④全截面进入塑性状态［图 6.5（d）］，此时达到承载能力的极限状态。

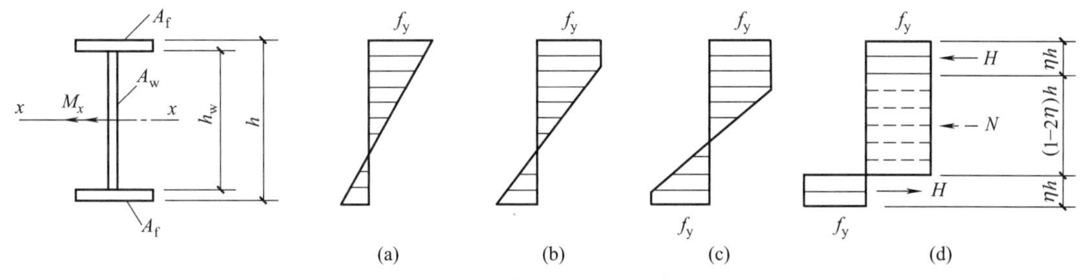

图 6.5 压弯构件截面应力的发展过程

如果考虑部分截面塑性发展，得《钢结构设计标准》（GB 50017—2017）规定的拉弯和压弯构件的强度计算式。

$$\frac{N}{A_n} \pm \frac{M_x}{\gamma_x W_{nx}} < f \tag{6.1}$$

承受双向弯矩的拉弯或压弯构件，《钢结构设计标准》（GB 50017—2017）采用了与式（6.1）相衔接的线性公式。

$$\frac{N}{A_n} \pm \frac{M_x}{\gamma_x W_{nx}} \pm \frac{M_y}{\gamma_y W_{ny}} < f \tag{6.2}$$

式中　A_n——净截面面积；

W_{nx}，W_{ny}——对 x 轴和 y 轴的净截面；

γ_x，γ_y——截面塑性发展系数。

压弯构件的板件宽厚比大小直接决定了构件的承载力和塑性转动变形能力，因此，在工程设计上，也将压弯构件的截面按其板件的宽厚比划分成不同的类别。依据截面承载力和塑性转动变形能力的不同，我国《钢结构设计标准》（GB 50017—2017）将压弯构件截面依据其板件宽厚比分为 5 个等级，板件的宽厚比等级按表 6.1 根据各板件受压区域应力状态确定。

表 6.1 中参数 α_0 按式（6.3）计算。

$$\alpha_0 = \frac{\sigma_{max} - \sigma_{min}}{\sigma_{max}} \tag{6.3}$$

式中　σ_{max}——腹板计算高度边缘的最大压应力，N/mm^2；

σ_{min}——腹板计算高度另一边缘相应的应力，N/mm^2，压应力取正值，拉应力取负值。

表 6.1 压弯构件的截面板件宽厚比等级及限值

截面板件宽厚比等级		S1 级	S2 级	S3 级	S4 级	S5 级
H 形截面	翼缘 b/t	$9\varepsilon_k$	$11\varepsilon_k$	$13\varepsilon_k$	$15\varepsilon_k$	20
	腹板 h_0/t_w	$(33+13\alpha_0^{1.3})\varepsilon_k$	$(38+13\alpha_0^{1.39})\varepsilon_k$	$(40+18\alpha_0^{1.5})\varepsilon_k$	$(45+25\alpha_0^{1.66})\varepsilon_k$	250
箱形截面	壁板（腹板）间翼缘 h_0/t	$30\varepsilon_k$	$35\varepsilon_k$	$40\varepsilon_k$	$45\varepsilon_k$	—
	单向受弯的箱形截面柱腹板 h_0/t_w	$(33+13\alpha_0^{1.3})\varepsilon_k$	$(38+13\alpha_0^{1.39})\varepsilon_k$	$(40+18\alpha_0^{1.5})\varepsilon_k$	$(45+25\alpha_0^{1.66})\varepsilon_k$	250
圆钢管截面	径厚比 D/t	$50\varepsilon_k$	$70\varepsilon_k$	$90\varepsilon_k$	$100\varepsilon_k$	—

注：1. ε_k 为钢号修正系数，$\varepsilon_k=\sqrt{\dfrac{235}{f_y}}$。

2. b 为 H 形截面的翼缘外伸宽度，t、h_0、t_w 分别是翼缘厚度、腹板净高和腹板厚度，对轧制型钢截面，腹板净高不包括翼缘腹板过渡处圆弧段；对于箱形截面，b_0、t 分别为壁板（或称腹板）间的距离和壁板厚度；对于圆钢管截面，D 为外径，t 为圆管截面壁厚。

3. 单向受弯箱形截面柱，其腹板限值可根据 H 形截面腹板采用。

我国《钢结构设计标准》（GB 50017—2017）采用式（6.2）作为压弯和拉弯构件强度计算的一般公式（除圆管截面外），并依据截面板件宽厚比等级的不同，对塑性发展系数做出如下规定：当截面板件宽厚比等级不满足 S3 级要求时，$\gamma_x=\gamma_y=1.0$；满足 S3 级要求时，其取值的具体规定见第 5 章中的表 5.2。对于需要验算疲劳强度的压弯或拉弯构件，$\gamma_x=\gamma_y=1.0$，即不考虑截面塑性发展，按弹性应力状态计算。

对于弯矩作用在两个主平面内的圆形截面拉弯和压弯构件，其截面强度应按式（6.4）计算。

$$\frac{N}{A_n}\pm\frac{\sqrt{M_x^2+M_y^2}}{\gamma_m W_n}\leqslant f \tag{6.4}$$

式中 γ_m——圆形构件的截面塑性发展系数，对于实腹圆形截面取 1.2，当圆管截面板件宽厚比等级不满足 S3 级要求时取 1.0，满足 S3 级要求时取 1.15；需要验算疲劳强度的拉弯或压弯构件，宜取 1.0。

【例 6.1】 如图 6.6 所示的拉弯构件，间接承受动力荷载，轴向拉力的设计值为 800kN，横向均布荷载的设计值为 7kN/m。试选择其截面，设截面无削弱，材料为 Q355C 钢。

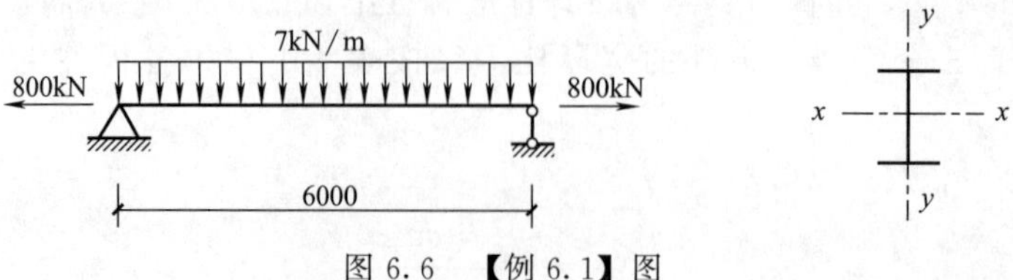

图 6.6 【例 6.1】图

【解】 设采用普通工字钢I22a，截面积 $A=42.1\text{cm}^2$，自重重力为 0.33kN/m，$I_x=3406\text{cm}^4$，$W_x=310\text{cm}^3$，$i_x=8.99\text{cm}$，$i_y=2.32\text{cm}$。

$$M_x=\frac{1}{8}\times(7+0.33\times1.3)\times6^2=33.4(\mathrm{kN\cdot m})$$

腹板计算高度边缘的应力

$$\sigma_{\max}=\frac{N}{A_n}+\frac{M_x}{I_{nx}}\times\frac{h_0}{2}=\frac{800\times10^3}{42.1\times10^2}+\frac{33.4\times10^6}{3406\times10^4}\times\frac{220-2\times12.3-2\times9.5}{2}$$

$$=190+86.5=276.5(\mathrm{N/mm^2})$$

$$\sigma_{\min}=\frac{N}{A_n}-\frac{M_x}{I_{nx}}\times\frac{h_0}{2}=190-86.5=103.5(\mathrm{N/mm^2})$$

$$\alpha_0=\frac{\sigma_{\max}-\sigma_{\min}}{\sigma_{\max}}=\frac{276.5-103.5}{276.5}=0.626$$

翼缘（外伸）宽厚比

$$\frac{b}{t}=\frac{\frac{110-7.5}{2}}{12.3}=4.17<9\varepsilon_k=9\times\sqrt{\frac{235}{355}}=7.32$$

腹板高厚比

$$\frac{h_0}{t_w}=\frac{220-2\times12.3-2\times9.5}{7.5}=23.52<(33+13\alpha_0^{1.3})\varepsilon_k=(33+13\times0.626^{1.3})\times\sqrt{\frac{235}{355}}=32.60$$

由以上计算可知，截面板件宽厚比等级为S1级，W_{nx} 应取全截面模量，截面的塑性发展系数 $\gamma_x=1.05$。

强度计算

$$\frac{N}{A_n}\pm\frac{M_x}{\gamma_x W_{nx}}=\frac{800\times10^3}{42.1\times10^2}+\frac{33.4\times10^6}{1.05\times310\times10^3}=190+102.6=292.6(\mathrm{N/mm^2})<305\mathrm{N/mm^2}$$

验算长细比

$$\lambda_x=\frac{600}{8.99}=66.7 \quad \lambda_y=\frac{600}{2.32}=259<[\lambda]=350$$

6.3 压弯构件的稳定

压弯构件的截面尺寸通常由稳定承载力确定。对于双轴对称截面，一般将弯矩绕强轴作用；对于单轴对称截面，则将弯矩作用在对称轴平面内。这些构件可能在弯矩作用平面内弯曲失稳，也可能在弯矩作用平面外弯扭失稳。所以，压弯构件要分别计算弯矩作用平面内和弯矩作用平面外的稳定性。

6.3.1 弯矩作用平面内的稳定

目前确定压弯构件弯矩作用平面内极限承载力的方法很多，大体可分为两大类：一类是边缘屈服准则的计算方法；另一类是精度较高的数值计算方法。

6.3.1.1 边缘纤维屈服准则

对于一个两端铰支，沿全长均匀弯矩作用下，截面的受压最大边缘屈服时，其边缘纤维的应力可用式（6.5）表达，经整理得

$$\frac{N}{\varphi_x A}+\frac{M_x}{W_{1x}\left(1-\varphi_x\frac{N_0}{N_{Ex}}\right)}=f_y \tag{6.5}$$

式中　W_{1x}——受压最大纤维的毛截面模量；

φ_x——在弯矩作用平面内的轴心受压构件整体稳定系数。

6.3.1.2　最大强度准则

边缘纤维屈服准则考虑当构件截面最大纤维刚一屈服时构件即失去承载能力而发生破坏，较适用于格构式构件。对于实腹式压弯构件，当受压最大边缘刚开始屈服时尚有较大的强度储备，即允许截面塑性深入。因此若要反映构件的实际受力情况，宜采用最大强度准则，即以具有各种初始缺陷的构件为计算模型，求解其极限承载能力。

在第 4 章中，曾介绍了具有初始缺陷（初弯曲、初偏心和残余应力）的轴心受压构件的稳定计算方法。实际上考虑初弯曲和初偏心的轴心受压构件就是压弯构件，只不过弯矩由偶然因素引起，主要内力是轴向压力。

《钢结构设计标准》（GB 50017—2017）采用数值计算方法（逆算单元长度法），考虑构件存在 1/1000 的初弯曲和实测的残余应力分布，算出了近 200 条压弯构件极限承载力曲线。图 6.7 给出翼缘为火焰切割边的焊接工字形截面压弯构件在两端相等弯矩作用下的相关曲线，其中实线为理论计算的结果。

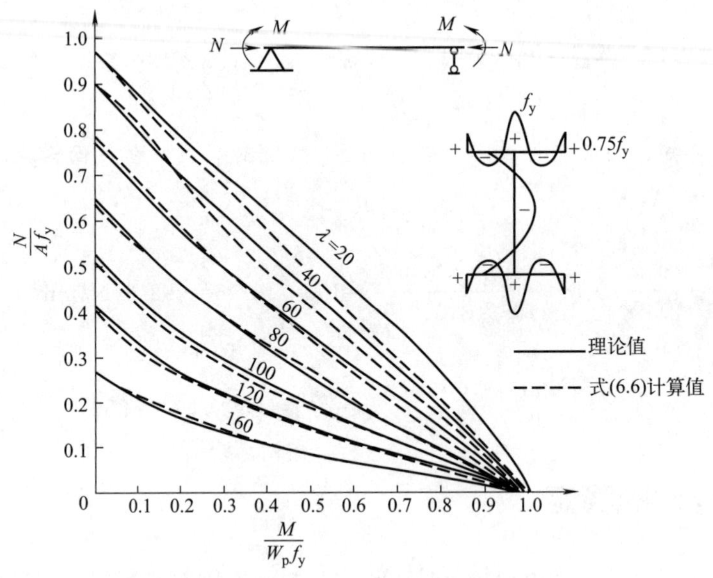

图 6.7　焊接工字钢偏心压杆的相关曲线

对于不同的截面形式，或虽然截面形式相同但尺寸不同、残余应力的分布不同以及失稳方向的不同等，其计算曲线都将有很大的差异。很明显，包括各种截面形式的近 200 条曲线，很难用一个统一的公式来表达。但修订《钢结构设计标准》时，经过分析证明，发现采用相关公式的形式可以较好地解决上述困难。由于影响稳定极限承载力的因素很多，且构件失稳时已进入弹塑性工作阶段，要得到精确的、符合各种不同情况的理论相关公式是不可能的。因此，只能根据理论分析的结果，经过数值运算，得出比较符合实际又能满足工程精度要求的实用相关公式。

《钢结构设计标准》将用数值方法得到的压弯构件的极限承载力 N_u 与用边缘纤维屈服准则导出的相关公式［式（6.5）］中的轴心压力 N 进行比较，发现对于短粗的实腹杆，式（6.5）偏于安全，而对于细长的实腹杆，式（6.5）偏于不安全。因此，《钢结构设计标准》借用了弹性压弯构件边缘纤维屈服时计算公式的形式，但在计算弯曲应力时考虑了截面的塑性发展和二阶弯矩，对于初弯曲和残余应力的影响则综合在一个等效偏心距 v_0 内，最后提出一近似相关公式。

$$\frac{N}{\varphi_x A} \pm \frac{M_x}{W_{px}\left(1-0.8\frac{N_0}{N_{Ex}}\right)} = f_y \tag{6.6}$$

式中 W_{px}——截面塑性模量。

式（6.6）的相关曲线即图6.7中的虚线，其计算结果与理论值的误差很小。

6.3.1.3 《钢结构设计标准》规定的实腹式压弯构件整体稳定计算式

式（6.6）仅适用于弯矩沿杆长为均匀分布的两端铰支压弯构件。当弯矩为非均匀分布时，构件的实际承载能力将比由式（6.6）算得的值高。为了把式（6.6）推广应用于其他荷载作用时的压弯构件，可用等效弯矩 $\beta_{mx}M_x$（M_x 为最大弯矩，$\beta_{mx} \leqslant 1$）代替公式中的 M_x 来考虑这种有利因素。另外，考虑部分塑性深入截面，采用 $\gamma_x W_{1x}$ 代替 W_{px}，并引入抗力分项系数，即得到标准所采用的实腹式压弯构件弯矩作用平面内的稳定计算式。

$$\frac{N}{\varphi_x A f} + \frac{\beta_{mx} M_x}{\gamma_x W_{1x}\left(1-0.8\frac{N}{N'_{Ex}}\right) f} \leqslant 1.0 \tag{6.7}$$

式中 N——轴向压力；

M_x——所计算构件段范围内的最大弯矩；

φ_x——轴心受压构件的稳定系数；

W_{1x}——最大受压纤维的毛截面模量；

N'_{Ex}——参数，为欧拉临界力除以抗力分项系数 γ_R（不分钢种，取 $\gamma=1.1$），$N'_{Ex}=\pi^2 EA/(1.1\lambda_x^2)$；

β_{mx}——等效弯矩系数。

β_{mx} 按下列情况取值。

(1) 无侧移框架柱和两端支承的构件

① 无横向荷载作用时，β_{mx} 应按式（6.8）计算。

$$\beta_{mx}=0.6+0.4M_2/M_1 \tag{6.8}$$

式中 M_1，M_2——端弯矩，使构件产生同向曲率（无反弯点）时取同号，使构件产生反向曲率时（有反弯点）取异号，$|M_1| \geqslant |M_2|$。

② 为无端弯矩但有横向荷载作用时，β_{mx} 应按下列公式计算。

跨中单个集中荷载

$$\beta_{mx}=1-0.36N/N_{cr} \tag{6.9}$$

全跨均布荷载

$$\beta_{mx}=1-0.18N/N_{cr} \tag{6.10}$$

式中 N_{cr}——弹性临界力 $N_{cr}=\pi^2 EI/(\mu l)^2$；

μ——构件的计算长度系数。

③ 端弯矩和横向荷载同时作用时，式（6.7）中的 $\beta_{mx}M_x$ 应按式（6.11）计算。

$$\beta_{mx}M_x=\beta_{mqx}M_{qx}+\beta_{m1x}M_1 \tag{6.11}$$

式中 M_{qx}——横向荷载产生的弯矩最大值；

M_1——端弯矩中绝对值最大一端的弯矩；

β_{m1x}——按式（6.8）计算的等效弯矩系数；

β_{mqx}——按式（6.9）或式（6.10）计算的等效弯矩系数。

(2) 有侧移框架柱和悬臂构件

① 除下面第②项规定之外的框架柱，β_{mx} 应按式（6.12）计算。

$$\beta_{mx}=1-0.36\frac{N}{N_{cr}} \tag{6.12}$$

② 有横向荷载的柱脚铰接的单层框架柱和多层框架的底层柱：$\beta_{mx}=1$。

③ 自由端作用有弯矩的悬臂柱。

$$\beta_{mx}=1-0.36(1-m)\frac{N}{N_{cr}} \tag{6.13}$$

式中 m——自由端弯矩与固定端弯矩之比，当弯矩图无反弯点时取正号，有反弯点时取负号。

对于T型钢、双角钢T形等单轴对称截面压弯构件，若弯矩作用于对称轴平面且使较大翼缘受压，构件失稳时出现的塑性区除存在前述受压区屈服和受压、受拉区同时屈服两种情况外，还可能在受拉区首先出现屈服而导致构件失去承载能力，故除了按式（6.7）计算外，还应按式（6.14）计算。

$$\left|\frac{N}{Af}-\frac{\beta_{mx}M_x}{\gamma_x W_{2x}\left(1-1.25\dfrac{N}{N'_{Ex}}\right)f}\right|\leqslant 1.0 \tag{6.14}$$

式中 W_{2x}——受拉侧最外纤维的毛截面模量；

γ_x——与 W_{2x} 相应的截面塑性发展系数。

其余符号同式（6.7），式（6.14）第二项分母中的1.25也是经过与理论计算结果比较后引进的修正系数。

【例6.2】（注册结构工程师考试题型）

某框架柱内力设计值为 $N=435.5\text{kN}$，$M_x=386.6\text{kN}\cdot\text{m}$，已知该柱的 $\lambda_x=72.7$，柱截面特征见下表，材料采用Q355C钢，其弯矩作用平面内以应力（N/mm^2）形式表达的稳定性计算数值与（ ）最接近。

提示：$\gamma_x=1.05$，$\beta_{mx}=0.970$，$\pi=3.14159$，轴压构件稳定系数按b类截面确定。

柱截面特征（x 轴为强轴）

截面	$A(\text{cm}^2)$	I_x/mm^4	W_x/mm^3	i_x/cm	i_y/cm
HM390×300×10×16	136.7	38900	2000	16.9	7.26

A. 183.6　　B. 191.2　　C. 205.4　　D. 243.6

【解】（D）

$$N'_{Ex}=\pi^2EA/(1.1\lambda_x^2)=\frac{\pi^2\times 206000\times 136.7\times 10^2}{1.1\times 72.7^2}=4781\ (\text{kN})$$

$\lambda_x/\varepsilon_k=72.7\times\sqrt{355/255}=89.4$，查本书附表4.2（b类截面）得 $\varphi_x=0.625$。

$$\frac{N}{\varphi_x A}+\frac{\beta_{mx}M_x}{\gamma_x W_{1x}\left(1-0.8\dfrac{N}{N'_{Ex}}\right)}$$

$$=\frac{435.5\times 10^3}{0.625\times 136.7\times 10^2}+\frac{0.970\times 386.6\times 10^6}{1.05\times 2000\times 10^3\times\left(1-0.8\times\dfrac{435.5}{4781}\right)}$$

$$=51.0+192.6=243.6(\text{N/mm}^2)<305\text{N/mm}^2$$

6.3.2 弯矩作用平面外的稳定

《钢结构设计标准》规定的压弯构件在弯矩作用平面外稳定计算的相关公式为

$$\frac{N}{\varphi_y A f}+\eta\frac{\beta_{tx}M_x}{\varphi_b W_{1x} f}\leqslant 1.0 \tag{6.15}$$

式中 M_x——所计算构件段范围内（构件侧向支承点间）的最大弯矩；

η——调整系数，箱形截面 $\eta=0.7$，其他截面 $\eta=1.0$；

φ_y——弯矩作用平面外的轴心受压构件稳定系数；

φ_b——均匀弯曲梁的整体稳定系数；

β_{tx}——等效弯矩系数，应根据所计算构件段的荷载和内力情况，按下列规定取值。

① 在弯矩作用平面外有支承的构件，应根据两相邻支承间构件段内的荷载和内力情况确定。

a. 无横荷载作用时

$$\beta_{tx}=0.65+0.35\frac{M_2}{M_1} \tag{6.16}$$

b. 端弯矩和横向荷载同时作用时：

使构件产生同向曲率时 $\beta_{tx}=1.0$；

使构件产生反向曲率时 $\beta_{tx}=0.85$。

c. 为无端弯矩但有横向荷载作用时，$\beta_{tx}=1.0$。

② 弯矩作用平面外为悬臂的构件，$\beta_{tx}=1.0$。

为了设计上的方便，当 $\lambda_y\leqslant 120\varepsilon_k$ 时，φ_b 可采用下面的近似计算公式进行计算，这些公式已考虑了构件的弹塑性失稳问题，因此，当 $\varphi_b>0.6$ 时不必再换算。

(1) 工字形截面

双轴对称时公式如下，但不大于 1.0。

$$\varphi_b=1.07-\frac{\lambda_y^2}{44000\varepsilon_k^2} \tag{6.17}$$

单轴对称时公式如下，但不大于 1.0。

$$\varphi_b=1.07-\frac{W_x}{(2\alpha_b+0.1)Ah}\times\frac{\lambda_y^2}{44000\varepsilon_k^2} \tag{6.18}$$

式中，$\alpha_b=\frac{I_1}{I_1+I_2}$，$I_1$ 和 I_2 分别为受压翼缘和受拉翼缘对 y 轴的惯性矩。

(2) T 形截面

① 弯矩使翼缘受压时公式如下。

双角钢 T 形

$$\varphi_b=1-0.0017\frac{\lambda_y}{\varepsilon_k} \tag{6.19}$$

两板组合 T 形（含 T 型钢）

$$\varphi_b=1-0.0022\frac{\lambda_y}{\varepsilon_k} \tag{6.20}$$

② 弯矩使翼缘受拉时公式如下。

$$\varphi_b=1-0.0005\frac{\lambda_y}{\varepsilon_k} \tag{6.21}$$

6.3.3 双向弯曲实腹式压弯构件的整体稳定

前面所述压弯构件，弯矩仅作用在构件的一个对称轴平面内，为单向弯曲压弯构件。弯矩作用在两个主轴平面内为双向弯曲压弯构件，标准仅规定了双轴对称截面双向弯曲压弯构件稳定承载力的计算方法。

双轴对称的工字形截面（含 H 型钢）和箱形截面的压弯构件，当弯矩作用在两个主平面内时，可用下列公式与式（6.7）和式（6.15）相衔接的线性公式计算其稳定性。

$$\frac{N}{\varphi_x A f}+\frac{\beta_{\mathrm{m}x} M_x}{\gamma_x W_x\left(1-0.8\dfrac{N}{N'_{\mathrm{E}x}}\right)f}+\eta\frac{\beta_{\mathrm{t}y} M_y}{\varphi_{\mathrm{b}y} W_y f}\leqslant 1.0 \tag{6.22}$$

$$\frac{N}{\varphi_y A f}+\frac{\beta_{\mathrm{m}y} M_y}{\gamma_y W_y\left(1-0.8\dfrac{N}{N'_{\mathrm{E}x}}\right)f}+\eta\frac{\beta_{\mathrm{t}x} M_x}{\varphi_{\mathrm{b}x} W_x f}\leqslant 1.0 \tag{6.23}$$

式中 M_x，M_y——对 x 轴（工字形截面 x 轴为强轴）和 y 轴的弯矩；

φ_x，φ_y——对 x 轴和 y 轴的轴心受压构件稳定系数；

$\varphi_{\mathrm{b}x}$，$\varphi_{\mathrm{b}y}$——均匀弯曲的受弯构件整体稳定系数。

对双轴对称工字形截面的非悬臂构件，$\varphi_{\mathrm{b}x}$ 按式（6.17）计算，$\varphi_{\mathrm{b}y}=1.0$；对箱形截面，取 $\varphi_{\mathrm{b}x}=\varphi_{\mathrm{b}y}=1.0$。

等效弯矩系数 $\beta_{\mathrm{m}x}$ 和 $\beta_{\mathrm{m}y}$ 应按式（6.7）有关弯矩作用平面内稳定计算的规定采用；$\beta_{\mathrm{t}x}$、$\beta_{\mathrm{t}y}$ 和 η 应按式（6.15）中有关弯矩作用平面外稳定计算的规定采用。

对于双向压弯圆管构件，当柱段中没有很大横向力或集中弯矩时，其整体稳定按下列公式计算。

$$\frac{N}{\varphi A f}+\frac{\beta M}{\gamma_{\mathrm{m}} W\left(1-0.8\dfrac{N}{N'_{\mathrm{E}x}}\right)f}\leqslant 1.0 \tag{6.24}$$

$$M=\max\left(\sqrt{M_{x\mathrm{A}}^2+M_{y\mathrm{A}}^2},\sqrt{M_{x\mathrm{B}}^2+M_{y\mathrm{B}}^2}\right) \tag{6.25}$$

$$\beta=\beta_x\beta_y \tag{6.26}$$

$$\beta_x=1-0.35\sqrt{\frac{N}{N_{\mathrm{E}}}}+0.35\sqrt{\frac{N}{N_{\mathrm{E}}}}\frac{M_{2x}}{M_{1x}} \tag{6.27}$$

$$\beta_y=1-0.35\sqrt{\frac{N}{N_{\mathrm{E}}}}+0.35\sqrt{\frac{N}{N_{\mathrm{E}}}}\frac{M_{2y}}{M_{1y}} \tag{6.28}$$

式中 φ——轴心受压构件的整体稳定系数，按构件最大长细比取值；

M——计算双向压弯圆管构件整体稳定时采用的弯矩值；

$M_{x\mathrm{A}}$，$M_{y\mathrm{A}}$，$M_{x\mathrm{B}}$，$M_{y\mathrm{B}}$——构件 A 端和 B 端关于 x、y 轴的弯矩；

β——计算双向压弯圆管截面构件整体稳定时采用的等效弯矩系数，当结构按平面分析或圆管柱仅为平面压弯时，按 $\beta=\beta_x^2$ 设定等效弯矩系数，这里的 x 方向为弯曲轴方向；

M_{1x}，M_{2x}，M_{1y}，M_{2y}——x 轴、y 轴端弯矩，构件无反弯点时取同号，构件有反弯点时取异号，$|M_{1x}|\geqslant|M_{2x}|$，$|M_{1y}|\geqslant|M_{2y}|$。

N_{E}——根据构件最大长细比计算的欧拉临界力，$N_{\mathrm{E}}=\pi^2 EA/\lambda^2$。

6.3.4 压弯构件的局部稳定

6.3.4.1 压弯构件的板件宽厚比要求

为保证压弯构件中板件的局部稳定，《钢结构设计标准》采取了与轴心受压构件相同的方法，即限制翼缘和腹板的宽厚比或圆管的径厚比。

(1) 翼缘的宽厚比

压弯构件的受压翼缘板，其应力情况与梁受压翼缘的基本相同，尤其是由强度控制设计时更是如此，因此 H 形截面翼缘的自由外伸宽度与厚度之比与受弯构件受压翼缘的宽厚比限值相同。对于 S4 级截面的压弯构件，$b/t \leqslant 15\varepsilon_k$。若考虑截面有限塑性发展，则 $b/t \leqslant 13\varepsilon_k$，即满足 S3 级截面的要求。$b$、$t$ 分别为翼缘的外伸宽度和厚度。

对于箱形截面翼缘在腹板之间的宽厚比应满足 $b_0/t \leqslant 45\varepsilon_k$，若考虑截面有限塑性发展，则 $b_0/t \leqslant 40\varepsilon_k$。$b_0$、$t$ 分别为腹板间的翼缘宽度和厚度。

(2) 腹板的高厚比

(1) H 形截面的腹板。

S3 级截面

$$\frac{h_0}{t_w} \leqslant (42+18\alpha_0^{1.51})\varepsilon_k \tag{6.29}$$

S4 级截面

$$\frac{h_0}{t_w} \leqslant (45+25\alpha_0^{1.66})\varepsilon_k \tag{6.30}$$

② 箱形截面的腹板。箱形截面腹板的高厚比限值与工字形截面腹板高厚比限值相同。

③ 圆管截面。一般圆管截面构件的弯矩不大，故其直径与厚度之比的限值与轴心受压构件的规定相同，即 S4 级截面径厚比应满足 $D/t \leqslant 100\varepsilon_k^2$。若考虑截面有限塑性发展，则 $D/t \leqslant 90\varepsilon_k^2$，即满足 S3 级截面的要求。$D$ 和 t 分别为圆管外径和厚度。

6.3.4.2 压弯构件的屈曲后强度

当压弯构件的腹板不满足 S4 级截面的要求时，应采用有效截面计算构件的强度和稳定性。

(1) 腹板的有效宽度

① 工字形截面腹板受压区的有效宽度应按下式计算。

$$h_e = \rho h_c \tag{6.31}$$

当 $\lambda_{n,p} \leqslant 0.75$ 时

$$\rho = 1.0 \tag{6.32}$$

当 $\lambda_{n,p} > 0.75$ 时

$$\rho = \frac{1}{\lambda_{n,p}}\left(1-\frac{0.19}{\lambda_{n,p}}\right) \tag{6.33}$$

$$\lambda_{n,p} = \frac{\frac{h_w}{t_w}}{28.1\sqrt{k_\sigma}} \times \frac{1}{\varepsilon_k} \tag{6.34}$$

$$k_\sigma = \frac{16}{2-\alpha_0+\sqrt{(2-\alpha_0)^2+0.112\alpha_0^2}} \tag{6.35}$$

式中 h_c，h_e——腹板受压区宽度和有效宽度，当腹板全部受压时，$h_c=h_w$；

ρ——有效宽度系数；

α_0——参数，应按式（6.3）计算。

② 工字形截面腹板有效宽度的分布

当截面全部受压，即 $\alpha_0 \leqslant 1$ 时［图 6.8（a）］

$$h_{e1}=\frac{2h_e}{4+\alpha_0} \tag{6.36}$$

$$h_{e2}=h_e-h_{e1} \tag{6.37}$$

当截面部分受拉，即 $\alpha_0>1$ 时［图 6.8（b）］

$$h_{e1}=0.4h_e \tag{6.38}$$

$$h_{e2}=0.6h_e \tag{6.39}$$

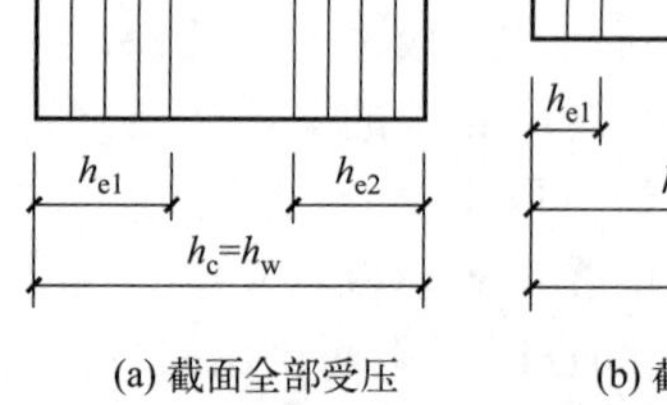

图 6.8 腹板有效宽度的分布

③ 箱形截面压弯构件翼缘宽厚比超限时也应按式（6.31）计算其有效宽度，计算时取 $k_\sigma=4.0$，有效宽度在两侧均等分布。

(2) 腹板屈曲后的构件承载力计算

强度计算

$$\frac{N}{A_{ne}}\pm\frac{M_x+Ne}{\gamma_x W_{nex}}<f \tag{6.40}$$

弯矩作用平面内整体稳定计算

$$\frac{N}{\varphi_x A_e f}+\frac{\beta_{mx}M_x+Ne}{\gamma_x W_{e1x}\left(1-0.8\frac{N}{N'_{Ex}}\right)f}\leqslant 1.0 \tag{6.41}$$

弯矩作用平面外整体稳定计算

$$\frac{N}{\varphi_y A_e f}+\eta\frac{\beta_{tx}M_x+Ne}{\varphi_b W_{e1x}f}\leqslant 1.0 \tag{6.42}$$

式中 A_{ne}，A_e——有效净截面面积和有效毛截面面积；

W_{nex}——有效截面的净截面模量；

W_{e1x}——有效截面对较大受压纤维的毛截面模量；

e——有效截面形心至原截面形心的距离。

当压弯构件的弯矩效应在相关公式中占主要地位，且最大弯矩出现在构件端部截面时，强度验算显然应该针对该截面，即 A_{ne} 和 W_{nex} 都取自该截面。若进行构件稳定计算也取此截面的 A_e 和 W_{ex} 则将低估构件的承载力，原因是各截面的有效面积并不相同。此时，在计算构件平面内稳定时可偏于安全地取弯矩最大处的有效截面特征，而在计算构件平面外稳定时，可取计算段中间 1/3 范围内弯矩最大截面的有效截面特性。

6.4 压弯构件（框架柱）的设计

6.4.1 框架柱的计算长度

单根受压构件的计算长度可根据构件端部的约束条件按弹性稳定理论确定。对于端部约束条件比较简单的单根压弯构件，利用计算长度系数 μ 可直接得到计算长度。但对于框架柱，框架平面内的计算长度需通过对框架的整体稳定分析得到，框架平面外的计算长度则需根据支承点的布置情况确定。

6.4.1.1 单层等截面框架柱在框架平面内的计算长度

在进行框架的整体稳定分析时，一般取平面框架作为计算模型，不考虑空间作用。框架的可能失稳形式有两种：一种是有支撑框架，其失稳形式一般为无侧移的［图 6.9（a）、（b）］；另一种是无支撑的纯框架，其失稳形式为有侧移的［图 6.9（c）、（d）］。有侧移失稳的框架，其临界力比无侧移失稳的框架低得多。因此，除非有阻止框架侧移的支撑体系（包括支撑架、剪力墙等），否则框架的承载能力一般以有侧移失稳时的临界力确定。

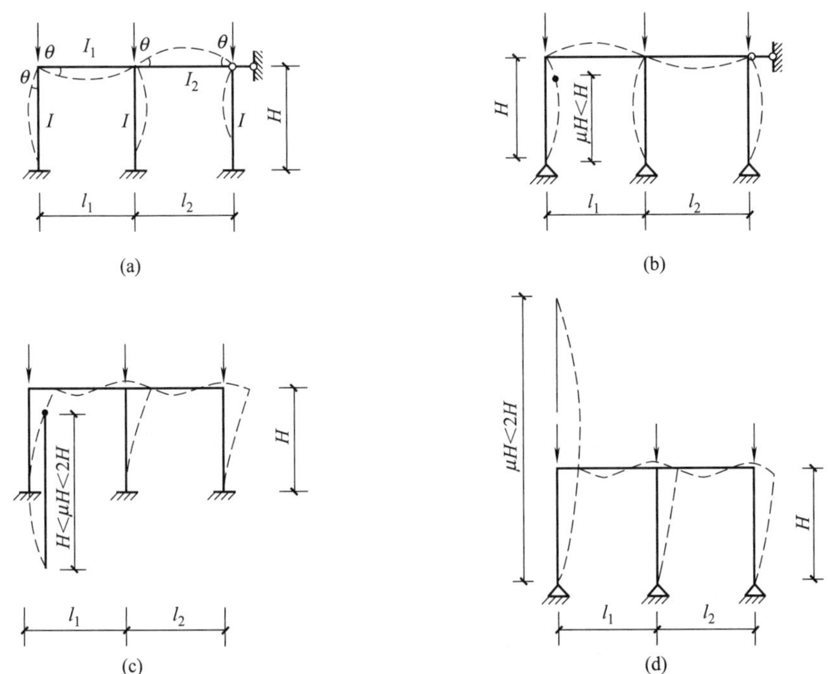

图 6.9　单层框架的失稳形式

框架柱的上端与横梁刚性连接。横梁对柱的约束作用取决于横梁的线刚度 I_1/l_1，与柱的线刚度 I/H 的比值 K_1，即

$$K_1=\frac{\dfrac{I_1}{l_1}}{\dfrac{I}{H}} \tag{6.43}$$

对于单层多跨框架，K_1 值为与柱相邻的两根横梁的线刚度之和（$I_1/l_1+I_2/l_2$）与柱线刚度 I/H 之比。

$$K_1=\frac{\dfrac{I_1}{l_1}+\dfrac{I_2}{l_2}}{\dfrac{I}{H}} \tag{6.44}$$

确定框架柱的计算长度通常根据弹性稳定理论，并做如下近似假定。

① 框架只承受作用于节点的竖向荷载，忽略横梁荷载和水平荷载对梁端弯矩的影响。分析比较表明，在弹性工作范围内，此种假定带来的误差不大，可以满足设计工作的要求。但需注意，此假定只能用于确定计算长度，在计算柱的截面尺寸时必须同时考虑弯矩和轴心力。

② 所有框架柱同时丧失稳定，即所有框架柱同时达到临界荷载。

③ 失稳时横梁两端的转角相等。

框架柱在框架平面内的计算长度 H_0 可用下式表达。

$$H_0=\mu H$$

式中 H——柱的几何长度；

μ——计算长度系数。

显然，μ 值与框架柱柱脚和基础的连接形式及 K_1 值有关。表 6.2 为当采用一阶弹性分析计算内力时单层等截面框架柱的计算长度系数 μ 值，它是在上述近似假定的基础上用弹性稳定理论求得的。

从表 6.2 可以看出，有侧移的无支撑纯框架失稳时，框架柱的计算长度系数都大于 1.0。柱脚刚接的有侧移无支撑纯框架柱，μ 值在 1.0～2.0 之间［图 6.9（c）］。柱脚铰接的有侧移无支撑纯框架柱，μ 值总是大于 2.0，其实际意义可通过图 6.9（d）所示的变形情况来理解。

表 6.2 有侧移单层等截面无支撑纯框架柱的计算长度系数 μ

柱与基础的连接	相交于上端的横梁线刚度之和与柱线刚度之和										
	0	0.05	0.1	0.2	0.3	0.4	0.5	1.0	2.0	5.0	≥10
铰接	—	6.02	4.46	3.42	3.01	2.78	2.64	2.33	2.17	2.07	2.03
刚性固定	2.03	1.83	1.70	1.52	1.42	1.35	1.30	1.17	1.10	1.05	1.03

注：1. 线刚度为截面惯性矩与构件长度之比。

2. 与柱铰接的横梁取其线刚度为零。

3. 计算框架的等截面格构式柱和桁架式横梁的线刚度时，应考虑缀件（或腹杆）变形的影响，将其惯性矩乘以 0.9。当桁架式横梁高度有变化时，其惯性矩宜按平均高度计算。

对于无侧移的有支撑框架柱，柱子的计算长度系数 μ 将小于 1.0［图 6.9（a）、（b）］。

6.4.1.2 多层等截面框架柱在框架平面内的计算长度

多层多跨框架的失稳形式也分为有侧移失稳［图 6.10（b）］和无侧移失稳［图 6.10（a）］两种情况，计算时的基本假定与单层框架相同。对于未设置支撑结构（支撑架、剪力墙、抗剪筒体等）的纯框架结构，属于有侧移反对称失稳。对于有支撑框架，根据抗侧移刚度的大

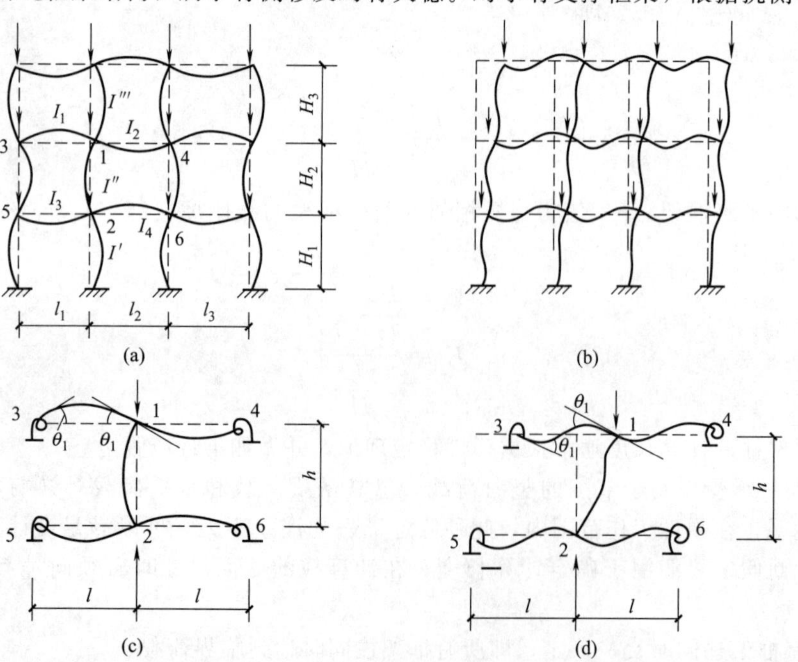

图 6.10 多层框架的失稳形式

小，又可分为强支撑框架和弱支撑框架。

① 当支撑结构的侧移刚度（产生单位侧倾角的水平力）S_b 满足式（6.45）的要求时，为强支撑框架，属于无侧移失稳。

$$S_b \geqslant 4.4\left[\left(1+\frac{100}{f_y}\right)\sum N_{bi}-\sum N_{0i}\right] \tag{6.45}$$

式中 $\sum N_{bi}$，$\sum N_{0i}$——第 i 层层间所有框架柱用无侧移框架柱和有侧移框架柱计算长度系数算得的轴压杆稳定承载力之和。

② 当支撑结构的侧移刚度 S 不满足式（6.45）的要求时，为弱支撑框架。一般情况下，不推荐采用弱支撑框架，因此在设计时应尽量满足强支撑框架的条件。

无论多层框架在哪一类形式下失稳，每一根柱都要受到柱端构件以及远端构件的影响。因多层多跨框架的未知节点位移数较多，需要展开高阶行列式和求解复杂的超越方程，计算工作量大且很困难。故在实用工程设计中，引入了简化杆端约束条件的假定，即将框架简化为图 6.10（c）、（d）所示的计算单元，只考虑与柱端直接相连构件的约束作用。在确定柱子的计算长度时，假设柱子开始失稳时相交于上下两端节点的横梁对于柱子提供的约束弯矩，按其与上下两端节点柱的线刚度之和的比值 K_1 和 K_2 分配给柱子。这里，K_1 为相交于柱上端节点的横梁线刚度之和与柱线刚度之和的比值；K_2 为相交于柱下端节点的横梁线刚度之和与柱线刚度之和的比值。以图 6.10 中的 1、2 杆为例，公式如下。

$$K_1=\frac{\dfrac{I_1}{l_1}+\dfrac{I_2}{l_2}}{\dfrac{I'''}{H_3}+\dfrac{I''}{H_2}}$$

$$K_2=\frac{\dfrac{I_3}{l_1}+\dfrac{I_4}{l_2}}{\dfrac{I''}{H_2}+\dfrac{I'}{H_1}}$$

多层框架的计算长度系数 μ 见本书附录 5 中附表 5.1（无侧移框架）和附表 5.2（有侧移框架）。实际上表 6.2 中单层框架柱的 μ 值已包括在附表 5.2 中，令附表 5.2 中的 $K_1=0$，即表 6.2 中与基础铰接的 μ 值。柱与基础刚接时，从理论上来说 $K_2=\infty$，但考虑到实际工程情况，取 $K_2\geqslant 10$ 时的 μ 值。

μ 值亦可采用下列近似公式计算。

① 无侧移失稳。

$$\mu=\sqrt{\frac{(1+0.41K_1)+(1+0.41K_2)}{(1+0.82K_1)+(1+0.82K_2)}}$$

② 有侧移失稳。

$$\mu=\sqrt{\frac{7.5K_1K_2+4(K_1+K_2)+1.52}{7.5K_1K_2+K_1+K_2}}$$

如将理论式和近似式的计算结果进行比较，可以看出误差很小。

框架柱的计算长度不仅和结构组成有关，还和荷载作用的情况有关。当有侧移失稳的框架同层各柱 N/I 不相同时，考虑到欠载柱对超载柱的支持作用，延缓了超载柱的失稳，因此，按前述得到的计算长度并不能真实反映框架的稳定承载能力，此时柱的计算长度系数宜按式（6.46）做出修正。

$$\mu=\sqrt{\frac{N_{Ei}}{N_i}\times\frac{1.2}{K}\sum\frac{N_i}{h_i}} \tag{6.46}$$

式中 N_i——第 i 根柱轴心压力设计值；

N_{Ei}——第 i 根柱的欧拉临界力；

h_i——第 i 根柱高度；

K——框架层侧移刚度，即产生层间单位侧移所需的力。

6.4.1.3 附有摇摆柱的框架柱的计算长度

框架柱分为提供抗侧刚度的柱（框架柱）和不提供抗侧刚度的柱（摇摆柱）。摇摆柱指两端均铰接连接在框架梁上，或一端铰接连接在框架梁上而另一端铰接连接在基础上的柱（图 6.11），摇摆柱的抗侧刚度为零，因此其依靠框架柱保证稳定性。由于摇摆柱对整体结构的抗侧刚度没有贡献，且处于轴心受力状态，因此，摇摆柱本身的计算长度取为其几何长度，即 $\mu=1.0$。

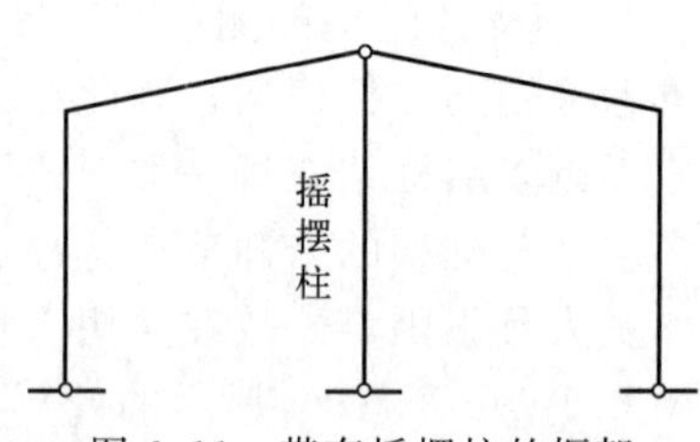

图 6.11 带有摇摆柱的框架

但是，有摇摆柱时其他柱子的负担会加重，即稳定承载力有所降低。根据计算长度系数法，为了能够反映摇摆柱对其他框架柱稳定承载力的降低作用，需将框架柱的计算长度系数进行放大，此时，无支撑纯框架柱的计算长度系数 μ 值应乘以增大系数 η 予以修正。

$$\eta=\sqrt{1+\frac{\sum(N_l/H_l)}{\sum(N_f/H_f)}} \tag{6.47}$$

式中 $\sum(N_f/H_f)$——各框架柱轴心压力设计值与柱子高度比值之和；

$\sum(N_l/H_l)$——各摇摆柱轴心压力设计值与柱子高度比值之和。

对于附有摇摆柱的框架，有侧移失稳的框架同层各柱 N/I 不相同时，框架柱的计算长度系数宜按式（6.48）确定。

$$\mu=\sqrt{\frac{N_{Ei}}{N_i}\times\frac{1.2\sum N_i/h_i+\sum N_{lj}/h_j}{K}} \tag{6.48}$$

式中 N_{lj}——第 j 根摇摆柱轴心压力设计值；

h_j——第 j 根摇摆柱的高度。

6.4.1.4 框架柱在框架平面外的计算长度

框架柱在框架平面外的计算长度一般由支撑构件的布置情况确定。支撑体系提供柱在平面外的支撑点，柱在平面外的计算长度即取决于支撑点间的距离。这些支撑点应能阻止柱沿厂房的纵向发生侧移，如单层厂房框架柱，柱下段的支撑点常常是基础的表面和吊车梁的下翼缘处，柱上段的支撑点是吊车梁上翼缘的制动梁和屋架下弦纵向水平支撑或者托架的弦杆。

【例 6.3】 图 6.12 所示为一个有侧移的双层框架，图中圆圈内数字为横梁或柱子的线刚度。试求出各柱在框架平面内的计算长度系数 μ 值。

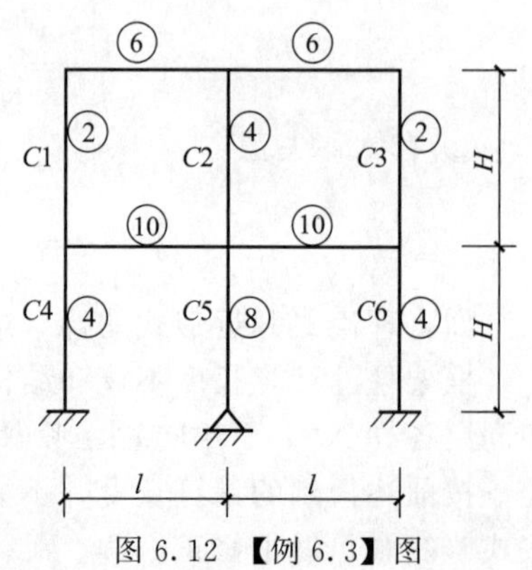

图 6.12 【例 6.3】图

【解】 根据本书附表 5.2，得各柱的计算长度系数如下。

柱 $C1$ 和 $C3$

$K_1=\frac{6}{2}=3$，$K_2=\frac{10}{2+4}=1.67$，得 $\mu=1.16$

柱 $C2$

$$K_1=\frac{6+6}{4}=3, K_2=\frac{10+10}{4+8}=1.67, 得 \mu=1.16$$

柱 $C4$ 和 $C6$

$$K_1=\frac{10}{2+4}=1.67, K_2=10, 得 \mu=1.13$$

柱 $C5$

$$K_1=\frac{10+10}{4+8}=1.67, K_2=0, 得 \mu=2.22$$

6.4.2 实腹式压弯构件的设计

6.4.2.1 截面形式

对于压弯构件，当承受的弯矩较小时，其截面形式与一般的轴心受压构件相同（图 4.21）。当弯矩较大时，宜采用在弯矩作用平面内截面高度较大的双轴对称截面或单轴对称截面（图 6.13），图中的双箭头为用矢量表示的绕 x 轴的弯矩 M_x（右手法则）。

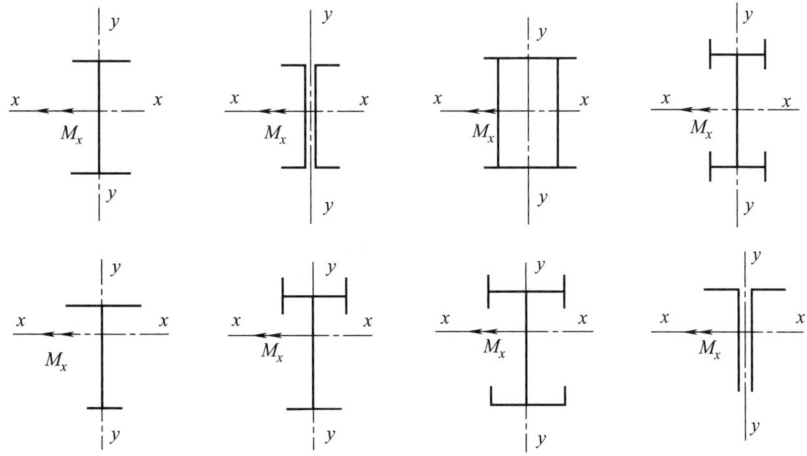

图 6.13 弯矩较大的实腹式压弯构件截面

6.4.2.2 截面选择及验算

设计时需首先选定截面的形式，再根据构件所承受的轴力 N、弯矩 M 和构件的计算长度 l_{ox}、l_{oy} 初步确定截面的尺寸，然后进行强度、整体稳定、局部稳定和刚度的验算。由于压弯构件的验算式中所牵涉的未知量较多，根据估计所初选出来的截面尺寸不一定合适，因而初选的截面尺寸往往需要进行多次调整。

(1) 强度验算

承受单向弯矩的压弯构件其强度验算用式（6.2）或式（6.4），即

非圆管截面
$$\frac{N}{A_n}+\frac{M_x}{\gamma_x W_{nx}}\leqslant f$$

圆管截面
$$\frac{N}{A_n}+\frac{\sqrt{M_x^2+M_y^2}}{\gamma_m W_n}\leqslant f$$

当截面无削弱且 N、M_x 的取值与整体稳定验算的取值相同而等效弯矩系数为 1.0 时，不必进行强度验算。

(2) 整体稳定验算

实腹式压弯构件弯矩作用平面内的稳定计算采用式（6.7），即

$$\frac{N}{\varphi_x Af}+\frac{\beta_{mx}M_x}{\gamma_x W_{1x}\left(1-0.8\dfrac{N}{N'_{Ex}}\right)f}\leqslant 1.0$$

对单轴对称截面压弯构件（如T形截面，包括双角钢T形截面等），还应按式（6.14）进行计算，即

$$\left|\frac{N}{Af}-\frac{\beta_{mx}M_x}{\gamma_x W_{2x}\left(1-1.25\dfrac{N}{N'_{Ex}}\right)f}\right|\leqslant 1.0$$

弯矩作用平面外的稳定计算用式（6.15），即

$$\frac{N}{\varphi_y Af}+\eta\frac{\beta_{tx}M_x}{\varphi_b W_{1x}f}\leqslant 1.0$$

各式中符号的含义见本章6.2节和6.3节。

(3) 局部稳定验算

组合截面压弯构件翼缘和腹板的宽厚比应满足6.3.4小节的要求。

(4) 刚度验算

压弯构件的长细比应不超过表4.3中规定的允许长细比限值。

6.4.2.3 构造要求

压弯构件的翼缘宽厚比必须满足局部稳定的要求，否则翼缘屈曲必然导致构件整体失稳。但当腹板屈曲时，由于存在屈曲后强度，构件不会立即失稳，只会使其承载力有所降低。当工字形截面和箱形截面高度较大时，为了保证腹板的局部稳定而需要采用较厚的板时，显得不经济。因此，设计中有时采用较薄的腹板，当腹板的高厚比不满足要求时，可考虑腹板中间部分由于失稳而退出工作，计算时按有效截面进行强度和稳定性的计算，具体方法参见6.3.4.2小节。此外，也可在腹板中部设置纵向加劲肋（图4.19）以满足宽厚比限值的要求，加劲肋宜在腹板两侧成对布置，其一侧外伸宽度不应小于腹板厚度 t 的10倍，厚度不宜小于 $0.75t$。

当腹板的高厚比 $h_0/t_w>80$ 时，为防止腹板在施工和运输中发生变形，应设置间距不大于 $3h_0$ 的横向加劲肋。另外，设有纵向加劲肋的同时也应设置横向加劲肋。加劲肋的截面选择与本书第5章中梁加劲肋截面的设计相同。

大型实腹式柱在受有集中荷载作用处、设有悬挑牛腿处和运送单元的端部，应按上述要求设置横向加劲肋。当承受的集中荷载较大时，横向加劲肋的厚度可适当增加2～4mm，或由计算确定。

【例6.4】 如图6.14所示为Q355C钢焰切边工字形截面柱，两端铰支，中间1/3长度处有侧向支撑，截面无削弱，承受轴心压力的设计值为1200kN，跨中集中力设计值为150kN。试验算此构件的承载力。

【解】 (1) 截面的几何特性

$$A=2\times 32\times 1.6+64\times 1.2=179.2\ (\text{cm}^2)$$

$$I_x=\frac{1}{12}\times(32\times 67.2^3-30.8\times 64^3)=136402\ (\text{cm}^4)$$

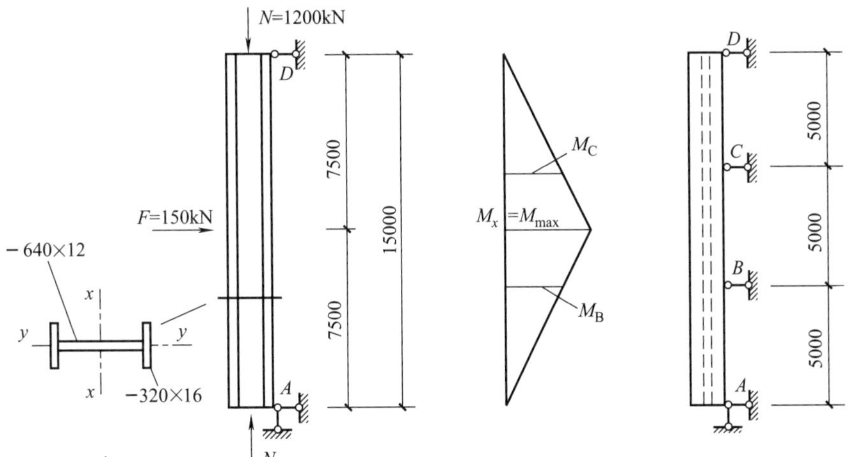

图 6.14 【例 6.4】图

$$I_y=2\times\frac{1}{12}\times1.6\times32^2=8738\ (\text{cm}^4)$$

$$W_{1x}=\frac{136402}{33.6}=4060\ (\text{cm}^3)$$

$$i_x=\sqrt{\frac{I_x}{A}}=\sqrt{\frac{136402}{179.2}}=27.59\ (\text{cm}),\ i_y=\sqrt{\frac{I_y}{A}}=\sqrt{\frac{8738}{179.2}}=6.98\ (\text{cm})$$

（2）判定截面等级及局部稳定

$$M_x=\frac{1}{4}\times150\times15=562.5\ (\text{kN}\cdot\text{m})$$

因截面无削弱，有 $A_n=A$，则腹板计算高度边缘的应力为

$$\sigma_{max}=\frac{N}{A_n}+\frac{M_x}{I_{nx}}\times\frac{h_0}{2}=\frac{1200\times10^3}{179.2\times10^2}+\frac{562.5\times10^6}{136402\times10^4}\times\frac{640}{2}=67.0+132.0=199.0\ (\text{N/mm}^2)$$

$$\sigma_{min}=\frac{N}{A_n}-\frac{M_x}{I_{nx}}\times\frac{h_0}{2}=67.0-132.0=-65.0\ (\text{N/mm}^2)$$

$$\alpha_0=\frac{\sigma_{max}-\sigma_{min}}{\sigma_{max}}=\frac{199.0-(-65.0)}{199.0}=1.33$$

翼缘宽厚比

$$\frac{b}{t}=\frac{\frac{320-12}{2}}{16}=9.6<13\varepsilon_k=13\times\sqrt{\frac{235}{355}}=10.6$$

腹板高厚比

$$\frac{h_0}{t_w}=\frac{640}{12}=53.3<(40+18\alpha_0^{1.5})\varepsilon_k=(40+18\times1.33^{1.5})\times\sqrt{\frac{235}{355}}=55.0$$

由以上计算可知，截面板件宽厚比满足 S3 级的要求。

(3) 验算强度

此截面板件宽厚比满足S3级的要求，可考虑塑性深入截面，按弹塑性设计，即取截面的塑性发展系数 $\gamma_x=1.05$，$\gamma_y=1.2$，W_{nx} 应取全截面模量，强度计算如下。

$$\frac{N}{A_n}+\frac{M_x}{\gamma_x W_{nx}}=\frac{1200\times10^3}{179.2\times10^2}+\frac{562.5\times10^6}{1.05\times4060\times10^3}=198.9\ (\text{N/mm}^2)<f=305\ (\text{N/mm}^2)$$

(4) 验算弯矩作用平面内的稳定

$$\lambda_x=\frac{1500}{27.59}=54.4<[\lambda]=150$$

$\lambda_x/\varepsilon_k=54.4\times\sqrt{355/235}=66.9$，查本书附表4.2（b类截面）得 $\varphi_x=0.769$。

$$N'_{Ex}=\frac{\pi^2 EA}{1.1\lambda_x^2}=\frac{\pi^2\times206000\times179.2\times10^2}{1.1\times54.4^2}=11180.8\ (\text{kN})$$

$$N_{cr}=\frac{\pi^2 EI}{(\mu l)^2}=\frac{\pi^2\times206000\times136402\times10^4}{(1.0\times15000)^2}=12313.0\ (\text{kN})$$

$$\beta_x=1-0.36N/N_{cr}=1-0.36\times1200/12313.0=0.965$$

$$\frac{N}{\varphi_x Af}+\frac{\beta_{mx}M_x}{\gamma_x W_{1x}\left(1-0.8\dfrac{N}{N'_{Ex}}\right)f}$$

$$=\frac{1200\times10^3}{0.769\times179.2\times10^2\times305}+\frac{0.965\times562.5\times10^6}{1.05\times4060\times10^3\times\left(1-0.8\times\dfrac{1200}{11180.8}\right)\times305}$$

$$=0.286+0.457=0.743<1.0$$

(5) 验算弯矩作用平面外的稳定

$$\lambda_y=\frac{500}{6.98}=71.6<[\lambda]=150$$

$\lambda_y/\varepsilon_k=71.6\times\sqrt{355/235}=88.0$，查本书附表4.2（b类截面）得 $\varphi_y=0.634$。

$$\varphi_b=1.07-\frac{\lambda_y^2}{44000\varepsilon_k}=1.07-\frac{71.6^2}{44000}\times\sqrt{\frac{355}{235}}=0.927$$

所计算构件段为 BC 段，有端弯矩和横向荷载作用，但使构件段产生同向曲率，故取 $\beta_{tx}=1.0$，$\eta=1.0$。

$$\frac{N}{\varphi_y Af}+\eta\frac{\beta_{tx}M_x}{\varphi_b W_{1x}f}=\frac{1200\times10^3}{0.634\times179.2\times10^2\times305}+1.0\times\frac{1.0\times562.5\times10^6}{0.927\times4060\times10^3\times305}$$

$$=0.346+0.490=0.836<1.0$$

由以上计算可知，此压弯构件是由弯矩作用平面外的稳定起控制作用。

6.4.3 格构式压弯构件的设计

截面高度较大的压弯构件，采用格构式可以节省材料，所以格构式压弯构件一般用于厂房的框架柱和高大的独立支柱。由于截面的高度较大且受有较大的外剪力，故构件常常用缀条连接。缀板连接的格构式压弯构件很少采用。

常用的格构式压弯构件截面如图6.15所示。当柱中弯矩不大或正负弯矩的绝对值相差不大时，可用对称的截面形式［图6.15（a）、（b）、（d）］；如果正负弯矩的绝对值相差较大，常采用不对称截面形式［图6.15（c）］，并将较大肢放在受压较大的一侧。

6.4.3.1 弯矩绕虚轴作用的格构式压弯构件

格构式压弯构件通常使弯矩绕虚轴作用［图 6.15 (a)～(c)］，对此种构件应进行下列计算。

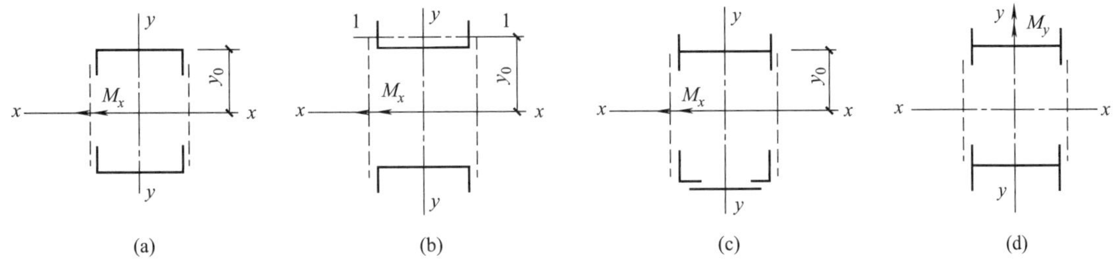

图 6.15 格构式压弯构件常用截面

(1) 弯矩作用平面内的整体稳定性计算

《钢结构设计标准》(GB 50017—2017) 在引入等效弯矩系数 β_{mx}，并考虑抗力分项系数后，将弯矩作用平面内整体稳定计算的公式修正为

$$\frac{N}{\varphi_x Af}+\frac{\beta_{mx}M_x}{W_{1x}\left(1-\frac{N}{N'_{Ex}}\right)f}\leqslant 1.0 \tag{6.49}$$

式中，$W_{1x}=I_x/y_0$，I_x 为对 x 轴（虚轴）的毛截面惯性矩，y_0 为由 x 轴到压力较大分肢轴线的距离或者到压力较大分肢腹板边缘的距离，两者取较大值。

φ_x 和 N'_{Ex} 分别为轴心压杆的整体稳定系数和考虑抗力分项系数 γ_R 的欧拉临界力，均由对虚轴（x 轴）的换算长细比 λ_{ox} 确定。

(2) 分肢的稳定计算

弯矩绕虚轴作用的压弯构件，在弯矩作用平面外的整体稳定性一般由分肢的稳定计算得到保证，故不必再计算整个构件在平面外的整体稳定性。

将整个构件视为一个平行弦桁架，将构件的两个分肢看作桁架体系的弦杆，两分肢的轴心力应按下列公式计算（图 6.16）。

分肢 1

$$N_1=N\frac{y_2}{a}+\frac{M}{a} \tag{6.50}$$

分肢 2

$$N_2=N-N_1 \tag{6.51}$$

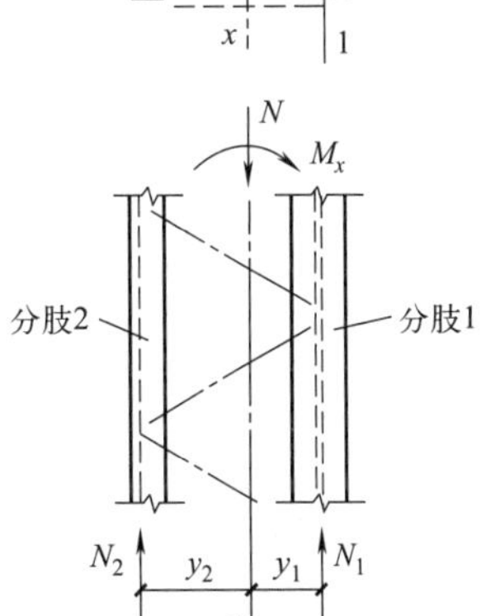

图 6.16 分肢的内力计算

缀条式压弯构件的分肢按轴心压杆计算。分肢的计算长度，在缀材平面内（图 6.16 中的 1—1 轴），取缀条体系的节间长度；在缀条平面外，取整个构件两侧向支撑点间的距离。

进行缀板式压弯构件的分肢计算时，除轴心力 N_1（或 N_2）外，还应考虑由剪力作用引起的局部弯矩，按实腹式压弯构件验算单肢的稳定性。

(3) 缀材的计算

计算压弯构件的缀材时，应取构件实际剪力和按式 (4.40) 计算所得剪力两者中的较大值。其计算方法与格构式轴心受压构件相同。

6.4.3.2 弯矩绕实轴作用的格构式压弯构件

当弯矩作用在与缀材面相垂直的主平面内时［图 6.15（d）］，构件绕实轴产生弯曲失稳，它的受力性能与实腹式压弯构件完全相同。因此，弯矩绕实轴作用的格构式压弯构件，弯矩作用平面内和平面外的整体稳定计算均与实腹式构件相同，在计算弯矩作用平面外的整体稳定时，长细比应取换算长细比，整体稳定系数取 $\varphi_b=1.0$。

缀材（缀板或缀条）所受剪力按式（4.40）计算。

6.4.3.3 双向受弯的格构式压弯构件

弯矩作用在两个主平面内的双肢格构式压弯构件（图 6.17），其稳定性按下列规定计算。

（1）整体稳定计算

《钢结构设计标准》（GB 50017—2017）采用与边缘屈服准则导出的弯矩绕虚轴作用的格构式压弯构件平面内整体稳定计算式［式（6.49）］相衔接的直线式进行计算。

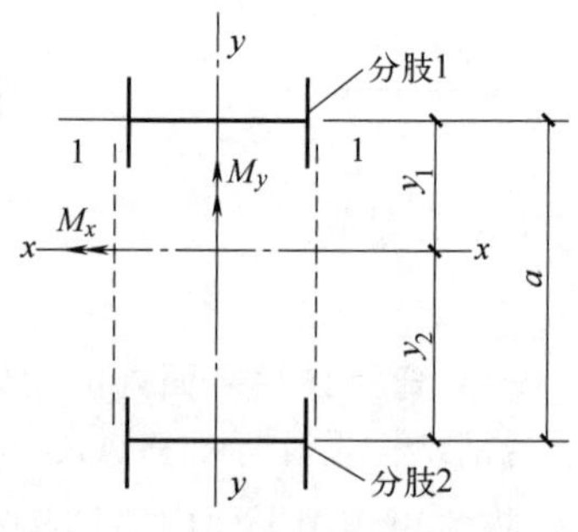

图 6.17 双向受弯格构柱

$$\frac{N}{\varphi_x A f}+\frac{\beta_{mx}M_x}{W_{1x}\left(1-\frac{N}{N'_{Ex}}\right)f}+\frac{\beta_{ty}M_y}{W_{1y}f}\leqslant 1.0 \tag{6.52}$$

式中，φ_x 和 N'_{Ex} 由换算长细比确定。W_{1y} 为在 M_y 作用下，对较大受压纤维的毛截面模量。

（2）分肢的稳定计算

分肢按实腹式压弯构件计算，将分肢作为桁架弦杆计算其在轴力和弯矩共同作用下产生的内力（图 6.17）。

分肢 1

$$N_1=N\frac{y_2}{a}+\frac{M_x}{a} \tag{6.53}$$

$$M_{y1}=\frac{\frac{I_1}{y_1}}{\frac{I_1}{y_1}+\frac{I_2}{y_2}}M_y \tag{6.54}$$

分肢 2

$$N_2=N-N_1 \tag{6.55}$$

$$M_{y2}=M_y-M_{y1} \tag{6.56}$$

式中 I_1，I_2——分肢 1 和分肢 2 对 y 轴的惯性矩；

y_1，y_2——M_y 作用的主轴平面至分肢 1 和分肢 2 轴线的距离。

式（6.56）适用于当 M_y 作用在构件的主平面时的情形，当 M_y 不作用在构件的主轴平面而作用在一个分肢的轴线平面（图 6.17 中分肢 1 的 1—1 轴线平面）时，则 M_y 视为全部由该分肢承受。

6.4.3.4 格构柱的横隔及分肢的局部稳定

对格构柱，无论截面大小，均应设置横隔，横隔的设置方法与轴心受压格构柱相同，构造可参见图 4.26。

格构柱分肢的局部稳定同实腹式柱。

【例 6.5】 图 6.18 所示为一个单层厂房框架柱的下柱，在框架平面内（属于有侧移框架柱）的计算长度为 $l_{ox}=21.7$m，在框架平面外的计算长度（作为两端铰接）为 $l_{oy}=$

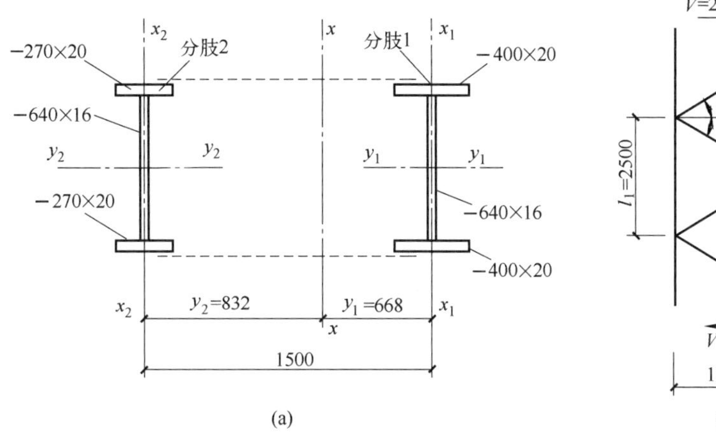

(a)

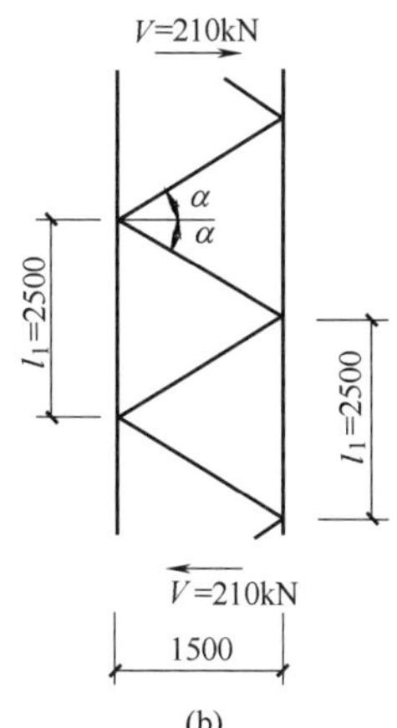

(b)

图 6.18 【例 6.5】图

12.21m，钢材为 Q355C 钢。试验算此柱在下列组合内力（设计值）作用下的承载力。

第一组（使分肢 1 受压最大）：$\begin{cases} M_x=3340\text{kN}\cdot\text{m} \\ N=4500\text{kN} \\ V=210\text{kN} \end{cases}$

第二组（使分肢 2 受压最大）：$\begin{cases} M_x=2700\text{kN}\cdot\text{m} \\ N=4400\text{kN} \\ V=210\text{kN} \end{cases}$

【解】（1）截面的几何特征

分肢 1

$$A_1=2\times40\times2+64\times1.6=262.4\ (\text{cm}^2)$$

$$I_{y1}=\frac{1}{12}\times(40\times68^3-38.4\times64^3)=209245\ (\text{cm}^4),\ i_{y1}=\sqrt{\frac{I_{y1}}{A_1}}=28.24\text{cm}$$

$$I_{x1}=2\times\frac{1}{12}\times2\times40^3=21333\ (\text{cm}^4),\ i_{x1}=\sqrt{\frac{I_{x1}}{A_1}}=9.02\text{cm}$$

分肢 2

$$A_2=2\times27\times2+64\times1.6=210.4\ (\text{cm}^2)$$

$$I_{y2}=\frac{1}{12}\times(27\times68^3-25.4\times64^3)=152600\ (\text{cm}^4),\ i_{y1}=\sqrt{\frac{I_{y1}}{A_1}}=26.93\text{cm}$$

$$I_{x2}=2\times\frac{1}{12}\times2\times27^3=6561\ (\text{cm}^4),\ i_{x2}=\sqrt{\frac{I_{x2}}{A_1}}=5.58\text{cm}$$

整个截面

$$A=262.4+210.4=472.8\ (\text{cm}^2)$$

$$y_1=\frac{210.4}{472.8}\times150=66.8\ (\text{cm}),\ y_2=150-66.8=83.2\ (\text{cm})$$

$$I_x=21333+262.4\times66.8^2+6561+210.4\times83.2^2=2655225\ (\text{cm}^4)$$

$$i_x=\sqrt{\frac{2655225}{472.8}}=74.9\ (\text{cm})$$

（2）斜缀条截面选择［图 6.18（b）］

假想剪力

$$V=\frac{Af}{85\varepsilon_k}=\frac{472.8\times10^2\times305}{85}\sqrt{\frac{355}{235}}=208.5\times10^3\text{N}$$

小于实际剪力 $V=210\text{kN}$。

缀条内力及长度

$$\tan\alpha=\frac{125}{150}=0.833,\ \alpha=39.8^\circ$$

$$N_c=\frac{210}{2\cos39.8^\circ}=136.7\ (\text{kN}),\ l=\frac{150}{\cos39.8^\circ}=195\ (\text{cm})$$

选用单角钢L 100×8，$A'=15.6\text{cm}^2$，$i_{min}=1.98\text{cm}$。

$\lambda=\frac{195\times0.9}{1.98}=88.6<[\lambda]=150$，$\frac{\lambda}{\varepsilon_k}=88.6\times\sqrt{\frac{355}{235}}=108.9$，查本书附表 4.2（b 类截面）得 $\varphi=0.499$。

单角钢单面连接的设计强度折减系数为

$$\eta=0.6+0.0015\lambda=0.733$$

验算缀条稳定

$$\frac{N_c}{\eta\varphi A'f}=\frac{136.7\times10^3}{0.733\times0.499\times15.6\times10^2\times305}=0.785<1.0$$

(3) 验算弯矩作用平面内的整体稳定

$$\lambda_x=\frac{l_{ox}}{i_x}=\frac{2170}{74.9}=29$$

换算长细比

$$\lambda_{ox}=\sqrt{\lambda_x^2+27\frac{A}{A_{1x}}}=\sqrt{29^2+27\times\frac{472.8}{2\times15.6}}=35.4<[\lambda]=150$$

$\frac{\lambda_{ox}}{\varepsilon_k}=35.4\times\sqrt{\frac{355}{235}}=43.5$，查本书附表 4.2（b 类截面）得 $\varphi_x=0.916$。

$$N'_{Ex}=\frac{\pi^2EA}{1.1\lambda_{ox}^2}=\frac{3.14\times206\times10^3\times472.8\times10^3}{1.1\times35.4^2}=69734\times10^3\text{(N)}$$

① 第一组内力，使分肢 1 受压最大。

$$N_{cr}=\frac{\pi^2EI}{(\mu l)^2}=\frac{3.14^2\times206\times10^3\times2655225\times10^4}{21700^2}=114643.3\text{ (N)}$$

$$\beta_{mx}=1-\frac{0.36N}{N_{cr}}=1-\frac{0.36\times4500}{114643.3}=0.986$$

$$W_{1x}=\frac{2655225}{66.8}=39749\ (\text{cm}^3)$$

$$\frac{N}{\varphi_xAf}+\frac{\beta_{mx}M_x}{W_{1x}\left(1-\frac{N}{N'_{Ex}}\right)f}=\frac{4500\times10^3}{0.884\times472.8\times10^2\times295}+\frac{0.986\times3340\times10^6}{39749\times10^3\times\left(1-\frac{4500}{69734}\right)\times295}$$

$$=0.365+0.300=0.665<1.0$$

② 第二组内力，使分肢 2 受压最大。

$$N_{cr}=\frac{\pi^2EI}{(\mu l)^2}=\frac{3.14^2\times206\times10^3\times2655225\times10^4}{21700^2}=114643.3\text{ (N)}$$

$$\beta_{mx}=1-\frac{0.36N}{N_{cr}}=1-\frac{0.36\times4400}{114643.3}=0.986$$

$$W_{1x}=\frac{2655225}{83.2}=31914\ (\mathrm{cm}^3)$$

$$\frac{N}{\varphi_x Af}+\frac{\beta_{mx}M_x}{W_{1x}\left(1-\dfrac{N}{N'_{Ex}}\right)f}=\frac{4400\times10^3}{0.884\times472.8\times10^2\times295}+\frac{0.986\times2700\times10^6}{31914\times10^3\times\left(1-\dfrac{4400}{69734}\right)\times295}$$

$$=0.357+0.302=0.659<1.0$$

(4) 验算分肢 1 的稳定（用第一组内力）。

最大压力

$$N_1=\frac{0.832}{1.5}\times4500+\frac{3340}{1.5}=4722\ (\mathrm{kN})$$

$$\lambda_{x1}=\frac{250}{9.02}=27.7<[\lambda]=150,\ \lambda_{y1}=\frac{1221}{28.24}=43.2<[\lambda]=150$$

$\dfrac{\lambda}{\varepsilon_k}=43.2\times\sqrt{\dfrac{355}{235}}=53.1$，查本书附表 4.2（b 类截面）得 $\varphi_{min}=0.842$。

$$\frac{N_1}{\varphi_{min}A_1 f}=\frac{4722\times10^3}{0.842\times262.4\times10^2\times295}=0.724<1.0$$

(5) 验算分肢 2 的稳定（用第二组内力）

最大压力

$$N_2=\frac{0.688}{1.5}\times4400+\frac{2700}{1.5}=3759\ (\mathrm{kN})$$

$$\lambda_{x2}=\frac{250}{5.58}=44.8<[\lambda]=150,\ \lambda_{y2}=\frac{1221}{26.93}=45.3<[\lambda]=150$$

$\dfrac{\lambda}{\varepsilon_k}=45.3\sqrt{\dfrac{355}{235}}=55.7$，查本书附表 4.2（b 类截面）得 $\varphi_{min}=0.830$。

$$\frac{N_2}{\varphi_{min}A_2 f}=\frac{3759\times10^3}{0.830\times210.4\times10^2\times295}=0.730<1.0$$

(6) 分肢局部稳定验算

只需验算分肢 1 的局部稳定。此分肢属于轴心受压构件，应按轴压构件的规定进行验算。因 $\lambda_{x1}=27.7$，$\lambda_{y1}=43.2$，得 $\lambda_{max}=43.2$。

翼缘

$$\frac{b}{t}=\frac{200-8}{20}=9.6<(10+0.1\lambda_{max})\sqrt{\frac{235}{f_y}}=(10+0.1\times43.2)\sqrt{\frac{235}{355}}=11.65$$

腹板

$$\frac{h_0}{t_w}=\frac{640}{16}=40>(25+0.5\lambda_{max})\sqrt{\frac{235}{f_y}}=(25+0.5\times43.2)\sqrt{\frac{235}{355}}=37.91$$

由于分肢 1 的压力 N_1 小于构件的稳定承载力，其腹板高厚比可由下式验算。

$$\frac{h_0}{t_w}=\frac{640}{16}=40<\sqrt{\frac{\varphi A_1 f}{N_1}}(25+0.5\lambda_{max})\sqrt{\frac{235}{f_y}}$$

$$=\sqrt{\frac{1}{0.724}}\times(25+0.5\times43.2)\times\sqrt{\frac{235}{355}}=44.55$$

从以上验算结果看，此截面是合适的。

习题

一、思考题

1. 什么是压弯构件的平面内失稳、平面外失稳？

2. 抗剪键的作用是什么？抗剪键常用的截面形式有哪些？

3. 格构式压弯构件应用于什么情况？常用缀板还是缀条？为什么？

4. 简述实腹式压弯构件截面设计的步骤？

5. 设计拉弯和压弯构件时应计算的内容有哪些？

二、设计计算题

1. 验算轧制工字形截面压弯构件弯矩作用平面内的整体稳定性（平面外稳定有保证），构件高度 $l=3.6\text{m}$，Q235 钢材，轴力 $N=20\text{kN}$，弯矩 $M=8\text{kN}\cdot\text{m}$，a 类截面，$\beta_{mx}=1.0$，$\gamma_x=1.05$，$A=14.3\text{cm}^2$，$W_x=49\text{cm}^3$，$f=215\text{N/mm}^2$，$E=206000\text{N/mm}^2$，$i=4.14\text{cm}$（如下表计算 λ 可取整数）。

a 类截面稳定系数表

λ	0	1	2	3	4	5	6	7	8	9
80	0.783	0.776	0.770	0.763	0.756	0.749	0.742	0.735	0.728	0.721

2. 有一个两端铰接长度为 3.30m 的偏心受压柱子，用 Q235 钢，轧制工字形截面，a 类截面，压力的设计值为 80kN，两端偏心距均为 $e=5\text{cm}$。试验算其平面内的整体稳定。$\beta_{mx}=1.0$，$\gamma_x=1.05$，$A=14.3\text{cm}^2$，$W_x=49\text{cm}^3$，$f=215\text{N/mm}^2$，$E=206000\text{N/mm}^2$，$i_x=4.14\text{cm}$（如下表计算 λ 可取整数）。

截面稳定系数表

λ	70	80	90
稳定性系数	0.839	0.783	0.714

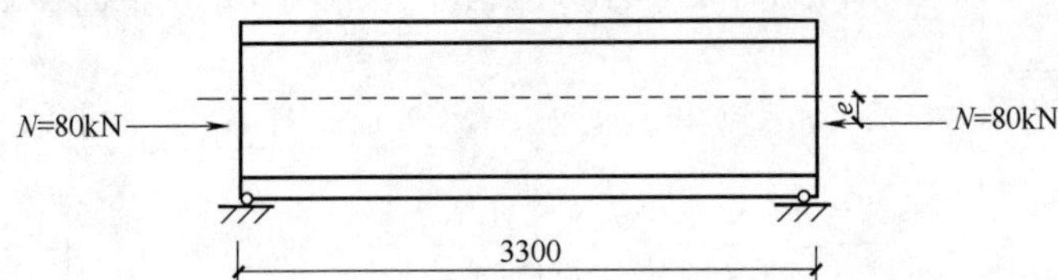

3. 如下图所示轧制工字形截面压弯构件，间接承受动力荷载，轴向压力设计值为 20kN，横向均布荷载设计值为 4kN/m，截面无削弱，材料为 Q235 钢，a 类截面，$\beta_{mx}=1.0$，$\gamma_x=1.05$，$A=14.3\text{cm}^2$，$W_x=49\text{cm}^3$，$f=215\text{N/mm}^2$，$E=206000\text{N/mm}^2$，$i_x=4.14\text{cm}$，试验算其平面内的整体稳定。

a 类截面稳定系数表

λ	0	1	2	3	4	5	6	7	8	9
90	0.713	0.706	0.698	0.691	0.683	0.676	0.668	0.660	0.653	0.645

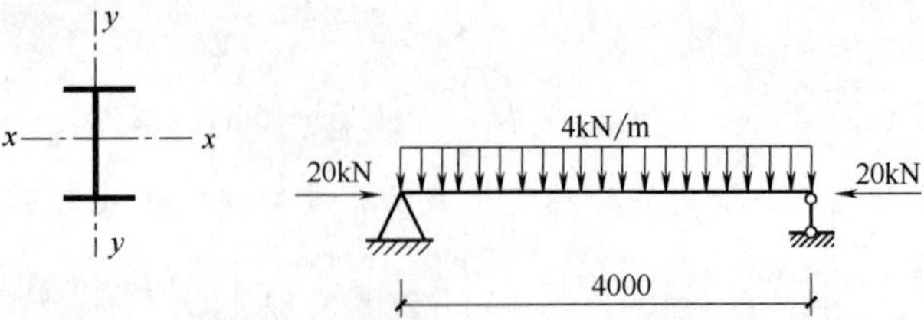

4. 如下图所示焊接工字钢偏心受压柱（图中单位为 mm），集中力设计值 $N=400\text{kN}$，偏心距 $e=100\text{mm}$，钢材采用 Q235，允许长细比 $[\lambda]=150$，$\beta_{mx}=(0.65\pm0.35)M_2/M_1$。截面特性：$A=17200\text{mm}^2$，$W_x=255.5\text{cm}^3$，$i_x=180\text{mm}$，$E=206\times10^3\text{N/mm}^2$，$\gamma_x=1.05$，$f=215\text{N/mm}^2$。试验算柱在弯矩作用平面内的整体稳定是否满足要求。

b 类截面轴心受压构件的稳定系数 φ

$\lambda\sqrt{\frac{f_y}{235}}$	0	1	2	3	4	5
0	1.000	1.000	1.000	0.999	0.999	0.998
10	0.992	0.991	0.989	0.987	0.985	0.983
20	0.970	0.967	0.963	0.960	0.957	0.953
30	0.936	0.932	0.929	0.925	0.922	0.918
40	0.899	0.895	0.891	0.887	0.882	0.878
50	0.856	0.852	0.847	0.842	0.838	0.833

5. 如下图所示拉弯构件，受轴心拉力设计值 $N=200$kN，跨中作用一个集中荷载设计值 $F=30$kN（以上均为静载），构件采用 2 个角钢L 140×90×8 长边相连，角钢间净距为 8mm。钢材为 Q235，已知截面无削弱，不考虑自重，试验算该构件的强度和刚度。（查双角钢 T 形截面特性表及截面塑性发展系数表可知：$A=36.08\text{m}^2$，$I_x=731\text{cm}^4$，$i_x=4.50$cm，$I_y=453\text{cm}^4$，$i_y=3.55$cm，$Z_0=4.50$cm，$\gamma_{x1}=1.05$，$\gamma_{x2}=1.2$，$f=215\text{N/mm}^2$，$[\lambda]=350$）

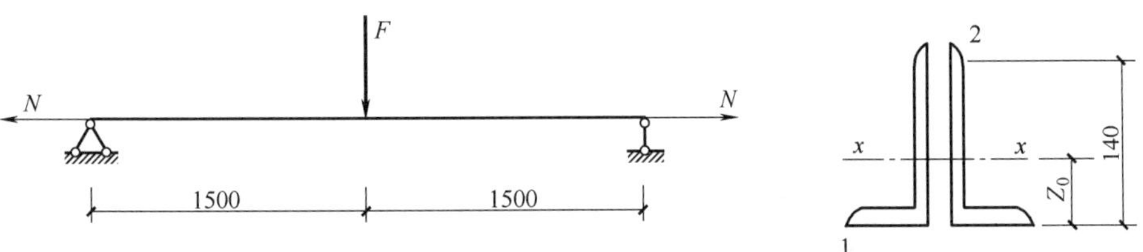

6. 如下图所示压弯构件，间接承受动力荷载，轴向压力设计值为 800kN，横向均布荷载设计值为 7kN/m，采用普通工字钢I 22a，截面无削弱，材料为 Q355C 钢。试验算构件强度是否满足要求。

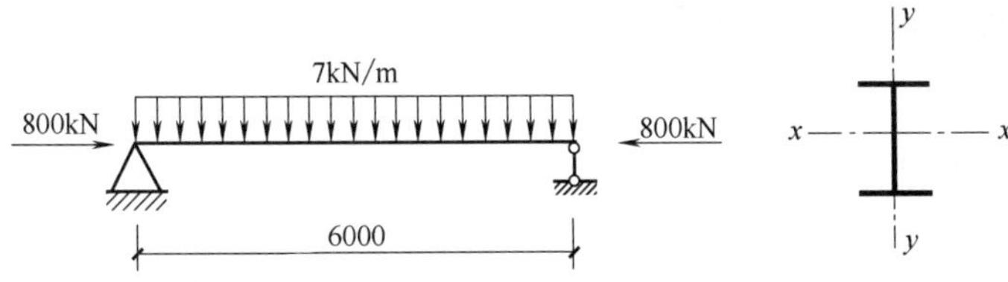

第2篇
建筑钢结构设计

第7章 屋盖结构

7.1 厂房结构的形式和布置

7.1.1 厂房结构的组成

厂房结构一般是由屋盖结构、柱、吊车梁、制动梁（或桁架）、各种支撑以及墙架等构件组成的空间体系（图 7.1），这些构件按其作用可分为下面几类。

轻型钢结构建筑是指以热轧轻型型钢、轻型焊接和高频焊接型钢、冷弯薄壁型钢以及薄柔截面构件等作为主要受力构件的结构，轻型金属压型板（保温或不保温）或各种轻质高性能保温隔热板（墙）材为围护结构组成的建筑结构，其用钢量指标相对较低（一般单层房屋结构用钢量不大于 $50kg/m^2$，多层房屋结构用钢量不大于 $60kg/m^2$）。主要以轻型框架体系、交错桁架体系、门式刚架体系及低层龙骨体系四类房屋钢结构为代表。

目前轻型门式刚架结构体系在我国已得到了广泛的应用，以低层和多层轻型框架结构房屋、交错桁架结构房屋、低层龙骨体系房屋为代表的轻型钢结构发展迅速，呈现出非常广阔的应用前景。这些结构体系的构配件均可采用工厂化生产，具有建筑材料回收率高、自重轻、抗震性能好、安装速度快、施工周期短、工业化程度高、节约资源、外形美观等特点，钢结构的防腐、防火性能和使用舒适度均能满足要求，且节省用钢量。

门式刚架结构是平面受力体系（图 7.1），主要由刚架、檩条、墙梁、抗风柱、屋面和柱间支撑、层面板和墙面板及基础组成。门式刚架是结构的主要承重骨架。为节省钢材，刚架梁和刚架柱一般采用变截构件。

当设有桥式吊车时，刚架柱则采用等截面构件，支撑主要由横向水平支撑、柱间支撑、系杆等组成，是确保结构能够整体工作的重要构件。同时也是结构纵向传力的主要构件。此外，在山墙处设有抗风柱。有桥式吊车时，还应设置吊车梁，为保证刚架梁和柱的平面外稳定，还需设置隅撑。屋面和墙面是房屋的围护结构，一般由檩条、墙梁、拉条和面板组成。门式刚架单跨跨度宜为 18～42m，柱距宜为 6～12m，是目前国内外轻型工业厂房的首选结构形式，同时适宜于超市、仓储、体育设施、候车室、展览大厅等大空间建筑，在我国应用广泛。其结构形式可以是单跨、多跨或高低跨。屋面可以是单坡、多坡，柱底与基础可以是铰接或刚接。刚架梁、柱可以是实腹式，也可以是格构式，以前者居多。结构纵向温度区段可达到 300m，横向温度区段可达到 150m。建筑功能布局灵活，使用空间大，结构简洁明快。门式刚架结构体系由刚架、支撑系统和围护结构形成共同工作的空间传力体系。

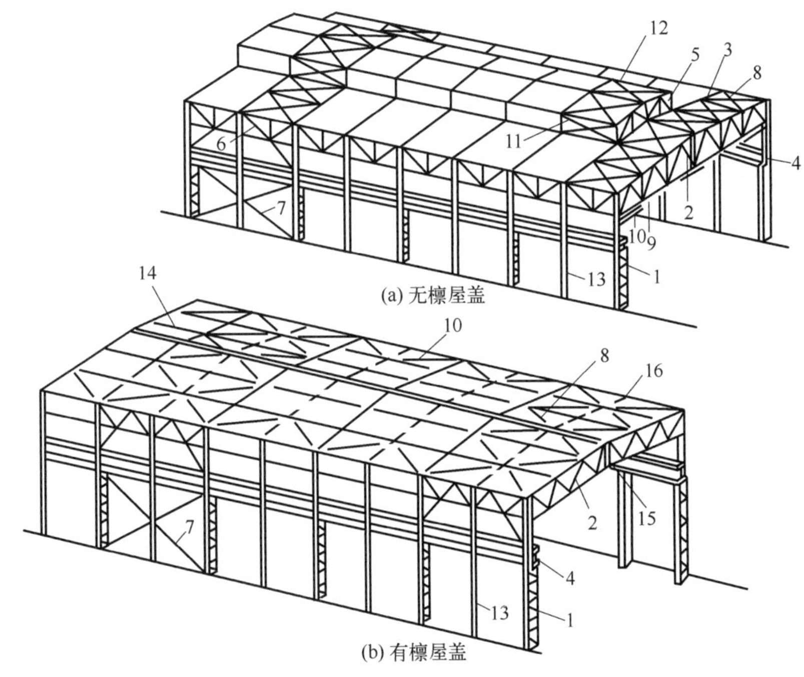

图 7.1 厂房结构的组成示例

1—框架柱；2—屋架（框架横梁）；3—中间屋架；4—吊车梁；5—天窗架；6—托架；7—柱间支撑；8—屋架上弦横向支撑；9—屋架下弦横向支撑；10—屋架纵向支撑；11—天窗架垂直支撑；12—天窗架横向支撑；13—墙架柱；14—檩条；15—屋架垂直支撑；16—檩条间撑杆

① 横向框架。由柱和它所支承的屋架组成，是厂房的主要承重体系，承受结构的自重、风荷载、雪荷载和吊车的竖向与横向荷载，并把这些荷载传递到基础。

② 屋盖结构。承担屋盖荷载的结构体系，包括横向框架的横梁、托架、中间屋架、天窗架、檩条等。

③ 支撑体系。包括屋盖部分的支撑和柱间支撑等，它一方面与柱、吊车梁等组成厂房的纵向框架，承担纵向水平荷载，另一方面把主要承重体系由个别的平面结构连成空间的整体结构，从而保证厂房结构所必需的刚度和稳定。

④ 吊车梁和制动梁（或制动桁架）。主要承受吊车竖向及水平荷载，并将这些荷载传到横向框架和纵向框架上。

⑤ 墙架。承受墙体的自重和风荷载。

此外，还有一些次要的构件，如梯子、走道、门窗等。在某些厂房中，由于工艺操作上的要求，还设有工作平台。

7.1.2 厂房结构的设计步骤

首先要对厂房的建筑和结构进行合理的规划，使其满足工艺和使用要求，并考虑将来可能发生的生产流程变化和发展，然后根据工艺设计确定车间平面及高度方向的主要尺寸，同时布置柱网和温度伸缩缝，选择主要承重框架的形式，并确定框架的主要尺寸，布置屋盖结构、吊车道结构、支撑体系及墙架体系。

结构方案确定以后，即可按设计资料进行静力计算、构件及连接设计，最后绘制施工图，设计时应尽量采用构件及连接构造的标准图集。

7.1.3 柱网和温度伸缩缝的布置

7.1.3.1 柱网布置

进行柱网布置时，应注意以下几方面的问题。

① 满足生产工艺的要求。柱的位置应与地上、地下的生产设备和工艺流程相配合，还应考虑生产发展和工艺设备更新问题。

② 满足结构的要求。为了保证车间的正常使用，有利于吊车运行，使厂房具有必要的横向刚度，应尽可能将柱布置在同一横向轴线上（图 7.2），以便与屋架组成刚强的横向框架。

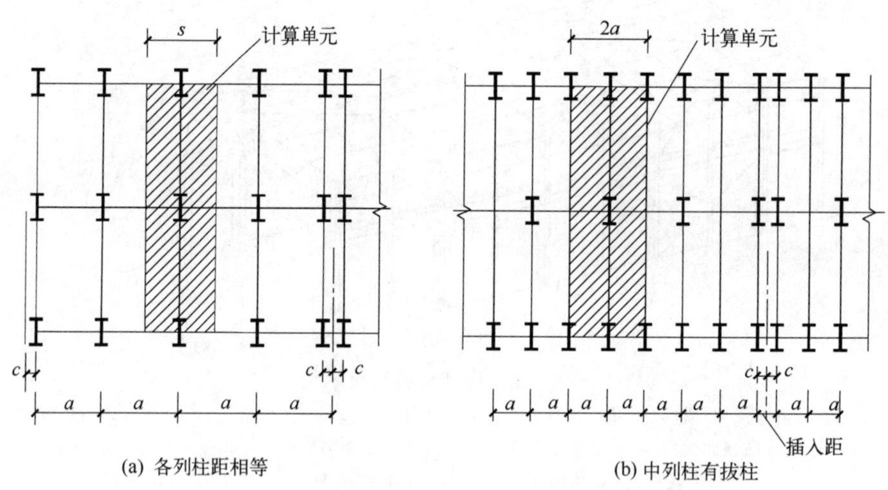

图 7.2 柱网布置和温度伸缩缝

a—柱距；c—双柱伸缩缝中心线到相邻柱中心线的距离；s—计算单元宽度

③ 符合经济合理的要求。柱的纵向间距同时也是纵向构件（吊车梁、托架等）的跨度，它的大小对结构重量影响很大，厂房的柱距增大，可使柱的数量减少，总重量随之减少，同时也可减少柱基础的工程量，但会使吊车梁及托架的重量增加。最适宜的柱距与柱上的荷载及柱高有密切关系。在实际设计中要结合工程的具体情况进行综合方案比较才能确定。

④ 符合柱距规定要求。近年来，随着压型钢板等轻型材料的采用，厂房的跨度和柱距都有逐渐增大的趋势。按《建筑模数协调标准》（GB/T 50002—2013）的规定，结构构件的统一化和标准化可降低制作和安装的工作量。对厂房横向，当厂房跨度 $L \leqslant 18$m 时，其跨度宜采用 3m 的倍数，当厂房跨度 $L > 18$m 时，其跨度宜采用 6m 的倍数。只有在生产工艺有特殊要求时，跨度才采用 21m、27m、33m 等。对厂房纵向，以前基本柱距一般采用 6m 或 12m；多跨厂房的中列柱，常因工艺要求需要“拔柱”，其柱距为基本柱距的倍数。

7.1.3.2 温度伸缩缝

温度变化将引起结构变形，使厂房结构产生温度应力。故当厂房平面尺寸较大时，为避免产生过大的温度变形和温度应力，应在厂房的横向或纵向设置温度伸缩缝。

温度伸缩缝的布置取决于厂房的纵向和横向长度。纵向很长的厂房在温度变化时，纵向构件伸缩幅度较大，引起整个结构变形，使构件内产生较大的温度应力，并可能导致墙体和屋面的破坏。为了避免这种不利后果的产生，常采用横向温度伸缩缝将厂房分成伸缩时互不影响的温度区段。当温度区段长度不超过表 7.1 的数值时，可不计算温度应力。

表 7.1 温度区段长度值

结构情况	温度区段长度/m		
	纵向温度区段（垂直于屋架或构架跨度方向）	横向温度区段（沿屋架或构架跨度方向）	
		柱顶为刚接	柱顶为铰接
采暖房屋和非采暖地区的房屋	220	120	150
热车间和采暖地区的非采暖房屋	180	100	125
露天结构	120	—	—

温度伸缩缝最普遍的做法是设置双柱。即在缝的两旁布置两个无任何纵向构件联系的横向框架，使温度伸缩缝的中线和定位轴线重合［图 7.2（a）］；在设备布置条件不允许时，可采用插入距的方式［图 7.2（b）］，将缝两旁的柱放在同一基础上，其轴线间距一般可采用 1m，对于重型厂房，由于柱的截面较大，可能要放大到 1.5m 或 2m，有时甚至到 3m，方能满足温度伸缩缝的构造要求。为节约钢材也可采用单柱温度伸缩缝，即在纵向构件（如托架、吊车梁等）支座处设置滑动支座，以使这些构件有伸缩的余地。不过单柱伸缩缝使构造复杂，实际应用较少。

当厂房宽度较大时，也应该按规范规定布置纵向温度伸缩缝。

7.2 厂房结构的框架形式

厂房的主要承重结构通常采用框架体系，因为框架体系的横向刚度较大，且能形成矩形的内部空间，便于桥式吊车运行，能满足使用上的要求。

厂房横向框架的柱脚一般与基础刚接，而柱顶可分为铰接和刚接两类。柱顶铰接的框架对基础不均匀沉陷及温度影响敏感性小，框架节点构造容易处理，且因屋架端部不产生弯矩，下弦杆始终受拉，可免去一些下弦支撑的设置。但柱顶铰接时下柱的弯矩较大，厂房横向刚度差，因此一般用于多跨厂房或厂房高度不大而刚度容易满足的情况。当采用钢屋架、钢筋混凝土柱的混合结构时，也常采用铰接框架形式。

反之，在厂房较高，吊车的起重量大，对厂房刚度要求较高时，钢结构的单跨厂房框架常采用柱顶刚接方案。在选择框架类型时必须根据具体条件进行分析与比较。

7.2.1 横向框架主要尺寸和计算简图

7.2.1.1 主要尺寸

框架的主要尺寸如图 7.3 所示。框架的跨度，一般取为上部柱中心线间的横向距离，可由式（7.1）定出。

$$L_0 = L_K + 2S \tag{7.1}$$

式中 L_K——桥式吊车的跨度；

S——由吊车梁轴线至上段柱轴线的距离（图 7.4），应满足式（7.2）的要求。

$$S=B+D+\frac{b_1}{2} \tag{7.2}$$

B——吊车桥架悬伸长度，可由行车样本查得；

D——吊车外缘和柱内边缘之间的必要空隙（当吊车起重量不大于 500kN 时，不宜小于 80mm；当吊车起重量大于或等于 750kN 时，不宜小于 100mm；当在吊车和柱之间需要设置安全走道时，则 D 不得小于 400mm）；

b_1——上段柱宽度。

S 的取值：对于中型厂房一般采用 0.75m 或 1.0m，重型厂房则为 1.25m 甚至达 2.0m。框架从柱脚底面到横梁下弦底部的距离为

$$H=h_1+h_2+h_3 \tag{7.3}$$

式中 h_3——地面至柱脚底面的距离，中型车间为 0.8～1.0m，重型车间为 1.0～1.2m；

h_2——柱脚底面至吊车轨顶的高度，由工艺要求决定；

h_1——吊车轨顶至屋架下弦底面的距离见式（7.4）。

$$h_1=A+100\text{mm}+(150\sim200)\text{mm} \tag{7.4}$$

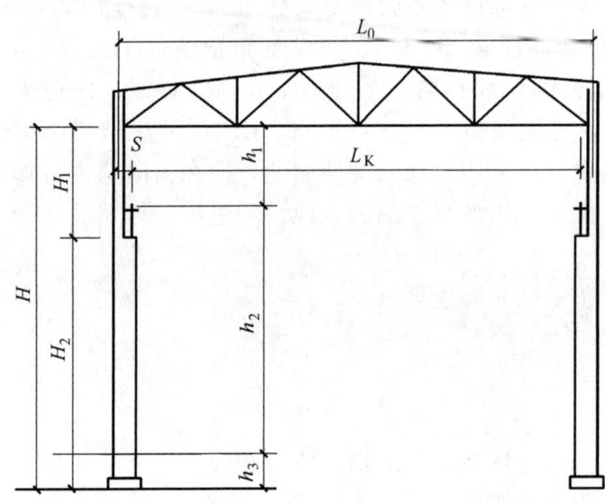

图 7.3 横向框架的主要尺寸

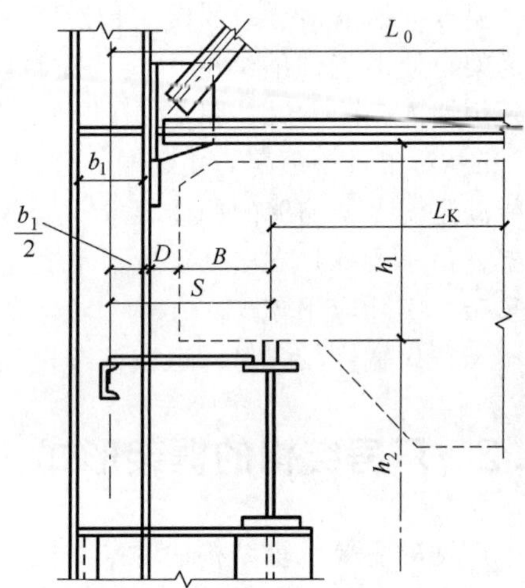

图 7.4 柱与吊车梁轴线间的净空

式（7.4）中，A 为吊车轨道顶面至起重小车顶面之间的距离（mm）；100mm 是为制造、安装误差留出的空隙；150～200mm 则是考虑屋架的挠度和下弦水平支撑角钢的下伸等所留的空隙。

吊车梁的高度可按（1/12～1/5)L 选用，L 为吊车梁的跨度，吊车轨道高度可根据吊车起重量决定。框架横梁一般采用梯形或人字形屋架，其形式和尺寸参见本章 7.3 节。

7.2.1.2 计算简图

单层厂房框架是由柱和屋架（横梁）所组成，各个框架之间由屋面板或檩条、托架、屋盖支撑等纵向构件相互连接在一起，故框架实际上是空间工作的结构，应按空间工作计算才比较合理和经济，但由于计算较繁，工作量大，所以通常均简化为单个的平面框架（图 7.5）来计算。

框架计算单元的划分应根据柱网的布置确定（图 7.2），使纵向每列柱至少有一根柱参加框架工作，同时将受力最不利的柱划入计算单元中。对于各列柱距均相等的厂房，只计算一个框架。对有拔柱的计算单元，一般以最大柱距作为划分计算单元的标准，其界限可以采用柱距的中心线，也可以采用柱的轴线，如采用后者，则对计算单元的边柱只应计入柱的一

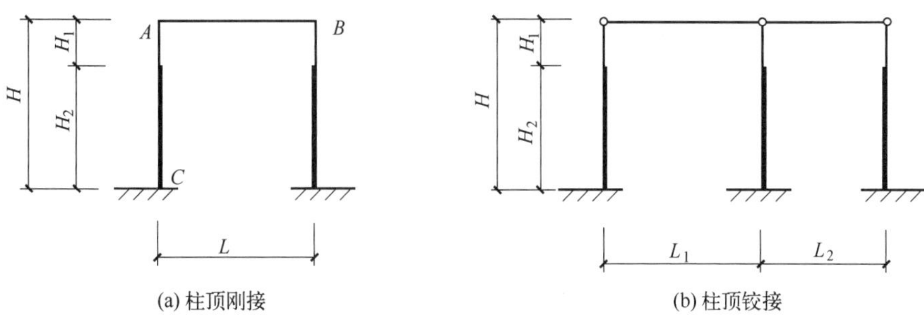

图 7.5 横向框架的计算简图

H_1—上部柱高度；H_2—下部柱高度

半刚度，作用于该柱的荷载也只计入一半。

对于由格构式横梁和阶形柱（下部柱为格构柱）所组成的横向框架，一般考虑桁架式横梁和格构柱的腹杆或缀条变形的影响，将惯性矩（对高度有变化的桁架式横梁按平均高度计算）乘以折减系数 0.9，简化成实腹式横梁和实腹式柱。对柱顶刚接的横向框架，当满足式（7.5）的条件时，可近似认为横梁刚度为无穷大，否则横梁按有限刚度考虑。

$$\frac{K_{AB}}{K_{AC}} \geqslant 4 \tag{7.5}$$

式中 K_{AB}——横梁在远端固定使近端 A 点转动单位角度时在 A 点所需施加的力矩值；

K_{AC}——柱在 A 点转动单位角度时在 A 点所需施加的力矩值。

A、B 仅指横向框架刚接时，柱和横梁相交的那一点，C 指柱脚［图 7.5（a）］。

框架的计算跨度 L（或 L_1、L_2）取为两条上柱轴线之间的距离。

横向框架的计算高度 H：柱顶刚接时，可取为柱脚底面至框架下弦轴线的距离（横梁假定为无限刚性），或柱脚底面至横梁端部形心的距离（横梁为有限刚性）［图 7.6（a）、（b）］；柱顶铰接时，应取为柱脚底面至横梁主要支承节点间距离［图 7.6（c）、（d）］。对阶形柱应以肩梁上表面作分界线将 H 划分为上部柱高度 H_1 和下部柱高度 H_2。

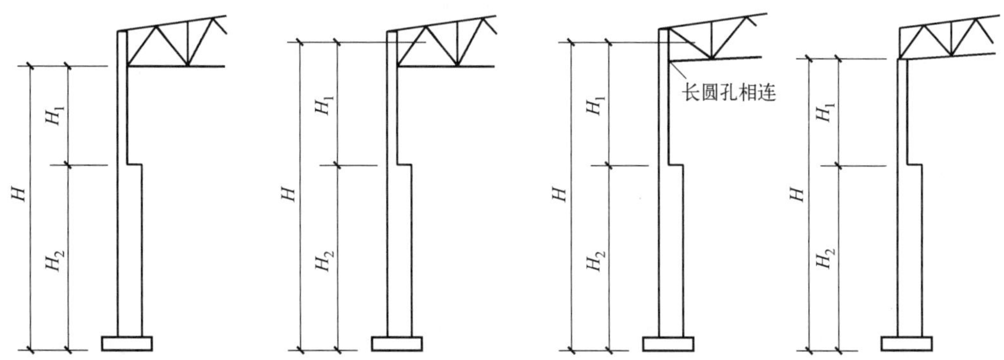

图 7.6 横向框架的高度取值方法

7.2.2 横向框架的荷载和内力

7.2.2.1 荷载

作用在横向框架上的荷载可分为永久荷载和可变荷载两种。

永久荷载：屋盖系统、柱、吊车梁系统、墙架、墙板及设备管道等的自重。这些重量可参考有关资料、表格、公式进行估计。

可变荷载：风荷载、雪荷载、积灰荷载、屋面均布活荷载、吊车荷载、地震荷载等。这些荷载可由荷载规范和吊车规格查得。

当框架横向长度超过允许的温度缝区段长度而未设置伸缩缝时，应考虑温度变化的影响；当厂房地基土质较差、变形较大或厂房中有较重的大面积地面荷载时，应考虑基础不均匀沉陷对框架的影响。雪荷载一般不与屋面均布活荷载同时考虑，积灰荷载与雪荷载或屋面均布活荷载两者中的较大者同时考虑。屋面荷载转化为均布的线荷载作用于框架横梁上。当无墙架时，纵墙上的风力一般作为均布荷载作用在框架柱上；有墙架时，尚应计入由墙架柱传给框架柱的集中风荷载。作用在框架横梁轴线以上的屋架及天窗上的风荷载按集中在框架横梁轴线上计算。吊车垂直轮压及横向水平力一般根据同一跨间、2 台满载吊车并排运行的最不利情况考虑，对多跨厂房一般只考虑 4 台吊车作用。

7.2.2.2 内力分析和内力组合

框架内力分析可按结构力学的方法进行，也可利用现成的图表或计算机程序分析框架内力。应根据不同的框架和不同的荷载作用，采用比较简便的方法。为便于对各构件和连接进行最不利的组合，对各种荷载作用应分别进行框架内力分析。

为了计算框架构件的截面，必须将框架在各种荷载作用下所产生的内力进行最不利组合。要列出上段柱和下段柱的上下端截面中的弯矩 M、轴向力 N 和剪力 V。此外还应包括柱脚锚固螺栓的计算内力。每个截面必须组合出 $+M_{max}$ 和相应的 N、V，$-M_{max}$ 和相应的 N、V，N_{max} 和相应的 M、V；对柱脚锚栓则应组合出可能出现的最大拉力，即 M_{max} 和相应的 N、V，$-M_{max}$ 和相应的 N、V。

柱与屋架刚接时，应对横梁的端弯矩和相应的剪力进行组合。最不利组合可分为四组：第一组组合使屋架下弦杆产生最大压力［图 7.7（a）］；第二组组合使屋架上弦杆产生最大压力，同时也使下弦杆产生最大拉力［图 7.7（b）］；第三、第四组组合使腹杆产生最大拉力或最大压力［图 7.7（c）、(d)］。组合时考虑施工情况，只考虑屋面恒荷载所产生的支座端弯矩和水平力的不利作用，不考虑它的有利作用。

对单层吊车的厂房，当采用两台及两台以上吊车的竖向和水平荷载组合时，应根据参与组合的吊车台数及其工作制，乘以相应的折减系数。比如两台吊车组合时，对轻级、中级工作制吊车，折减系数为 0.9；对重级工作制吊车，折减系数取 0.95。

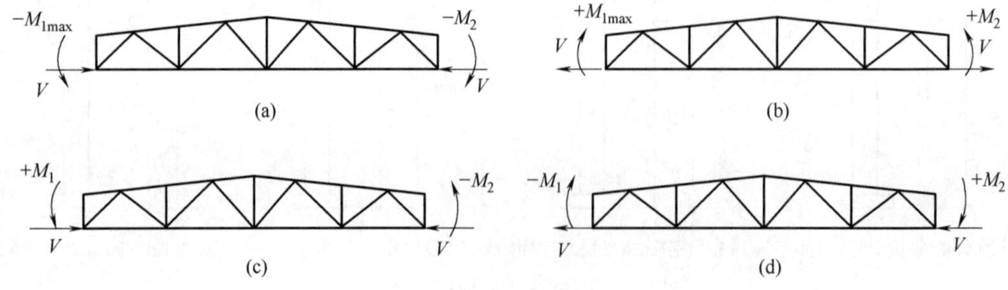

图 7.7 框架横梁端弯矩最不利组合

7.2.3 框架柱的类型

框架柱按结构形式可分为等截面柱、阶形柱和分离式柱三大类。

等截面柱有实腹式和格构式两种［图 7.8（a）、(b)］，通常采用实腹式。等截面柱将吊车梁支于牛腿上，构造简单，但吊车竖向荷载偏心大，只适用于吊车起重量 $Q<150$kN，或无吊车且厂房高度较小的轻型厂房中。

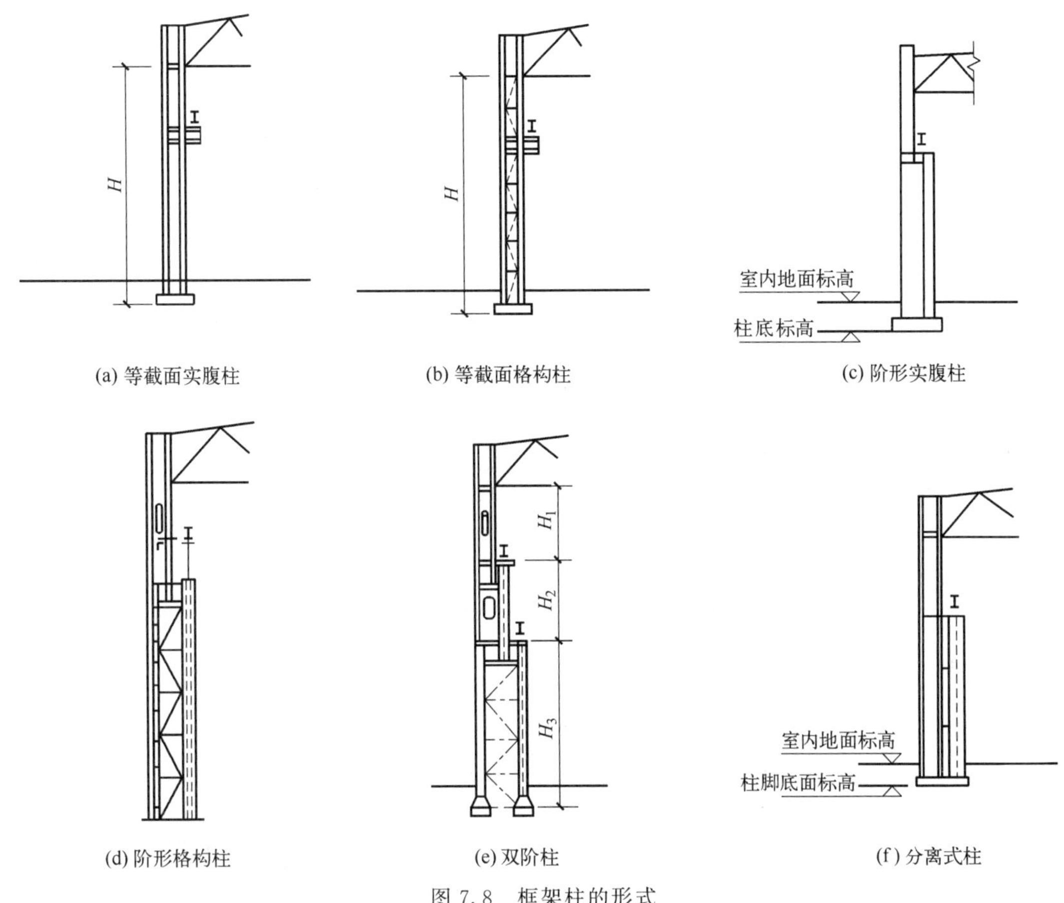

(a) 等截面实腹柱　(b) 等截面格构柱　(c) 阶形实腹柱

(d) 阶形格构柱　(e) 双阶柱　(f) 分离式柱

图 7.8　框架柱的形式

阶形柱也可分为实腹式［图 7.8（c）］和格构式两种［图 7.8（d）、（e）］。从经济角度考虑，对于阶形柱，由于吊车梁或吊车桁架支承在柱截面变化的肩梁处，荷载偏心小，构造合理，其用钢量比等截面柱节省，因而在厂房中广泛应用。根据厂房内设单层吊车或双层吊车，阶形柱可做成单阶柱［图 7.8（c）、（d）］或双阶柱［图 7.8（e）］。阶形柱的上段，由于截面高度 h 不高（无人孔时 $h=400\sim600$mm；有人孔时 $h=900\sim1000$mm），并考虑柱与屋架、托架的连接等，一般采用工字形截面的实腹柱。下段柱，对于边列柱来说，由于吊车肢受的荷载较大，通常设计成不对称截面，中列柱两侧荷载相差不大时，可以采用对称截面。下段柱截面高度小于或等于 1m 时，采用实腹式；截面高度大于或等于 1m 时，采用缀条柱［图 7.8（d）、（e）］。

分离式柱［图 7.8（f）］由支承屋盖结构的屋盖肢和支承吊车梁或吊车桁架的吊车肢组成，两柱肢之间用水平板相连接。吊车肢在框架平面内的稳定性就依靠连在屋盖肢上的水平连系板来解决。屋盖肢承受屋面荷载、风荷载及吊车水平荷载，按压弯构件设计。吊车肢仅承受吊车的竖向荷载，当吊车梁采用凸缘支座时，按轴心受压构件设计；当采用平板支座时，仍按压弯构件设计。分离式柱构造简单，制作和安装比较方便，但用钢量比阶形多，且刚度较差，只宜用于吊车轨顶标高低于 10m ，且吊车起重量 $Q\geqslant750$kN 的情况，或者相邻两跨吊车的轨顶标高相差很悬殊，而低跨吊车的起重量 Q 大于等于 500kN 的情况。

7.2.4 纵向框架的柱间支撑

7.2.4.1 柱间支撑的作用和布置

柱间支撑与厂房框架柱相连接，其作用为：

① 组成高强度的纵向构架，保证厂房的纵向刚度；

② 承受厂房端部山墙的风荷载、吊车纵向水平荷载及温度应力等，在地震区尚应承受厂房纵向的地震力，并传至基础；

③ 可作为框架柱在框架平面外的支点，减少柱在框架平面外的计算长度。

柱间支撑由两部分组成：吊车梁以上的部分称为上层支撑，吊车梁以下部分称为下层支撑，下层柱间支撑与柱和吊车梁一起在纵向组成刚性很大的悬臂桁架。显然，将下层支撑布置在温度区段的端部，在温度变化的影响方面将是很不利的。因此，为了使纵向构件在温度发生变化时能较自由地伸缩，下层支撑应该设在温度区段中部。只有当吊车位置高而车间总长度又很短（如混铁炉车间）时，下层支撑设在两端才不会产生很大的温度应力，而对厂房纵向刚度却能提高很多，这时放在两端才是合理的。

当温度区段小于 90m 时，在它的中央设置一道下层支撑［图 7.9（a）］；如果温度区段长度超过 90m，则在它的 1/3 点和 2/3 点处各设一道支撑［图 7.9（b）］，以免传力路程太长且支撑的柱太多，使得承受的支撑力过大。

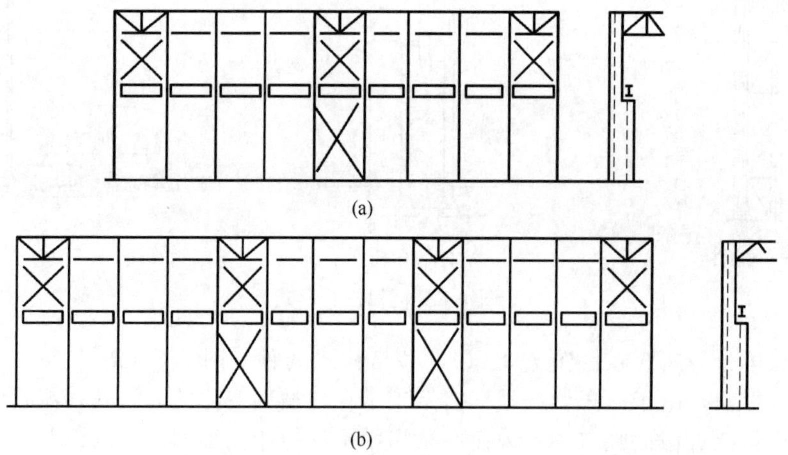

图 7.9 柱间支撑的布置

上层柱间支撑又分为两层，第一层在屋架端部高度范围内属于屋盖垂直支撑。显然，当屋架为三角形或虽为梯形但有托架时，并不存在此层支撑。第二层在屋架下弦至吊车梁上翼缘范围内。为了传递风力，上层支撑需要布置在温度区段端部，由于厂房柱在吊车梁以上部分的刚度小，因此不会产生过大的温度应力，从安装条件来看这样布置也是合适的。此外，在有下层支撑处也应设置上层支撑，上层柱间支撑宜在柱的两侧设置，只有在无人孔而柱截面高度不大的情况下才可沿柱中心设置一道。下层柱间支撑应在柱的两个肢的平面内成对设置，如图 7.9（b）侧视图的虚线所示；与外墙墙架有联系的边列柱可仅设在内侧，但重级工作制吊车的厂房外侧也同样设置支撑。此外，吊车梁和辅助桁架作为撑杆是柱间支撑的组成部分，承担并传递厂房纵向水平力。

7.2.4.2 柱间支撑的形式和计算

柱间支撑按结构形式可分为十字交叉式、八字式、门架式等。十字交叉式支撑［图 7.10（a）～(c)］的构造简单、传力直接、用料节省，使用最为普遍，其斜杆倾角宜为 45°左右。上层支撑在柱间距大时可改用斜撑杆；下层支撑高而不宽者可以用两个十字形，高而刚度要求严格者可以占用两个开间［图7.10（c）］。当柱间距较大或十字撑妨碍生产空间时，可采用门架式支撑［图7.10（d）］。对于上柱，当柱距与柱间支撑的高度之比大于2时，可采用上层为V形、下层为人字形的支撑形式，如图7.10（e）所示，它与吊车梁系统的连接应做成能传递纵向水平力而竖向可自由滑动的构造。

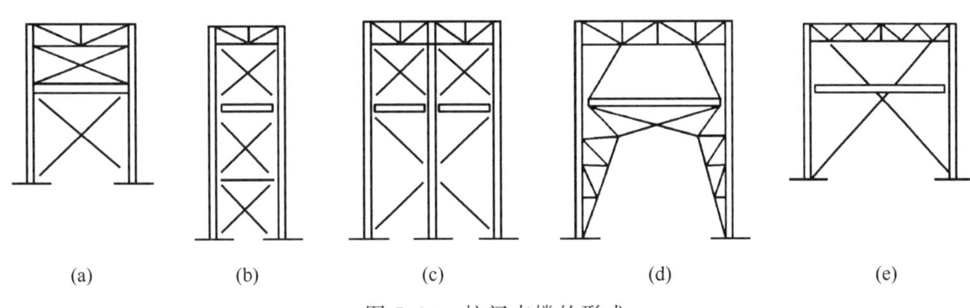

图7.10　柱间支撑的形式

上层柱间支撑承受端墙传来的风力；下层柱间支撑除承受端墙传来的风力以外，还承受吊车的纵向水平荷载。在同一温度区段的同一柱列设有两道或两道以上的柱间支撑时，则全部纵向水平荷载（包括风力）由该柱列所有支撑共同承受。当在柱的两个肢的平面内成对设置时，在吊车肢的平面内设置的下层支撑，除承受吊车纵向水平荷载外，还承受与屋盖肢下层支撑按轴线距离分配传来的风力；靠墙的外肢平面内设置的下层支撑，只承受端墙传来的风力与吊车肢下层支撑按轴线距离分配的力。

柱间支撑的交叉杆、图7.10（d）的上层斜撑杆和门形下层支撑的主要杆件一般按柔性杆件（拉杆）设计，交叉杆趋向于受压的杆件不参与工作，其他的非交叉杆以及水平横杆按压杆设计。某些重型车间，对下层柱间支撑的刚度要求较高，往往交叉杆的两杆均按压杆设计。

7.3　钢屋架设计

7.3.1　屋盖结构的形式

7.3.1.1　屋盖结构体系

（1）无檩屋盖

无檩屋盖［图7.1（a）］一般用于预应力混凝土大型屋面板等重型屋面，将屋面板直接放在屋架或天窗架上。

预应力混凝土大型屋面板的跨度通常采用6m，有条件时也可采用12m。当柱距大于所采用的屋面板跨度时，可采用托架（或托梁）来支承中间屋架。

采用无檩屋盖的厂房，屋面刚度大，耐久性也高，但由于屋面板的自重大，从而使屋架和柱的荷载增加，且由于大型屋面板与屋架上弦杆的焊接常常得不到保证，只能有限地考虑它的空间作用，屋盖支撑不能取消。

（2）有檩屋盖

有檩屋盖［图7.1（b）］常用于轻型屋面材料的情况，如压型钢板、压型铝合金板、石棉瓦、瓦楞铁皮等。

采用彩色压型钢板和压型铝板做屋面材料的有檩屋盖体系，制作方便，施工速度快。当压型钢板和压型铝板与檩条进行可靠连接后，形成一深梁，能有效地传递屋面纵横方向的水平力（包括风荷载及吊车制动力等），能提高屋面的整体刚度。这一现象可称为应力蒙皮效应。随着我国对压型钢板受力蒙皮结构研究工作的开展，在墙面、屋面均采用压型钢板做围护材料的房屋设计中，已倾向于考虑应力蒙皮效应对屋面刚度的贡献。

7.3.1.2 屋架的形式

屋架外形常用的有三角形、梯形、人字形和平行弦等。

屋架选形是设计的第一步，桁架的外形首先取决于建筑物的用途，其次应考虑用料经济、施工方便，与其他构件的连接以及结构的刚度等问题。对屋架来说，其外形还取决于屋面材料要求的排水坡度。在制造简单的条件下，桁架外形应尽可能与其弯矩图接近，这样能使弦杆受力均匀，腹杆受力较小。腹杆的布置应使内力分布趋于合理，尽量用长杆受拉、短杆受压，腹杆的数目宜少，总长度要短，斜腹杆的倾角一般在30°～60°之间，腹杆布置时应注意使荷载都作用在桁架的节点上，避免由于节间荷载而使弦杆承受局部弯矩。节点构造要求简单合理，便于制造。上述要求往往不易同时满足，因此需要根据具体情况，全面考虑、精心设计，从而得到较满意的结果。

(1) 三角形屋架

三角形屋架适用于陡坡屋面（$i>1/3$）的有檩屋盖体系，这种屋架通常与柱子只能铰接，房屋的整体横向刚度较低，对简支屋架来说，荷载作用下的弯矩图是抛物线分布，致使这种屋架弦杆受力不均，支座处内力较大，跨中内力较小，弦杆的截面不能充分发挥作用。支座处上、下弦杆交角过小内力较大。

三角形屋架的腹杆布置常用的有芬克式［图7.11（a）、（b）］和人字式［图7.11（d）］。芬克式的腹杆虽然较多，但它的压杆短、拉杆长，受力相对合理，且可分为两个小桁架制作与运输，较为方便。人字式腹杆的节点较少，但受压腹杆较长，适用于跨度较小（$L\leqslant$ 18m）的情况。但是，人字式屋架的抗震性能优于芬克式屋架，所以在强地震烈度地区，跨度大于18m时仍常用人字式腹杆的屋架。单斜式腹杆的屋架［图7.11（c）］，其腹杆和节点数目均较多，只适用于下弦需要设置天棚的屋架，一般情况较少采用。由于某些屋面材料要求檩条的间距很小，不可能将所有檩条都放置在节点上，从而使上弦产生局部弯矩，因此，三角形屋架在布置腹杆时，要同时处理好檩距和上弦节点之间的关系。

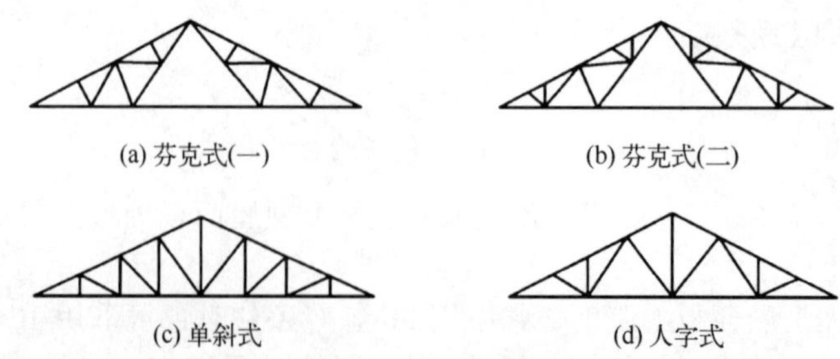

图7.11 三角形屋架

尽管从内力分配观点看，三角形屋架的外形存在着明显的不合理性，但是从建筑物的整个布局和用途出发，在屋面材料为石棉瓦、瓦楞铁皮以及短尺压型钢板等需要上弦坡度较陡的情况下，往往还是要用三角形屋架的。三角形屋架的高度，当屋面坡度为1/3～1/2时，高度 $H=(1/6\sim1/4)L$。

(2) 梯形屋架

梯形屋架的外形与简支受弯构件的弯矩图形比较接近，弦杆受力较为均匀，与柱可以做成铰接，也可以做成刚接。刚接可提高建筑物的横向刚度。

梯形屋架的腹杆体系可采用单斜式［图 7.12（a）］、人字式［图 7.12（b）、（c）］和再分式［图 7.12（d）］。人字式按支座斜杆与弦杆组成的支承点在下弦或在上弦分为下承式和上承式两种。一般情况下，与柱刚接的屋架宜采用下承式；与柱铰接时则下承式或上承式均可。由于下承式使排架柱计算高度减小，又便于在下弦设置屋盖纵向水平支撑，故以往多采用之，但上承式使屋架重心降低，支座斜腹杆受拉，且给安装带来很大的方便，已经逐渐推广使用。当桁架下弦要做天棚时，需设置吊杆［图 7.12（b）虚线所示］或者采用单斜式腹杆［图 7.12（a）］。当上弦节间长度为 3m，而大型屋面板宽度为 1.5m 时，常采用再分式腹杆［图 7.12（d）］将节间减小至 1.5m，有时也采用 3m 节间，此时上弦承受局部弯矩，应按压弯或拉弯构件进行设计。

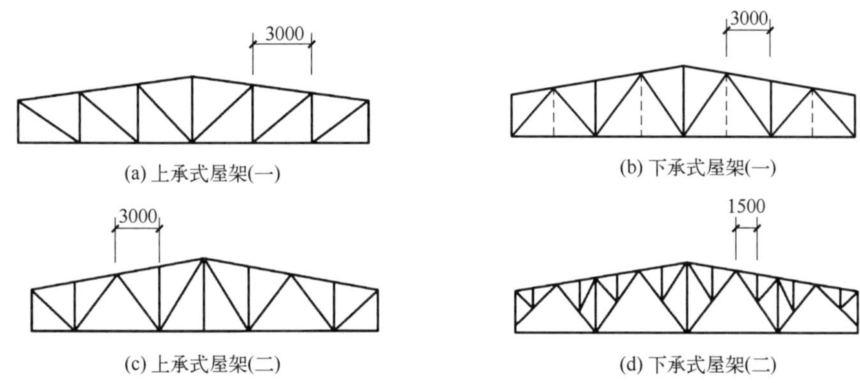

图 7.12 梯形屋架

(3) 人字形屋架

人字形屋架的上、下弦可以是平行的，坡度为 1/20～1/10（图 7.13），节点构造较为统一；也可以上、下弦具有不同坡度或者下弦有一部分水平段［图 7.13（c）、（d）］，以改善屋架受力情况。人字形屋架有较好的空间观感，制作时可不再起拱，多用于较大跨度。人字形屋架一般宜采用上承式，这种形式不但安装方便，而且可使折线拱的推力与上弦杆的弹性压缩互相抵消，在很大程度上减小了对柱的不利影响。人字形和梯形屋架的中部高度主要取决于经济要求，一般为（1/10～1/8）L，与柱刚接的梯形屋架，端部高度一般为（1/16～1/12）L，通常取为 2.0～2.5m。与柱铰接的梯形屋架，端部高度可按跨中经济高度和上弦坡度来决定。人字形屋架跨中高度一般为 2.0～2.5m，跨度大于 36m 时可取较大高度，但

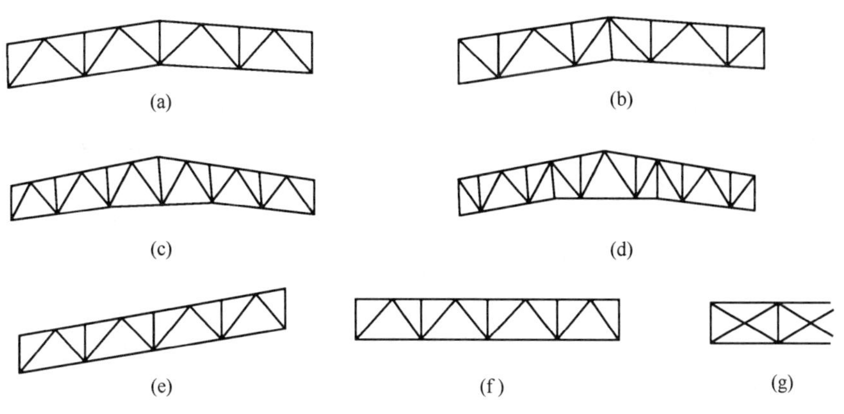

图 7.13 人字形屋架和平行弦屋架

不宜超过 3m；端部高度一般为跨度的 1/18～1/12，人字形屋架可适应不同的屋面坡度，但与柱刚接时，屋架轴线坡度大于 1/7，就应视为折线横梁进行框架分析；与柱铰接时，即使采用了上承式，也应考虑竖向荷载作用下折线拱的推力对柱的不利影响，设计时它要求在屋面板及檩条等安装完毕后再将屋架支座焊接固定。

(4) 平行弦屋架

平行弦屋架在构造方面有突出的优点，弦杆及腹杆分别等长、节点形式相同、能保证桁架的杆件重复率最大，且可使节点构造形式统一，便于制作工业化。

平行弦屋架还可用于单坡屋架、吊车制动桁架、栈桥和支撑构件等。腹杆布置通常采用人字式［图 7.13 (e)、(f)］，用作支撑桁架时腹杆常采用交叉式［图 7.13 (g)］。

7.3.1.3 托架、天窗架形式

支承中间屋架的桁架称为托架，托架一般采用平行弦屋架，其腹杆采用带竖杆的人字形体系（图 7.14）。直接支承于钢筋混凝土柱上的托架常用下承式［图 7.14 (b)］；支于钢柱上的托架常用上承式［图 7.14 (a)］。托架高度应根据所支承的屋架端部高度、刚度要求、经济要求以及有利于节点构造的原则来决定。一般取跨度的 1/10～1/5，托架的节间长度一般为 2m 或 3m。

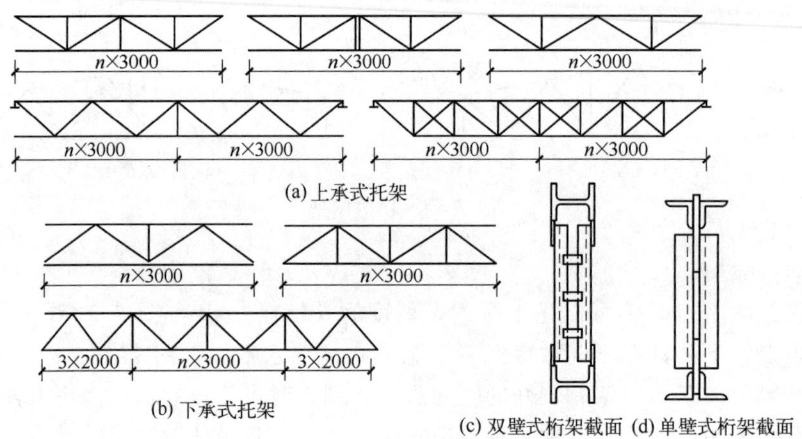

图 7.14 托架形式

当托架跨度大于 18m 时，可做成双壁式［图 7.14 (c)］，此时，上下弦杆采用平放的 H 型钢，以满足平面外刚度要求。托架与柱的连接通常做成铰接。为了使托架在使用中不致过分扭转，且使屋盖具有较好的整体刚度，屋架与托架的连接应尽量采用铰支的平接。

为了满足采光和通风的要求，厂房中常设置天窗。天窗的形式可分为纵向天窗、横向天窗和井式天窗等。一般采用纵向天窗［图 7.1 (a)］。

纵向天窗的天窗架形式一般有多竖杆式、三铰拱式和三支点式（图 7.15）。

多竖杆式天窗架［图 7.15 (a)］构造简单，传给屋架的荷载较为分散，安装时通常与屋架在现场拼装后再整体吊装，可用于天窗高度和宽度不太大的情况。

三铰拱式天窗架［图 7.15 (b)］由两个三角形桁架组成，它与屋架的连接点最少，制造简单，通常用作支于混凝土屋架的天窗架。由于顶铰的存在，安装时稳定性较差，当与屋架分别吊装时宜进行加固处理。

三支点式天窗架［图 7.15 (c)］由支于屋脊节点和两侧柱的桁架组成。它与屋架连接的节点较少，常与屋架分别吊装，施工较方便。

天窗架的宽度和高度应根据工艺和建筑要求确定，一般宽度为厂房跨度的 1/3 左右，高

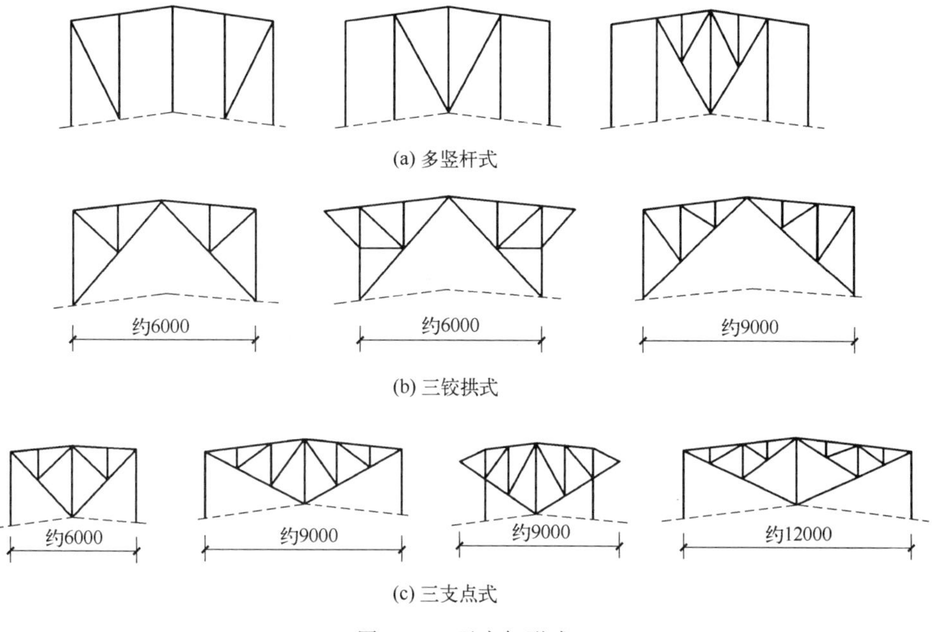

图 7.15 天窗架形式

度为其宽度的 1/5～1/2。

有时为了更好地组织通风，避免房屋外面气流的干扰，对纵向天窗还设置有挡风板。挡风板有竖直式［图 7.16（a)］、侧斜式［图 7.16（b)］和外包式［图 7.16（c)］三种，通常采用金属压型板和波形石棉瓦等轻质材料，其下端与屋盖顶面应留出至少 50mm 的空隙。挡风板挂于挡风板支架的檩条上。挡风板支架有支承式和悬挂式。支承式的立柱下端直接支承于屋盖上，上端用横杆与天窗架相连。支承式挡风板支架的杆件少，省钢材，但立柱与屋盖连接处的防水处理复杂。悬挂式挡风板支架则由连接于天窗架侧柱的杆件体系组成。挡风板荷载全部传给天窗架侧柱。

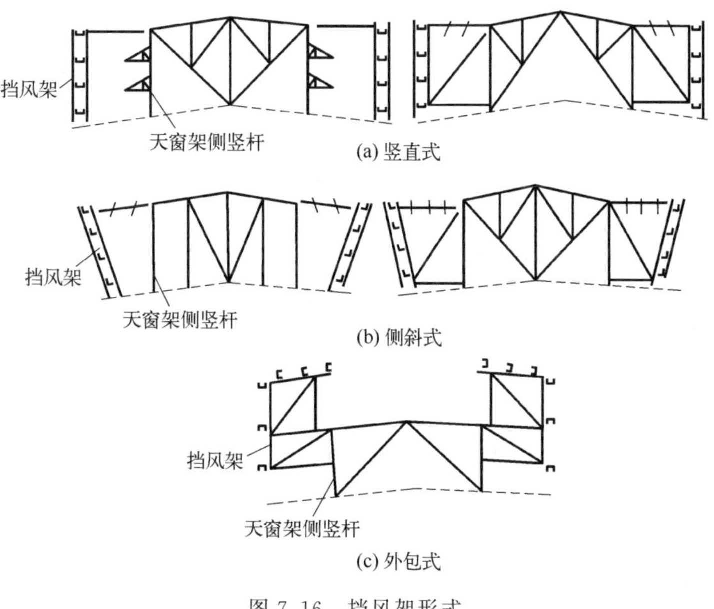

图 7.16 挡风架形式

7.3.2 屋盖支撑

屋架在其自身平面内为几何形状不可变体系，并具有较大的刚度，能承受屋架平面内的各种荷载。但是，平面屋架本身在垂直于屋架平面的侧向（称为屋架平面外）刚度和稳定性则很差，不能承受水平荷载。因此，为使屋架结构有足够的空间刚度和稳定性，必须在屋架间设置支撑系统（图 7.17）。

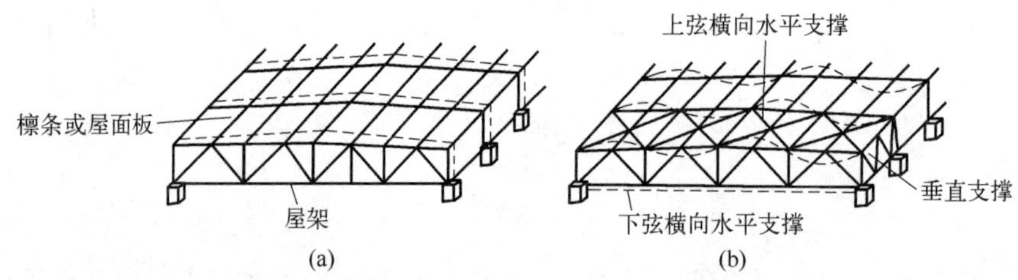

图 7.17 屋盖支撑作用示意

7.3.2.1 支撑的作用

① 保证结构空间整体作用。如图 7.17（a）所示为仅由平面桁架和檩条及屋面材料组成的屋盖结构，是一个不稳定的体系，简支在柱顶上的所有屋架有可能向一侧倾倒。如果将某些屋架在适当部位用支撑连系起来，成为稳定的空间体系［图 7.17（b）］，其余屋架再由檩条或其他构件连接在这个空间稳定体系上，就保证了整个屋盖结构的稳定，使之成为空间整体。

② 避免压杆侧向失稳，防止拉杆产生过大的振动。支撑可作为屋架弦杆的侧向支撑点［图 7.17（b）］，减小弦杆在屋架平面外的计算长度，保证受压弦杆的侧向稳定，并使受拉下弦不会在某些动力作用下（例如吊车运行时）产生过大的振动。

③ 承担和传递水平荷载（如风荷载、悬挂吊车水平荷载和水平地震作用等）。

④ 保证结构安装时的稳定与方便。屋盖的安装工作一般是从房屋温度区段的一端开始的，首先用支撑将两相邻屋架连系起来组成一个基本空间稳定体，在此基础上即可顺序进行其他构件的安装。

7.3.2.2 支撑的布置

屋盖支撑系统可分为横向水平支撑、纵向水平支撑、垂直支撑和系杆。

(1) 上弦横向水平支撑

通常情况下，在屋架上弦和天窗架上弦均应设置横向水平支撑。横向水平支撑一般应设置在房屋两端或纵向温度区段两端（图 7.18、图 7.19）。有时在山墙承重，或设有上承式纵向天窗，但此天窗又未到温度区段尽端而退一个柱间断开时，为了与天窗支撑配合，可将屋架的横向水平支撑布置在第二个柱间，但在第一个柱间要设置刚性系杆以支持端屋架和传递端墙风力（图 7.19）。两道横向水平支撑间的距离不宜大于 60m，当温度区段长度较大时，尚应在中部增设支撑，以符合此要求。

当采用大型屋面板的无檩屋盖时，如果大型屋面板与屋架的连接满足每块板有三点支承处进行焊接等构造要求时，可考虑大型屋面板起一定支撑作用。但由于施工条件的限制。很难保证焊接质量，一般只考虑大型屋面板起系杆作用。而在有檩屋盖中，上弦横向水平支撑的横杆可用檩条代替。

当屋架间距大于 12m 时，上弦水平支撑还应予以加强，以保证屋盖的刚度。

(2) 下弦横向水平支撑

当屋架间距小于 12m 时，尚应在屋架下弦设置横向水平支撑，但当屋架跨度比较小

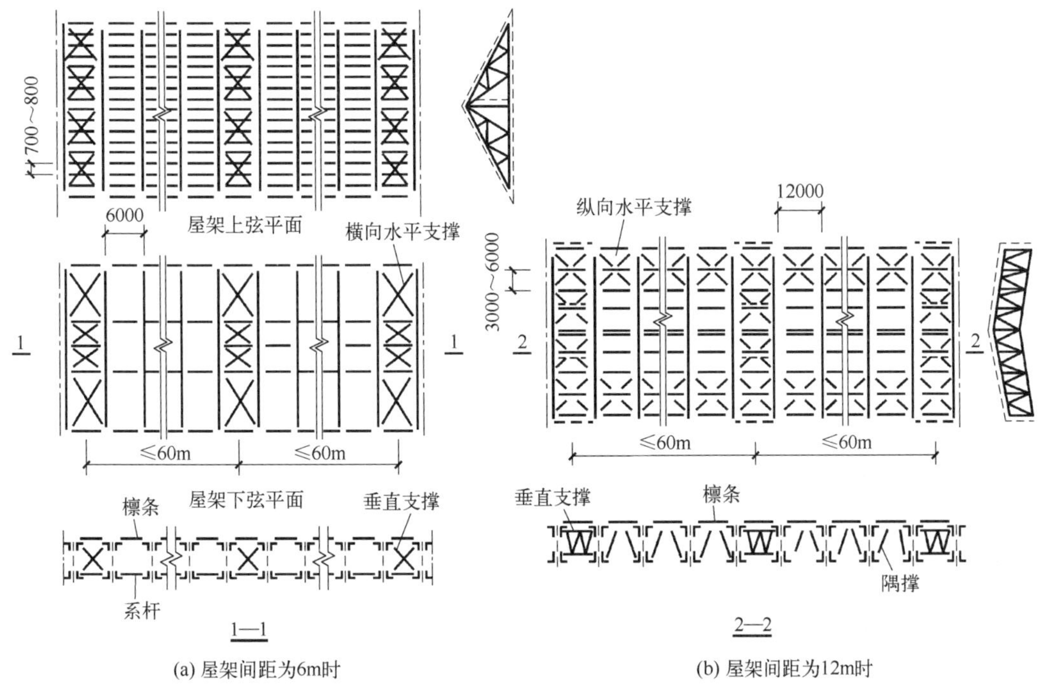

(a) 屋架间距为6m时　　(b) 屋架间距为12m时

图 7.18　屋盖支撑作用示意图

(L<18m) 又无吊车或其他振动设备时，可不设下弦横向水平支撑。

下弦横向水平支撑一般和上弦横向水平支撑布置在同一柱间，以形成空间稳定体系的基本组成部分［图 7.18 (a)、图 7.19］。

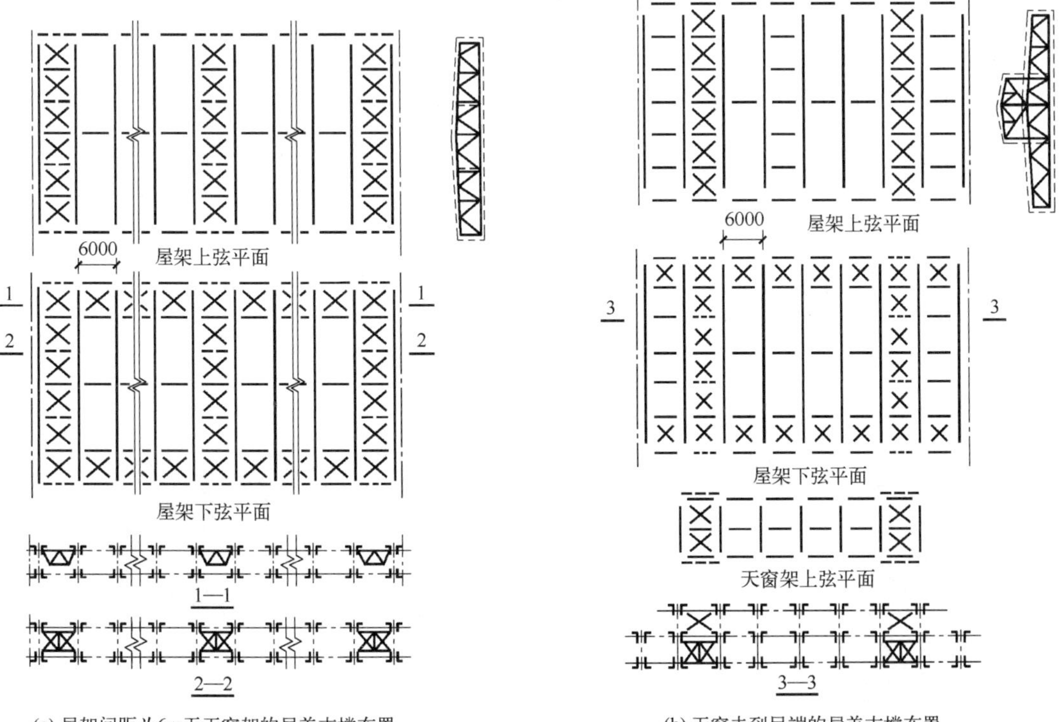

(a) 屋架间距为6m无天窗架的屋盖支撑布置　　(b) 天窗未到尽端的屋盖支撑布置

图 7.19　无檩屋盖的支撑布置

当屋架间距大于或等于 12m 时，由于在屋架下弦设置支撑不便，可不必设置下弦横向水平支撑，但上弦支撑应适当加强，并应用隅撑或系杆对屋架下弦侧向加以支承［图 7.18（b）］。

屋架间距大于或等于 18m 时，如果仍采用上述方案则檩条跨度过大，此时宜设置纵向次桁架，使主桁架（屋架）与次桁架组成纵横桁架体系，次桁架间再设置檩条或设置横梁及檩条，同时，次桁架还对屋架下弦平面外提供支承。

(3) 纵向水平支撑

当房屋较高、跨度较大、空间刚度要求较高时，设有支承中间屋架的托架为保证托架的侧向稳定时，或设有重级或大吨位的中级工作制桥式吊车、壁行吊车或有锻锤等较大振动设备时，均应在屋架端节间平面内设置纵向水平支撑。纵向水平支撑和横向水平支撑形成封闭体系将大大提高房屋的纵向刚度。单跨厂房一般沿两纵向柱列设置，多跨厂房（包括等高的多跨厂房和多跨厂房的等高部分）则要根据具体情况，沿全部或部分纵向柱列布置。

屋架间距小于 12m 时，纵向水平支撑通常布置在屋架下弦平面，但三角形屋架及端斜杆为下降式且主要支座设在上弦处的梯形屋架和人字形屋架，也可以布置在上弦平面内。

屋架间距大于或等于 12m 时，纵向水平支撑宜布置在屋架的上弦平面内［图 7.18（b）］。

(4) 垂直支撑

无论有檩屋盖或无檩屋盖，通常均应设置垂直支撑。屋架的垂直支撑应与上、下弦横向水平支撑设置在同一柱间（图 7.18、图 7.19）。

对三角形屋架的垂直支撑，当屋架跨度小于或等于 18m 时，可仅在跨度中央设置一道；当跨度大于 18m 时，宜设置两道（在跨度 1/3 左右处各一道）。

对梯形屋架、人字形屋架或其他端部有一定高度的多边形屋架：当屋架跨度小于或等于 30m 时，可仅在屋架跨中布置一道垂直支撑；当跨度大于 30m 时，则应在跨度 1/3 左右的竖杆平面内各设一道垂直支撑；当有天窗时，宜设置在天窗侧腿的下面（图 7.20）。若屋架端部有托架，就用托架等代替，不另设支撑。

与天窗架上弦横向支撑类似，天窗架垂直支撑也应设置在天窗架端部以及中部有屋架横向支撑的柱间［图 7.19（b）］，并应在天窗两侧柱平面内布置［图 7.20（b）］，对多竖杆和三支点式天窗架，当其宽度大于 12m 时，尚应在中央竖杆平面内增设一道。

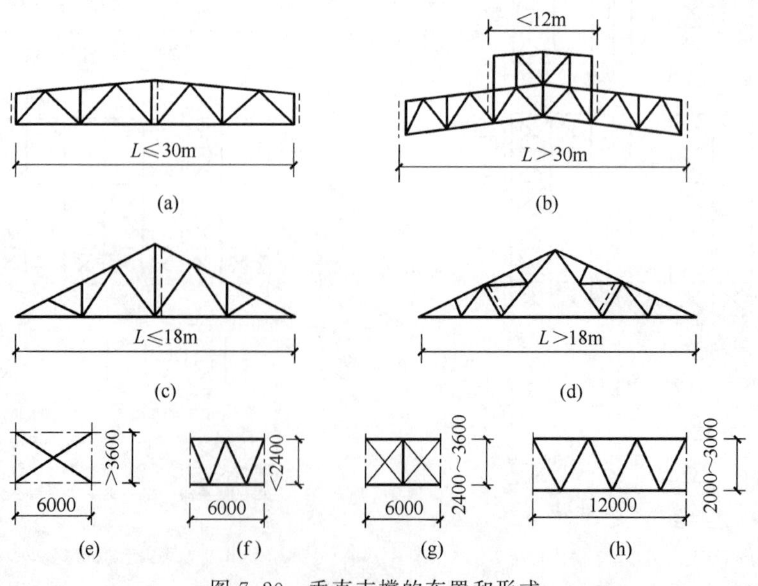

图 7.20　垂直支撑的布置和形式

(5) 系杆

为了支持未连支撑的平面屋架和天窗架，保证它们的稳定和传递水平力，应在横向支撑或垂直支撑节点处沿房屋通长设置系杆（图 7.18、图 7.19）。

在屋架上弦平面内，对无檩体系屋盖应在屋脊处和屋架端部处设置系杆；对有檩体系只在有纵向天窗下的屋脊处设置系杆。

在屋架下弦平面内，当屋架间距为 6m 时，在屋架端部处、下弦杆有弯折处、与柱刚接的屋架下弦端节间受压但未设纵向水平支撑的节点处、跨度大于或等于 18m 的芬克式屋架的主斜杆与下弦相交的节点处等部位皆应设置系杆。当屋架间距大于或等于 12m 时，支撑杆件截面将大大增加，多耗钢材，比较合理的做法是将水平支撑全部布置在上弦平面内，并利用檩条作为支撑体系的压杆和系杆，而作为下弦侧向支承的系杆可用支于檩条的隅撑代替。

系杆分刚性系杆（既能受拉也能受压）和柔性系杆（只能受拉）两种。屋架主要支承节点处的系杆和屋架上弦脊节点处的系杆均宜用刚性系杆，当横向水平支撑设置在房屋温度区段端部第二个柱间时，第一个柱间的所有系杆［图 7.19（b）］均为刚性系杆，其他情况可用柔性系杆。

7.3.2.3 支撑的计算和构造

屋架的横向和纵向水平支撑都是平行弦桁架，屋架或托架的弦杆均可兼作支撑桁架的弦杆，斜腹杆一般采用十字交叉式（图 7.18、图 7.19），斜腹杆和弦杆的交角宜在 30°～60°之间。通常横向水平支撑节点间的距离为屋架上弦节间距离的 2～4 倍，纵向水平支撑的宽度取屋架端节间的长度，一般为 6m 左右。

屋架垂直支撑也是一个平行弦桁架［图 7.20（f）～(h)］，其上、下弦可兼作水平支撑的横杆。有的垂直支撑还兼作檩条，屋架间垂直支撑的腹杆体系应根据其高度与长度之比采用不同的形式，如交叉式、V 式或 W 式（图 7.20）。天窗架垂直支撑的形式也可按图 7.20 选用。

支撑中的交叉斜杆以及柔性系杆按拉杆设计，通常用单角钢做成；非交叉斜杆、弦杆、横杆以及刚性系杆按压杆设计，宜采用双角钢做成的 T 形截面或十字形截面，其中横杆和刚性系杆常用十字形截面使两个方向具有等稳定性。屋盖支撑杆件的节点板厚度通常采用 6mm，对重型厂房屋盖宜采用 8mm。

屋盖支撑受力较小，截面尺寸一般由杆件允许长细比和构造要求决定，但对兼作支撑桁架弦杆、横杆或端竖杆的檩条或屋架竖杆等，其长细比应满足支撑压杆的要求，即 $[\lambda]=200$；兼作柔性系杆的檩条，其长细比应满足支撑拉杆的要求，即 $[\lambda]=400$（一般情况）或 $=350$（有重级工作制的厂房）。对于承受端墙风力的屋架下弦横向水平支撑和刚性系杆，以及承受侧墙风力的屋架下弦纵向水平支撑，当支撑桁架跨度较大（>24m）或承受的风荷载较大（风压力的标准值大于 0.5kN/m）时，或垂直支撑兼作檩条以及考虑厂房结构的空间工作而用纵向水平支撑作为柱的弹性支承时，支撑杆件除应满足长细比要求外，尚应按桁架体系计算内力，并据此内力按强度或稳定性选择截面并计算其连接。

具有交叉斜腹杆的支撑桁架，通常将斜腹杆视为柔性杆件，只能受拉，不能受压。因而每节间只有受拉的斜腹杆参与工作（图 7.21）。

支撑和系杆与屋架或天窗架的连接应使构造简单、安装方便，通常采用 C 级螺栓，每一杆件接头处的螺栓数不少于两个。螺栓直径一般为 20mm，与天窗架或轻型钢屋架连接的螺栓直径可用 16mm。有重级工作制吊车或有较大振动设备的厂房中，屋架下弦支撑和系杆（无下弦支撑时为上弦支撑和隅撑）宜采用高强度螺栓摩擦型连接。

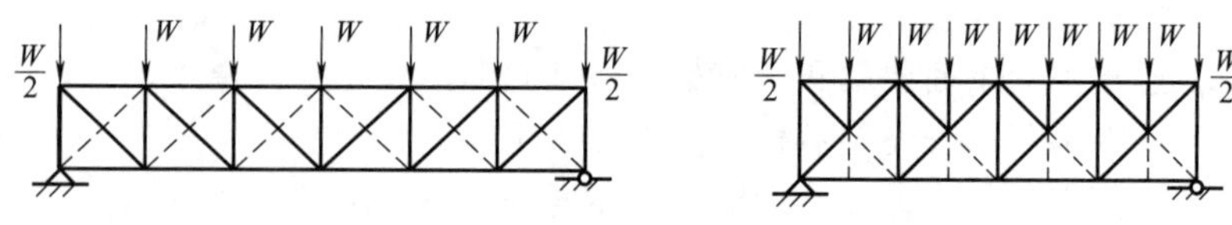

图 7.21　支撑桁架杆件的内力计算简图

7.3.3 简支屋架设计

7.3.3.1 屋架的内力分析

(1) 基本假定

作用在屋架上的荷载，可按荷载规范的规定计算求得。屋架上的荷载包括恒荷载（屋面重量和屋架自重）、屋面均布活荷载、雪荷载、风荷载、积灰荷载及悬挂荷载等。

具有角钢和T型钢杆件的屋架，计算其杆件内力时，通常将荷载集中到节点上（屋架作用有节间荷载时，可将其分配到相邻的两个节点），并假定节点处的所有杆件轴线在同一平面内相交于一点（节点中心），而且各节点均为理想铰接。这样就可以利用电子计算机或采用图解法及解析法来求各节点荷载作用下桁架杆件的内力（轴心力）。

按上述理想体系内力求出的应力是桁架的主要应力，由于节点实际具有的刚性所引起的次应力，以及因制作偏差或构造等原因而产生的附加应力，其值较小，设计时一般不考虑。

(2) 节间荷载引起的局部弯矩

有节间荷载作用的屋架，除了把节间荷载分配到相邻节点并按节点荷载求解杆件内力外，还应计算节间荷载引起的局部弯矩。局部弯矩的计算，既要考虑杆件的连续性，又要考虑节点支承的弹性位移，一般采用简化计算。例如当屋架上弦杆有节间荷载作用时，上弦杆的局部弯矩可近似地采用：端节间的正弯矩取 $0.8M_0$，其他节间的正弯矩和节点负弯矩（包括屋脊节点）取 $0.6M_0$，M_0 为将相应弦杆节间作为单跨简支梁求得的最大弯矩（图 7.22）。

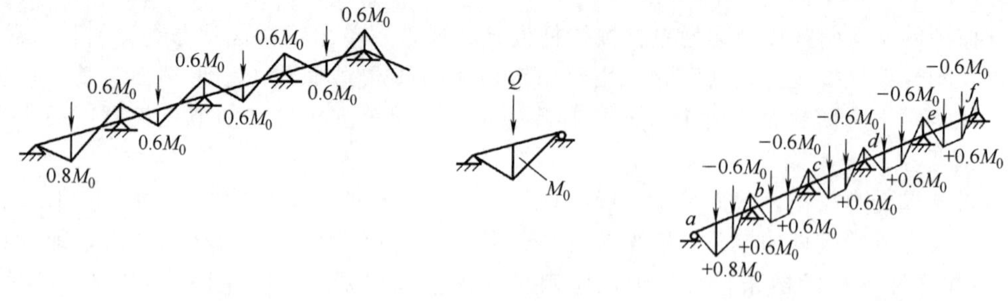

图 7.22　上弦杆的局部弯矩

(3) 内力计算与荷载组合

不具备电算条件时，求解屋架杆件内力一般用图解法较为方便，图解法最适宜几何形状不太规则的屋架。对于形状不复杂的（如平行弦屋架）及杆件数不多的屋架，用解析法确定内力则可能更简单些。无论用哪种方法，计算屋架杆件内力时，都应根据具体情况考虑荷载组合问题，按荷载规范的规定进行荷载组合。与柱铰接的屋架应考虑下列荷载作用情况。

第一是全跨荷载：所有屋架都应进行全跨满载时的内力计算。即全跨永久荷载＋全跨屋面活荷载或雪荷载（取两者的较大值）＋全跨积灰荷载＋悬挂吊车荷载。有纵向天窗时，应分别计算中间天窗处和天窗端壁处的屋架杆件内力。

第二是半跨荷载：梯形屋架、人字形屋架、平行弦屋架等的少数斜腹杆（一般为跨中每侧各两根斜腹杆）可能在半跨荷载作用下产生最大内力或引起内力变号，所以对这些屋架还应根据使用和施工过程的分布情况考虑半跨荷载的作用。有必要时，可按下列半跨荷载组合计算：全跨永久荷载＋半跨屋面活荷载（或半跨雪荷载）＋半跨积灰荷载＋悬挂吊车荷载。采用大型钢筋混凝土屋面板的屋架，尚应考虑安装时可能的半跨荷载：屋架及天窗架（包括支撑）自重＋半跨屋面板重＋半跨屋面活荷载。

还有一种做法是，对梯形屋架、人字形屋架、平行弦屋架等，在进行上述可能产生内力变号的跨中斜腹杆的截面选择时，无论全跨荷载下它们是拉杆还是压杆，均按压杆考虑并控制其长细比不大于150。按此处理后一般不必再考虑半跨荷载作用的组合。

第三是对轻质屋面材料的屋架，一般应考虑负风压的影响。即当屋面永久荷载设计值（荷载分项系数 γ_G 取为1.0）小于负风压设计值（荷载分项系数 γ_Q 取为1.5）的竖向分力时，屋架的受拉杆件在永久荷载与风荷载联合作用下可能受压。求其内力时，可假定屋架两端支座的水平反力相等。一般的做法是：只要负风压的竖向分力大于永久荷载，即认为屋架的拉杆将反号变为压杆，但此压力不大，将其长细比控制不超过250即可，不必计算风荷载作用下的内力。

第四是轻屋面的厂房，当吊车起重量较大（$Q>300\text{kN}$）时，应考虑按框架分析求得的柱顶水平力是否会使下弦内力增加或引起下弦内力变号。

7.3.3.2 杆件的计算长度和容许长细比

(1) 杆件的计算长度 l_1

确定桁架弦杆和单系腹杆的长细比时，其计算长度 l_0 应按表7.2的规定采用。

表7.2 桁架弦杆和单系腹杆的计算长度 l_0

项次	弯曲方向	弦杆	腹杆	
			支座斜杆和支座竖杆	其他腹杆
1	在桁架平面内	l	l	$0.8l$
2	在桁架平面外	l_1	l	l
3	斜平面	—	l	$0.9l$

注：1. l 为构件的几何长度（节点中心间距离）；l_1 为桁架弦杆侧向支承点间的距离。

2. 斜平面是指与桁架平面斜交的平面，适用于构件截面两主轴均不在桁架平面内的单角钢腹杆和双角钢十字形截面腹杆。

3. 无节点板的腹杆计算长度在任意平面内均取其等于几何长度。

① 桁架平面内。在理想的桁架中，压杆在桁架平面内的计算长度应等于节点中心间的距离即杆件的几何长度 l，但由于实际上桁架节点具有一定的刚性，杆件两端均系弹性嵌固。当某一压杆因失稳而屈曲时，端部绕节点转动时将受到节点中其他杆件的约束［图7.23（a）］。实践和理论分析证明，约束节点转动的主要因素是拉杆。汇交于节点中的拉杆数量越多，则产生的约束作用越大，压杆在节点处的嵌固程度也越大，其计算长度就越小。根据这个道理，可视节点的嵌固程度来确定各杆件的计算长度。图7.23（a）所示的弦杆、支座斜杆和支座竖杆其本身的刚度较大，且两端相连的拉杆少，因而对节点的嵌固程度很小，可以不考虑，其计算长度不折减而取几何长度（即节点间距离）。其他受压腹杆，考虑到节点处受到拉杆的

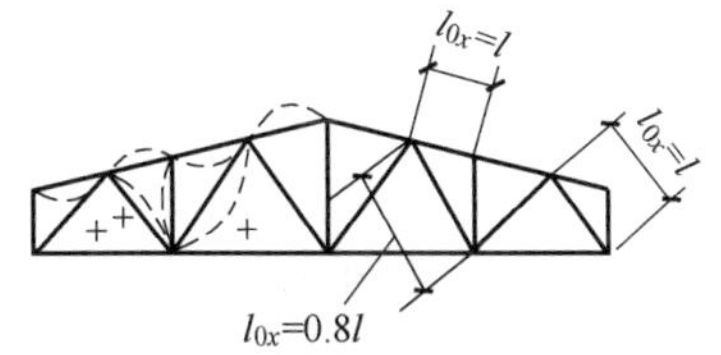

(a) 桁架杆件在桁架平面内的计算长度

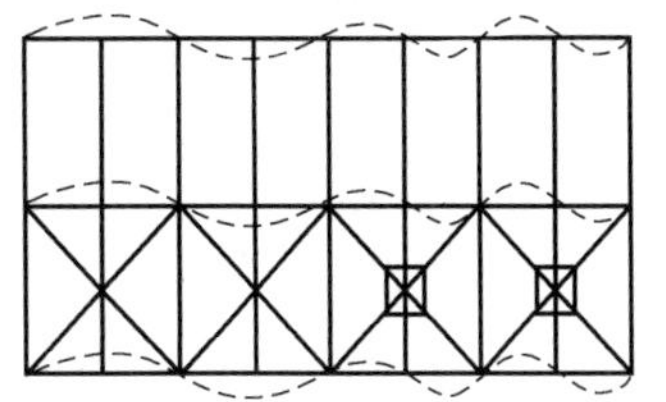
(b) 桁架杆件在桁架平面外的计算长度

图7.23 桁架杆件的计算长度

牵制作用，计算长度适当折减，取 $l_{0x}=0.8l$ [图 7.23 (a)]。

② 桁架平面外。屋架弦杆在平面外的计算长度，应取侧向支承点间的距离。

上弦：一般取上弦横向水平支撑的节间长度。在有檩屋盖中，如檩条与横向水平支撑的交叉点用节点板焊牢 [图 7.23 (b)]，则此檩条可视为屋架弦杆的支承点。在无檩屋盖中，考虑大型屋面板能起一定的支撑作用，故一般取两块屋面板的宽度，但不大于 3.0m。

下弦：视有无纵向水平支撑，取纵向水平支撑节点与系杆或系杆与系杆间的距离。

腹杆：因节点在桁架平面外的刚度很小，对杆件没有什么嵌固作用，故所有腹杆均取 $l_{0y}=l_0$。

③ 斜平面。单面连接的单角钢杆件和双角钢组成的十字形杆件，因截面主轴不在桁架平面内，有可能斜向失稳，杆件两端的节点对其两个方向均有一定的嵌固作用。因此，斜平面计算长度略作折减，取 $l_0=0.9l$，但支座斜杆和支座竖杆仍取其计算长度为几何长度 (即 $l_0=l$)。

④ 其他。如桁架受压弦杆侧向支承点间的距离为两倍节间长度，且两节间弦杆内力不等时（图 7.24），该弦杆在桁架平面外的计算长度按式 (7.6) 计算（但不小于 $0.5l$）。

$$l_0=l_1\left(0.75+0.25\frac{N_2}{N_1}\right) \tag{7.6}$$

式中 N_1——较大的压力，计算时取正值；

N_2——较小的压力或拉力，计算时压力取正值，拉力取负值。

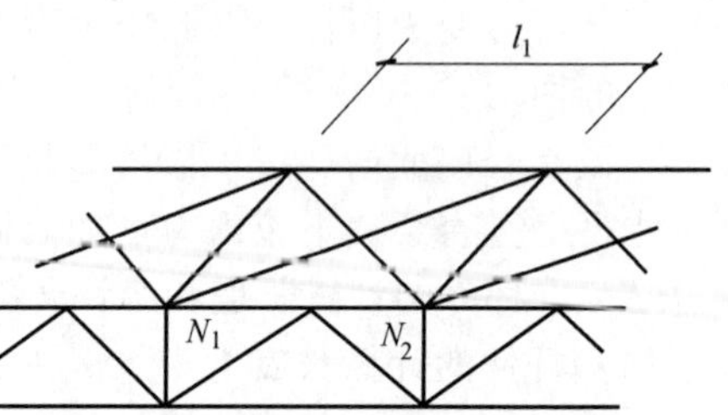

图 7.24 侧向支撑点间压力有变化的弦杆平面外计算长度

桁架再分式腹杆体系的受压主斜杆 [图 7.25 (a)] 在桁架平面外的计算长度也应按式 (7.6) 确定（受拉主斜杆仍取 l_1）；在桁架平面内的计算长度则采用节点中心间距离 [图 7.25 (b)]。

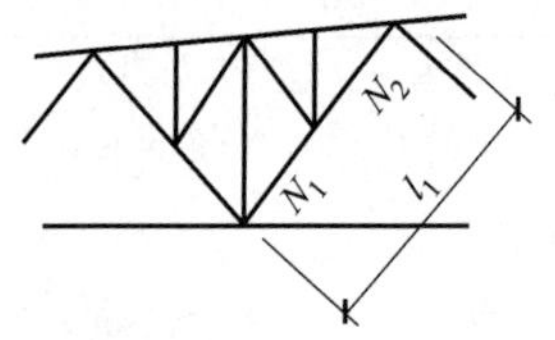

(a) 再分式腹杆体系的受压主斜杆

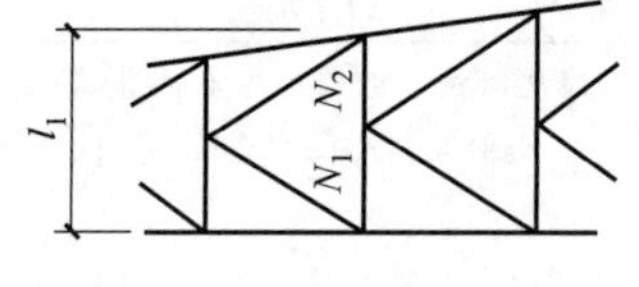

(b) K形腹杆体系的竖杆

图 7.25 压力有变化的受压腹杆平面外计算长度

确定桁架交叉腹杆的长细比时，在桁架平面内的计算长度应取节点中心到交叉点间的距离；在桁架平面外的计算长度应按表 7.3 的规定采用。

表 7.3 桁架交叉腹杆在桁架平面外的计算长度

项次	杆件类别	杆件的交叉情况	桁架平面外的计算长度
1	压杆	相交的另一杆受压，两杆在交叉点均不中断	$l_0=l\sqrt{\frac{1}{2}\times\left(1+\frac{N_0}{N}\right)}$
2		相交的另一杆受压，此另一杆在交叉点中断但以节点板搭接	$l_0=l\sqrt{1+\frac{\pi^2}{12}\times\frac{N_0}{N}}$
3		相交的另一杆受拉，两杆截面相同并在交叉点均不中断	$l_0=l\sqrt{\frac{1}{2}\times\left(1-\frac{3}{4}\times\frac{N_0}{N}\right)}\geqslant 0.5l$

续表

项次	杆件类别	杆件的交叉情况	桁架平面外的计算长度
4	压杆	相交的另一杆受拉，此拉杆在交叉点中断但以节点板搭接	$l_0=l\sqrt{1-\frac{3}{4}\times\frac{N_0}{N}}\geqslant 0.5l$
5	压杆	拉杆连续，压杆在交叉点中断但以节点板搭接，若 $N_0\geqslant N$，或拉杆在桁架平面外的弯曲刚度满足：$EI_y\geqslant\frac{3N_0l^2}{4\pi^2}\left(\frac{N}{N_0}\right)-1$	$l_0=0.5l$
6	拉杆		$l_0=l$

注：1. l 为节点中心间距离（交叉点不作为节点考虑）；N 为所计算杆的内力；N_0 为相交另一杆的内力，均为绝对值。

2. 两杆均受压时，$N_0\leqslant N$，两杆截面应相同。

3. 当确定交叉腹杆中单角钢杆件斜平面内的长细比时，计算长度应取节点中心至交叉点间的距离。

(2) 杆件的允许长细比

桁架杆件长细比的大小，对杆件的工作有一定的影响。若长细比太大，将使杆件在自重作用下产生过大挠度，在运输和安装过程中因刚度不足而产生弯曲，在动力作用下还会引起较大的振动。故在《钢结构设计标准》（GB 50017—2017）中对拉杆和压杆都规定了允许长细比。其具体规定见本书第 4 章中的表 4.2 和表 4.3。

7.3.3.3 杆件的截面形式

桁架杆件截面形式的确定，应考虑构造简单、施工方便、易于连接，使其具有一定的侧向刚度并且取材容易等要求。对轴心受压杆件，为了经济合理，宜使杆件对两个主轴有相近的稳定性，即可使两方向的长细比接近相等。

(1) 单壁式屋架杆件的截面形式

普通钢屋架以往基本上采用由两个角钢组成的 T 形截面［图 7.26（a）～(c)］或十字形截面形式的杆件，受力较小的次要杆件可采用单角钢。弦杆也可用部分 T 型钢［图 7.26（f）～(h)］来代替双角钢组成的 T 形截面。

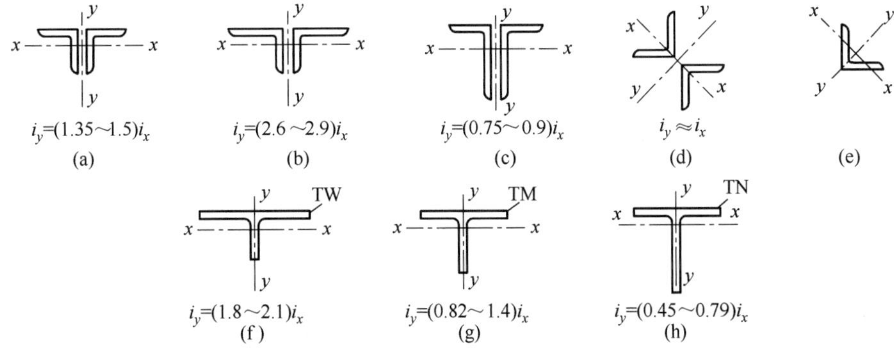

图 7.26 单壁式屋架杆件角钢截面

对节间无荷载的上弦杆，在一般的支撑布置情况下，计算长度 $l_{0y}\geqslant 2l_{0x}$，为使轴压稳定系数 φ_x 与 φ_y 接近，一般应满足 $i_y=2i_x$，因此，宜采用不等边角钢短肢相连的截面［图 7.26（b)］或 TW 型截面［图 7.26（f)］，当 $l_{0y}=l_{0x}$ 时，可采用两个等边角钢截面［图 7.26（a)］或中翼缘 T 型钢（TM）截面［图 7.26（g)］；对节间有荷载的上弦杆，为了加强在桁架平面内的抗弯能力，也可采用不等边角钢长肢相连的截面或窄翼缘 T 型钢（TN）截面。

下弦杆在一般情况下 l_{0y} 远远大于 l_{0x}，通常采用不等边角钢短肢相连的截面或 TW 型截面以满足长细比要求。

支座斜杆 $l_{0y}=l_{0x}$ 时，宜采用不等边角钢长肢相连或等边角钢的截面，对连有再分式杆件的斜腹杆，因 $l_{0y}=2l_{0x}$，可采用等边角钢相并的截面。

其他一般腹杆，因其 $l_{0y}=l$，$l_{0x}=0.8l$，即 $l_{0y}=1.25l_{0x}$，故宜采用等边角钢相并的截面。连接垂直支撑的竖腹杆，使连接不偏心，宜采用两个等边角钢组成的十字形截面［图 7.26 (d)］；受力很小的腹杆（如再分杆等次要杆件），可采用单角钢截面。

用 H 型钢沿纵向剖开而成的 T 型钢来代替传统的双角钢 T 形截面，用于桁架弦杆，可以省去节点板或减小节点板尺寸，零件数量少，用钢量少（约节约钢材 10%），用工量少（省工 15%～20%）。易于涂油漆且提高其抗腐蚀性能，延长其使用寿命，降低造价（16%～20%）。

(2) 双壁式屋架杆件的截面形式

屋架跨度较大时，弦杆等杆件较长，单榀屋架的横向刚度比较低。为保证安装时屋架的侧向刚度，对跨度大于或等于 42m 的屋架宜设计成双壁式（图 7.27）。其中由双角钢组成的双壁式截面可用于弦杆和腹杆，横放的 H 型钢可用于大跨度重型双壁式屋架的弦杆和腹杆。

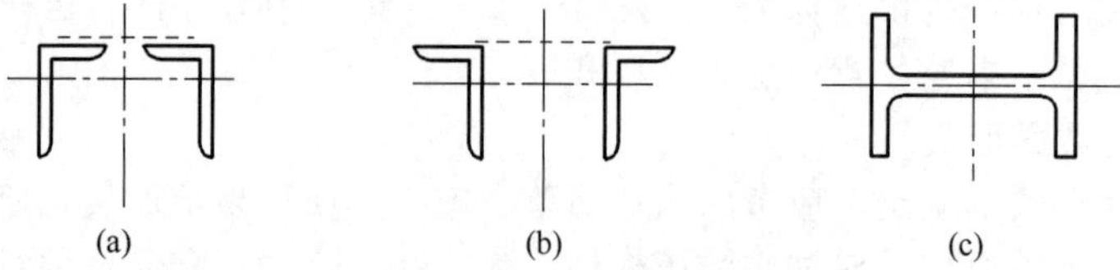

图 7.27 双壁式屋架杆件的截面

(3) 双角钢杆件的填板

由双角钢组成的 T 形或十字形截面杆件是按实腹式杆件进行计算的。为了保证两个角钢共同工作，必须每隔一定距离在两个角钢间加设填板（图 7.28），使它们之间有可靠连接。填板的宽度：一般取 50～80mm。填板的长度：对 T 形截面应比角钢肢伸出 10～20mm，对十字形截面则从角钢肢尖缩进 10～15mm，以便于施焊。填板的厚度与桁架节点板相同。

填板的间距对压杆 $l_1 \leqslant 40i_1$，拉杆 $l_1 \leqslant 80i_1$。在 T 形截面中，i_1 为一个角钢对平行于填板自身形心轴的回转半径；在十字形截面中，填板应沿两个方向交错放置（图 7.28），i_1 为一个角钢的最小回转半径，在压杆的桁架平面外计算长度范围内，至少应设置两块填板。

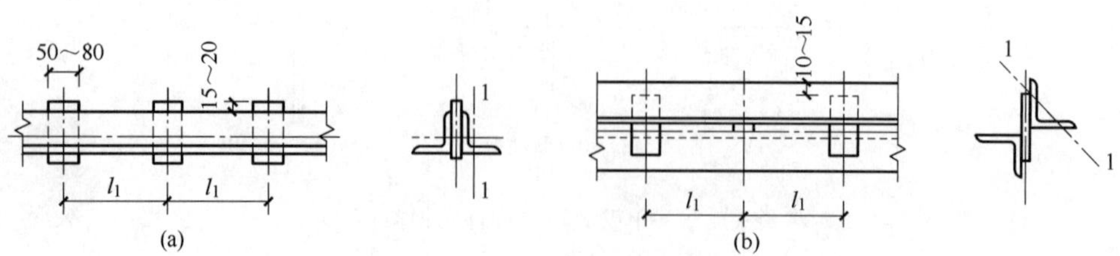

图 7.28 桁架杆件中的填板

7.3.3.4 杆件的截面选择

(1) 一般原则

① 应优先选用肢宽而薄的板件或肢件组成的截面以增加截面的回转半径，但受压构件应满足局部稳定的要求。一般情况下，板件或肢件的最小厚度为 5mm，对小跨度屋架可用到 4mm。

② 角钢杆件或T型钢的悬伸肢宽不得小于45mm。直接与支撑或系杆相连的最小肢宽，应根据连接螺栓的直径 d 而定：$d=16$mm时，为63mm；$d=18$mm时，为70mm；$d=20$mm时，为75mm。垂直支撑或系杆如连接在预先焊于桁架竖腹杆及弦杆的连接板上时，则悬伸肢宽不受此限。

③ 屋架节点板（或T型钢弦杆的腹板）的厚度，对单壁式屋架，可根据腹杆的最大内力（对梯形和人字形屋架）或弦杆端节间内力（对三角形屋架），按表7.4选用；对双壁式屋架的节点板，则可按上述内力的一半，按表7.4选用。

表7.4 Q235钢单壁式焊接屋架节点板厚度选用表

梯形、人字形屋架腹杆最大内力或三角形屋架弦杆端节间内力/kN	≤170	171～290	291～510	511～680	681～910	911～1290	1291～1770	1771～3090
中间节点板厚度/mm	6～8	8	10	12	14	16	18	20
支座节点板厚度/mm	10	10	12	14	16	18	20	22

注：1. 节点板钢材为Q355钢或Q390钢、Q420钢、Q460钢时，节点板厚度可按表中数值适当减小。

2. 本表适用于腹杆端部用侧焊缝连接的情况。

3. 无竖腹杆相连且自由边无加劲肋加强的节点板，应将受压腹杆内力乘以1.25后再查表。

④ 跨度较大的桁架（例如大于或等于24m）与柱铰接时，弦杆宜根据内力变化而改变截面，但半跨内一般只改变一次。变截面位置宜在节点处或其附近。改变截面的做法通常是变肢宽而保持厚度不变，以便处理弦杆的拼接构造。

⑤ 同一屋架的型钢规格不宜太多，以便订货。如选出的型钢规格过多，应尽量避免选用相同边长或肢宽而厚度相差很小的型钢，以免施工时产生混料错误。

⑥ 当连接支撑等的螺栓孔在节点板范围内且距节点板边缘距离大于或等于100mm时，计算杆件强度可不考虑截面的削弱（图7.29）。

⑦ 单面连接的单角钢杆件，考虑受力时偏心的影响，在按轴心受拉或轴心受压计算其强度、稳定性以及连接强度时，钢材和连接的强度设计值应乘以相应的折减系数（见本书附表1.5）。

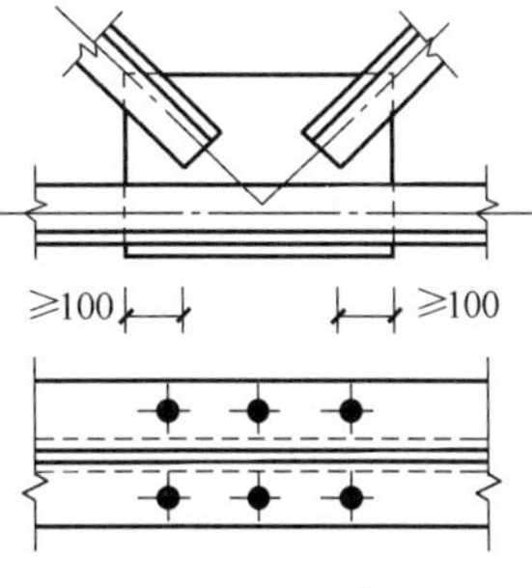

图7.29 节点板范围内的螺栓孔

(2) 杆件的截面选择

对轴心受拉杆件由强度要求计算所需的面积，同时应满足长细比要求。对轴心受压杆件和压弯构件要计算强度、整体稳定、局部稳定和长细比。

7.3.3.5 钢桁架的节点设计

(1) 节点设计的一般要求

① 原则上，桁架应以杆件的形心线为轴线并在节点处相交于一点，以避免杆件偏心受力。为了制作方便，通常取角钢背或T型钢背至轴线的距离为5mm的倍数。

② 当弦杆截面沿长度有改变时，为便于拼接和放置屋面材料，一般将拼接处两侧弦杆表面对齐，这时形心线必然错开，此时宜采用受力较大的杆件形心线为轴线（图7.30）。当两侧形心线偏移的距离 e 不超过较大弦杆截面高度的5%时，可不考虑此偏心影响。当偏心距离 e 超过

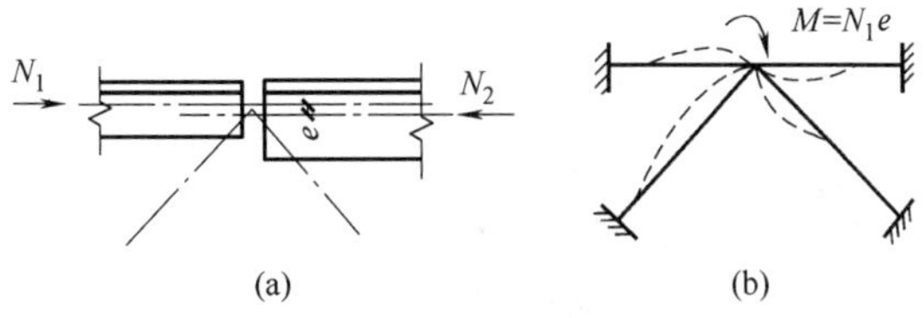

图7.30 弦杆轴线的偏心

上述值，或者由于其他原因使节点处有较大偏心弯矩时，应根据交汇处各杆的线刚度，将此弯矩分配于各杆［图 7.30（b）］。所计算杆件承担的弯矩为

$$M_i = M \cdot \frac{K_i}{\sum K_i} \tag{7.7}$$

式中 M_i——节点偏心弯矩，对图 7.30 的情况，$M_i = N_1 e$；

K_i——所计算杆件线刚度；

$\sum K_i$——汇交于节点的各杆件线刚度之和。

③ 在屋架节点处，腹杆与弦杆或腹杆与腹杆之间焊缝的净距，不宜小于 10mm，或者杆件之间的空隙不小于 15～20mm（图 7.31），以便制作，且可避免焊缝过分密集，致使钢材局部变脆。

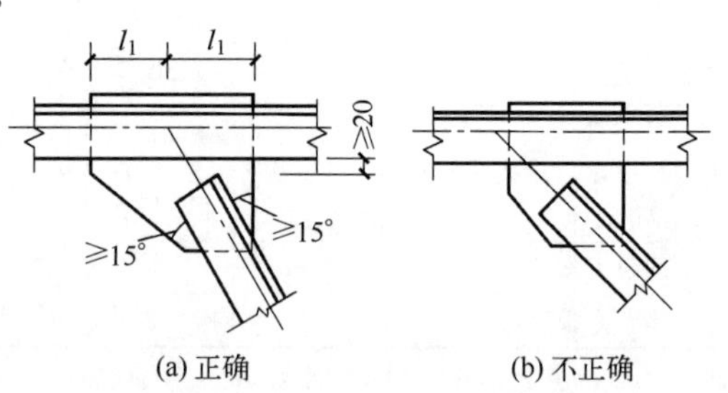

图 7.31 单斜杆与弦杆的连接

④ 角钢端部的切割一般垂直于其轴线［图 7.32（a）］。有时为减小节点板尺寸，允许切去一肢的部分［图 7.32（b）、（c）］，但不允许将一个肢完全切去而另一肢伸出的斜切［图 7.32（d）］。

⑤ 节点板的外形应尽可能简单而规则，宜至少有两边平行，一般采用矩形、平行四边形和直角梯形等。节点板边缘与杆件轴线的夹角不应小于 15°［图 7.31（a）］。单斜杆与弦杆的连接应使之不出现连接的偏心弯矩［图 7.31（a）］。节点板的平面尺寸，一般应根据杆件截面尺寸和腹杆端部焊缝长度画出大样图来确定，但考虑施工误差，宜将此平面尺寸适当放大。

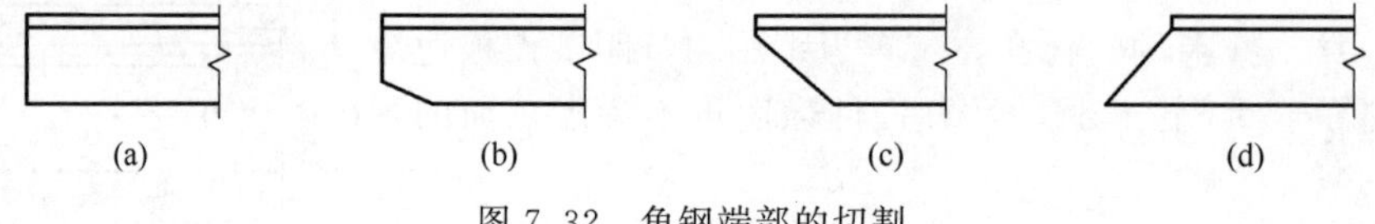

图 7.32 角钢端部的切割

⑥ 支承大型混凝土屋面板的上弦杆，当支承处的总集中荷载（设计值）超过表 7.5 的数值时，弦杆的伸出肢容易弯曲，应对其采用图 7.33 的做法之一予以加强。

表 7.5 弦杆不加强的最大节点荷载

角钢厚度/mm	当钢材为 Q235	8	10	12	14	16
	当钢材为 Q355、Q390	7	8	10	12	14
支承处总集中荷载设计值/kN		25	40	55	75	100

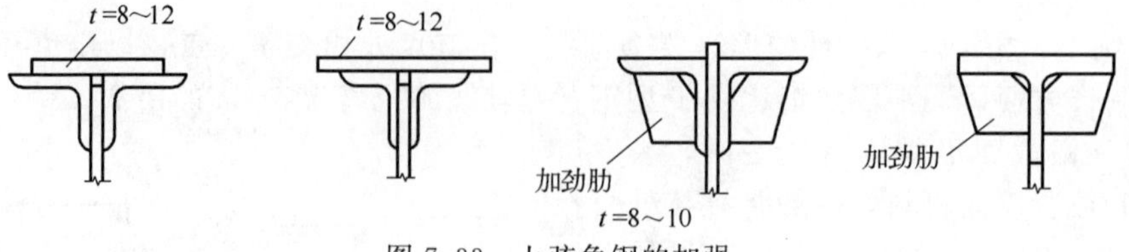

图 7.33 上弦角钢的加强

(2) 角钢桁架的节点设计

角钢桁架是指弦杆和腹杆均用角钢做成的桁架。

① 一般节点。一般节点是指无集中荷载和无弦杆拼接的节点，例如无悬吊荷载的屋架下弦的中间节点（图 7.34）。节点板应伸出弦杆 10～15mm 以便焊接。腹杆与节点板的连接

焊缝按承受轴心力方法计算。弦杆与节点板的连接焊缝，应考虑承受弦杆相邻节间内力之差 $\Delta N=N_2-N_1$，按下列公式计算其焊脚尺寸。

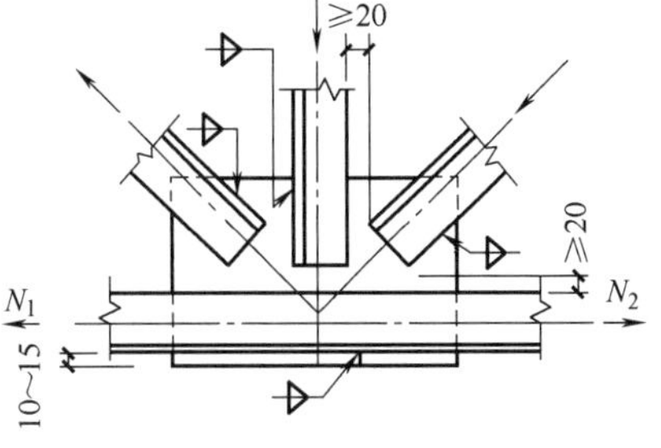

图 7.34 屋架下弦的中间节点

肢背焊缝

$$h_{f1}\geqslant\frac{\alpha_1\Delta N}{2\times0.7l_w f_f^w} \tag{7.8}$$

肢尖焊缝

$$h_{f2}\geqslant\frac{\alpha_2\Delta N}{2\times0.7l_w f_f^w} \tag{7.9}$$

式中 α_1，α_2——内力分配系数，可取 $\alpha_1=\frac{2}{3}$，$\alpha_2=\frac{1}{3}$；

f_f^w——角焊缝强度设计值。

通常因 ΔN 很小，实际所需的焊脚尺寸可由构造要求确定，并沿节点板全长满焊。

② 角钢桁架有集中荷载的节点。为便于大型屋面板或檩条连接角钢的放置，常将节点板缩进上弦角钢背（图 7.35），缩进距离不宜小于（$0.5t+2$）mm，也不宜大于 t，t 为节点板厚度。

角钢背凹槽的塞焊缝可假定只承受屋面集中荷载，按式（7.10）计算其强度。

$$\sigma_f=\frac{Q}{2\times0.7h_{f1}l_w}\leqslant\beta_f f_f^w \tag{7.10}$$

式中 Q——节点集中荷载垂直于屋面的分量；

h_{f1}——焊脚尺寸，取 $h_{f1}=0.5t$；

β_f——正面角焊缝强度增大系数，对承受静力荷载和间接承受动力荷载的屋架，$\beta_f=1.22$；对直接承受动力荷载的屋架，$\beta_f=1.0$。

实际上因 Q 不大，可按构造满焊。

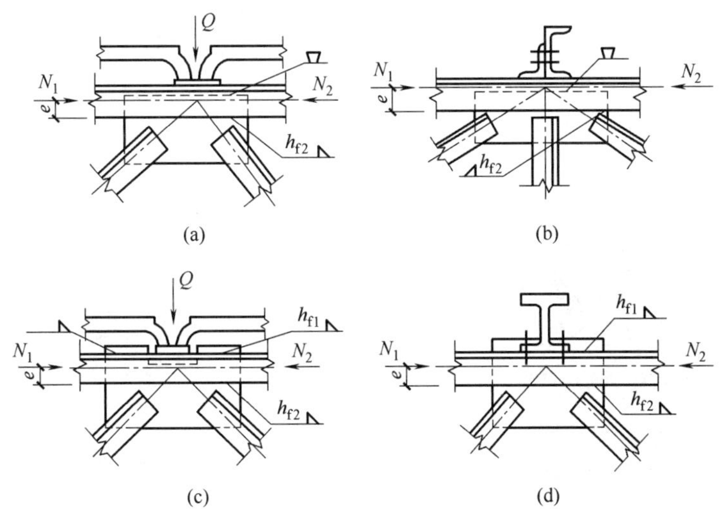

图 7.35 屋架上弦节点

弦杆相邻节间的内力差 $\Delta N=N_2-N_1$，则由弦杆角钢肢尖与节点板的连接焊缝承受，计算时应计入偏心弯矩 $M=\Delta Ne$（e 为角钢肢尖至弦杆轴线距离），按下列公式计算。

对 ΔN

$$\tau=\frac{\Delta N}{2\times 0.7h_{f2}l_w} \tag{7.11}$$

对 M

$$\sigma=\frac{6M}{2\times 0.7h_{f2}l_w} \tag{7.12}$$

验算式为

$$\sqrt{\left(\frac{\sigma_f}{\beta_f}\right)^2+\tau_f^2}\leqslant f_f^w \tag{7.13}$$

式中　h_{f2}——肢尖焊缝的焊脚尺寸。

当节点板向上伸出不妨碍屋面构件的放置，或因相邻弦杆节间内力差 ΔN 较大，肢尖焊缝不满足式（7.13）时，可将节点板部分向上伸出［图 7.35（c）］或全部向上伸出［图 7.35（d）］。此时弦杆与节点板的连接焊缝应按下列公式计算。

肢背焊缝

$$\frac{\sqrt{(\alpha_1\Delta N)^2+(0.5Q)^2}}{2\times 0.7h_{f1}l_{w1}}\leqslant f_f^w \tag{7.14}$$

肢尖焊缝

$$\frac{\sqrt{(\alpha_2\Delta N)^2+(0.5Q)^2}}{2\times 0.7h_{f2}l_{w2}}\leqslant f_f^w \tag{7.15}$$

式中　h_{f1}，l_{w1}——伸出肢背的焊缝焊脚尺寸和计算长度；

h_{f2}，l_{w2}——肢尖焊缝的焊脚尺寸和计算长度。

③ 角钢桁架弦杆的拼接及拼接节点。弦杆的拼接分为工厂拼接和工地拼接两种。工厂拼接用于型钢长度不够或弦杆截面有改变时在制造厂进行的拼接，这种拼接的位置通常在节点范围以外。工地拼接用于屋架分为几个运送单元时在工地进行的拼接，这种拼接的位置一般在节点处，为减轻节点板负担，通常不利用节点板作为拼接材料，而以拼接角钢传递弦杆内力。拼接角钢宜采用与弦杆相同的截面，使弦杆在拼接处保持原有的强度和刚度。为了使拼接角钢与弦杆紧密相贴，应将拼接角钢的棱角铲去。为便于施焊，还应将拼接角钢的竖肢切去 $\Delta=(t+h_f+5)$mm（图 7.36），式中，t 为角钢厚度；h_f 为拼接焊缝的焊脚尺寸。连接角钢截面的削弱，可以由节点板（拼接位置在节点处）或角钢之间的填板（拼接位置在节点范围外）来补偿。

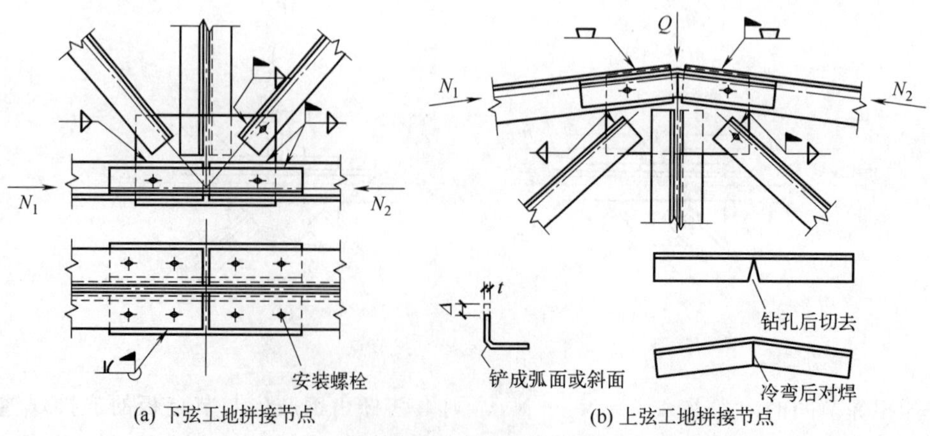

图 7.36　拼接节点

屋脊节点处的拼接角钢，一般采用热弯成形。当屋面坡度较大且拼接角钢肢较宽时，可将角钢竖肢切口再弯折后焊成。工地焊接时，为便于现场安装，拼接节点要设置安装螺栓。此外，为避免双插，应使拼接角钢和节点板不连在同一运输单元上，有时也可把拼接角钢作为单独的运输零件。拼接角钢或拼接钢板的长度，应根据所需焊缝长度决定。接头一侧的连接焊缝总长度应为

$$\sum l_w \geqslant \frac{N}{0.7h_f f_f^w} \tag{7.16}$$

式中 N——杆件的轴心力，取节点两侧弦杆内力的较大值。

双角钢的拼接中，式（7.16）得出的焊缝计算长度$\sum l_w$按四条焊缝平均分配。

弦杆与节点板的连接焊缝，应按式（7.8）和式（7.9）计算，公式中的 ΔN 取为相邻节间弦杆内力之差或弦杆最大内力的15%，两者取较大值。当节点处有集中荷载时，则应采用上述 ΔN 值和集中荷载Q值按式（7.14）和式（7.15）验算。

④ 角钢桁架的支座节点。屋架与柱子的连接可以做成铰接或刚接。支承于混凝土柱或砌体柱的屋架一般都按铰接设计，而屋架与钢柱的连接则可为铰接或刚接。如图7.37所示为三角形屋架的支座节点，如图7.38所示为铰接人字形或梯形屋架支座节点，支于混凝土柱的支座节点由节点板、底板、加劲肋和锚栓组成。支座节点的中心应在加劲肋上，加劲肋起分布支承处支座反力的作用，它还是保证支座节点板平面外刚度的必要零件。为便于施焊，屋架下弦角钢背与支座底板的距离 e（图7.37、图7.38）不宜小于下弦角钢伸出肢的宽度，也不宜小于130mm。屋架支座底板与柱顶用锚栓相连，锚栓预埋于柱顶，直径通常为20～24mm。为便于安装时调整位置，底板上的锚栓孔径宜为锚栓直径的2～2.5倍，屋架就位后再加小垫板套住锚栓并用工地焊缝与底板焊牢，小垫板上的孔径只比锚栓直径大1～2mm。

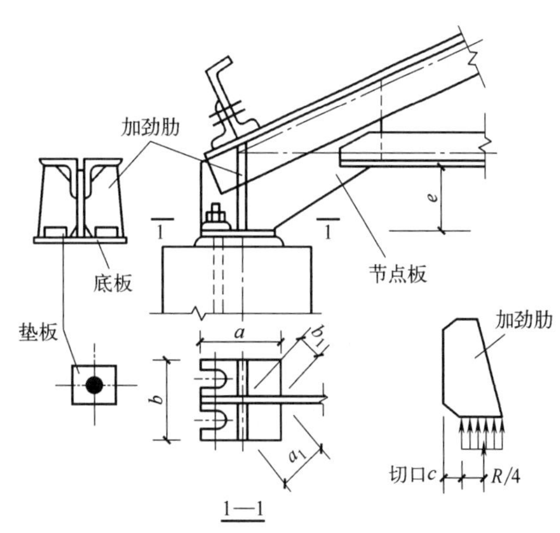

图7.37 三角形屋架的支座节点

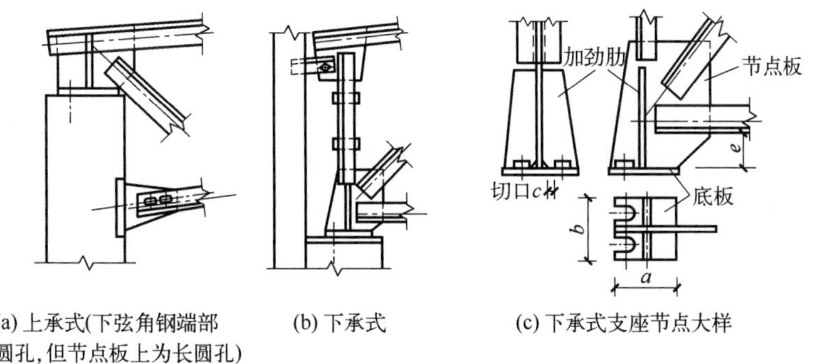

(a) 上承式(下弦角钢端部为圆孔,但节点板上为长圆孔)　(b) 下承式　(c) 下承式支座节点大样

图7.38 铰接人字形或梯形屋架支座节点

支座节点的传力路线是：桁架各杆件的内力通过杆端焊缝传给节点板，然后经节点板与加劲肋之间的垂直焊缝，把一部分力传给加劲肋，再通过节点板、加劲肋与底板的水平焊缝

把全部支座压力传给底板，最后传给支座。因此，对于支座节点应进行以下计算。

支座底板的毛面积应为

$$A=ab\geqslant\frac{R}{f_{\mathrm{c}}}+A_0 \tag{7.17}$$

式中 R——支座反力；

f_{c}——支座混凝土局部承压强度设计值；

A_0——锚栓孔的面积。

按计算需要的底板面积一般较小，主要根据构造要求（锚栓孔直径、位置以及支承的稳定性等）确定底板的平面尺寸。底板的厚度应按底板下柱顶反力（假定为均匀分布）作用产生的弯矩决定。例如，图 7.37 的底板经节点板及加劲肋分隔后成为两相邻边支承的四块板，其单位宽度的弯矩按式（7.18）计算。

$$M=\beta q a_1^2 \tag{7.18}$$

式中 q——底板下反力的平均值，$q=R/(A-A_0)$；

β——系数，由$\frac{b_1}{a_1}$值按表 4.9 查得；

a_1，b_1——对角线长度及其中点至另一对角线的距离（图 7.37）。

底板的厚度应为

$$t\geqslant\sqrt{\frac{6M}{f}} \tag{7.19}$$

为使柱顶反力比较均匀，底板不宜太薄，一般其厚度不宜小于 16mm。

加劲肋的高度由节点板的尺寸决定，其厚度取等于或略小于节点板的厚度。加劲肋可视为支承于节点板上的悬臂梁，一个加劲肋通常假定传递支座反力的 1/4（图 7.37），它与节点板的连接焊缝承受剪力 $V=R/4$ 和弯矩 $M=Vb/4$，并应按式（7.20）验算。

$$\sqrt{\left(\frac{V}{2\times0.7h_{\mathrm{f}}l_{\mathrm{w}}}\right)^2+\left(\frac{6M}{2\times0.7h_{\mathrm{f}}l_{\mathrm{w}}^2\beta_{\mathrm{f}}}\right)^2}\leqslant f_{\mathrm{f}}^{\mathrm{w}} \tag{7.20}$$

底板与节点板、加劲肋的连接焊缝按承受全部支座反力 R 计算。验算式为

$$\sigma_{\mathrm{f}}=\frac{R}{0.7h_{\mathrm{f}}\sum l_{\mathrm{w}}}\leqslant\beta_{\mathrm{f}}f_{\mathrm{f}}^{\mathrm{w}} \tag{7.21}$$

其中焊缝计算长度之和$\sum l_{\mathrm{w}}=2a+2(b-t-2c)-12h_{\mathrm{f}}$，$t$ 和 c 分别为节点板厚度和加劲肋切口宽度（图 7.37、图 7.38）。

(3) T 型钢做弦杆的屋架节点

采用 T 型钢做屋架弦杆，当腹杆也用 T 型钢或单角钢时，腹杆与弦杆的连接不需要节点板，直接焊接可省工省料；当腹杆采用双角钢时，有时需设节点板（图 7.39），节点板与弦杆采用对接焊缝，此焊缝承受弦杆相邻节间的内力差 $\Delta N=N_2-N_1$ 以及内力差产生的偏心弯矩 $M=\Delta Ne$，可按下式进行计算。

$$\tau=\frac{1.5\Delta N}{l_{\mathrm{w}}t}\leqslant f_{\mathrm{v}}^{\mathrm{w}} \tag{7.22}$$

$$\sigma=\frac{\Delta Ne}{\frac{1}{6}l_{\mathrm{w}}^2t}\leqslant f_{\mathrm{t}}^{\mathrm{w}}\ 或\ f_{\mathrm{c}}^{\mathrm{w}} \tag{7.23}$$

式中 l_{w}——由斜腹杆焊缝确定的节点板长度，若无引弧板施焊时要除去弧坑；

t——节点板厚度，通常取与 T 型钢腹板等厚或相差不超过 1mm；

f_v^w——对接焊缝抗剪强度设计值；

f_t^w，f_c^w——对接焊缝抗拉、抗压强度设计值。

角钢腹杆与节点板的焊缝计算同角钢桁架，由于节点板与T型钢腹板等厚（或相差1mm），所以腹杆可伸入T型钢腹板（图7.39），这样可减小节点板尺寸。

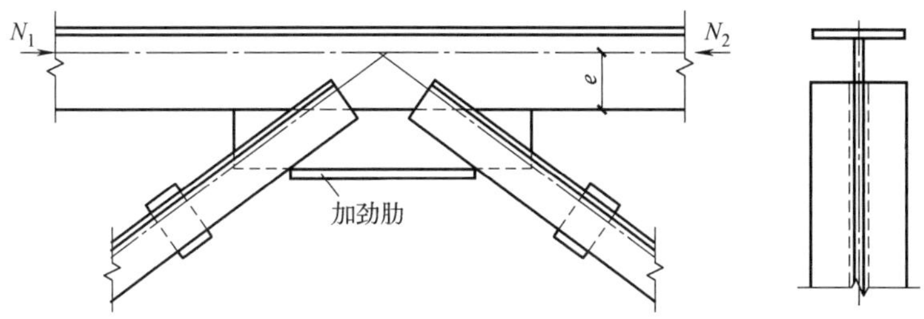

图7.39 T型钢做弦杆的屋架节点

7.3.3.6 连接节点处板件的计算

① 连接节点处的板件在拉、剪作用下的强度，必要时（例如节点板厚度不满足表7.4的要求）应按下列公式计算（图7.40）。

$$\frac{N}{\sum(\eta_i A_i)} \leqslant f \tag{7.24}$$

$$\eta_i = \frac{1}{\sqrt{1+2\cos^2\alpha_i}} \tag{7.25}$$

式中 N——作用于板件的拉力；

A_i——第 i 段破坏面的截面积，当为螺栓（或铆钉）连接时取净截面面积，$A_i = tl_i$；

t——板件的厚度；

l_i——第 i 破坏段的长度，应取板件中最危险的破坏线的长度（图7.40）；

η_i——第 i 段的拉剪折算系数；

α_i——第 i 段破坏线与拉力轴线的夹角。

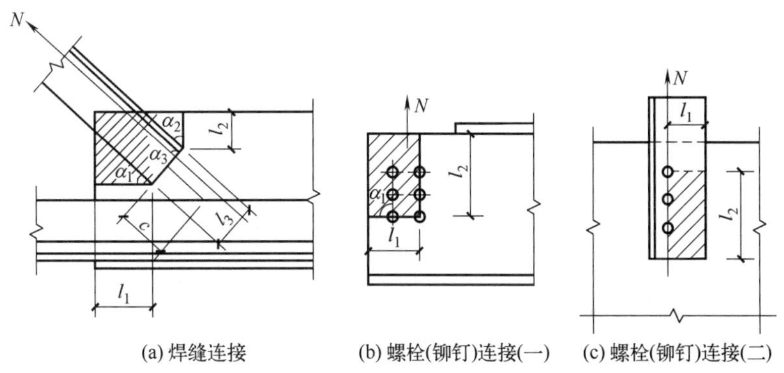

图7.40 板件的拉、剪撕裂

压型钢板	$0.15\times\frac{\sqrt{101}}{10}=0.151\text{kN/m}^2$
檩条	0.10kN/m^2
屋架及支撑自重	$0.01L=0.30\text{kN/m}^2$
合计	0.551kN/m^2

② 角钢桁架节点板的强度除按式（7.24）验算外，也可用有效宽度法按式（7.26）计算。

$$\sigma=\frac{N}{b_e t}\leqslant f \tag{7.26}$$

式中 b_e——板件的有效宽度（图 7.41），当用螺栓（或铆钉）连接时，应取净宽度［图 7.41（b）］，图中 θ 为应力扩散角，可取为 30°。

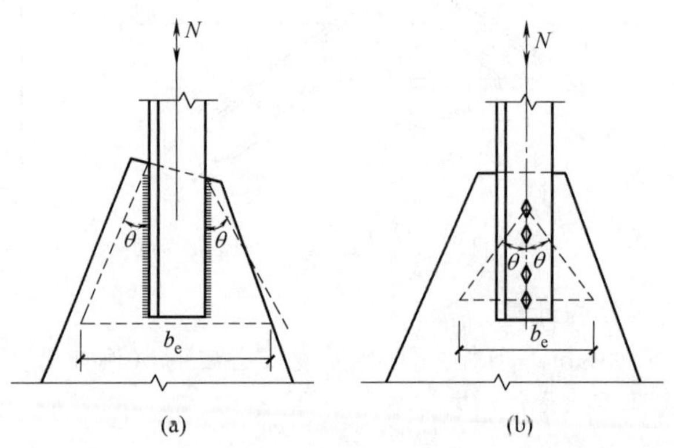

图 7.41 板件的有效宽度

③ 为了保证桁架节点板在斜腹杆压力作用下的稳定性，受压腹杆连接肢端面中点沿腹杆轴线方向至弦杆边缘的净距离 c［图 7.40（a）］，应满足下列条件：

a. 对有竖腹杆或无竖腹杆但自由边有加劲肋（图 7.40）的节点板，$c/t\leqslant 15\sqrt{235/f_y}$；

b. 对无竖腹杆且自由边无加劲肋的节点板，$c/t\leqslant 10\sqrt{235/f_y}$ 且 $N\leqslant 0.8b_c tf$。

④ 在采用上述方法计算节点板的强度和稳定时，尚应满足下列要求：

a. 节点板边缘与腹杆轴线之间的夹角应不小于 15°；

b. 斜腹杆与弦杆的夹角应在 30°～60°之间；

c. 节点板的自由边长度 l_f 与厚度 t 之比不得大于 $60\sqrt{235/f_y}$，否则应根据构造要求沿自由边设加劲肋予以加强。

7.3.3.7 【例 7.1】简支人字形屋架的设计

(1) 设计资料

某厂房长 96m，高度 20m，屋面坡度 1/10。已知柱距 12m，跨度 30m，采用人字形屋架，铰支于钢筋混凝土柱上。屋面材料为长尺压型钢板，轧制 H 型钢檩条的水平间距为 5m。基本风压为 0.5kN/m^2，雪荷载为 0.20kN/m^2，钢材采用 Q235B，手工焊条采用 E4315（低氢型）。

(2) 屋架尺寸，支撑布置

屋架计算跨度 $L_0=L=30000$mm，端部及中部高度均取 2000mm 。屋架杆件几何长度及内力设计值见图 7.42 屋盖支撑布置见图 7.43。

(3) 荷载、内力计算及内力组合

① 永久荷载（水平投影面）：对支承轻型屋面的屋架，自重可按 $0.01L$ 估算，L 为屋架的跨度。

② 因屋架受荷水平投影面积超过 60m^2，故屋面均布活荷载取为（水平投影面）0.30kN/m^2，大于雪荷载，故不考虑雪荷载。

③ 风荷载：风荷载高度变化系数为 1.23，屋面迎风面的体形系数为－0.6，背风面的体

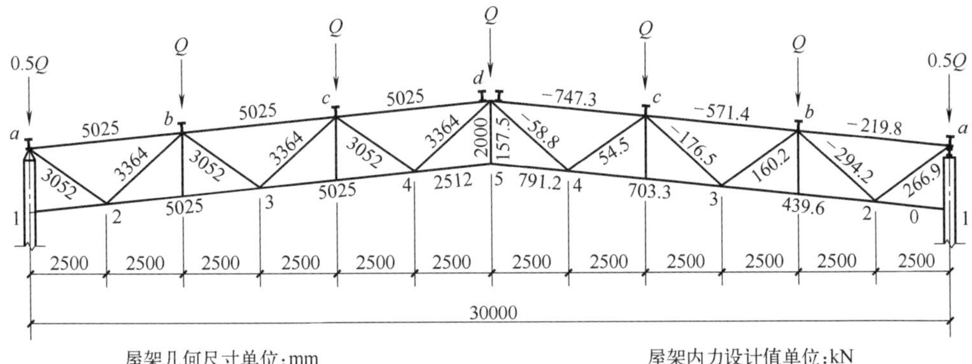

图 7.42 屋架杆件几何长度及内力设计值

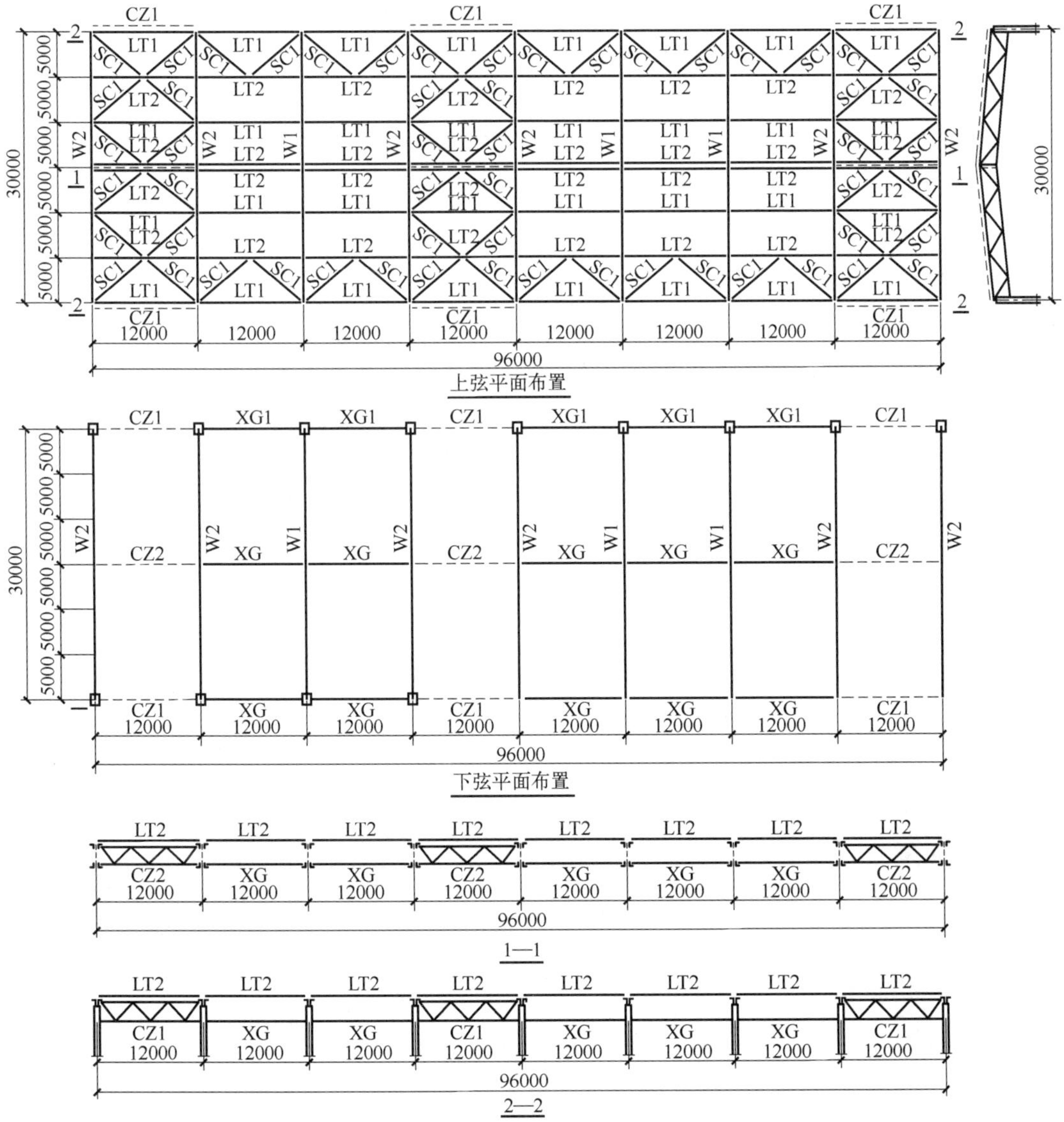

图 7.43 屋盖支撑布置

形系数为−0.5，所以负风压的设计值（垂直于屋面）如下。

迎风面：$\omega_1=-1.5\times0.6\times1.23\times0.5=-0.554$（$kN/m^2$）。

背风面：$\omega_2=-1.5\times0.5\times1.23\times0.5=-0.461$（$kN/m^2$）。

ω_1 和 ω_2 垂直于水平面的分力未超过荷载分项系数取 1.0 时的永久荷载，故拉杆的长细比依然控制在 350 以内。

④ 上弦节点集中荷载设计值。按持久设计状况的基本组合的最不利值计算。

$$Q=(1.3\times0.551+1.5\times1.0\times0.30)\times5\times12=69.98\ (kN)$$

⑤ 内力计算。跨度中央每侧各两根腹杆，在半跨荷载作用下可能反号，按压杆控制长细比，不考虑半跨荷载作用情况，只计算全跨满载时的杆件内力。以数解法（截面法、节点法）求出各杆件内力，见图 7.42。

(4) 杆件截面选择

腹杆最大内力 $N=294.2kN$，因本屋架最大内力所在节点无竖腹杆又无加劲肋加强，应将最大压力乘以 1.25（等于−367.75kN），查表 7.4，选用中间节点板厚度 $t=10mm$。

① 上弦。整个上弦不改变截面，按最大内力计算。$N_{max}=-747.3kN$，$l_{ox}=l_{oy}=502.5cm$。

选用 TM195×300×10×16，$A=68.37cm^2$，$i_{ox}=5.03cm$，$i_{ox}=7.26cm$，$z_o=3.4cm$。

$$\lambda_x=\frac{l_{ox}}{i_x}=\frac{502.5}{5.03}=99.9<[\lambda]=150$$

$$\lambda_y=\frac{l_{oy}}{i_y}=\frac{502.5}{7.26}=69.2<[\lambda]=150$$

对于单轴对称截面，其绕对称轴的失稳为弯扭屈曲，应采用换算长细比 λ_{yz}。

$$\lambda_{yz}=\left[\frac{(\lambda_y^2+\lambda_z^2)+\sqrt{(\lambda_y^2+\lambda_z^2)^2-4\times\left(1-\frac{y_s^2}{i_0^2}\right)\lambda_y^2\lambda_z^2}}{2}\right]^{\frac{1}{2}}$$

其中

$$y_s^2=\left(z_0-\frac{t_2}{2}\right)^2=(3.4-0.8)^2=6.76\ (cm^2)$$

$$i_0^2=y_s^2+i_x^2+i_y^2=6.76+5.03^2+7.26^2=84.77\ (cm^2)$$

$$I_t=\frac{k}{3}\sum_{i=1}^{2}b_it_i^3=\frac{1.15}{3}[(19.5-1.6)\times1.0^3+30\times1.6^3]=53.97\ (cm^4)$$

$$I_w=0$$

$$\lambda_z^2=\frac{I_0^2}{\frac{I_t}{25.7}+\frac{I_w}{l_w^2}}=\frac{i_0^2A}{\frac{I_t}{25.7}+\frac{I_w}{l_w^2}}=\frac{84.77\times68.37}{\frac{53.97}{25.7}}=2759.9$$

$$\lambda_{yz}=\left[\frac{(69.2^2+2759.9)+\sqrt{(69.2^2+2759.9)^2-4\times\left(1-\frac{6.76}{84.77}\right)69.2^2\times2759.9}}{2}\right]^{\frac{1}{2}}$$

$$=72.23<\lambda_x=99.9$$

由 λ_x 查得 $\varphi_x=0.555$（b 类）。

$$\frac{N}{\varphi_x Af}=\frac{747.3\times10^3}{0.555\times68.37\times10^2\times215}=0.916<1.0$$

② 下弦。下弦也不改变截面，按最大内力计算，$N_{max}=791.2\text{kN}$，$l_{ox}=502.5\text{cm}$，$l_{oy}=1500\text{cm}$。

$$A=\frac{N}{f}=\frac{791.2\times10^3}{215}=3680\ (\text{mm}^2)$$

$$i_x\geqslant\frac{l_{ox}}{[\lambda]}=\frac{502.5}{350}=1.44\ (\text{cm})$$

$$i_y\geqslant\frac{l_{oy}}{[\lambda]}=\frac{1500}{350}=4.29\ (\text{cm})$$

选用 TW125×250×9×14，$A=46.09\text{cm}^2$，$i_x=2.99\text{cm}$，$i_y=6.29\text{cm}$，$z_0=2.08\text{cm}$。

$$\sigma=\frac{N}{A}=\frac{791.2\times10^3}{46.09\times10^2}=171.7(\text{N/mm}^2)<f=215\text{N/mm}^2$$

$$\lambda_x=\frac{l_{ox}}{i_x}=\frac{502.5}{2.99}=168.1<[\lambda]=350$$

$$\lambda_y=\frac{l_{oy}}{i_y}=\frac{1500}{6.29}=238.5<[\lambda]=350$$

③ 斜腹杆。

a. 杆件 a-2：$N=266.9\text{kN}$，$l_{ox}=l_{oy}=305.2\text{cm}$。

选用 2∟75×50×6（长肢相并），$A=14.52\text{cm}^2$，$i_x=2.38\text{cm}$，$i_y=2.23\text{cm}$。

$$\lambda_x<\lambda_y=\frac{l_{oy}}{i_y}=\frac{305.2}{2.23}=136.9<[\lambda]=350$$

$$\sigma=\frac{N}{A}=\frac{266.9\times10^3}{14.52\times10^2}=183.8(\text{N/mm}^2)<f=215\text{N/mm}^2$$

填板放两块，$l_a=101.7\text{cm}<80i_1=80\times1.42=113.6$（cm）。

b. 杆件 b-2：$N=-294.2\text{kN}$，$l_{ox}=0.8l=0.8\times336.4=269.1$（cm），$l_{oy}=l=336.4\text{cm}$。

选用 2∟90×7，$A=24.6\text{cm}^2$，$i_x=2.78\text{cm}$，$i_y=4.07\text{cm}$。

$$\lambda_x=\frac{l_{ox}}{i_x}=\frac{269.1}{2.78}=96.8<[\lambda]=150$$

$$\lambda_y=\frac{l_{oy}}{i_y}=\frac{336.4}{4.07}=82.7<[\lambda]=150$$

因为

$$\lambda_z=3.9\frac{b}{t}=3.9\times\frac{9}{0.7}=50.1<\lambda_y$$

所以

$$\lambda_{yz}=\lambda_y\left[1+0.16\left(\frac{\lambda_z}{\lambda_y}\right)^2\right]=82.7\times\left[1+0.16\times\left(\frac{50.1}{82.7}\right)^2\right]=87.6<[\lambda]=150$$

由 $\lambda_x>\lambda_{yz}$，再由 λ_x 查得 $\varphi_x=0.576$（b 类）。

$$\frac{N}{\varphi_x Af}=\frac{294.2\times10^3}{0.576\times24.6\times10^2\times215}=0.966<1.0$$

填板放两块，$l_a=112.1\text{cm}\approx40i_1=40\times2.78=111.2$（cm）。

c. 杆件 b-3：$N=160.2\text{kN}$，$l_{ox}=0.8l=0.8\times305.2=244.2$（cm），$l_{oy}=l=305.2\text{cm}$。

选用 2∟50×5，$A=9.6\text{cm}^2$，$i_x=1.53\text{cm}$，$i_y=2.45\text{cm}$。

$$\lambda_x=\frac{l_{ox}}{i_x}=\frac{244.2}{1.53}=159.6<[\lambda]=350$$

$$\lambda_y=\frac{l_{oy}}{i_y}=\frac{305.2}{2.45}=124.6<[\lambda]=350$$

$$\frac{N}{A}=\frac{160.2\times10^3}{9.6\times10^2}=166.9(\text{N/mm}^2)<f=215\text{N/mm}^2$$

填板放两块，$l_a=101.7\text{cm}<80i_1=80\times1.53=122.4$（cm）

其余杆件截面见表 7.6，需要注意的是连接垂直支撑的中央竖杆采用十字形截面，其斜平面计算 $l_o=0.9l$。

表 7.6 人字形屋架杆件截面选用

杆件名称	杆件号	内力设计值 N /kN	计算长度/m l_{ox}	计算长度/m l_{oy}	选用截面	截面面积 /cm²	受力类型	长细比 λ_{ox}	长细比 $\lambda_y(\lambda_{yz})$	φ_{min}	计算应力 /(N/mm²)	容许长细比 [λ]	肢背和肢尖焊缝 /mm	节间填板数量 /块
上弦杆	a-b	−219.8	5.025	5.025	TM195×300×10×16	68.37	压杆	99.9	69.2 (72.21)	0.555	196.9	150	—	—
下弦杆	1-2	0	5.025	15.000	TW125×250×9×14	46.09	拉杆	168.1	238.5	—	171.7	350	—	—
	2-3	439.6												
	3-4	703.3												
	4-5	791.2												
斜腹杆	a-2	266.9	3.052	3.052	2∟75×50×6	14.52	拉杆	128.2	136.9	—	183.8	350	6-150 5-90	2
	b-2	−294.2	0.8×3.364 =2.691	3.364	2∟90×7	24.60	压杆	96.8	82.7 (87.6)	0.576	207.6	150	6-160 5-100	2
	b-3	160.2	0.8×3.052 =2.442	3.052	2∟50×5	9.60	拉杆	159.6	124.6	—	166.9	350	6-95 5-60	2
	c-3	−176.5	0.8×3.364 =2.691	3.364	2∟80×6	18.8	压杆	108.9	92.2 (96.9)	0.500	187.8	150	6-100 5-60	3
	c-4	54.5	0.8×3.052 =2.442	3.052	2∟63×5	12.28	拉杆	125.9	103.1	—	44.4	150	6-60 5-60	3
	d-4	−58.8	0.8×3.364 =2.691	3.364	2∟63×5	12.28	压杆	138.7	113.6 (117.0)	0.350	136.8	150	6-60 5-60	3
竖腹杆	d-5	157.5	0.9×2.000 =1.800		2∟50×5 十字形截面	9.60	拉杆	62.3	93.8		164.1	200	6-90 5-60	4

注：屋架跨中两侧的斜腹杆 c-4 和 d-4 在半跨荷载作用下内力可能反号，允许长细比按压杆控制，取 150。

(5) 节点设计

由于上弦杆腹板厚度为 10mm，下弦杆腹板厚度为 9mm，故支座节点和中间节点的节点板厚度均取用 10mm。

① 下弦节点“2”（图 7.44）。先算腹杆与节点板的连接焊缝：a-2 杆肢背及肢尖焊缝的焊脚尺寸取 $h_{f1}=6\text{mm}$，$h_{f2}=5\text{mm}$，则所需焊缝长度如下。

肢背：$l_{w1}=\dfrac{\frac{2}{3}\times266.9\times10^3}{2\times0.7\times6\times160}+12=144.4$（mm），取 150mm。

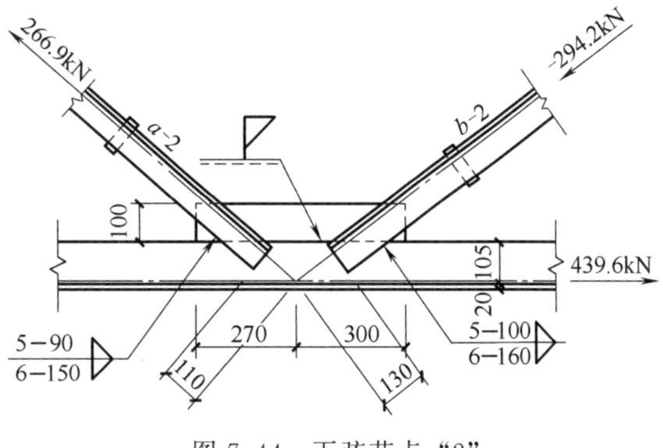

图 7.44　下弦节点“2”

肢尖：$l_{w2}=\dfrac{\frac{1}{3}\times 266.9\times 10^3}{2\times 0.7\times 6\times 160}+10=89.4$（mm），取 90mm。

腹杆 b-2 的杆端焊缝同理计算，肢背用 6-160，肢尖用 5-100。

验算下弦杆与节点板连接焊缝，内力差 $\Delta N=439.6\text{kN}$。由斜腹杆焊缝决定的节点板尺寸，量得实际节点板长度为 570mm，钢板厚度为 10mm，考虑起、灭弧的影响，对接焊缝计算长度取 $570-2\times 10=550$（mm）。此对接焊缝承受剪力 $V=439.6\text{kN}$，弯矩 $M=439.6\times 10.5=4615.8$（kN·cm）。

剪应力

$$\tau=\frac{1.5V}{l_w t}=\frac{1.5\times 439.6\times 10^3}{550\times 10}=119.9(\text{N/mm}^2)<f_v^w=125\text{N/mm}^2$$

弯曲应力

$$\sigma=\frac{M}{W}=\frac{4615.8\times 10^4}{\frac{1}{6}\times 9\times 550^2}=101.7(\text{N/mm}^2)<f_t^w=215\text{N/mm}^2$$

② 上弦节点“b”（图 7.45）。此上弦节点连接 b-2 和 b-3 两根腹杆，经计算，b-2 杆端焊缝：肢背 6-160，肢尖 5-100；而 b-3 杆端焊缝：肢背 6-95，肢尖 5-60（表 7.6）。由于上弦杆腹板较宽，经用大样图核实，此节点可以将腹杆直接焊在腹板上，而不必另加节点板（图 7.45）。

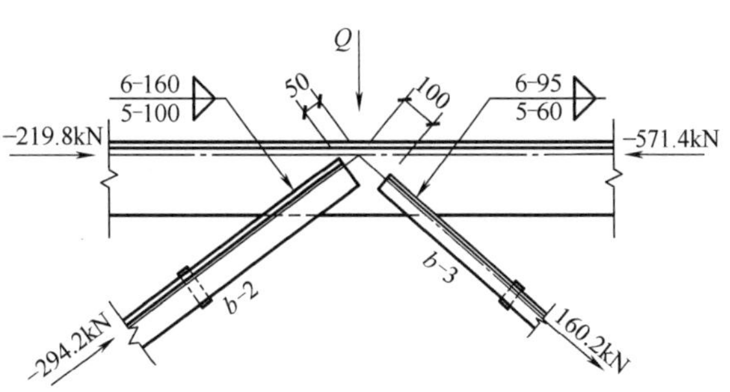

图 7.45　上弦节点“b”

上弦节点“c”的构造与节点“b”类似。

③ 屋脊节点“d”（拼接节点）（图 7.46）。腹杆杆端焊缝计算从略。弦杆的拼接采用水平盖板和竖向拼接板连接，水平盖板（宽 340mm，厚 16mm）和竖向拼接板（宽 120mm，厚 10mm）与 T 字形钢弦杆的翼缘和腹板等强度连接，计算如下。

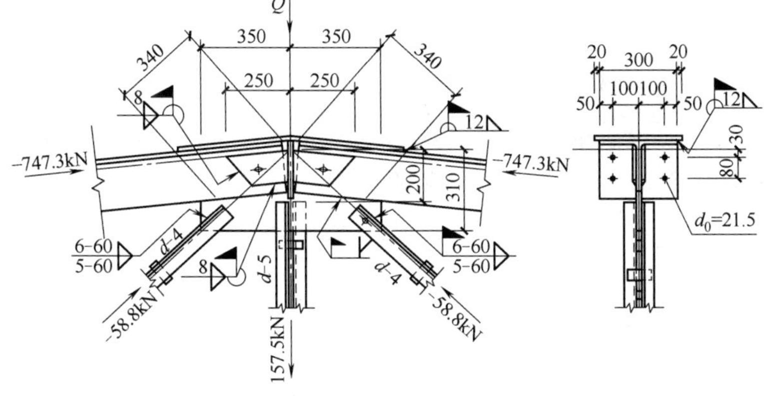

图 7.46　屋脊节点“d”

翼缘焊缝（采用 $h_{f1}=12\text{mm}$）

$$N_{翼}=300\times16\times215=1032000\ (\text{N})=1032\ (\text{kN})$$

$$l_w=\frac{1032\times10^3}{2\times0.7\times12\times160}=384\ (\text{mm})$$

水平盖板长

$$L=2\times384+10\times2\times19.5+4\times12=865\ (\text{mm})\approx870\text{mm}$$

腹板焊缝（采用 $h_{f1}=8\text{mm}$）

$$N_{腹板}=(195-16)\times10\times215=384850\ (\text{N})$$

$$l_w=\frac{384850}{2\times0.7\times8\times160}=214.8\ (\text{mm})$$

竖向拼接板的内侧不能焊接，将其端部切斜以便施焊。竖向拼接板长 $L=500\text{mm}$，其端部和外侧纵焊缝已超过需要的焊缝长度。

④ 支座节点“a”（图 7.47）。弦杆与支座节点板的对接焊缝计算，此焊缝承受如下力和力矩。

$$V=N=219.8\text{kN}$$
$$M=Ve=219.8\times16=3516.8\ (\text{kN}\cdot\text{cm})$$

剪应力

$$\tau=\frac{1.5V}{l_w t}=\frac{1.5\times219.8\times10^3}{(420-20)\times10}=82.4(\text{N/mm}^2)<f_v^w=125\text{N/mm}^2$$

弯曲应力

$$\sigma=\frac{M}{W}=\frac{3516.8\times10^4}{\frac{1}{6}\times(420-20)^2\times10}=132(\text{N/mm}^2)<f_t^w=185\text{N/mm}^2$$

杆端焊缝计算从略。

现计算底板及加劲肋等。

底板计算如下。

支反力 $R=209.94\text{kN}$，$f_c=9.6\text{N/mm}^2$，所需底板净面积

$$A_n=\frac{209.94\times10^3}{9.6}=21868\ (\text{mm}^2)\approx218.7\text{cm}^2$$

锚栓直径 $d=24\text{mm}$，锚栓孔直径为 50mm，则需底板毛面积

$$A=A_n+A_0=218.7+2\times4\times5+\frac{3.14\times5^2}{4}=268.3\ (\text{cm}^2)$$

按构造要求采用底板面积 $ab=28\times28=784(\text{cm}^2)>268.3\text{cm}^2$，垫板采用- 100mm×100mm×20mm，孔径 26mm。底板实际应力

$$A_n=784-2\times4\times5-\frac{3.14\times5^2}{4}=734.4\ (\text{cm}^2)$$

$$q=\frac{209.94\times10^3}{734.4\times10^2}=2.86\ (\text{N/mm}^2)$$

$$a_1=\left(140-\frac{10}{2}\right)\times\sqrt{2}=191\ (\text{mm})$$

$$b_1=\frac{a_1}{2}=95.5\ (\mathrm{mm})$$

$b_1/a_1=0.5$，查表 4.9 得 $\beta=0.056$，则

$$M=\beta q a_1^2=0.056\times2.86\times191^2=5843\ (\mathrm{N\cdot mm})$$

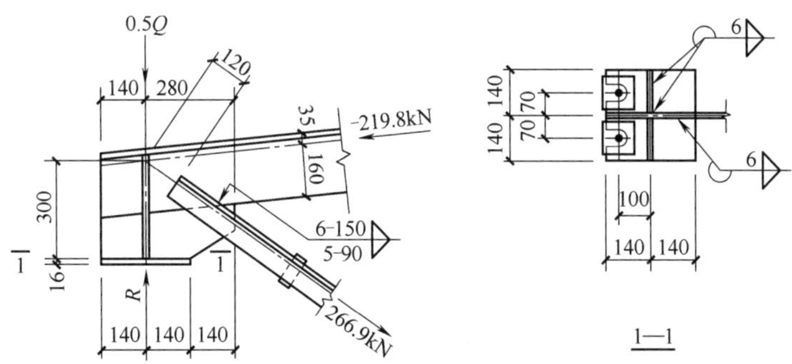

图 7.47 支座节点"a"

所需底板厚度

$$t\geqslant\sqrt{\frac{6M}{f}}=\sqrt{\frac{6\times5843}{205}}=13.1\ (\mathrm{mm})$$

用 $t=16\mathrm{mm}$，底板尺寸为- 280mm×280mm×16mm。

加劲肋与节点板连接焊缝计算。

一个加劲肋的连接焊缝所承受的内力取为

$$V=\frac{R}{4}=\frac{209.94}{4}=52.5\ (\mathrm{kN})$$

$$M=Ve=52.5\times\frac{13.5}{2}=354.4\ (\mathrm{kN\cdot cm})$$

加劲肋厚度取与中间节点板- 316mm×135mm×10mm 相同。采用 $h_f=6\mathrm{mm}$，验算焊缝应力：焊缝计算长度 $l_w=316-2\times16-2\times6=264\ (\mathrm{mm})$。

对 V

$$\tau_f=\frac{52.5\times10^3}{2\times0.7\times6\times264}=23.7\ (\mathrm{N/mm^2})$$

对 M

$$\sigma_f=\frac{6\times354.4\times10^4}{2\times0.7\times6\times264^2}=36.3\ (\mathrm{N/mm^2})$$

$$\sqrt{\left(\frac{36.3}{1.22}\right)^2+23.7^2}=38.0(\mathrm{N/mm^2})<f_f^w=160\mathrm{N/mm^2}$$

节点板、加劲肋与底板连接焊缝计算。

采用 $h_f=6\mathrm{mm}$，实际的焊缝总长度

$$\sum l=2(280+115\times2)-6\times6\times2=948\ (\mathrm{mm})$$

焊缝设计应力

$$\sigma_f=\frac{209.94\times10^3}{0.7\times6\times948}=52.7(\mathrm{N/mm^2})<\beta_f f_f^w=1.22\times160=195.2\ (\mathrm{N/mm^2})$$

人字形屋架施工图见图 7.48。

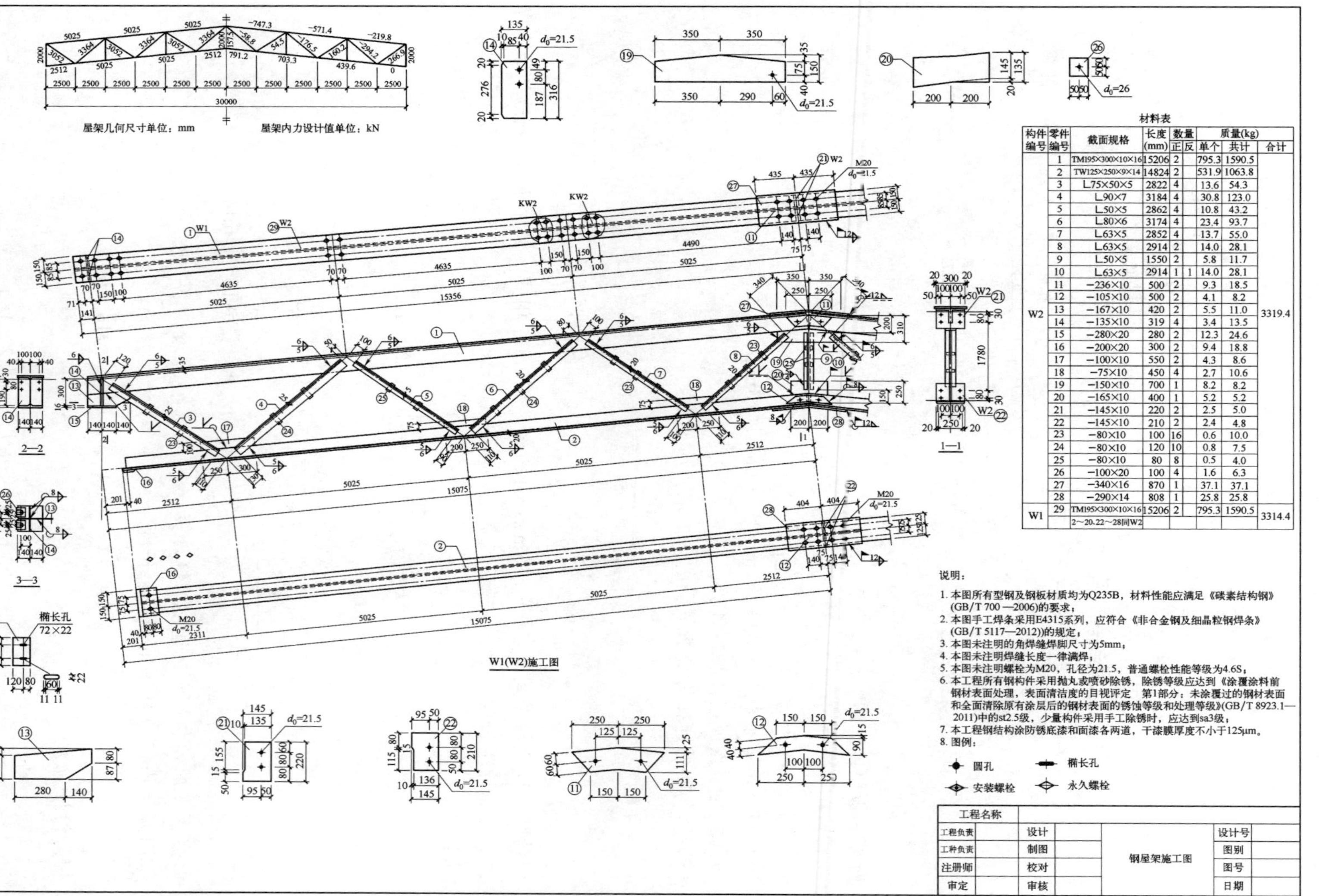

材料表

构件编号	零件编号	截面规格	长度(mm)	数量 正	数量 反	质量(kg) 单个	质量(kg) 共计	合计
W2	1	TM195×300×10×16	15206	2		795.3	1590.5	3319.4
	2	TW125×250×9×14	14824	2		531.9	1063.8	
	3	L75×50×5	2822	4		13.6	54.3	
	4	L90×7	3184	4		30.8	123.0	
	5	L50×5	2862	4		10.8	43.2	
	6	L80×6	3174	4		23.4	93.7	
	7	L63×5	2852	4		13.7	55.0	
	8	L63×5	2914	2		14.0	28.1	
	9	L50×5	1550	2		5.8	11.7	
	10	L63×5	2914	1	1	14.0	28.1	
	11	−236×10	500	2		9.3	18.5	
	12	−105×10	500	2		4.1	8.2	
	13	−167×10	420	2		5.5	11.0	
	14	−135×10	319	4		3.4	13.5	
	15	−280×20	280	2		12.3	24.6	
	16	−200×20	300	2		9.4	18.8	
	17	−100×10	550	2		4.3	8.6	
	18	−75×10	450	4		2.7	10.6	
	19	−150×10	700	1		8.2	8.2	
	20	−165×10	400	1		5.2	5.2	
	21	−145×10	220	2		2.5	5.0	
	22	−145×10	210	2		2.4	4.8	
	23	−80×10	100	16		0.6	10.0	
	24	−80×10	120	10		0.8	7.5	
	25	−80×10	80	8		0.5	4.0	
	26	−100×20	100	4		1.6	6.3	
	27	−340×16	870	1		37.1	37.1	
	28	−290×14	808	1		25.8	25.8	
W1	29	TM195×300×10×16	15206	2		795.3	1590.5	3314.4
		2～20、22～28同W2						

图 7.48 人字形屋架施工图

7.3.3.8　梯形屋架设计例题

(1) 设计资料

某车间长 102m，跨度 30m，柱距 6m。车间内设有两台 20t/5t 中级工作制吊车。工作温度高于－20℃，地震设防烈度为 7 度。采用 1.5m×6m 预应力钢筋混凝土大型屋面板，8cm 厚泡沫混凝土保温层，卷材屋面，屋面坡度 $i=1/10$。雪荷载为 0.5kN/m^2，积灰荷载为 0.65kN/m^2。屋架铰支在钢筋混凝土柱上，上柱截面为 400mm×400mm，混凝土强度等级为 C20。要求设计钢屋架并绘制施工图（对支承重型屋面的钢屋架，自重可按 $0.12+0.011L$ 估算，单位为 kN/m^2，L 为屋架的跨度，单位为 m）。

(2) 屋架形式、尺寸、材料选择及支撑布置

本例为无檩屋盖方案，$i=1/10$，采用平坡再分式梯形屋架。屋架计算跨度 $L_0=30000\text{mm}$，端部高度取 $H_0=2000\text{mm}$，中部高度 $H_0=3500\text{mm}$，屋架杆件几何长度见图 7.49。根据建造地区的计算温度和荷载性质，钢材采用 Q235B。手工焊条采用 E4315（低氢型）。

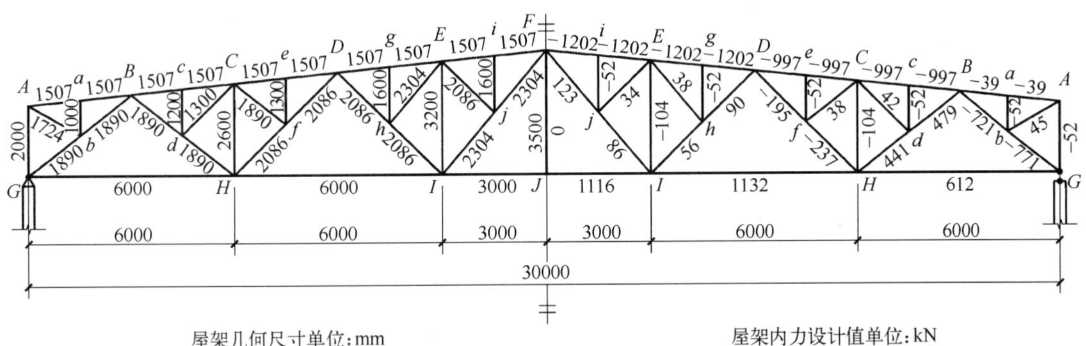

图 7.49　梯形屋架杆件几何长度及内力设计值

根据车间长度、屋架跨度和荷载情况，设置上下弦横向水平支撑、垂直支撑和系杆，见图 7.50，因连接孔和连接零件上有区别，图中钢屋架给了 W1、W2 和 W3 三种编号。

(3) 荷载和内力计算

① 荷载计算。

两毡三油上铺小石子	0.35kN/m^2
找平层（7cm 厚）	0.40kN/m^2
泡沫混凝土保温层（8cm 厚）	0.50kN/m^2
预应力混凝土大型屋面板（包括灌缝）	1.40kN/m^2
悬挂管道	0.10kN/m^2
屋架和支撑自重	$0.12+0.011L=0.12+0.011\times30=0.45\ (\text{kN/m}^2)$
恒荷载总和	3.20kN/m^2
活荷载（或雪荷载）	0.50kN/m^2
积灰荷载	0.65kN/m^2
可变荷载总和	1.15kN/m^2

屋面坡度不大，对荷载影响小，不考虑坡度的影响。风荷载对屋面为吸力，重屋盖可不考虑。

② 荷载组合。一般考虑全跨荷载，对跨中的部分斜杆可考虑半跨荷载，本例在设计杆件截面时，将跨度中央每侧各两根斜腹杆均按压杆控制其长细比，不必考虑半跨荷载作用情

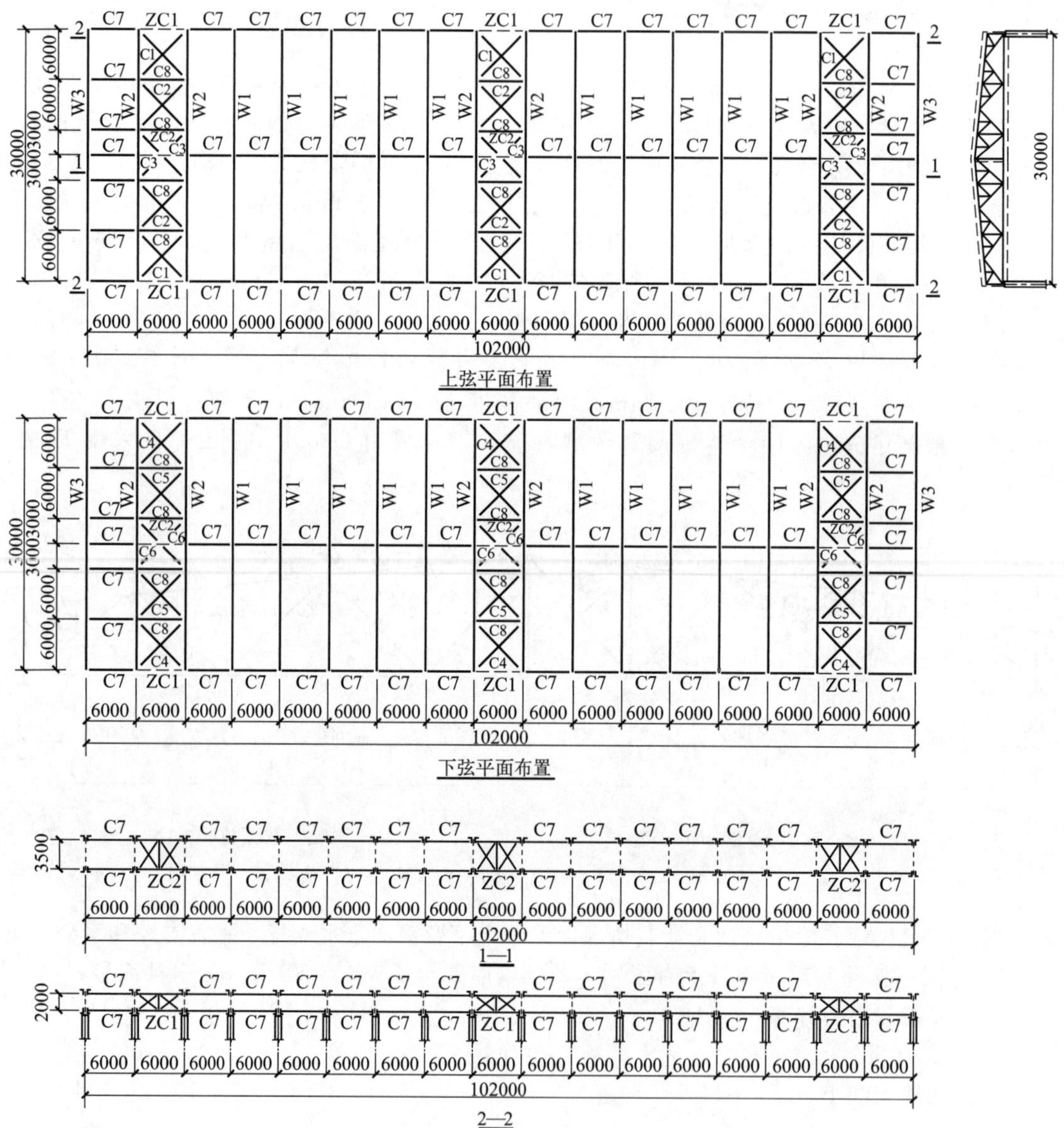

图 7.50 梯形屋架屋面支撑布置

况，只计算全跨满载时的杆件内力。

节点荷载设计值：按持久设计状况的基本组合的最不利值计算节点荷载（永久荷载分项系数 $\gamma_G=1.3$；屋面活荷载或雪荷载分项系数 $\gamma_{Q1}=1.5$，组合系数 $\psi_1=0.7$；积灰荷载分项系数 $\gamma_{Q2}=1.5$，组合系数 $\psi_2=0.9$）。

$F_{d1}=(1.3\times3.2+1.5\times1.0\times0.5+1.5\times1.0\times0.9\times0.65)\times1.5\times6=52.1\ (\text{kN})$

$F_{d2}=(1.3\times3.2+1.5\times1.0\times0.65+1.5\times1.0\times0.7\times0.5)\times1.5\times6=50.9\ (\text{kN})$

故节点荷载取最不利荷载组合 52.1kN 计算。

支座反力

$$R_d=10F_d=521\ (\text{kN})$$

③ 内力计算。用图解法或数解法皆可解出全跨荷载作用下，架杆件的内力，其内力设计值见图 7.49。

(4) 截面选择

腹杆最大内力为 771kN，查表 7.4，选用中间节点板厚度 $t=14\text{mm}$，支座节点板厚度 16mm。

① 上弦。整个上弦不改变截面，按最大内力计算。$N_{\max}=-1202\text{kN}$，$l_{ox}=150.7\text{cm}$，$l_{oy}=300.0\text{cm}$，l_1 取两块屋面板宽度。

选用 2∟200×125×12（短肢相并），$A=75.82\text{cm}^2$，$i_x=3.57\text{cm}$，$i_y=9.69\text{cm}$。

$$\lambda_x=\frac{l_{ox}}{i_x}=\frac{150.7}{3.57}=42.2<[\lambda]=150$$

$$\lambda_y=\frac{l_{oy}}{i_y}=\frac{300}{9.69}=31.0<[\lambda]=150$$

双角钢 T 型截面绕对称轴 y 轴屈曲应按弯扭屈曲计算换算长细比 λ_{yz}。

$$\lambda_z=3.7\frac{b}{t}=3.7\times\frac{200}{12}=61.7>\lambda_y$$

所以

$$\lambda_{yz}=\lambda_z\left[1+0.06\left(\frac{\lambda_y}{\lambda_z}\right)^2\right]=61.7\times\left[1+0.16\times\left(\frac{31.0}{61.7}\right)^2\right]=62.6$$

故由 $\lambda_{\max}=\lambda_{yz}=62.6$，查得 $\varphi=0.793$（b 类）。

$$\frac{N}{\varphi Af}=\frac{1202\times10^3}{0.793\times75.82\times10^2\times215}=0.930<1.0$$

填板每个节间放一块（满足 l_1 范围内不少于两块），$l_a=75.4\text{cm}<40i_1=40\times6.44=257.6$（cm）。

② 下弦。下弦也不改变截面，按最大内力计算。

$N_{\max}=1132\text{kN}$，$l_{ox}=600\text{cm}$，$l_{oy}=1500\text{cm}$，连接支撑的螺栓孔中心至节点板边缘的距离不小于 100mm，可不考虑螺栓孔削弱。

选用 2∟180×110×10（短肢相并），$A=56.75\text{cm}^2$，$i_x=3.13\text{cm}$，$i_y=8.78\text{cm}$。

$$\lambda_x=\frac{l_{ox}}{i_x}=\frac{600}{3.13}=191.7<[\lambda]=350$$

$$\lambda_y=\frac{l_{oy}}{i_y}=\frac{1500}{8.78}=170.8<[\lambda]=350$$

$$\frac{N}{A}=\frac{1132\times10^3}{56.75\times10^2}=199.5(\text{N/mm}^2)<f=215\text{N/mm}^2$$

填板每个节间放一块，$l_a=300\text{cm}<80i_1=80\times5.81=464.8$（cm）。

(5) 腹杆

① 杆件 $B\text{-}G$：$N=-771\text{kN}$，$l_{ox}=189.0\text{cm}$。

该杆件为受压主斜杆，其在平面外的计算长度按式（7.6）计算。

$$l_{oy}=l_1\left(0.75+0.25\frac{N_2}{N_1}\right)=378\times\left(0.75+0.25\times\frac{721}{771}\right)=371.9\text{（cm）}$$

选用 2∟125×10，$A=48.75\text{cm}^2$，$i_x=3.85\text{cm}$，$i_y=5.66\text{cm}$。

$$\lambda_x=\frac{l_{ox}}{i_x}=\frac{189.0}{3.85}=49.1<[\lambda]=150$$

$$\lambda_y=\frac{l_{oy}}{i_y}=\frac{371.9}{5.66}=65.7<[\lambda]=150$$

因为

$$\lambda_z=3.9\frac{b}{t}=3.9\times\frac{125}{10}=48.75<\lambda_y$$

所以

$$\lambda_{yz}=\lambda_y\left[1+0.16\left(\frac{\lambda_z}{\lambda_y}\right)^2\right]=65.7\times\left[1+0.16\times\left(\frac{48.75}{65.7}\right)^2\right]=71.5$$

故由 $\lambda_{max}=\lambda_{yz}=71.5$，查得 $\varphi=0.742$（b 类）。

$$\frac{N}{\varphi Af}=\frac{771\times10^3}{0.742\times48.74\times10^2\times215}=0.991<1.0$$

填板放两块，$l_a=94.5\text{cm}<40i_1=40\times3.85=154$（cm）。

② 杆件 E-I：$N_{max}=-104\text{kN}$，$l_{ox}=0.8l=0.8\times320=256$（cm），$l_{oy}=320\text{cm}$。

选 2∟70×5，$A=13.76\text{cm}^2$，$i_x=2.16\text{cm}$，$i_y=3.39\text{cm}$。

$$\lambda_x=\frac{l_{ox}}{i_x}=\frac{256}{2.16}=118.5<[\lambda]=150$$

$$\lambda_y=\frac{l_{oy}}{i_y}=\frac{320}{3.39}=94.4<[\lambda]=150$$

双角钢 T 型截面绕对称轴 y 轴的屈曲应按弯扭屈曲计算长细比 λ_{yz}

$$\lambda_z=3.9\frac{b}{t}=3.9\times\frac{7}{0.5}=54.6<\lambda_y$$

所以

$$\lambda_{yz}=\lambda_y\left[1+0.16\left(\frac{\lambda_z}{\lambda_y}\right)^2\right]=94.4\times\left[1+0.16\times\left(\frac{54.6}{94.4}\right)^2\right]=99.5<\lambda_x$$

由 $\lambda_{max}=\lambda_x=118.5$ 查得 $\varphi_x=0.445$（b 类）。

$$\frac{N}{\varphi Af}=\frac{104\times10^3}{0.445\times13.76\times10^2\times215}=0.79<1.0$$

填板放 3 块，$l_a=\frac{320}{4}=80$（cm）$<40i_1=40\times2.16=86.4$（cm）。

③ 杆件 F-I：$N=123\text{kN}$，$l_{ox}=230.4\text{cm}$，$l_{oy}=460.8\text{cm}$。

选 2∟63×5；$A=12.28\text{cm}^2$，$i_x=1.94\text{cm}$，$i_y=3.12\text{cm}$。

$$\lambda_x=\frac{l_{ox}}{i_x}=\frac{230.4}{1.94}=118.8<[\lambda]=150(\text{按压杆考虑})$$

$$\lambda_y=\frac{l_{oy}}{i_y}=\frac{460.8}{3.12}=147.7<[\lambda]=150$$

$$\frac{N}{A}=\frac{123\times10^3}{12.28\times10^2}=100.2(\text{N/mm}^2)<f=215\text{N/mm}^2$$

填板放两块，$l_a=76.8\text{cm}<40i_1=40\times1.94=77.6$（cm）。

其余杆件截面选择见表 7.7。需要注意的是连接垂直支撑的中央竖杆采用十字形截面，其斜平面计算长度 $l_{ox}=0.9l$；竖腹杆除 A-G 外，其他杆件计算长度 $l_{ox}=0.8l$，$l_{oy}=l$。斜腹杆（再分杆）分受拉和受压情况其计算长度取值不同。当受压时：l_{ox} 取节点中心间距离，l_{oy} 按式（7.6）进行计算；当受拉时：l_{ox} 取节点中心间距离，l_{oy} 取 l。

(6) 节点设计

根据腹杆的最大内力查表 7.4，支座节点板厚度取 16mm，中间节点板厚度取 14mm。

① 下弦节点“H”（图 7.51）。先算腹杆与节点板的连接焊缝：H-d 杆肢背及肢尖焊缝的焊脚尺寸都取 $h_{f1}=6$mm，则所需焊缝长度（考虑起灭弧缺陷）如下。

肢背 $l_{w1}=\dfrac{\frac{2}{3}\times 441\times 10^3}{2\times 0.7\times 6\times 160}+12=230.8$（mm），取 235mm。

肢尖 $l_{w2}=\dfrac{\frac{1}{3}\times 441\times 10^3}{2\times 0.7\times 6\times 160}+12=121.4$（mm），取 130mm。

腹杆 H-f 和 H-C 的杆端焊缝同理计算。

其次验算下弦杆与节点板连接焊缝，内力差 $\Delta N=N_{HI}-N_{HG}=1132-612=520$（kN）。

由斜腹杆焊缝决定的节点板尺寸，量得实际节点板长度是 750mm，肢背焊脚尺寸 $h_f=8$mm，肢尖焊脚尺寸 $h_f=6$mm，肢背角焊缝计算长度 $L_w=750-2\times 8=734$（mm），肢背焊缝应力为

$$\tau=\frac{\frac{2}{3}\times 520\times 10^3}{2\times 0.7\times 8\times 734}=42.2(\text{N/mm}^2)<f_f^w=160\text{N/mm}^2$$

肢尖角焊缝计算长度 $l_w=750-2\times 6=738$（mm），肢尖焊缝应力为

$$\tau=\frac{\frac{1}{3}\times 520\times 10^3}{2\times 0.7\times 6\times 738}=28(\text{N/mm}^2)<f_f^w=160\text{N/mm}^2$$

表 7.7 屋架杆件截面选用

杆件名称	杆件号	内力设计值 N/kN	计算长度/m		所用截面	截面积 A /cm²	计算应力 /(N/mm²)	容许长细比 [λ]	肢背和肢尖焊缝 /mm	填板数量/块
			l_{ox}	l_{oy}						
上弦杆	D-E E-F	−1202	1.507	3.000	2∟200×125×12	75.82	200.1	150	—	每节间 1
下弦杆	H-I	1132	6.000	15.000	2∟180×110×10	56.75	199.5	350	—	每节间 2
腹杆	A-G	−52	2.000	2.000	2∟63×5	12.28	79.3	150	4-50 4-50	每节间 2
	B-G	−771	1.890	3.719	2∟125×10	48.74	213.1	150	10-250 8-160	每节间 2
	B-H	479	1.890	3.780	2∟100×6	23.86	201.0	350	6-235 6-130	每节间 2
	C-H	−104	2.080	2.600	2∟70×5	13.76	130.6	150	5-75 5-50	每节间 3
	D-H	−237	2.086	3.987	2∟100×6	23.86	168.2	150	6-135 6-80	每节间 3
	D-I	90	2.086	4.172	2∟63×5	12.28	73.3	150	4-80 4-50	每节间 2
	E-I	−104	2.560	3.200	2∟70×5	13.76	169.8	150	5-75 5-50	每节间 3
	F-I	123	2.304	4.608	2∟63×5	12.28	100.2	150	4-100 4-55	每节间 2
	F-J	0	0.9×3.5 =3.150		2∟63×5	12.28	0.0	200	4-50 4-50	每节间 2
小桁架各杆件	—	—	—	—	2∟50×5	由于杆力很小，采用此截面均能满足要求				

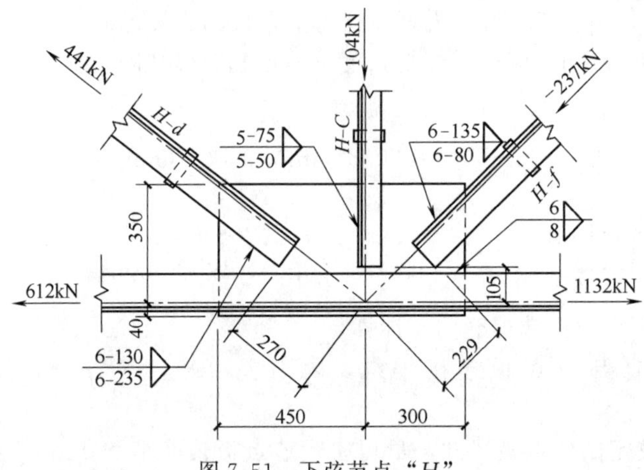

图 7.51 下弦节点“H”

② 上弦节点“B”（图 7.52）。腹杆 B-b、B-d 的杆端焊缝计算从略，这里验算了上弦与节点板的连接焊缝：节点板缩进 10mm，肢背采用塞焊缝，承受节点荷载 $Q=52.1$kN，$h_f=t/2=7$（mm），取 $h_f=7$mm，$l_{w1}=l_{w2}=840-2\times7=826$（mm）。

$$\sigma=\frac{52.1\times10^3}{2\times0.7\times7\times826}=6.4(\mathrm{N/mm^2})<\beta_f f_f^w=1.22\times160=195.2(\mathrm{N/mm^2})$$

肢尖焊缝承担弦杆内力差 $\Delta N=997-39=958$（kN），偏心距 $e=125-30=95$（mm），偏心力矩 $M=\Delta Ne=958\times0.095=91.0$（kN·m）。采用 $h_f=8$mm。

对 ΔN

$$\tau_f=\frac{958\times10^3}{2\times0.7\times6\times826}=103.6(\mathrm{N/mm^2})$$

对 M

$$\sigma_f=\frac{6M}{2h_e l_w^2}=\frac{6\times91.0\times10^6}{2\times0.7\times8\times826^2}=71.5(\mathrm{N/mm^2})$$

$$\sqrt{\left(\frac{71.5}{1.22}\right)^2+103.6^2}=119(\mathrm{N/mm^2})<f_f^w=160\mathrm{N/mm^2}$$

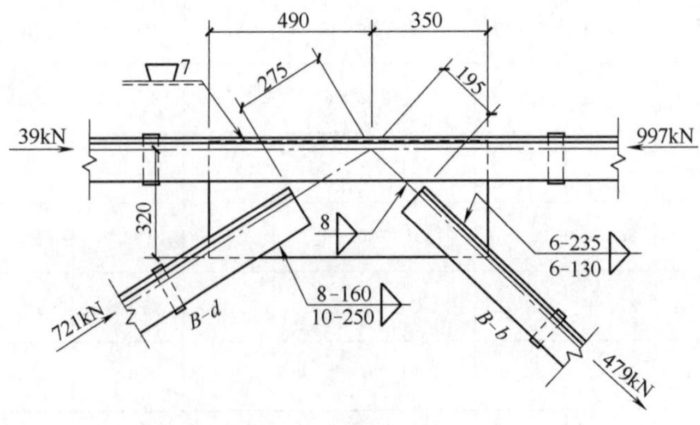

图 7.52 上弦节点“B”

③ 屋脊节点“F”（图 7.53）。腹杆杆端焊缝计算从略。弦杆与节点板连接焊缝受力不大，按构造要求决定焊缝尺寸，一般可不计算。这里只进行拼接计算，拼接角钢采用与上弦杆相同截面 2∟200×125×12，除倒棱外，竖肢需切去 $\Delta=t+h_f+5=12+10+5=$

27（mm），取 $\Delta=30$mm，并按上弦坡度热弯。拼接角钢与上弦连接焊缝在接头一侧的总长度（设 $h_f=10$mm）。

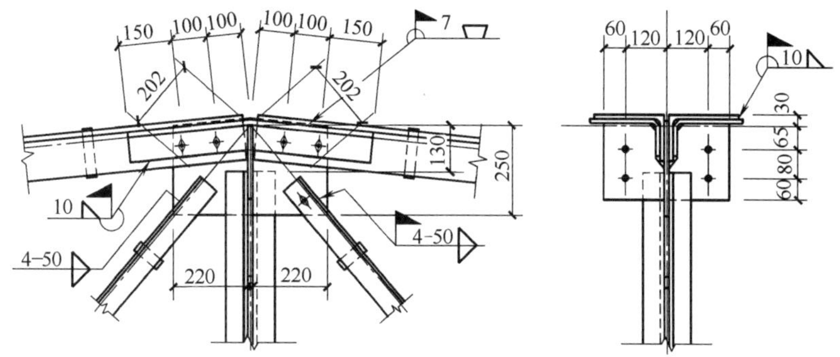

图 7.53 屋脊节点“F”

$$l_w=\frac{N}{0.7h_f f_f^w}=\frac{1202\times10^3}{0.7\times10\times160}=1073\ (\text{mm})$$

共四条焊缝，认为平均受力，每条焊缝实际长度

$$l_w=\frac{1073}{4}+20=288\ (\text{mm})$$

拼接角钢总长度

$$l=2l_w+20=2\times288+20=596\ (\text{mm})$$

取拼接角钢长度为 700mm。

④ 支座节点“G”（图 7.54）。杆端焊缝计算从略。以下给出底板等的计算。

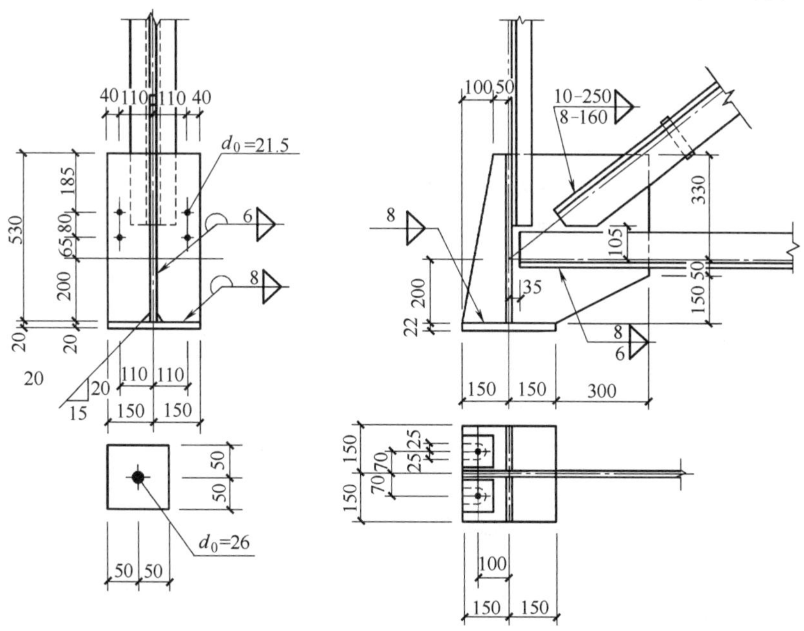

图 7.54 支座节点“G”

a. 底板计算。支反力 $R_d=521$kN，混凝土强度等级 C20，$f_c=9.6\text{N/mm}^2$，所需底板净面积：

$$A_n=\frac{521\times10^3}{9.6}=542.7\ (\text{cm}^2)$$

锚栓直径取 $d=25\text{mm}$，锚栓孔直径为 50mm，则所需底板毛面积

$$A=A_n+A_0=542.7+2\times5\times5+\frac{3.14\times5^2}{4}=602.3\ (\text{cm}^2)$$

按构造要求采用底板面积为 $ab=30\times30=900\ (\text{cm}^2)>602.3\text{cm}^2$，垫板采用-100mm×100mm×20mm，孔径 26mm。实际底板净面积为

$$A_n=900-2\times5\times5-\frac{3.14\times5^2}{4}=840.4\ (\text{cm}^2)$$

底板实际应力

$$q=\frac{521\times10^3}{840.4\times10^2}=6.2(\text{N/mm}^2)<f_c=9.6\text{N/mm}^2$$

$$a_1=\sqrt{\left(150-\frac{14}{2}\right)^2+\left(150-\frac{16}{2}\right)^2}=202.5\ (\text{mm})$$

$$b_1=142\times\frac{143}{202.5}=101\ (\text{mm})$$

$b_1/a_1=0.5$，查表 4.9 得 $\beta=0.056$，则

$$M=\beta q a_1^2=0.056\times6.2\times202.5^2=14237(\text{N}\cdot\text{mm})$$

所需底板厚度

$$t\geqslant\sqrt{\frac{6M}{f}}=\sqrt{\frac{6\times14237}{205}}=20.4\ (\text{mm})$$

用 $t=22\text{mm}$，底板尺寸为-300mm×300mm×22mm。

b. 加劲肋与节点板连接焊缝计算。一个加劲肋的连接焊缝所承受的内力取为

$$V=\frac{R}{4}=\frac{521}{4}=130.3\ (\text{kN})$$

$$M=Ve=130.3\times\left(150-\frac{16}{2}\right)=9251.3\ (\text{kN}\cdot\text{mm})$$

加劲肋厚度取与中间节点板相同（即-530mm×142mm×14mm）。采用 $h_f=6\text{mm}$，验算焊缝应力。

对 V

$$\tau_f=\frac{130.3\times10^3}{2\times0.7\times6\times(530-12)}=29.9\ (\text{N/mm}^2)$$

对 M

$$\sigma_f=\frac{6\times9251.3\times10^3}{2\times0.7\times6\times(530-12)^2}=24.6\ (\text{N/mm}^2)$$

$$\sqrt{\left(\frac{24.6}{1.22}\right)^2+29.9^2}=36.1\ (\text{N/mm}^2)<f_f^w=160\text{N/mm}^2$$

c. 节点板、加劲肋与底板连接焊缝计算采用 $h_f=8\text{mm}$。实际焊缝总长度

$$\sum l=2\times(300+127\times2)-8\times6\times2=1012\ (\text{mm})$$

焊缝设计应力：

$$\sigma_f=\frac{521\times10^3}{0.7\times8\times1012}=91.9\ (\text{N/mm}^2)<\beta_f f_f^w=1.22\times160=195.2\ (\text{N/mm}^2)$$

⑤ 再分节点“f”(图 7. 55)。

先算再分腹杆与节点板的连接焊缝：f-C 杆肢背及肢尖焊缝的焊脚尺寸 $h_f=5\text{mm}$，

$N=38\text{kN}$，内力较小，焊缝按构造采用；同理，f-e 杆与节点板的连接焊缝也按构造采用，所需焊缝长度均为 45mm。

其次验算腹杆 H-D 与节点板连接焊缝，内力差 $\Delta N=237-195=42$（kN），量得再分腹杆与节点板连接焊缝实际长度为 200mm。肢背与肢尖的焊脚尺寸均取为 $h_f=6\text{mm}$，肢背和肢尖角焊缝计算长度取为 $l_{w1}=l_{w2}=200-2\times6=188$（mm），则肢背焊缝应力为

$$\tau=\frac{\frac{2}{3}\times42\times10^3}{2\times0.7\times6\times188}=17.7\ (\text{N/mm}^2)<f_f^w=160\text{N/mm}^2$$

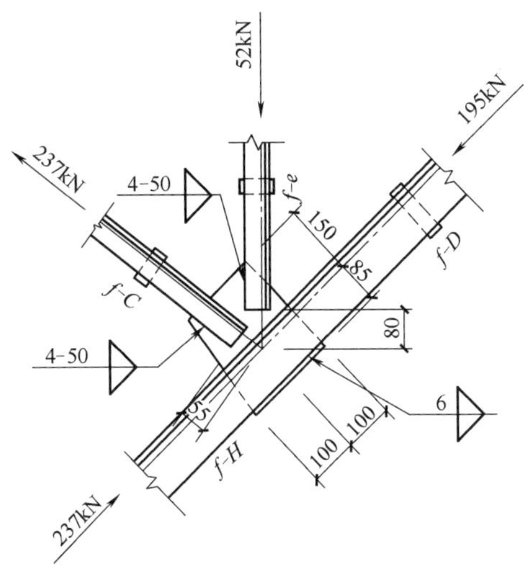

图 7.55 再分节点“f”

肢尖焊缝应力为

$$\tau=\frac{\frac{1}{3}\times42\times10^3}{2\times0.7\times6\times188}=8.9\ (\text{N/mm}^2)<f_f^w=160\text{N/mm}^2$$

梯形屋架施工图见图 7.56。

7.3.3.9 钢屋盖施工图

施工图是在钢结构制造厂中进行加工制造的主要依据，必须十分重视。当屋架对称时，可仅绘半榀屋架的施工图，对于大型屋架则需按运输单元绘制。施工图的绘制特点和要求说明如下。

① 通常在图纸左上角绘制一屋架简图，简图比例视图纸空隙大小而定，图中一半注上几何长度（mm），另一半注上杆件的计算内力（kN）。当梯形屋架跨度 $L>24\text{m}$ 或三角形屋架跨度 $L>15\text{m}$ 时，挠度较大，影响使用与外观，制造时应考虑起拱，拱度约为 $L/500$（图 7.57），起拱值可注在简图中，也可以注在说明中。

② 施工图的主要图面用以绘制屋架的正面图，上、下弦的平面图，必要的侧面图和剖面图，以及某些安装节点或特殊零件的大样图。屋架施工图通常采用两种比例尺：杆件轴线一般为（1∶20）～（1∶30），以免图幅太大；节点（包括杆件截面、节点板和小零件）一般为（1∶10）～（1∶15）（重要节点放大样，比例尺还可以大一些），可清楚地表达节点的细部构造要求。

③ 安装单元或运送单元是构件的一部分或全部，在安装过程或运输过程中，作为一个整体进行安装或运送。一般屋架可划分为两个或三个运送单元，但可作为一个安装单元进行安装。在施工图中应注明各构件的型号和尺寸，并根据结构布置方案、工艺技术要求、各部位连接方法及具体尺寸等情况，对构件进行详细编号。编号的原则是，只有在两个构件的所有零件的形状、尺寸、加工记号、数量和装配位置等全部相同时，才给予相同的编号。不同种类的构件（如屋架、天窗架、支撑等），还应在其编号前面冠以不同的字母代号（例如屋架用 W、天窗架用 TJ、支撑用 C 等）。此外，连支撑、系杆的屋架和不连支撑、系杆的屋架因在连接孔和连接零件上有所区别，一般给予不同编号 W1、W2、W3 等，但可以只绘一张施工图。如图 7.48 及图 7.56 是按连支撑的 W2 绘制的。同时，在 W2 才有的螺孔和在 W2、W3 才有的零件处注明“W2”和“W2、W3”字样，这样就可以在同一张图上表示三种不同编号的屋架。如果将连支撑、系杆和不连支撑、系杆的屋架做得相同，则只需一个编号，而且吊装简便。

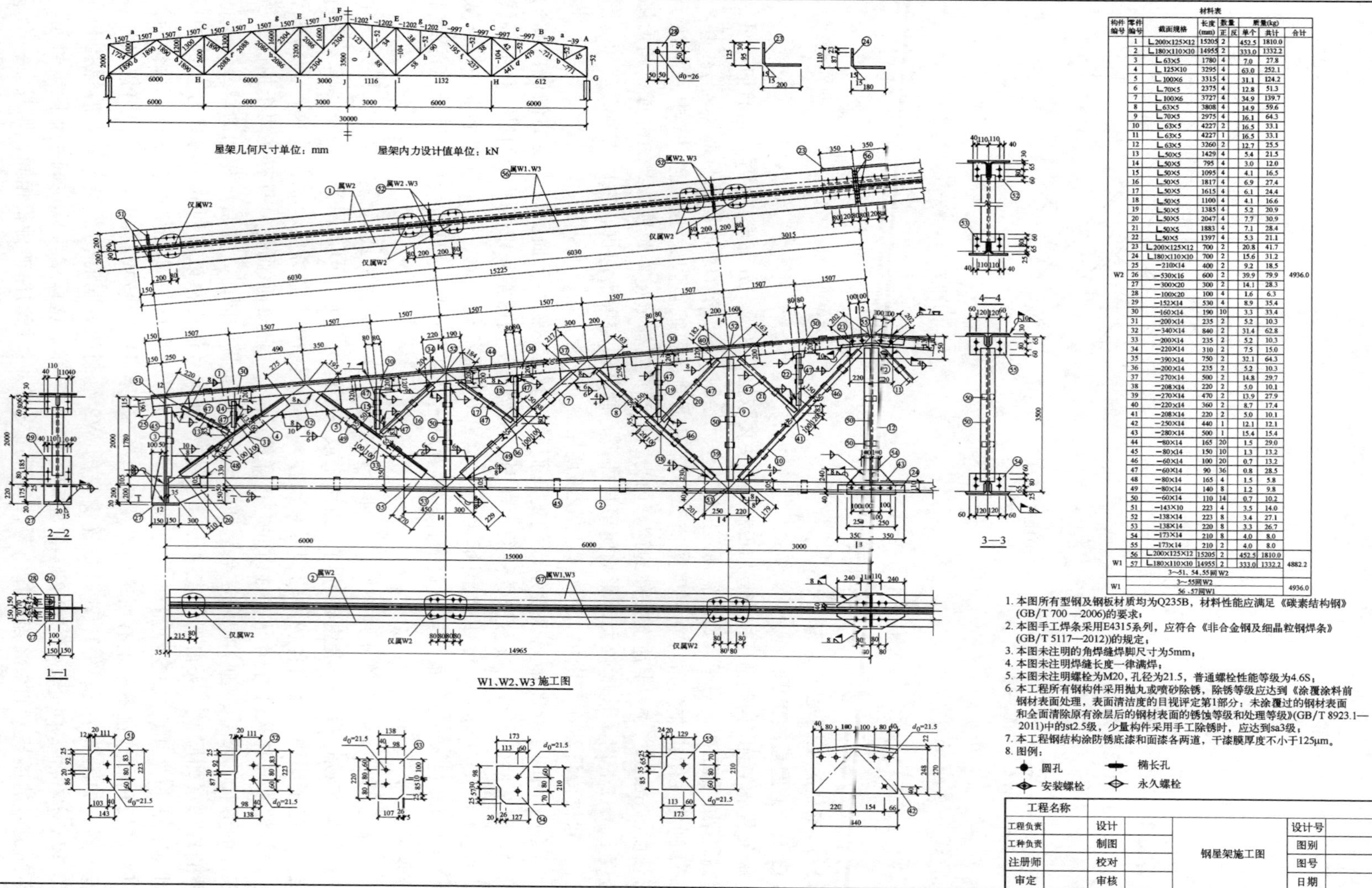

材料表

构件编号	零件编号	截面规格	长度(mm)	数量 正	数量 反	质量(kg) 单个	质量(kg) 共计	合计
W2	1	L200×125×12	15205	2		452.5	1810.0	4936.0
	2	L180×110×10	14955	2		333.0	1332.2	
	3	L63×5	1780	4		7.0	27.8	
	4	L125×10	3295	4		63.0	252.1	
	5	L100×6	3315	4		31.1	124.2	
	6	L70×5	2375	4		12.8	51.3	
	7	L100×6	3727	4		34.9	139.7	
	8	L63×5	3808	4		14.9	59.6	
	9	L70×5	2975	4		16.1	64.3	
	10	L63×5	4227	2		16.5	33.1	
	11	L63×5	4227	1		16.5	33.1	
	12	L63×5	3260	2		12.7	25.5	
	13	L50×5	1429	4		5.4	21.5	
	14	L50×5	795	4		3.0	12.0	
	15	L50×5	1095	4		4.1	16.5	
	16	L50×5	1817	4		6.9	27.4	
	17	L50×5	1615	4		6.1	24.4	
	18	L50×5	1100	4		4.1	16.6	
	19	L50×5	1385	4		5.2	20.9	
	20	L50×5	2047	4		7.7	30.9	
	21	L50×5	1883	4		7.1	28.4	
	22	L50×5	1397	4		5.3	21.1	
	23	L200×125×12	700	2		20.8	41.7	
	24	L180×110×10	700	2		15.6	31.2	
	25	−210×14	400	2		9.2	18.5	
	26	−530×16	600	2		39.9	79.9	
	27	−300×20	300	2		14.1	28.3	
	28	−100×20	100	4		1.6	6.3	
	29	−152×14	530	4		8.9	35.4	
	30	−160×14	190	10		3.3	33.4	
	31	−200×14	235	2		5.2	10.3	
	32	−340×14	840	2		31.4	62.8	
	33	−200×14	235	2		5.2	10.3	
	34	−220×14	310	2		7.5	15.0	
	35	−390×14	750	2		32.1	64.3	
	36	−200×14	235	2		5.2	10.3	
	37	−270×14	500	2		14.8	29.7	
	38	−208×14	220	2		5.0	10.1	
	39	−270×14	470	2		13.9	27.9	
	40	−220×14	360	2		8.7	17.4	
	41	−208×14	220	2		5.0	10.1	
	42	−250×14	440	1		12.1	12.1	
	43	−280×14	500	1		15.4	15.4	
	44	−80×14	165	20		1.5	29.0	
	45	−80×14	150	10		1.3	13.2	
	46	−60×14	100	20		0.7	13.2	
	47	−60×14	90	36		0.8	28.5	
	48	−80×14	165	4		1.5	5.8	
	49	−80×14	140	8		1.2	9.8	
	50	−60×14	110	14		0.7	10.2	
	51	−143×10	223	4		3.5	14.0	
	52	−138×14	223	8		3.4	27.1	
	53	−138×14	220	8		3.3	26.7	
	54	−173×14	210	8		4.0	8.0	
	55	−173×14	210	2		4.0	8.0	
W1	56	L200×125×12	15205	2		452.5	1810.0	4882.2
	57	L180×110×10	14955	2		333.0	1332.2	
	3~51、54、55同W2							
W1	3~55同W2							4936.0
	56、57同W1							

图 7.56 梯形屋架施工图

④ 在施工图中应全部注明各零件（杆件和板件）的定位尺寸、孔洞的位置，以及对工厂加工和工地施工的所有要求。定位尺寸主要有杆件轴线至角钢肢背的距离，节点中心至所连腹杆的近端端部距离，节点中心至节点板上、下和左、右边缘的距离等。

⑤ 在施工图中应注明各零件的型号和尺寸，对所有零件也必须进行详细编号，并附材料表。表中角钢要注明型号和长度，节点板等板件要注明长度、宽度和厚度。零件编号按主次、上下、左右一定顺序逐一进行。完全相同的零件用同一编号，两个零件的形状和尺寸完全一样而开孔位置等不同但是镜面对称的，亦用同一编号，不过应在材料表中注明正、反的字样以示区别（如图 7.48 中的零件①、②等）。材料表一般包括各零件的截面、长度、数量（正、反）和质量（单重、共重和合重）。材料表的用处主要是配料和算出用钢指标，其次是为吊装时配备起重运输设备，还可使一切零件毫无遗漏地表示清楚。

⑥ 施工图的说明应包括所用钢材的钢号、焊条型号、焊接方法和质量要求，图中未注明的焊缝和螺孔尺寸，以及油漆、运输和加工要求等图中未表现的其他内容。

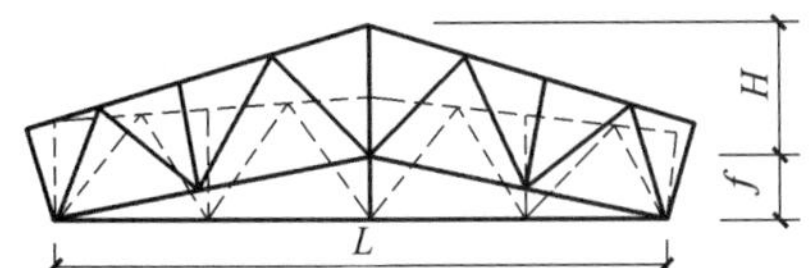

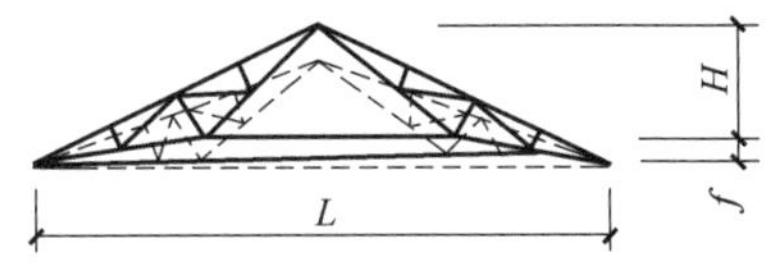

图 7.57 屋架的起拱

7.3.4 刚接屋架（框架横梁）设计特点

与框架柱铰接的屋架，通常忽略水平力，但当屋面为轻屋面而柱的吊车荷载较大时，屋架弦杆的轴向力也较大，故不可忽略。

与柱刚接的屋架，支座除传递竖向反力 R 外，还需要传递屋架作为框架横梁承担的弯矩 M 和水平力 V（图 7.58）。对于下承式刚接屋架，屋架端部的弯矩可以简化为作用于上下弦杆的一组水平力 $H=M/h_0$来代替 h_0，为屋架端部高度，水平力 V 则全部由下弦承担。

屋架杆件的截面选择与前述的方法相同，但对与柱刚接的屋架，其下弦端节间可能受压时，长细比的控制应按压杆考虑，即：仅在恒荷载与风荷载联合作用下受压时，$[\lambda]=250$；在恒荷载与风荷载和吊车荷载联合作用下受压时，$[\lambda]=150$。若下弦杆在屋架平面内的长细比或稳定性不能满足要求时，可采用图 7.59 的方法予以加强。

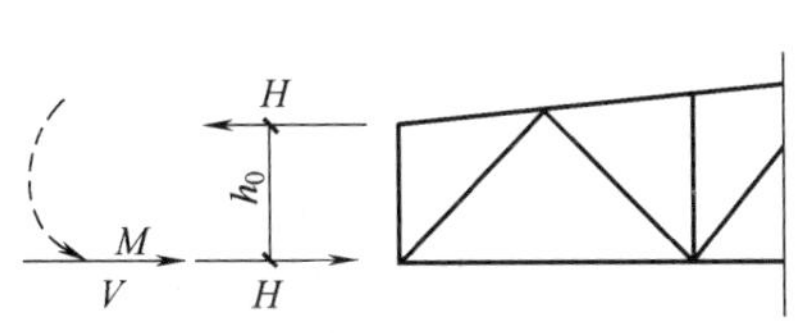

图 7.58 屋架支座弯矩化成力偶作用

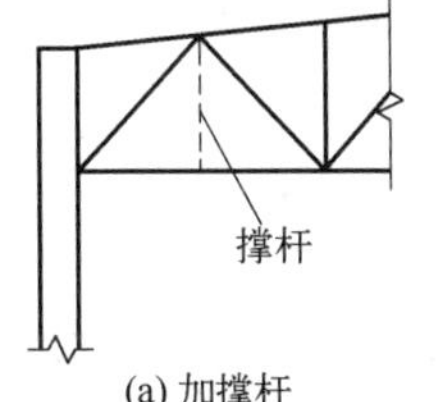

图 7.59 屋架下弦杆受压时的加强方法

如图 7.60 所示为一种刚性连接构造示例。上弦杆采用上盖板与柱连接，下弦杆采用普通螺栓加支托的方式与柱连接。计算时可近似认为上弦杆的最大拉力 H 由上盖板及焊缝传递，并不考虑偏心，上盖板厚度一般取 8～14mm，连接螺栓按构造确定。

上盖板面积及连接焊缝应满足以下要求。

上盖板净截面面积

$$A_n \geqslant \frac{H}{f} \tag{7.27}$$

上盖板一端连接焊缝

$$\tau_f=\frac{H}{0.7h_f\sum l_w}\leqslant 0.9f_f^w \quad (7.28)$$

式中 h_f——上盖板与柱或上弦杆的焊缝高度；

$\sum l_w$——上盖板一侧连接焊缝计算长度之和。

下弦及端斜杆轴线汇交于柱的内边缘以减少节点板的尺寸。下弦杆件的水平拉力由螺栓承担，竖向反力 R 由支托承担。

下弦节点螺栓群一般成对布置并不少于6M20，承担水平拉力 $H+V$ 和偏心弯矩 $M=(H+V)e$，此处一般属小偏心，所有螺栓均受拉力，故最大拉力应按式（7.29）计算。

$$N_{max}=\frac{H+V}{n}+\frac{(H+V)ey_1}{2\sum y_i^2}\leqslant N_t^b \quad (7.29)$$

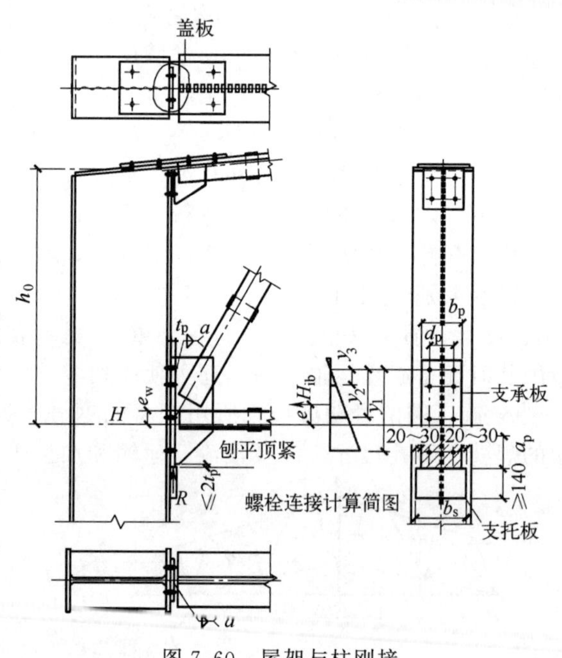

图 7.60 屋架与柱刚接

式中 n——螺栓总数量；

e——水平拉力 H 至螺栓群中心轴的距离；

y_i——每个螺栓至中心轴的距离；

y_1——边行受力最大的一个螺栓至中心轴的距离；

N_t^b——一个螺栓的抗拉承载力设计值。

支撑板在水平拉力 $H+V$ 作用下受弯，可近似按嵌固于两列螺栓间的梁式板计算，高度根据螺栓的数量和布置确定，宽度 b_p 通常取200mm，底部与支托刨平顶紧，其厚度应根据受弯承载力和端面承压计算确定，并不小于20mm，即

$$t_p=\max\left(\sqrt{\frac{3N_{max}b_d}{2a_pf}},\frac{R}{b_pf_{ce}},20\right) \quad (7.30)$$

式中 N_{max}——最外排螺栓的最大拉力，按式（7.29）计算；

b_d——两列螺栓间的间距；

R——屋架最大竖向反力；

f_{ce}——钢材端面承压强度设计值。

屋架下弦节点板与支承端板的连接焊缝受支座反力 R 和最大水平力 $H+V$（拉力或压力）以及偏心弯矩 $M=(H+V)e_1$，按式（7.31）计算。

$$\sqrt{\left(\frac{R}{2\times 0.7h_fl_w}\right)^2+\frac{1}{\beta_f^2}\left(\frac{H+V}{2\times 0.7h_fl_w}+\frac{6(H+V)e_1}{2\times 0.7h_fl_w^2}\right)^2}\leqslant f_f^w \quad (7.31)$$

式中 β_f——正面角焊缝强度增大系数，当间接承受动态荷载时（例如屋架设有悬挂吊车）$\beta_f=1.22$，当直接承受动态荷载时 $\beta_f=1$；

e_1——水平力至焊缝中心的距离。

屋架支座竖向反力 R 由端板传给焊接于柱上的支托板。考虑到支座反力的可能偏心作用，支托板和柱的连接焊缝，按支座反力加大25%计算。

第 8 章　门式刚架钢结构

门式刚架是门式刚架轻型房屋钢结构的简称，是以轻型焊接 H 型钢、热轧 H 型钢或冷弯薄壁型钢等构成的实腹式门式刚架或格构式门式刚架作为主要承重骨架，用冷弯薄壁型钢做檩条墙梁，以压型金属板做屋面、墙面的一种轻型房屋结构体系，如图 8.1 所示，这种体系在美国被称为金属建筑系统。

门式刚架适用于没有吊车或吊车起重量较小的单层工业厂房，也可以用于公共建筑（如仓库、超市、娱乐体育设施、车站候车室等），对于实腹式门式刚架，当跨度大于 42m 时，经济性较差。所以，通常用于跨度小于 36m 的结构。

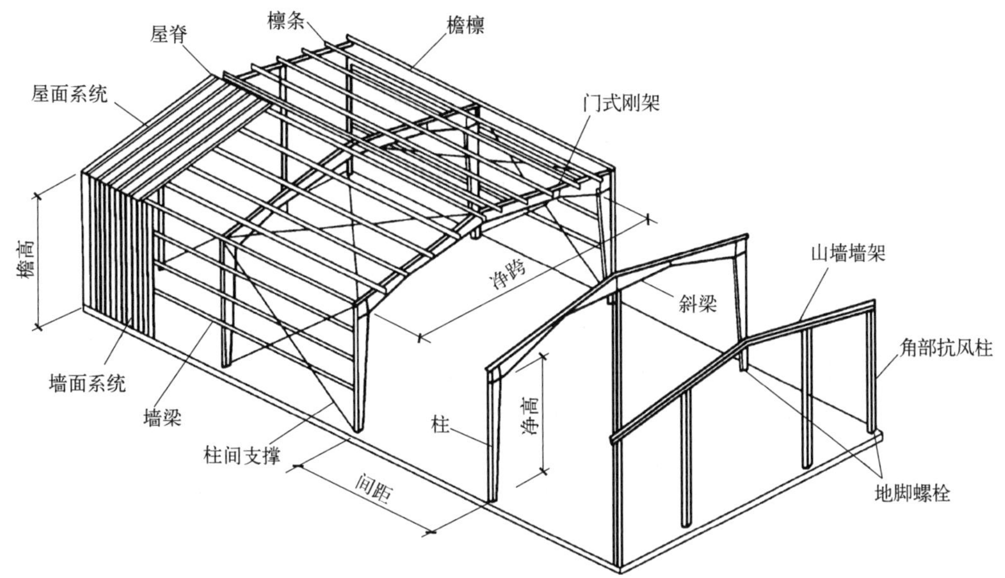

图 8.1　轻钢结构体系——门式刚架轻型房屋钢结构

门式刚架结构建筑高度一般在 4.5～9m，实践经验证明，若刚架结构太高，则风荷载、抗震、构造等设计问题可能超出门式刚架技术规程的规定，故适宜高度一般控制在 9m，有桥式吊车时不超过 12m。由于轻型房屋的刚度相对较差，若吊车吨位太大，可能使刚架侧移难以满足要求或设计效果不经济，因此，当门式刚架结构设置有桥式吊车时，宜为起重量不大于 20t 的轻级或中级工作制（A_1～A_5）的单梁或双梁桥式吊车，设置悬挂吊车时，其起重量不大于 3t，特别在抗震设防烈度高的地区更应注意。

轻钢结构系统代替传统的混凝土和热轧型钢制作的屋面板、檩条等，不仅可减小梁、柱和基础截面尺寸，使整体结构质量减轻，而且式样美观，工业化程度高，施工速度快，经济效益显著。

8.1　结构形式和布置

(1) 结构形式

门式刚架分为单跨［图 8.2（a)］、双跨［图 8.2（b)］、多跨［图 8.2（c)］刚架以及带挑檐的［图 8.2（d）］和带毗屋的［图 8.2（e）］刚架等形式。多跨刚架中间柱与刚架斜梁的连接，可采用铰接。多跨刚架宜采用双坡或单坡屋盖［图 8.2（f）］，必要时也可采用由多个双坡单跨相连的多跨刚架形式。

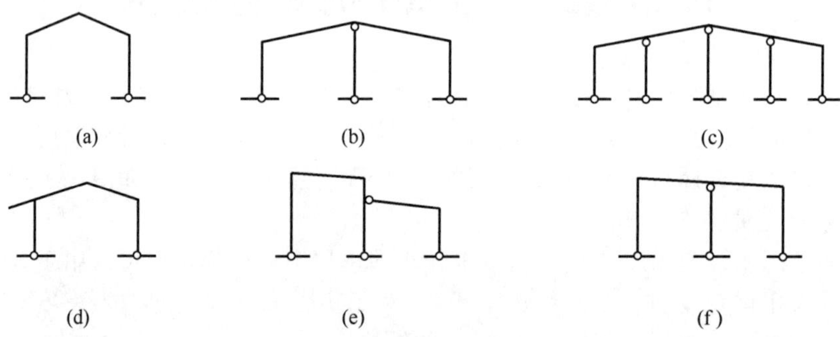

图 8.2 门式刚架的形式

在门式刚架轻型房屋钢结构体系中，屋盖应采用压型钢板屋面板和冷弯薄壁型钢檩条，主刚架可采用变截面实腹刚架，外墙宜采用压型钢板墙板和冷弯薄壁型钢墙梁，也可以采用砌体外墙或底部为砌体、上部为轻质材料的外墙。主刚架斜梁下翼缘和刚架柱内翼缘的平面外稳定性，由与檩条或墙梁相连接的隅撑来保证。主刚架间的交叉支撑可采用张紧的圆钢。

单层门式刚架轻型房屋可采用隔热卷材做屋盖隔热和保温层，也可以采用带隔热层的板材作屋面。

根据跨度、高度及荷载不同，门式刚架的梁、柱可采用变截面或等截面的实腹焊接工字形截面或轧制 H 形截面。设有桥式吊车时，柱宜采用等截面构件。对于变截面构件，通常改变腹板的高度，做成楔形，必要时也可以改变腹板厚度。结构构件在运输单元内一般不改变翼缘截面，必要时可改变翼缘厚度，邻接的运输单元可采用不同的翼缘截面。

门式刚架可由多个梁、柱单元构件组成，柱一般为单独单元构件，斜梁可根据运输条件划分为若干个单元。单元构件本身采用焊接连接，单元之间可通过端板以高强度螺栓连接。

门式刚架轻型房屋屋面坡度宜取 1/20～1/8，在雨水较多的地区宜取较大值。

门式刚架的柱脚多按铰接支承设计，通常为平板支座，设一对或两对地脚螺栓。当用于工业厂房且有桥式吊车时，宜将柱脚设计为刚接。

(2) 建筑尺寸

门式刚架的跨度应取横向刚架柱轴线（对于楔形柱，取通过柱较小端中心的竖向直线）间的距离。

门式刚架的高度应取地坪至柱轴线与斜梁轴线（取通过变截面梁段最小端中心与斜梁上表面平行的 轴线）交点的高度。门式刚架的高度应根据使用要求的室内净高确定，设有吊车的厂房尚应根据轨顶标高和吊车净高要求而定。

对于门式刚架轻型房屋：其檐口高度取地坪至房屋外侧檩条上缘的高度；其最大高度取地坪至屋盖顶部檩条上缘的高度；其宽度取房屋侧墙墙梁外皮之间的距离；其长度取两端山墙墙梁外皮之间的距离。

门式刚架的跨度宜为 9～36m，以 3m 为模数。边柱的宽度不相等时，其外侧要对齐。

门式刚架的高度宜为 4.5～9.0m，必要时可适当加大。

门式刚架的间距，即柱网轴线在纵向的距离宜为 6m，也可采用 7.5m 或 9m，最大可用 12m，跨度较小时间距可为 4.5m。

(3) **结构平面布置**

门式刚架轻型房屋钢结构的纵向温度区段长度不大于300m，横向温度区段长度不大于150m。当需要设置伸缩缝时，可在搭接檩条的螺栓连接处采用长圆孔并使该处屋面板在构造上允许胀缩，或者设置双柱。

在多跨刚架局部抽掉中柱处，可布置托架。

山墙处可设置由斜梁、抗风柱和墙架组成的山墙墙架，或直接采用门式刚架。

(4) **墙梁布置**

门式刚架轻型房屋钢结构的侧墙，在采用压型钢板作围护面时，墙梁宜布置在刚架柱的外侧，其间距随墙板板型及规格而定。

外墙在抗震设防烈度不高于6度的情况下，可采用砌体；当为7度、8度时，不宜采用嵌砌砌体；9度时宜采用与柱柔性连接的轻质墙板。

(5) **支撑布置**

在每个温度区段或者分期建设的区段中，应分别设置能独立构成空间稳定结构的支撑体系。柱间支撑的间距根据安装条件确定，一般取30～40m，不大于50m。房屋高度较大时，柱间支撑要分层设置。

在设置柱间支撑开间的同时应设置屋盖横向支撑以组成几何不变体系。

端部支撑宜设在温度区段端部的第二个开间，这种情况下，在第一开间的相应位置宜设置刚性系杆。刚架转折处（如柱顶和屋脊）也宜设置刚性系杆。

由支撑斜杆等组成的水平桁架，其直腹杆宜按刚性系杆考虑；若刚度或承载力不足，可在刚架斜梁间设置钢管、H型钢或其他截面形式的杆件。

门式刚架轻型房屋钢结构的支撑，宜采用张紧的十字交叉圆钢组成，用特制的连接件与梁柱腹板相连。连接件应能适应不同的夹角。

8.2 荷载计算及荷载组合

永久荷载包括屋面材料、檩条、刚架、墙架、支撑等结构自重和悬挂荷载（吊顶、天窗、管道、门窗等自重）。屋面材料等结构自重可参照《建筑结构荷载规范》(GB 50009—2012）的规定计算。悬挂荷载按实际情况取用。

可变荷载包括屋面均布活荷载、雪荷载、积灰荷载、风荷载及吊车荷载等。当采用压型钢板轻型屋面时，屋面竖向均布活荷的标准值（按水平投影面计算）应取0.5kN/m^2；对于受荷水平投影面积大于60m^{2}的刚架构件可取不小于0.3kN/m^2（刚架横梁多属此种情况）。

雪荷载、积灰荷载及吊车荷载按《建筑结构荷载规范》(GB 50009—2012）的规定计算。

对于风荷载，由于门式刚架这类轻型房屋钢结构的屋面坡度一般较小，高度也较低，属低层房屋体系，对风荷载相当敏感，故风荷载体型系数的计算不能完全按照《建筑结构荷载规范》(GB 50009—2012）的规定取值，否则在大多数情况会偏于不安全，甚至严重不安全。因此，《门式刚架轻型房屋钢结构技术规范》(GB 51022—2015）（以下简称《门刚规范》）对风荷载标准值ω_k的计算作了专门规定。

$$\omega_k = \beta \mu_w \mu_z \omega_0 \tag{8.1}$$

式中 ω_k——风荷载标准值；

ω_0——基本风压，按现行《建筑结构荷载规范》(GB 50009—2012）的规定采用；

μ_z——风荷载高度变化系数，按现行《建筑结构荷载规范》(GB 50009—2012）规定采用，当高度小于10时，应按10m高度处的数值采用；

β——系数，由于门式刚架结构对风荷载比较敏感，按现行《建筑结构荷载规范》（GB 50009—2012）的规定，将基本风压适当提高，因此，在计算主刚架时取$\beta=1.1$，在计算檩条、墙梁、屋面板和墙面板及其连接时，尚需考虑阵风系数的要求，故取$\beta=1.5$；

μ_w——风荷载系数，考虑内、外风压最大值的组合，按《门刚规范》的规定采用。

《门刚规范》中的风荷载系数μ_w与《建筑结构荷载规范》（GB 50009—2012）中的风荷载体型系数μ_s有很大不同，是借鉴美国金属房屋制造商协会（MBMA）编制的《低层房屋系统手册》中的相关内容，同时结合我国的工程实践给出的。必须注意，对于《门刚规范》未做规定的房屋类型、体型和高度，如采用《建筑结构荷载规范》（GB 50009—2012）规定的风荷载体型系数μ_s，则应采用与之配套的阵风系数β_{gz}。

由于轻型厂房屋面材料重量较轻，在风荷载较大的地区，屋面板和墙板在风吸力作用下都有被掀起吹走的可能，此时，结构在风荷载作用下，构件的弯矩可能发生变号，柱脚可能受拉，在设计中需要高度重视。

在进行横向刚架的内力分析时，所需考虑的最不利荷载效应组合主要有：

① 1.3×永久荷载+1.5×max（活荷载、雪荷载）；

② 1.3×永久荷载+1.5×风荷载；

③ 1.0×永久荷载+1.5×风荷载；

④ 1.3×永久荷载+1.5×max（活荷载、雪荷载）+0.7×1.4风荷载；

⑤ 1.3×永久荷载+1.5×风荷载+0.7×1.5×max（活荷载、雪荷载）；

⑥ 1.3×永久荷载+1.5×吊车荷载；

⑦ 1.3×永久荷载+1.5×吊车荷载+0.7×1.3×风荷载；

⑧ 1.3×永久荷载+1.5×风荷载+0.7×1.5×吊车荷载；

⑨ 1.3×永久荷载+1.5×风荷载+0.7×1.5×[max（活荷载、雪荷载）+吊车荷载]。

在进行荷载效应组合时，注意所加各项必须是最不利的，同时又是可能发生的。例如，在计入吊车水平荷载效应的同时，必须计入吊车的竖向荷载效应；但计算吊车的竖向荷载效应时，却并不一定计入吊车水平荷载，要视其是否对受力不利而定。组合③用在风荷载为吸力的情况，由于此时的永久荷载是有利的，故永久荷载的抗力分项系数取1.0，当为多跨有吊车框架时，在组合③中有时还需考虑邻跨吊车水平力的作用。

以上组合没有考虑地震作用效应，是因为门式刚架结构的自重较轻，地震作用产生的效应一般较小而不起控制作用。且由于风荷载不与地震作用同时考虑，设计经验表明：当抗震设防烈度为7度而风荷载标准值大于$0.35kN/m^2$，或抗震设防烈度为8度而风荷载标准值大于$0.45kN/m^2$时，有地震作用的组合一般不起控制作用。但是，在罕遇地震作用下，经常发生纵向框架的柱间支撑被拉断的情况，应在设计中引起注意。

8.3 刚架的内力和侧移计算

8.3.1 内力计算

通常把门式刚架当作平面结构对待，一般不考虑应力蒙皮效应，只是把它当作安全储备，当有必要且有条件时，可考虑屋面板的应力蒙皮效应。

门式刚架采用变截面的楔形梁柱构件可以适应弯矩分布图形的变化，是门式刚架轻型化的主要技术手段之一，但由于变截面构件有可能在几个截面同时或接近同时出现塑性铰，故不宜利用塑性铰出现后的应力重分布。同时，变截面门式刚架构件的腹板通常很薄，截面发展塑性的潜力也不大，因此，变截面的门式刚架应采用弹性分析方法计算内力。只有当刚架的梁柱全部为等截面时才允许采用塑性分析方法，但后一种情况在实际工程中已很少采用。

门式刚架的内力分析可以采用结构力学的方法，也可采用有限元法（直接刚度法），计算时将构件分为若干段，每段的几何特性可近似当作常量，也可利用专门软件，采用楔形单元上机计算。

地震作用的效应可采用底部剪力法分析确定。

根据不同荷载组合下的内力分析结果，找出控制截面的内力组合，控制截面的位置一般在柱底、柱顶、柱牛腿连接处及梁端、梁跨中等，控制截面的内力组合如下。

① 最大轴压力 N_{max} 和同时出现的 M 及 V 的较大值。

② 最大弯矩 M_{max} 和同时出现的 N 及 V 的较大值。

这两种情况有可能是重合的。以上是针对截面双轴对称的构件而言的，如果是单轴对称截面，则需要区分正、负弯矩。

鉴于轻型门式刚架自重很轻，柱脚锚栓在强风作用下有可能受到较大的拔起力，因此，还需要进行第三种组合，即：最小轴压力 N_{min} 和相应的 M 及 V，这种组合一般出现在永久荷载和风荷载共同作用下。当柱脚铰接时，$M=0$，此时柱脚锚栓不受力，可按构造配置。

8.3.2 变形计算

变截面门式刚架的柱顶侧移及受弯构件的挠度应采用弹性分析法确定。计算时荷载取标准值，不考虑荷载分项系数。变形计算可以和内力分析一样在计算机上进行。

门式刚架的侧向刚度较差，为保证在正常状态下的使用，应限制刚架的变形，表 8.1 为刚架柱顶位移的限值，表 8.2 为受弯构件的挠度限值。

表 8.1 刚架柱顶位移的限值

吊车情况	其他情况	柱顶位移限值
无吊车	当采用轻型钢墙板时	$h/60$
	当采用砌体墙时	$h/100$
有桥式吊车	当吊车有驾驶室时	$h/400$
	当吊车由地面操作时	$h/180$

注：h 为刚架柱高度。

表 8.2 受弯构件的挠度限值

挠度分类	构件类别		构件挠度限值
竖向挠度	门式刚架斜梁	仅支承压型钢板屋面和冷弯型钢檩条	$L/180$
		有吊顶	$L/240$
		有悬挂起重机	$L/400$
	檩条	仅支承压型钢板屋面	$L/150$
		有吊顶	$L/240$
	压型钢板屋面板		$L/150$
水平挠度	墙板		$L/100$
	墙梁	仅支承压型钢板墙	$L/100$
		支承砌体墙	$L/180$ 且$\leqslant$50mm

注：1. L 为构件跨度。
2. 对门式刚架斜梁，L 取全跨。
3. 对悬臂梁，按悬伸长度的 2 倍计算受弯构件的跨度。

门式刚架的屋面坡度较小，由柱顶和构件挠度产生的屋面坡度改变，不应大于坡度设计值的 1/3，否则容易导致屋面积水。

如果验算时刚架的变形不满足要求，说明刚架的侧移刚度太差，需要采取措施进行增强，主要方法：①放大柱或梁的截面尺寸；②改铰接柱脚为刚接柱脚；③把多跨框架中的个别摇摆柱改为上端和梁刚性连接。

8.4 变截面刚架柱和梁的设计

8.4.1 梁、柱板件的宽厚比限值和腹板屈曲后强度的利用

(1) 梁、柱翼缘宽厚比的限值（截面尺寸见图 8.3）

工字形截面构件受压翼缘板的宽厚比限值

$$\frac{b_1}{t} \leqslant 15\varepsilon_k \tag{8.2}$$

式中 b_1，t——受压翼缘的外伸宽度与厚度。

ε_k——钢号修正系数，其值为 235 与钢材牌号中屈服点数值比值的平方根。

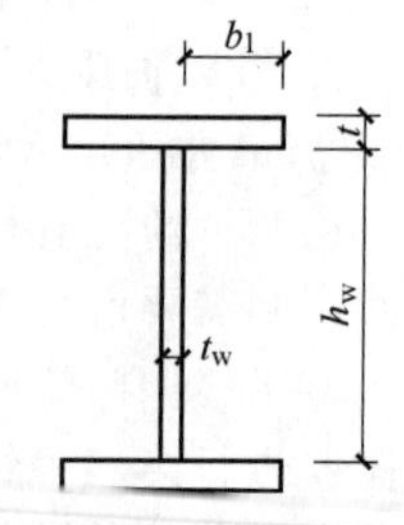

图 8.3 工字形梁、柱截面尺寸

(2) 腹板屈曲后强度利用

工字形截面受弯构件或压弯构件中腹板以受剪为主，抗弯作用远不如翼缘有效，增大腹板的高度，可使翼缘抗弯能力发挥得更为充分。但是在增大腹板高度的同时若同时增大其厚度，则腹板耗费的钢材过多，是不经济的。因此先进的设计方法是采用高而薄的腹板，这样可能引发腹板由于局部失稳而屈曲，但板件屈曲不等于承载能力用尽，而是还有相当可观的屈曲后强度可以利用。

采用屈曲后强度进行构件截面设计是门式刚架轻型化的主要技术措施之一，腹板在剪力作用下的屈曲后强度由薄膜张力产生，根据这个理论，腹板高厚比限值可以放宽到 250，实际工程设计可根据工程的重要性适当控制严一点，否则腹板太薄会使制作加工困难增大。

第 5 章分析了梁腹板屈曲后继续承载的原理并给出了《钢结构设计标准》(GB 50017—2017) 关于梁腹板利用屈曲后强度的计算公式，这些公式适用于简支梁。由于门式刚架的构件剪应力最大处往往弯曲正应力也最大，同时还存在轴向压力，因而不能考虑翼缘对腹板的嵌固作用，因而《门刚规范》关于梁柱的计算公式不同于《钢结构设计标准》。

(3) 腹板抗剪承载力

腹板高度变化的区格，考虑屈曲后强度后，抗剪承载力设计值按下式计算。

$$V_d = \chi_{tap}\varphi_{ps}h_{w1}t_w f_v \leqslant h_{w0}t_w f_v \tag{8.3}$$

式中 χ_{tap}——腹板屈曲后抗剪强度楔率折减系数；

h_{w1}，h_{w0}——楔形腹板大端和小端的腹板高度。

与腹板受剪有关的参数 λ_s，可按式 (8.4) 计算。

$$\lambda_s = \frac{\dfrac{h_{w1}}{t_w}}{37\sqrt{k_\tau}\sqrt{\dfrac{235}{f_y}}} \tag{8.4}$$

式中 k_τ——受剪板件的屈曲系数，按式 (8.5) 计算。

当 $a/h_{w1}<1$ 时

$$k_\tau=4+\frac{5.34}{\left(\dfrac{a}{h_{w1}}\right)^2} \tag{8.5}$$

当 $a/h_{w1}\geqslant 1$ 时

$$k_\tau=\eta_s\left[5.34+\frac{4}{\left(\dfrac{a}{h_{w1}}\right)^2}\right] \tag{8.6}$$

当不设横向加劲肋时

$$k_\tau=5.34\eta_s \tag{8.7}$$

式中 η_s——系数，按式（8.8）计算。

$$\eta_s=1-\omega_1\sqrt{\gamma_p} \tag{8.8}$$

$$\omega_1=0.41-0.897\alpha+0.363\alpha^2-0.041\alpha^3 \tag{8.9}$$

8.4.2 刚架梁、柱构件的强度计算

① 工字型截面受弯构件在剪力 V 和弯矩 M 共同作用下的强度应符合下列要求。

当 $V\leqslant 0.5V_d$ 时

$$M\leqslant M_e \tag{8.10}$$

当 $0.5V_d<V<V_d$ 时

$$M\leqslant M_f+(M_e-M_f)\left[1-\left(\frac{V}{0.5V_d}-1\right)^2\right] \tag{8.11}$$

式中 M_e——构件有效截面所承担的弯矩，$M_e=W_e f$；

W_e——构件有效截面最大受压纤维的截面模量；

M_f——两翼缘所承担的弯矩，当截面为双轴对称时按式（8.12）计算。

$$M_f=A_f(h_f+t)f \tag{8.12}$$

式中 A_f——构件一个翼缘的截面面积。

② 工字型截面压弯构件在剪力 V、弯矩 M 和轴力 N 共同作用下的强度应符合下列要求。

当 $V\leqslant 0.5V_d$ 时

$$\frac{N}{A_e}+\frac{M}{W_e}\leqslant f \tag{8.13}$$

当 $0.5V_d<V<V_d$ 时

$$M\leqslant M_f^N+(M_e^N-M_f^N)\left[1-\left(\frac{V}{0.5V_d}-1\right)^2\right] \tag{8.14}$$

$$M_e^N=M_e-\frac{NW_e}{A_e} \tag{8.15}$$

式中 A_e——构件有效截面面积；

M_f——兼承压力 N 时两翼缘所承担的弯矩，当截面为双轴对称时按式（8.16）计算。

$$M_f=A_f(h_w+t)\left(f-\frac{N}{A_e}\right) \tag{8.16}$$

8.4.3 梁腹板加劲肋的配置

梁腹板应在中柱连接处、较大固定集中荷载作用处和翼缘转折处设置横向加劲肋。其他部位是否设置中间加劲肋，应根据计算需要确定。但《门刚规范》规定，工字形截面构件腹板受剪板幅，当考虑腹板屈曲后强度时，应设置横向加劲肋，板幅长度与板幅范围内的大端截面高度之比不大于3。

当梁腹板在剪应力作用下发生屈曲后，将以拉力带的方式承受继续增加的剪力，亦即起类似桁架斜腹杆的作用，而横向加劲肋则相当于受压的桁架竖杆。因此，中间横向加劲肋除承受集中荷载和翼缘转折产生的压力外，还要承受拉力场产生的压力，该压力按下列公式计算。

$$N_s = V - 0.9\varphi_s h_w t_w f_v \tag{8.17}$$

$$\varphi_s = \frac{1}{\sqrt[3]{0.738 + \lambda_s^6}} \tag{8.18}$$

式中 φ_s——腹板剪切屈曲稳定系数，$\varphi_s \leqslant 1.0$；

λ_s——腹板剪切屈曲通用高厚比，按《门刚规范》第7章计算。

加劲肋的强度和稳定性按《钢结构设计标准》(GB 50017—2017)的规定（见第5章）进行验算，计算长度取腹板高度，截面取加劲肋全部和其两侧各 $15t_w\varepsilon_k$ 宽度范围内的腹板面积，按两端铰接轴心受压构件进行计算。

8.4.4 斜梁整体稳定计算和隅撑设置

当门式刚架的屋面坡度较大时，轴力对斜梁稳定性的影响在刚架平面内外都不容忽视，但大多数情况下，屋面坡度较小（$\alpha \leqslant 10°$），此时轴力很小，斜梁在刚架平面内可只按受弯构件计算强度，在平面外则应按受弯构件计算整体稳定。

斜梁平面外的计算长度应取侧向支承点间的距离，当斜梁两翼缘侧向支承点间的距离不等时，应取最大受压翼缘侧向支承点间的距离。斜梁的侧向支承由檩条（或刚性系杆）配合支撑体系来提供，梁的负弯矩区的受压翼缘由隅撑（图8.4）提供侧向支撑，隅撑一般采用单根等边角钢，不能作为梁的固定支撑，仅仅是弹性支座。根据理论分析，设置隅撑时梁的计算长度取不小于2倍隅撑间距，下翼缘面积越大，隅撑的支撑效果越弱，计算长度就越大。

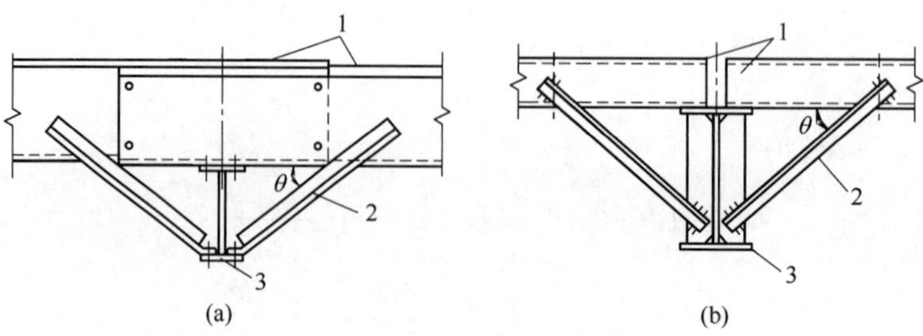

图8.4 隅撑

1—檩条（或墙梁）；2—隅撑；3—斜梁（或柱）

变截面钢梁的整体稳定按式(8.19)计算。

$$\frac{M_1}{\gamma_x \varphi_b W_{x1}} \leqslant f \tag{8.19}$$

式中 M_1——变截面斜梁计算区段内大端的弯矩；

γ_x——截面塑性发展系数，按《钢结构设计标准》(GB 50017—2017) 的规定取值；

W_{x1}——弯矩较大截面受压边缘的截面模量；

φ_b——楔形变截面梁段的整体稳定系数，按《门刚规范》(GB 51022—2015) 第 7 章的规定计算。

用于支撑斜梁的隅撑宜用单角钢，并按轴心受压构件设计，轴心力可按式 (8.20) 计算。

$$N=\frac{Af}{60\cos\theta\varepsilon_k} \tag{8.20}$$

式中 A——斜梁被支撑翼缘的截面面积；

θ——隅撑与檩条轴线的夹角 (不宜大于 45°)。

当隅撑成对布置时，每根隅撑的轴心压力可取式 (8.20) 计算值的一半。

隅撑通常采用单个螺栓连接在斜梁翼缘或腹板上 [图 8.4 (a)]。若腹板上配置横向加劲肋时，也可焊在加劲肋上 [图 8.4 (b)]。隅撑另一端连在檩条上 (加劲肋布置位置应与檩条对齐)。

另外，在斜梁下翼缘与刚架柱的交接处，压应力一般最大，是刚架的关键部位。为防止失稳，应在檐口位置，在斜梁与柱内翼缘交接点附近的檩条和墙梁处各设置一道隅撑 (墙梁处隅撑一端连于墙梁，另一端连于柱内翼缘)。

8.4.5 刚架柱整体稳定计算

无论是等截面柱还是变截面柱，其整体稳定计算方法都是相同的，只是在公式形式上，变截面柱因截面有变化而较烦琐，柱的计算长度系数计算也更为复杂。

(1) 变截面柱在刚架平面内的稳定计算

刚架柱应按压弯构件计算整体稳定，变截面柱在刚架平面内的稳定应按式 (8.21) 计算。

$$\frac{N_1}{\eta_t\varphi_x A_{e1}}+\frac{\beta_{mx}M_1}{\left(1-\frac{N_1}{N_{cr}}\right)W_{e1}}\leqslant f \tag{8.21}$$

式中 N_1，M_1——变截面柱计算区段内大端的轴向压力和弯矩设计值；

A_{e1}——大端的有效截面面积；

η_t——截面通用长细比相关的参数，按《门刚规范》第 7 章计算。

W_{e1}——大端有效截面最大受压纤维的截面模量；

β_{mx}——等效弯矩系数，对有侧移刚架柱 β_{mx} 取 1.0；

φ_x——杆件轴心受压整体稳定系数，楔形柱按《门刚规范》(GB 51022—2015) 附录 A 计算，其计算长度系数由《钢结构设计标准》(GB 50017—2017) 查得，计算长细比时取大端截面的回转半径；

N_{cr}——欧拉临界力，$N_{cr}=\pi^2 EA_{e1}/\lambda_1^2$，其中 λ_1 为考虑计算长度系数，按大端截面计算的构件长细比。

(2) 变截面柱在刚架平面外的稳定计算

$$\frac{N_1}{\eta_{ty}\varphi_y A_{e1}f}+\left(\frac{M_1}{\varphi_b\gamma_x W_{e1}f}\right)^{1.3-0.3k_\sigma}\leqslant 1 \tag{8.22}$$

式中 φ_b——杆件梁整体稳定系数，按《门刚规范》的规定计算；

φ_y——杆件弯矩作用平面外轴心受压整体稳定系数，以大端为准，按《钢结构设计标准》(GB 50017—2017) 的规定采用，计算长度取纵向柱间支撑点间的距离；

k_σ——小端截面压应力除以大端截面压应力得到的比值；

η_{ty}——与截面绕弱轴通用长细比相关的参数，按《门刚规范》第 8 章计算；

γ_x——截面塑性发展系数，按《钢结构设计标准》(GB 50017—2017) 规定取值。

刚架柱在平面外的稳定亦可通过设置隅撑来保证，它对高度较大的柱尤其必要，这样在计算时可缩短构件段的长度。隅撑一端连于柱内受压翼缘，另一端连于墙梁。柱隅撑的构造和计算同横梁隅撑（图 8.4）。

8.5 刚架节点设计

8.5.1 斜梁与柱的连接和斜梁拼接

刚架节点主要为斜梁自身的拼接节点以及斜梁端部与柱的连接节点，一般采用端板连接节点，即在构件端部焊一个端板，然后用高强度螺栓互相连接（图 8.5），构件的翼缘与端板应采用全焊透对接焊缝，腹板与端板可采用角焊缝。斜梁拼接的端板宜与构件外边缘垂直[图 8.5 (a)]，斜梁端部与柱的连接则可采用端板竖放、端板平放和端板斜放三种形式[图 8.5 (b)～(d)]。端板竖放节点的构造及尺寸不需要放大样确定，螺栓比较容易排列，是最常采用的连接节点形式。端板平放受力合理，安装方便，亦常被采用。

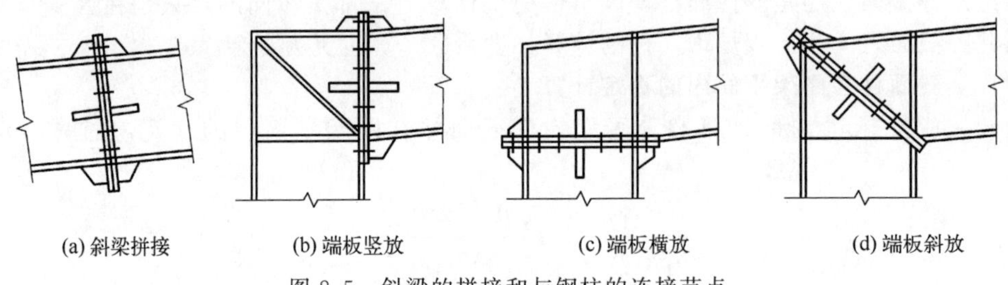

图 8.5 斜梁的拼接和与钢柱的连接节点

节点均应按所受最大内力设计，当内力较小时，应按能够承受不小于较小被连接截面承载力的一半设计。

(1) 高强螺栓设计

高强螺栓通常采用 M16～M24，对承受静力荷载和间接承受动力荷载的结构可采用承压型连接，对重要结构或直接承受动力荷载的结构应采用摩擦型连接。摩擦型连接按剪力大小决定端板与柱翼缘接触面的处理方法，接触面常采用抛丸除锈处理，当端板连接只承受轴向力和弯矩作用或剪力小于其抗滑移承载力（考虑涂刷防锈漆或不涂油漆的干净表面情况，抗滑移系数按 $\mu=0.3$ 计算）时，端板表面可不用专门处理。

高强螺栓应呈对称布置，且宜使翼缘螺栓群的中心与翼缘的中心重合或接近。布置螺栓时，应满足拧紧螺栓时的施工要求，即螺栓中心至翼缘和腹板表面的距离均不宜小于 65mm（扭剪型用电动扳手）、60mm（大六角头型用电动扳手）、45mm（采用手工扳手），栓端距不应小于 $2d_0$，中距不应小于 $3d_0$，d_0 为螺栓孔径。受压翼缘的螺栓不宜少于两排，当受拉翼缘两侧各设一排螺栓尚不能满足承载力要求时，可在翼缘内侧增设螺栓（图 8.5）。当端板上两对螺栓的最大距离大于 400mm 时，应在端板的中部增设一对螺栓。

连接节点螺栓群承担剪力和弯矩的联合作用，单颗螺栓的承载力及螺栓群的计算方法见本书第 3 章相关内容。

(2) 端板设计

按刚性连接进行设计的节点，除应保证必要的强度外，尚应具有足够的转动刚度，端板应具有足够的厚度，以确保假定计算模型的成立。《门刚规范》规定，端板的厚度应根据其支承条件（图 8.6）分别计算确定，并取最大值，且不应小于 16mm，也不应小于 0.8 倍高强螺栓的直径。与斜梁端板连接的柱翼缘部分，应与端板等厚度。

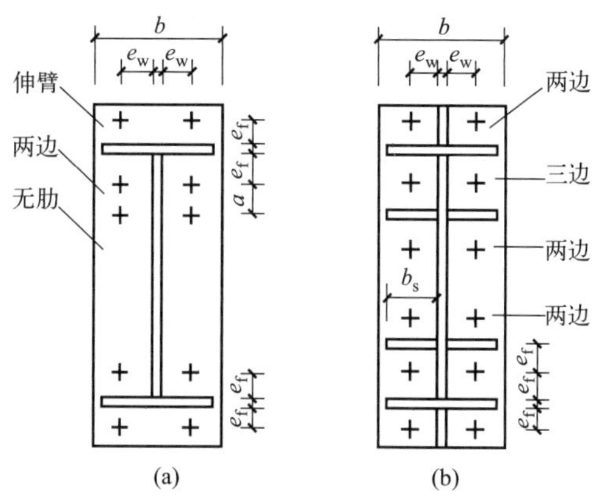

图 8.6 端板的支承条件

① 伸臂类端板。

$$t \geqslant \sqrt{\frac{6e_f N_t}{bf}} \tag{8.23}$$

② 无加劲肋端板。

$$t \geqslant \sqrt{\frac{3e_w N_t}{(0.5a+e_w)f}} \tag{8.24}$$

③ 两边支撑类端板。

当端板外伸时

$$t \geqslant \sqrt{\frac{6e_f e_w N_t}{[e_w b+2e_f(e_f+e_w)]f}} \tag{8.25}$$

当端板平齐时

$$t \geqslant \sqrt{\frac{12e_f e_w N_t}{[e_w b+4e_f(e_f+e_w)]f}} \tag{8.26}$$

④ 三边支撑类端板

$$t \geqslant \sqrt{\frac{6e_f e_w N_t}{[e_w(b+2b_s)+4e_f^2]f}} \tag{8.27}$$

式中 N_t——单个高强螺栓的受拉承载力设计值；

e_w，e_f——螺栓中心至腹板和翼缘表面的距离；

b，b_s——端板和加劲肋的宽度；

a——螺栓的间距。

(3) 节点域的强度计算

在斜梁与柱相交的节点域［图 8.7 (a)］，应按式 (8.28) 验算柱腹板的剪应力。若不满足要求，应加厚腹板或在其上设置斜加劲肋［图 8.7 (b)］。

$$\tau = \frac{M}{d_b d_c t_c} \leqslant f_v \tag{8.28}$$

式中 d_c，t_c——节点域的宽度和厚度；

d_b——斜梁端部高度或节点域高度；

M——节点承受的弯矩，多跨刚架中间柱处，应取两侧斜梁端弯矩的代数和或柱端弯矩；

f_v——节点域钢材的抗剪强度设计值。

同时，在端板设置螺栓处，还应按下式验算构件腹板的强度。若不满足要求，亦应加厚腹板或设置加劲肋。

当 $N_{t2} \leqslant 0.4P$ 时

$$\frac{0.4P}{e_w t_w} \leqslant f \tag{8.29}$$

当 $N_{t2} > 0.4P$ 时

$$\frac{N_{t2}}{e_w t_w} \leqslant f \tag{8.30}$$

式中 N_{t2}——翼缘内第二排一个螺栓的轴向拉力设计值；

P——高强螺栓的预拉力；

e_w——螺栓中心至腹板表面的距离；

t_w——腹板厚度。

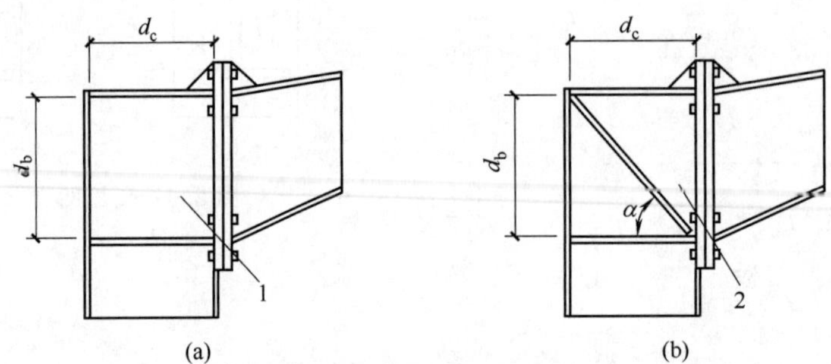

图 8.7 节点域

1—节点域；2—采用斜向加劲肋加强的节点域

(4) 端板连接刚度计算

门式刚架的内力分布受节点刚度的影响，假定刚接连接的梁柱节点的转动刚度与理想的刚接条件相差太大，仍按理想刚接计算内力和确定计算长度，将导致结构的可靠度不足，形成安全隐患。

造成梁和柱相对转动的因素：一是节点域的剪切变形角；二是端板和柱翼缘弯曲变形及螺栓拉伸变形引起的转动。《门刚规范》对梁柱刚接节点的转动刚度做了如下规定。

$$R \geqslant \frac{25EI_b}{l_b} \tag{8.31}$$

$$R = \frac{R_1 R_2}{R_1 + R_2} \tag{8.32}$$

式中 R——刚架梁柱转动刚度；

R_1——与节点域剪切变形对应的刚度，按式（8.33）计算；

R_2——连接的弯曲刚度，包括端板弯曲、螺栓拉伸和柱翼缘弯曲对应的刚度，按式（8.34）计算；

I_b，l_b——梁的截面惯性矩和跨度。

$$R_1 = Gh_1 d_c t_p + Ed_b A_{st} \cos^2\alpha \sin\alpha \tag{8.33}$$

$$R_2 = \frac{6EI_e h_1^2}{1.1e_f^3} \tag{8.34}$$

式中 h_1——梁端上下翼缘中心间的距离；

t_p——柱节点域腹板厚度；

I_e——端板横截面惯性矩；

A_{st}——两条加劲肋的总截面面积；

α——斜加劲肋倾角；

G，E——钢材的剪切模量和弹性模量；

d_c，d_b——节点域宽度和斜梁端部高度（图 8.7）。

8.5.2 摇摆柱与斜梁的连接节点

摇摆柱与斜梁的连接节点应设计成铰接连接，采用端板横放的连接方式，如图 8.8 所示。螺栓直径和布置由构造决定。

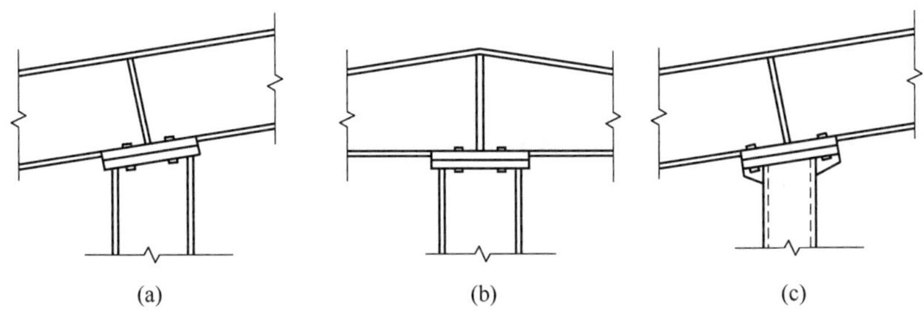

图 8.8 摇摆柱与斜梁的连接构造

第9章 多层建筑钢结构

9.1 多高层钢结构的特点

虽然多高层钢结构有承载能力高、自重轻、结构所占面积和空间小、抗震性能好、工业化程度高、建设周期短、钢材可回收、对环境污染小等诸多优点，但因其钢材的抗火性差，用钢量稍大，造价偏高，让很多开发商望而生畏，尤其防火性能方面是一个不可忽视的问题。然而，随着近年来防火新产品的不断出现，已较好地解决了多高层钢结构防火性差的缺点，使得它在多高层建筑中得到了广泛的应用。

多高层钢结构的优点如下。

① 自重轻。高层钢结构自重一般为高层混凝土结构自重的1/2～3/5。结构自重的降低，可减小地震作用，进而减小结构设计内力；结构自重的减轻，还可以使基础的造价降，减少运输量。

② 结构材料强度高，使结构所占面积少。与混凝土相比，钢结构柱截面面积小，可增加建筑有效使用面积。高层钢结构柱的截面面积占建筑面积的2%～3%。高层混凝土结构的截面面积占建筑面积的7%～9%。

③ 工厂化程度高，施工周期短，早投产、早受益、早回收。

④ 延性好。钢结构的延性比钢筋混凝土结构的延性好得多，从而钢结构的抗震性能比钢筋混凝土结构好。

⑤ 钢结构的承载能力大。在梁截面高度相同的情况下，钢结构的柱网尺寸可以比钢筋混凝土结构加大50%左右，提高了建筑布置的灵活性。

⑥ 环保性能好。干作业施工，减少废弃物对环境造成的污染；另外，结构拆除后，混凝土结构不能再使用，而钢结构材料可100%回收，直接使用或冶炼后再使用，对环境没有影响，因此被称为绿色建材。

⑦ 综合经济效益好。

9.2 多高层钢结构的结构体系和布置

9.2.1 主要结构类型

多高层建筑结构采用钢或钢与混凝土组合结构体系时，常按两种方法进行分类：一种方法是根据主要结构所用的材料或由不同材料组合划分成各种类型和类别；另一种是根据抗侧力的力学模型及其受力特性划分成各种结构体系和类别。

9.2.1.1 按采用的材料区分的结构类型

按采用材料区分的多高层建筑钢结构类型主要有全钢结构、钢-混凝土结构、型钢混凝土结构和钢管混凝土结构四种。

(1) 全钢结构

这类结构的梁、柱及支撑（包括用于钢框架柱间作为等效支撑的嵌入式墙板）等主要构件均采用钢材的结构。此种结构具有以下特点。

① 自重轻、地震作用效应小。高层钢结构的自重为 8～11kN/m^2，混凝土结构的自重为 15～18kN/m^2，钢结构的自重约为钢筋混凝土结构的 60%，使基础荷载大为减小，降低了基础造价。由于自重较轻，更易于采用调频质量阻尼器等消能装置，以减弱结构振动，提高建筑的抗震性能。

② 延性大。与钢筋混凝土结构相比较，钢结构的延性大，能减轻地震反应，是较理想的弹塑性结构，抗震性能好，特别适用于地震区的高层建筑。

③ 工期短。由于工厂化程度高，全钢结构的施工速度比钢筋混凝土结构约快 1.5 倍。一般钢结构多高层建筑，每 4 天完成一层。一幢 40 层楼房，若采用全钢结构，工期可缩短 3 个月。

(2) 钢-混凝土结构

这类结构由钢和钢筋混凝土构件组合而成，主要有钢框架-混凝土剪力墙体系和钢架筒-混凝土核心筒（筒中筒体系），典型的组合是外框架采用钢框架，内筒采用钢筋混凝土结构，形成钢框架-混凝土核心筒体系。

钢-混凝土结构，同样具有全钢结构的自重轻、施工速度快的特点，这是优于混凝结构的重要方面，而在造价方面又低于全钢结构。也就是说，混合结构兼有钢和混凝土类结构的优点，单就经济效益而言，它是一种优化的结构类型。此种结构存在的主要问题如下。

① 在水平地震作用下，因混凝土结构内筒的刚度退化，将加大作用在钢框架上的力。其抗震性能有待进一步分析研究，如何提高钢框架部分承受水平剪力的能力和提高凝土部分延性的措施。

② 混凝土内筒的施工误差限值大于钢结构，不同材料构件的竖向压缩差异不容忽视。

③ 外框架与内筒竖向荷载差异较大，易引起地基不均匀变形。

④ 钢框架梁与内筒（墙）的连接节点较复杂。

(3) 型钢混凝土（SRC）结构

型钢混凝土（SRC）结构（过去称为进入式的钢骨混凝土）由型钢混凝土柱、型混凝土梁组成，在某些高层建筑中，也设置型钢混凝土墙或型钢混凝土筒。

型钢混凝土柱是指在钢筋混凝土柱内埋设型钢芯柱。型钢芯柱的截面可采用：热轧或焊接 H 型钢、十字形截面、方钢管、圆钢管、由工字形钢焊接成的 T 形截面。型钢混凝土梁是指在钢筋混凝土梁内埋设 H 型钢或型钢桁架。其结构特点如下。

① 构件延性好。由于柱内型钢的作用，型钢混凝土柱的延性远高于钢筋混凝土柱。1995 年日本阪神地震表明：钢筋混凝土结构高层建筑的破坏率高，破坏程度严重，而型钢混凝土结构的高层建筑，破坏较轻微。

② 耐火和防腐性好。型钢芯柱有较厚的混凝土保护层，因而其耐火极限和防腐蚀性均高于钢结构。

③ 截面尺寸小。钢筋混凝土柱受到轴压比及配筋率限值的制约，提高承载力的唯一途径是加大截面尺寸；而型钢混凝土柱可以不受含钢率的限制，在承载力相同的情况下，截面面积可以减小。

④ 兼作模板支架。型钢混凝土结构中的型钢，在混凝土尚未浇灌之前即已形成钢构架，已具有相当大的承载力，可用作其上若干层楼板平行施工的模板支架和操作平台，因而施工速度较钢筋混凝土结构快，稍慢于全钢结构。

此种结构的适用范围如下。

① 要求柱具有高承载力的大柱网高层建筑中。

② 转换层下面扩大柱网的楼层柱及转换层的托柱大梁。

③ 地震区超过钢筋混凝土结构适用最大高度限值的建筑。

④ 有抗震设防要求时，结构类型高位转换时的底部框支层结构。

⑤ 上部钢结构向地下室混凝土结构过渡的地上一、二层的框架柱，以避免钢柱与混凝土柱的复杂连接，并缓解结构底部楼层刚度的突变。

(4) 钢管混凝土（CFT）结构

钢管混凝土结构构件是指在薄壁圆钢管、方形或矩形钢管内灌填混凝土所形成的组合构件，只有在极少数情况下，才在管内配置纵向钢筋和箍筋。例如柱承受特别大的压力，或压力小而弯矩大，以及除压力外，还可能承受很大的上移力。其结构特点如下。

① 承载力高。由于钢管对管内混凝土的紧箍（约束）作用，使混凝土处于三向受压状态，核心混凝土的强度大大提高，而钢管又能充分发挥作用，钢管混凝土构件的受压承载力可达到钢管和混凝土单独承载力之和的1.7～2.0倍；受剪承载力也相应提高。与钢筋混凝土柱相比较，构件截面面积可减少60%以上，从而增大了建筑的使用面积。

② 延性好。管内混凝土因受到钢管的强力约束，延性性能显著改善，不但在使用阶段扩大了弹性工作阶段，而且破坏时产生了很大的塑性变形，混凝土的破坏特征由脆性转变为延性破坏，与普通钢筋混凝土杆件相比较，钢筋混凝土构件的极限应变值约增大10倍。

③ 轴压比不限。因为承载力高，延性好，对钢管混凝土柱可以不限制轴压比。

④ 钢板较薄、用钢量少。与钢柱相比，钢管混凝土柱可节约钢材50%，降低造价45%。与钢筋混凝土柱相比，用钢量仅有少量增加，因钢板较薄，价格较低，焊接也容易。

⑤ 耐火性能好。火灾时，钢管内比热容较大的混凝土能吸收较多热量，从而使钢管的耐火极限时间延长；与全钢结构相比，达到相同耐火极限，钢管混凝土杆件可节约防火涂料60%以上。

⑥ 施工简单。与钢管混凝土相比，省去绑扎钢筋骨架、支模、拆模等工序，而且地下室结构类型可以采用逆作法施工，使工期缩短较多。

9.2.1.2 按其抗侧力构件的类型区分的结构体系

按其抗侧力构件的类型有如下的四类结构体系。

(1) 框架结构体系（包括半刚接及刚接框架）

(2) 双重抗侧力体系

① 钢框架-支撑（剪力墙板）体系（含带伸臂桁架的框架-支撑体系）。

② 钢框架-混凝土核心筒体系。

③ 钢框架-混凝土剪力墙体系。

④ 型钢混凝土框架-剪力墙体系。

(3) 筒体结构体系

① 框筒体系。

② 桁架筒体系。

③ 筒中筒体系。

④ 框筒束体系、成束筒体系。

(4) 巨型框架体系

以下对钢框架体系进行介绍。

9.2.2 钢结构体系的选型与布置要求

结构体系对高层钢结构建筑的经济指标影响很大，在进行设计时，为确定最合理的结构体系方案，有必要进行多种结构方案分析比较。

多高层钢结构设计，宜分别按房屋层数不超过 12 层和超过 12 层考虑。除应遵守规范规程相应的规定之外，应与建筑设计紧密配合，根据多高层建筑的特点和建筑平、立面布置及体型变化的规则性，综合考虑使用功能、荷载性质、材料供应、制作安装、施工条件等因素，以及所设计房屋的高度和抗震设防烈度，合理选用抗震和抗风性能好又经济合理的结构体系，并力求构造和节点设计简单合理、施工方便。有抗震要求的更应从设计概念上考虑所选择的结构体系具有多道抗震防线，使结构体系适应由支撑→梁→柱的屈服顺序机制，或耗能梁段→支撑→梁→柱的屈服顺序机制，并要避免结构刚度在水平和竖向突变等。

9.2.2.1　结构选型的总体原则

① 根据建筑物用途、高度、所处地区的自然和地质条件与建筑师合作选择适宜的结构体系，并控制结构的高宽比 H/B（表 9.1 和表 9.2）。

表 9.1　高层民用建筑适用的最大高度　　单位：m

<table>
<tr><td colspan="2" rowspan="3">结构体系</td><td rowspan="3">非抗震设计</td><td colspan="5">抗震设防烈度</td></tr>
<tr><td rowspan="2">6 度</td><td rowspan="2">7 度</td><td colspan="2">8 度</td><td rowspan="2">9 度</td></tr>
<tr><td>0.2g</td><td>0.3g</td></tr>
<tr><td colspan="2">钢框架</td><td>110</td><td>110</td><td>110</td><td colspan="2">90</td><td>50</td></tr>
<tr><td colspan="2">钢框架-支撑(剪力墙板)</td><td>260</td><td>220</td><td>220</td><td colspan="2">200</td><td>140</td></tr>
<tr><td colspan="2">钢框架-混凝土剪力墙</td><td>220</td><td>200</td><td>180</td><td colspan="2">100</td><td>70</td></tr>
<tr><td rowspan="2">框架-核心筒</td><td>钢框架-混凝土筒体</td><td>210</td><td>200</td><td>160</td><td>120</td><td>100</td><td>70</td></tr>
<tr><td>型钢(钢管)混凝土框架-钢筋混凝土核心筒</td><td>240</td><td>220</td><td>190</td><td>150</td><td>130</td><td>70</td></tr>
<tr><td rowspan="2">筒中筒</td><td>钢外筒-混凝土核心筒</td><td>280</td><td>260</td><td>210</td><td>160</td><td>140</td><td>80</td></tr>
<tr><td>型钢(钢管)混凝土外筒-钢筋混凝土核心筒</td><td>300</td><td>280</td><td>230</td><td>170</td><td>150</td><td>90</td></tr>
</table>

注：适用高度是指规则结构的高度，为从室外地坪算起至主要屋面板板顶高度，不包括局部凸出屋面部分；平面和竖向均不规则的结构，最大适用高度应适当降低。

表 9.2　高层民用建筑的高宽比限值

<table>
<tr><td rowspan="2">结构体系</td><td rowspan="2">非抗震设计</td><td colspan="3">抗震设防烈度</td></tr>
<tr><td>6 度、7 度</td><td>8 度</td><td>9 度</td></tr>
<tr><td>钢框架</td><td>5</td><td>5</td><td>4</td><td>3</td></tr>
<tr><td>钢框架-支撑(剪力墙板)</td><td>6</td><td>6</td><td>5</td><td>4</td></tr>
<tr><td>钢框架-混凝土剪力墙</td><td>5</td><td>5</td><td>4</td><td>4</td></tr>
<tr><td>钢框架-核心筒</td><td>8</td><td>7</td><td>6</td><td>4</td></tr>
<tr><td>筒中筒</td><td>8</td><td>8</td><td>7</td><td>5</td></tr>
</table>

注：当塔形建筑的底部有大底盘时，高宽比采用的高度应从大底盘的顶部算起。

② 应具有明确的计算简图和合理的地震作用传递途径，并使各方向的水平地震作用都能由该方向的抗侧构件承担。

③ 宜有多道抗震防线，应避免因部分结构或构件破坏而导致整个体系丧失抗震能力和对重力的承载能力。

④ 应具备必要的刚度和承载力，良好的变形能力（延性）和耗能能力。

⑤ 应具有均匀的刚度和承载力分布，避免因局部削弱或突变形成薄弱部位，产生过大的应力集中或塑性变形集中；对可能出现的薄弱部位，应采取措施提高其抗震能力。

抗侧力构件在竖向应沿高度连续布置，各侧力构件所负担的楼层质量沿高度方向不宜突变；在平面的布置应力求使各楼层抗侧刚度中心与楼层水平剪力的合力中心相重合。核心筒应尽量布置在结构中部或对称布置。

⑥ 平面形状应尽量规则、简单、对称，结构在两个主轴方向的动力特性宜相近。

⑦ 宜积极采用轻质高强材料，以减轻结构自重。

9.2.2.2 结构体系、柱网梁格以及楼板的布置要求

① 5～6 层以下的，可采用框架体系或框架-支撑体系；6 层以上的，可采用框架支体系或框架-混凝土剪力墙（核心筒）体系。高层房屋大多采用双重体系。

② 柱网形式和柱距应根据建筑及受力要求确定，尽量使主要受力柱与主要抗侧力件在同一平面内，且应使主要受力柱周边布置。

③ 柱网尺寸一般应根据荷载大小、钢梁经济跨度及结构受力特点等确定。

④ 剪力墙比钢支撑的延性低，在大震时延性低的地震力大，延性好的地震力小。从抗大震的性能来看，钢支撑比混凝土剪力墙好。

⑤ 钢框架-混凝土剪力墙体系属于混合结构，对它的抗震性能目前研究还不够，虽现在应用较多，选用时应慎重。核心筒宜用小钢柱加强，也有利于安装。

⑥ 楼板除了承受竖向荷载并将它传给框架外，还将水平力传到各个柱上，因此楼平面内的刚度、整体性和承载力也很重要。作为建筑要求，楼板还应能隔声。现在用得多的是压型钢板组合楼板、叠合板加现浇层、现浇楼板等，这几种楼板的整体性都很好。

⑦ 钢次梁的间距，与所采用楼板类型的经济跨度相协调。压型钢板的组合楼板经济跨度为 3～4m。钢梁宜形成组合梁，梁上要设置栓钉。

⑧ 梁格的布置应使柱子在竖向荷载下的受力较均匀。

9.2.3 各种结构体系的组成

在进行多高层建筑钢结构设计确定结构方案时，应根据各结构体系的特点和优缺点来确定合理的结构体系。

9.2.3.1 纯框架结构体系

纯框架结构体系是指沿纵横方向均由框架作为承重和抵抗水平抗侧力的主要构件所组成的结构体系。由钢柱和钢梁组成，一般用于多层与中高层钢结构建筑。

纯框架结构体系根据连接节点的形式分为刚接框架、半刚接框架和铰接框架（排架）（图 9.1）。

(1) 刚接框架结构体系的特点

① 平面设计有较大的灵活性，可提供较大柱距和空间，适应多种类型使用功能，结构各部分刚度比较均匀，构件易于标准化和定型化，构造简单，易于施工。

② 因柱与各层梁为刚性连接，改变了悬臂柱的受力状态，从而使柱所承受的弯矩大幅度减小，使结构具有较大延性，自振周期较长，自重较轻，对地震作用敏感小，是一种较好的抗震结构形式。

③ 钢框架的侧向刚度较柔，在风荷载或水平地震作用下产生的重力二阶效应（P-Δ 效应），将降低结构的承载力和结构的整体稳定。

④ 框架梁端，由于框架梁柱的连续性可以分担较大比例的由竖向荷载产生的弯矩，从而降低了梁跨中的正弯矩，使梁断面的承载力较大限度地被利用。

⑤ 侧向变形部分主要由剪切变形引起（占 80%～90%），部分由弯曲使柱缩短引起。一般情况下，由于柱轴向变形所产生的侧移占 15%～20%；由于梁转动所产生的侧移占 50%～60%；由于柱转动所产生的侧移占 15%～20%；还有一小部分是节点的变形所产生的侧移。

⑥ 刚接框架的侧移是柱刚度和梁刚度两者的函数，由于通常梁跨大于层高，柱刚度比

梁刚度大，造成较大的梁的转动，因此，若要减少侧移，应首先增加梁的刚度，使梁的惯性矩大于柱的惯性矩，两者的比值宜为梁跨与层高之比。

⑦ 在纵横两方向形成空间体系，有一定的整体空间作用功能，有较强的侧向刚度和延性，承担两个主轴方向的地震作用，因此在抗震区应采取措施，确保强连接，使大震时塑性铰出现在梁构件中。

(2) 半刚接框架结构体系的特点

① 梁柱连接处没有足够的刚度完全阻止梁与相交柱子之间的转动，即梁柱间的夹角要发生变化。

② 竖向荷载作用下可按铰接计算，水平荷载作用可按刚接计算——近似计算方法。

③ 可与其他抗侧力结构组合运用，利用它的变形能力。

④ 缺少可利用的有关弯矩-转角关系的足够资料，给设计人员的应用带来困难，一个准确的关系只有通过试验才能求得。

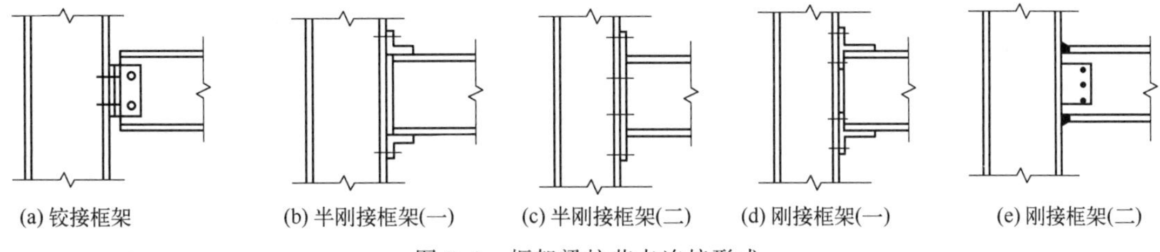

图 9.1　框架梁柱节点连接形式

9.2.3.2 框架-支撑结构体系

框架结构依靠梁柱受弯承受荷载，其抗侧刚度相对较小，当结构的高度较高时，如仍采用框架结构，在风或地震作用下，结构的抗侧刚度难以满足设计要求，或结构梁柱截面过大，结构失去了经济合理性，此时可在框架体系中的部分框架柱之间设置竖向支撑，形成若干榀带竖向支撑的支撑框架；或在框架体系内部设置若干榀仅承担竖向荷载的带竖向支撑的排架结构，周边则为刚接框架。此类结构水平荷载主要由支撑来承担，在水平荷载作用下，通过刚性楼板或弹性楼板的变形协调与刚接框架共同工作，形成一个双重抗侧力结构的结构体系。根据支撑的形式分为中心支撑、偏心支撑和嵌入式墙板及其他消能支撑框架结构体系。

(1) 设计框架支撑结构体系支撑布置的注意事项

① 支撑一般沿房屋的两个方向布置，以抵抗两个方向的侧向力；也可在一个方向设置支撑，另一个方向采用纯框架。

② 支撑一般沿同一竖向柱距内连续布置；当受建筑立面布置条件限制时，在非抗震设计中亦可在各层间交错布置支撑。

③ 在支撑框架平面内，支撑中心线与梁柱中心线应位于一个平面上，中心支撑框架的支撑中心线应交汇于梁柱中心线的交点。确有困难时，偏离中心不应超过支撑杆件宽度，并应计算由此产生的附加弯矩。

(2) 中心支撑框架结构

各种典型的中心支撑形式中，框架系统部分是剪切型结构，底部层间位移较大，顶部层间位移较小；支撑系统部分是弯曲型结构，底部层间位移较小，而顶部层间位移较大，两者并联，可以显著减小结构底部的层间位移，同时结构顶部层间位移也不致过大，由于框架和支撑的变形协调使层间位移及整个结构体系的最大侧移有所减小。

(3) 偏心支撑框架结构

偏心支撑框架是根据结构抗震要求提出的，具有良好抗震性能的结构要求在强度、刚度和能量耗散之间保持均衡。中心支撑框架虽然具有良好的强度和刚度，但由于支撑的受压屈曲使得结构的能量耗散性能较差。无支撑纯框架虽然具有稳定的弹塑性滞回性质和优良的耗能性能，但是它的刚度较差，要获得足够的刚度，有时会使设计很不经济。为了同时满足抗震对结构刚度、强度和能耗的要求，结构应兼有中心支撑框架刚度与强度好和纯框架耗能大的优点。基于这样的思想，提出了一种介于中心支撑框架和纯框架之间的抗震结构形式——偏心支撑框架。偏心支撑框架的工作原理是：在中、小地震作用下，所有构件弹性工作，这里的支撑提供主要的抗侧力刚度；在大地震作用下，保证支撑不发生受压屈曲，而让偏心梁段屈服消耗地震能量。

偏心支撑框架的设计应注意：

① 采用偏心支撑的主要目的是改变支撑斜杆与梁（耗能梁段）的先后屈服顺序；

② 在罕遇地震时，一方面通过耗能梁段的非弹性变形进行耗能，另一方面使耗能梁段的剪切屈服在先，从而保护支撑斜杆不屈曲或屈曲在后；

③ 耗能梁端在多遇地震下应保持弹性状态，在罕遇地震下产生剪切屈服；

④ 必须提高支撑斜杆的受压承载力，使其至少应为耗能梁段达到屈服强度时相应支撑轴力的 1.6 倍。

由于中心支撑和偏心支撑受杆件长细比限制，截面尺寸较大，受压也易失稳屈曲，在强风区或高烈度的地震区的高层建筑结构，一般的钢框架结构支撑体系满足不了要求时，为提高结构的抗侧刚度，可在工程中采用嵌入式墙板作为等效支撑或剪切板，即形成钢框架嵌入剪力墙体系，剪力墙板类型有三种：钢板剪力墙、内藏钢板支撑的混凝土剪力墙和带竖缝混凝土剪力墙板。

9.2.3.3 钢框架-混凝土剪力墙（芯筒）结构体系

在钢框架中通过布置混凝土剪力墙，同样可以起到大大提高框架结构的抗侧力刚度的作用，从而构成钢框架-混凝土剪力墙结构。在很多情况下，将混凝土剪力墙做成闭合的混凝土筒体，与建筑电梯、楼梯井功能配合，布置在建筑平面中心部位，构成钢框架-混凝土剪力墙芯筒结构。

框架-剪力墙（芯筒）结构中的剪力墙（芯筒），可以认为是一悬臂结构，其侧向变形特征与剪力墙的高宽比及开洞大小有关，一般情况下，与支撑系统一样，以弯曲变形为主，连带部分剪切变形（图 9.2）。因此，框架-剪力墙（芯筒）结构的工作性能与支撑框架结构的工作性能类似。

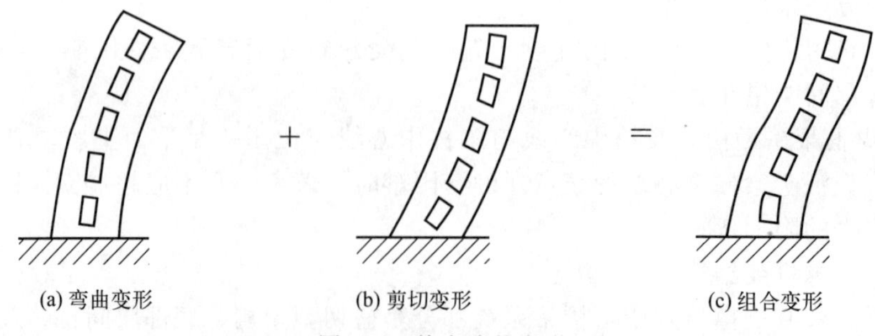

图 9.2 剪力墙的变形

此种结构中，两种不同的材料的结构是相对独立，但并联在一起共同工作，故称为钢-混凝土混合结构。混合结构中风荷载或地震引起的水平力主要由混凝土剪力墙（芯筒）承受，而建筑物重力主要由钢框架承受。

9.2.3.4 伸臂及带状桁架结构体系

当建筑很高时，在支撑框架结构中，由于支撑系统高宽比过大，抗侧力刚度会显著降低，此时，为提高结构的刚度，可在建筑的顶部和中部每隔若干层加设刚度较大的伸臂桁架(图 9.3)，使外围柱参与结构体系的整体抗弯，承担结构整体倾覆力矩引起的轴向压力或拉力，使外围柱由原来刚度较小的弯曲构件转变为刚度较大的轴力构件（图 9.4)。其效果相当于在一定程度上加大了竖向支撑系统的有效宽度，减小了它的高宽比，从而提高了整体结构的抗侧力刚度。同样对于框架-剪力墙（芯筒）结构，也可以通过加设伸臂桁架使框架柱参与结构整体抗倾覆力矩（图 9.5)，提高结构的抗侧力刚度。为使建筑周边柱也能发挥抵抗建筑整体倾覆力矩作用，还可在伸臂桁架位置沿建筑物周边设带状桁架（图 9.6)。设置

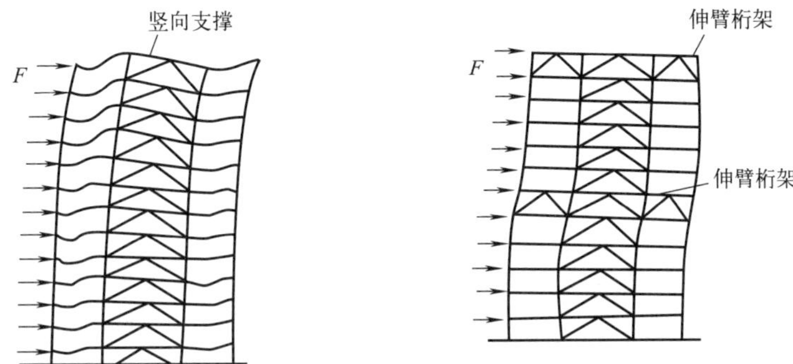

图 9.3 有无伸臂桁架的支撑框架结构侧移变形对比

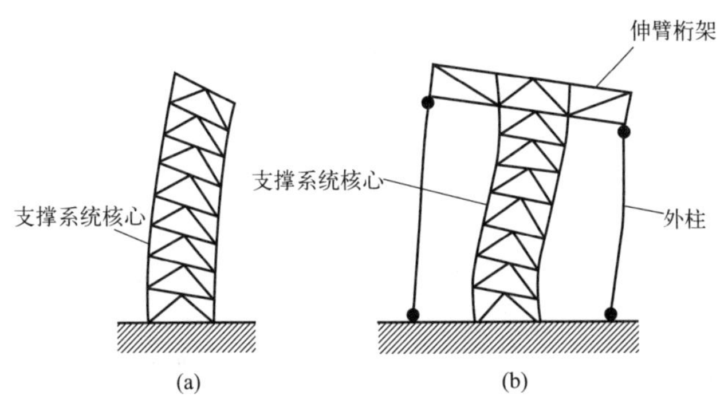

图 9.4 伸臂桁架的工作原理

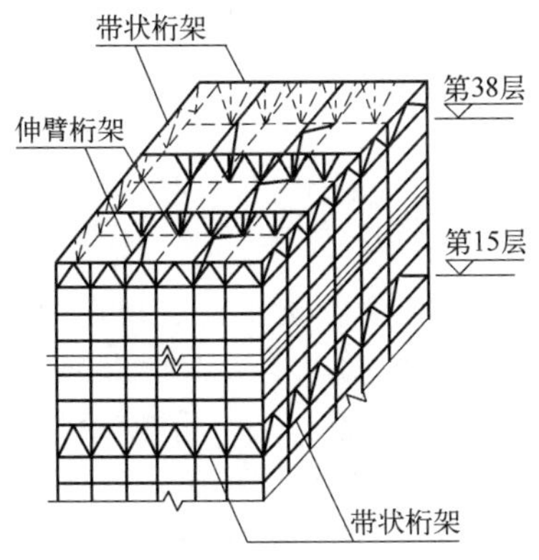

图 9.5 带伸臂桁架的框架-剪力墙

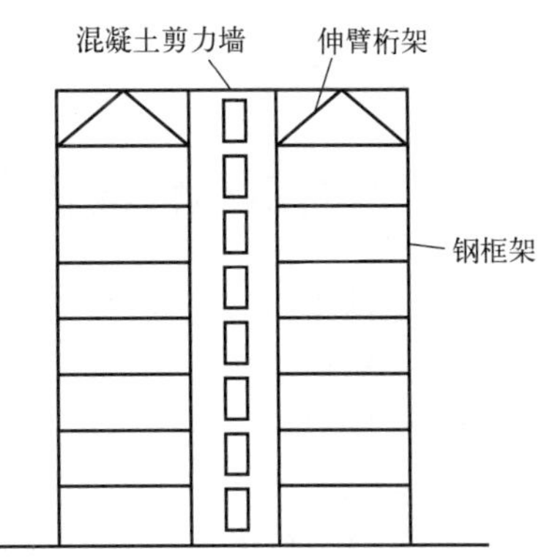

图 9.6 有伸臂及带状桁架的结构

伸臂桁架的主要目的是减小结构侧移，如以结构顶部侧移最小为目标，伸臂桁架沿结构高度在理论上是有优化位置的。一般如设一道时，优化位置在 $0.55H$（H 为结构总高）处，如设两道，优化位置分别在 $0.3H$ 和 $0.7H$ 处。一般伸臂桁架的设置沿高度不超过三道，其位置还受建筑功能布置的限制，在实际工程中通常将伸臂桁架设置在设备层及避难层。

9.2.3.5 筒体体系

(1) 框筒体系

框筒体系是由密柱深梁构成的外筒结构，它承担全部水平荷载。内筒是梁柱铰接相连的结构，它仅按荷载面积比例承担竖向荷载，不承担水平荷载。整个结构无须设置支撑等抗侧力构件，柱网不必正交，可随意布置，柱距可以加大，从而提供较大的灵活空间。外筒的柱距宜为 3～4m，框架梁的截面高度也可按窗台高度构成截面高度很大的窗裙梁。

在水平力作用下，框筒的梁以剪切变形为主，或为剪弯变形，有较大的刚度，而框筒柱主要产生与结构整体弯曲相适应的轴向变形，即基本为轴力构件。由于框筒梁的剪切变形，使得框筒柱的轴力分布与实际筒体不完全一致，而出现“剪力滞后”现象。“剪力滞后”会削弱框筒结构的筒体性能，降低结构的抗侧刚度。一般框筒结构的柱距越大，剪力滞后效应越大。

(2) 成束筒体系

成束筒体系是由一个外筒与多个内筒并列组合在一起形成的结构体系，因此，外筒与内筒不再如同各自独立的筒体，而是沿纵横向均有多榀腹板框架的筒体结构，腹板框架可以是密柱深梁组成的框架，且有更好的整体性和更大的整体侧向刚度。也因小框筒翼缘的宽度减小，剪力滞后效应也大大地降低。

(3) 筒中筒体系

筒中筒结构内部，利用建筑中心部位电梯竖井的封闭性，将其周围的一般框架改成密柱内框筒，或采用混凝土芯筒，构成筒中筒结构。其内、外筒通过有效的连接组成一个共同工作的空间结构体系。

筒中筒结构与框筒结构相比，不仅增加了内筒，提高了结构的抗侧刚度，而且有以下两方面的优点。

① 内筒轮廓尺寸比外筒小，剪力滞后效应弱，故更接近弯曲型构件，因此建筑下部各层的层间侧移将因增设了内筒而显著减小。

② 在顶层及中部设备层沿内筒的四个面可设置伸臂桁架，以加强内外筒连接，使外框筒发挥更大的作用，弥补外框筒剪力滞后效应所带来的不利影响。

9.2.3.6 巨型结构体系

一般高层钢结构的梁、柱、支撑为一个楼层和一个开间内的构件，如果将梁、柱、支撑的概念扩展到数个楼层和数个开间，则可构成巨型框架结构和巨型支撑结构。

9.3 钢结构的抗震性能化设计

近年来，钢结构的防灾减灾问题比较突出，灾害对钢结构的影响主要表现在两个方面：一个是地震灾害对钢结构的影响；另一个是火灾作用对钢结构的影响。在地震或火灾作用下，建筑钢结构也常常发生连续性倒塌。我国是一个多地震的国家，必须重视钢结构的抗震设计。另外，建筑火灾的发生日益增多，危害极大，对建筑钢结构也很有必要进行抗火设计，从而提高钢结构在火灾中的安全性能并减少损失。本节分别从钢结构抗震、钢结构防火、钢结构抗连续倒塌三个方面介绍钢结构的防灾减灾设计要点。

9.3.1 材料要求

采用抗震性能化设计的钢结构构件，其材料应满足下列要求。

① 钢材的质量等级应符合下列规定：当工作温度高于 0℃时，其质量等级不应低于 B 级；当工作温度不高于 0℃但高于－20℃时，Q235、Q355 钢不应低于 B 级，Q390、Q420 及 Q460 钢不应低于 C 级；当工作温度不高于－20℃时，Q235、Q355 钢不应低于 C 级，Q390、Q420 及 Q460 钢不应低于 D 级。

② 构件塑性耗能区采用的钢材尚应符合下列规定：钢材的屈服强度实测值与抗拉强度实测值的比值不应大于 0.85；钢材应有明显的屈服台阶，且伸长率不应小于 20%；钢材应满足屈服强度实测值不高于上一级钢材屈服强度规定值的条件；如钢材工作温度低于－20℃，夏比冲击韧性不宜低于 27J。

③ 钢结构构件关键性焊缝的填充金属应检验 V 形切口的冲击韧性，其工作温度低于－20℃时，夏比 冲击韧性不应低于 27J。

9.3.2 抗震承载性能等级和性能系数

钢结构构件的抗震性能化设计应根据建筑的抗震设防类别、设防烈度、场地条件、结构类型和不规则性，结构构件在整个结构中的作用、使用功能和附属设施功能的要求、投资大小、震后损失和修复难易程度等，经综合分析比较选定其抗震性能目标。构件塑性耗能区的抗震承载性能等级及其在不同地震动水准下的性能目标可按表 9.3 划分。

表 9.3 构件塑性耗能区的抗震承载性能等级和目标

承载性能等级	地震动水准		
	多遇地震	设防地震	罕遇地震
性能 1	完好	完好	基本完好
性能 2	完好	基本完好	基本完好至轻微变形
性能 3	完好	实际承载力满足高性能系数要求	轻微变形
性能 4	完好	实际承载力满足高性能系数要求	轻微变形至中等变形
性能 5	完好	实际承载力满足中性能系数要求	中等变形
性能 6	基本完好	实际承载力满足低性能系数要求	中等变形至显著变形
性能 7	基本完好	实际承载力满足低性能系数要求	显著变形

注：性能 1～性能 7 性能目标依次降低。

钢结构构件的性能系数应符合下列规定。

① 整个结构中不同部位的构件、同一部位的水平构件和竖向构件，可有不同的性能系数；塑性耗能区及其连接的承载力应符合强节点弱杆件的要求。

② 对框架结构，同层框架柱的性能系数宜高于框架梁。

③ 对支撑结构和框架-中心支撑结构的支撑系统，同层框架柱的性能系数宜高于框架梁，框架梁的性能系数宜高于支撑。

④ 框架-偏心支撑结构的支撑系统，同层框架柱的性能系数宜高于支撑，支撑的性能系数宜高于框架梁，框架梁的性能系数应高于消能梁段。

⑤ 关键构件的性能系数不应低于一般构件。

钢结构构件的性能系数可按式（9.1）计算。

$$\Omega_i \geqslant \beta_e \Omega_{i,\min}^{a} \tag{9.1}$$

式中 Ω_i——钢结构构件的性能系数；

β_e——水平地震作用非塑性耗能区内力调整系数；

$\Omega_{i,\min}^{a}$——i 层构件塑性耗能区实际性能系数最小值。

塑性耗能区的性能系数应符合下列规定。

① 对框架结构、中心支撑结构、框架-支撑结构，规则结构塑性耗能区不同承载性能等级对应的性能系数最小值宜符合表 9.4 的规定。

表 9.4 规则结构塑性耗能区不同承载性能等级对应的性能系数最小值

承载性能等级	性能 1	性能 2	性能 3	性能 4	性能 5	性能 6	性能 7
性能系数最小值	1.10	0.9	0.70	0.55	0.45	0.35	0.28

② 不规则结构塑性耗能区的构件性能系数最小值，宜比规则结构增加 15%～50%。

③ 塑性耗能区实际性能系数可按下列公式计算。

框架结构

$$\Omega_0^a=\frac{W_E f_y-M_{GE}-0.4M_{Ehk2}}{M_{Evk2}} \tag{9.2}$$

支撑结构

$$\Omega_0^a=\frac{N'_{br}-N'_{GE}-0.4N'_{Evk2}}{(1+0.7\beta_i)N'_{Ehk2}} \tag{9.3}$$

框架-偏心支撑结构：设防地震性能组合的消能梁段轴力 $N_{P,l}$，可按下式计算。

$$N_{P,l}=N_{GE}+0.28N_{Ehk2}+0.4N_{Evk2} \tag{9.4}$$

当 $N_{P,l}\leqslant 0.15Af_y$ 时，实际性能系数应取式（9.5）和式（9.6）的较小值。

$$\Omega_0^a=\frac{W_{P,l}f_y-M_{GE}-0.4M_{Evk2}}{M_{Ehk2}} \tag{9.5}$$

$$\Omega_0^a=\frac{V_l-V_{GE}-0.4V_{Evk2}}{V_{Ehk2}} \tag{9.6}$$

当 $N_{P,l}\geqslant 0.15Af_y$ 时，实际性能系数应取式（9.7）和式（9.8）的较小值。

$$\Omega_0^a=\frac{1.2W_{P,l}f_y\left(1-\frac{N_{P,l}}{Af_y}\right)-M_{GE}-0.4M_{Evk2}}{M_{Ehk2}} \tag{9.7}$$

$$\Omega_0^a=\frac{V_{le}-V_{GE}-0.4V_{Evk2}}{V_{Ehk2}} \tag{9.8}$$

④ 支撑体系的水平地震作用非塑性耗能区内力调整系数应按式（9.9）计算。

$$\beta_{br,ei}=1.1\eta_y(1+0.7\beta_i) \tag{9.9}$$

⑤ 支撑结构及框架中心支撑结构的同层支撑性能系数最大值与最小值之差不宜超过最小值的 20%。

当支撑结构的延性等级为Ⅴ级时，支撑的实际性能系数应按式（9.10）计算。

$$\Omega_{br}^a=\frac{N_{br}-N_{GE}-0.4N_{Evk2}}{N_{Ehk2}} \tag{9.10}$$

以上式中 Ω_i——i 层构件性能系数；

η_y——钢材超强系数，可按表 9.5 采用，其中塑性耗能区、弹性区分别采用梁、柱替代；

β_e——水平地震作用非塑性耗能区内力调整系数，塑性耗能区构件应取 1.0，其余构件不宜小于 $1.1\eta_y$，支撑系统应按式（9.9）计算确定；

Ω_0^a——构件塑性耗能区实际性能系数；

W_e——构件塑性耗能区截面模量，mm^3，按表 9.6 取值；

f_y——钢材屈服强度，N/mm^2；

N_{br}——支撑承载力标准值产生的轴力效应，N；

M_{GE}，N_{GE}，V_{GE}——重力荷载代表值产生的弯矩效应（N・mm）、轴力效应（N）和剪力效应（N），可按现行国家标准《建筑抗震设计规范》（GB 50011—2010）的规定采用；

M_{Ehk2}，M_{Evk2}——按弹性或等效弹性计算的构件水平设防地震作用标准值的弯矩效应、地震烈度为8度且高度大于50m时按弹性或等效弹性计算的构件竖向设防地震作用标准值的弯矩效应，N・mm；

V_{Ehk2}，V_{Evk2}——按弹性或等效弹性计算的构件水平设防地震作用标准值的剪力效应、地震烈度为8度且高度大于50m时按弹性或等效弹性计算的构件竖向设防地震作用标准值的剪力效应，N；

N'_{br}，N'_{GE}——支撑对承载力标准值、重力荷载代表值产生的轴力效应，N，计算承载力标准值时，压杆的承载力按式（9.15）计算的受压支撑剩余承载力系数 η；

N'_{Ehk2}，N'_{Evk2}——按弹性或等效弹性计算的支撑对水平设防地震作用标准值的轴力效应、地震烈度为8度且高度大于50m时按弹性或等效弹性计算的支撑对竖向设防地震作用标准值的轴力效应，N；

N_{Ehk2}，N_{Evk2}——按弹性或等效弹性计算的支撑水平设防地震作用标准值的轴力效应、地震烈度为8度且高度大于50m时按弹性或等效弹性计算的支撑竖向设防地震作用标准值的轴力效应，N；

$W_{P,l}$——消能梁段塑性截面模量，mm^3；

V_l，V_{lc}——消能梁段受剪承载力和计入轴力影响的受剪承载力，N；

β_i——i 层支撑水平地震剪力分担率，大于0.714时，取0.714。

表 9.5 钢材超强系数 η_y

弹性区	塑性耗能区	
	Q235	Q355、Q345GJ
Q235	1.15	1.05
Q355、Q345GJ、Q390、Q420、Q460	1.2	1.1

注：当塑性耗能区的钢材为管材时，η_y 可取表中数值乘以1.1。

表 9.6 构件截面模量 W_E 取值

截面板件宽厚比等级	S1	S2	S3	S4	S5
构件截面模量	$W_E=W_p$		$W_E=\gamma_x W$	$W_E=W$	有效截面模量

注：W_p 为塑性截面模量；γ_x 为截面塑性发展系数；W 为弹性截面模量。

当钢结构构件延性等级为Ⅴ级时，非塑性耗能区内力调整系数可采用1.0。

9.3.3 抗震性能化设计基本步骤

钢结构构件的抗震性能化设计可采用下列基本步骤和方法。

① 按现行国家标准《建筑抗震设计规范》（GB 50011—2010）的规定进行多遇地震作用验算，结构承载力及侧移应满足其规定，位于塑性耗能区的构件进行承载力计算时，可考虑将该构件刚度折减形成等效弹性模型。

② 抗震设防类别为标准设防类（丙类）的建筑，可按表9.7初步选择塑性耗能区的承载性能等级。

表 9.7 塑性耗能区承载性能等级参考选用表

设防烈度	单层	$H \leqslant 50\text{m}$	$50\text{m} < H \leqslant 100\text{m}$
6 度(0.05g)	性能 3～7	性能 4～7	性能 5～7
7 度(0.10g)	性能 3～7	性能 5～7	性能 6～7
7 度(0.15g)	性能 4～7	性能 5～7	性能 6～7
8 度(0.20g)	性能 4～7	性能 6～7	性能 7

注：H 为钢结构房屋的高度，即室外地面到主要屋面板板顶的高度（不包括局部凸出屋面的部分）。

③ 按本章第 9.3.4 小节的方法进行设防地震下的承载力抗震验算：

a. 建立合适的结构计算模型进行结构分析；

b. 设定塑性耗能区的性能系数，选择塑性耗能区截面，使其实际承载性能等级与设定的性能系数尽量接近；

c. 其他构件承载力标准值应进行计入性能系数的内力组合效应验算，当结构构件承载力满足延性等级为Ⅴ级的内力组合效应验算时，可忽略机构控制验算；

d. 必要时可调整截面或重新设定塑性耗能区的性能系数。

④ 构件和节点的延性等级应根据设防类别及塑性耗能区最低承载性能等级按表 9.8 确定，并按本章 9.3.4 小节的规定对不同延性等级的相应要求采取抗震措施。

表 9.8 结构构件最低延性等级

设防类别	塑性耗能区最低承载性能等级						
	性能 1	性能 2	性能 3	性能 4	性能 5	性能 6	性能 7
适度设防类(丁类)				Ⅴ级	Ⅳ级	Ⅲ级	Ⅱ级
标准设防类(丙类)			Ⅴ级	Ⅳ级	Ⅲ级	Ⅱ级	Ⅰ级
重点设防类(乙类)		Ⅴ级	Ⅳ级	Ⅲ级	Ⅱ级	Ⅰ级	
特殊设防类(甲类)	Ⅴ级	Ⅳ级	Ⅲ级	Ⅱ级	Ⅰ级		

注：Ⅰ级至Ⅴ级，结构构件延性等级依次降低。

⑤ 当塑性耗能区的最低承载性能等级为性能 5、性能 6、性能 7 时，通过罕遇地震下结构的弹塑性分析或按构件工作状态形成新的结构等效弹性分析模型，进行竖向构件的弹塑性层间位移角验算，应满足现行国家标准《建筑抗震设计规范》（GB 50011—2010）的弹塑性层间位移角限值；当所有构造要求均满足结构构件延性等级为Ⅰ级的要求时，弹塑性层间位移角限值可增加 25%。

9.3.4 抗震承载力验算

9.3.4.1 钢结构构件承载力验算

钢结构构件的承载力应按下列公式验算。

$$S_{\mathrm{E2}} = S_{\mathrm{GE}} + \Omega_i S_{\mathrm{Ehk2}} + 0.4 S_{\mathrm{Evk2}} \tag{9.11}$$

$$S_{\mathrm{E2}} \leqslant R_{\mathrm{k}} \tag{9.12}$$

式中 S_{E2}——构件设防地震内力性能组合值，N；

S_{GE}——构件重力荷载代表值产生的效应，按现行国家标准《建筑抗震设计规范》（GB 50011—2010）或《构筑物抗震设计规范》（GB 50191—2012）的规定采用，N；

S_{Ehk2}，S_{Evk2}——按弹性或等效弹性计算的构件水平设防地震作用标准值效应、地震烈度为 8 度且高度大于 50m 时按弹性或等效弹性计算的构件竖向设防地震作用标准值效应；

R_{k}——按屈服强度计算的构件实际截面承载力标准值，N/mm^2。

9.3.4.2 框架梁的抗震承载力验算

框架梁的抗震承载力验算应符合下列规定。

① 框架结构中框架梁进行受剪计算时，剪力应按式（9.13）计算。

$$V_{pd}=V_{Gb}+\frac{W_{Eb,A}f_y+W_{Eb,B}f_y}{l_n} \tag{9.13}$$

② 框架-偏心支撑结构中非消能梁段的框架梁，应按压弯构件计算；计算弯矩及轴力效应时，其非塑性耗能区内力调整系数宜按 $1.1\eta_y$ 采用。

③ 交叉支撑系统中的框架梁，应按压弯构件计算；轴力可按式（9.14）计算，计算弯矩效应时，其非塑性耗能区内力调整系数宜按式（9.9）确定。

$$N=A_{br1}f_y\cos\alpha_1-\eta\varphi A_{br2}f_y\cos\alpha_2 \tag{9.14}$$

$$\eta=0.65+0.35\tanh(4-10.5\lambda_{n,br}) \tag{9.15}$$

$$\lambda_{n,br}=\frac{\lambda_{br}}{\pi}\sqrt{\frac{f_y}{E}} \tag{9.16}$$

④ 人字形、V 形支撑系统中的框架梁在支撑连接处应保持连续，并按压弯构件计算；轴力可按式（9.14）计算；弯矩效应宜按不计入支撑支点作用的梁承受重力荷载和支撑屈曲时不平衡力作用计算，竖向不平衡力计算宜符合下列规定。

a. 除顶层和出屋面房间的框架梁外，竖向不平衡力可按下列公式计算。

$$V=\eta_{red}(1-\eta\varphi)A_{br}f_y\sin\alpha \tag{9.17}$$

$$\eta_{red}=1.25-0.75\frac{V_{P,F}}{V_{br,K}} \tag{9.18}$$

b. 顶层和出屋面房间的框架梁，竖向不平衡力宜按式（9.17）计算值的 50%取值。

c. 当为屈曲约束支撑，计算轴力效应时，非塑性耗能区内力调整系数宜取 1.0；弯矩效应宜按不计入支撑支点作用的梁承受重力荷载和支撑拉压力标准组合下的不平衡力作用计算，在恒荷载和支撑最大拉压力标准组合下的变形不宜超过不考虑支撑支点的梁跨度的 1/240。

以上式中 V_{Gb}——梁在重力荷载代表值作用下截面的剪力值，N；

$W_{Eb,A}$，$W_{Eb,B}$——梁端截面 A 和截面 B 处的构件截面模量，mm^3，可按表 9.6 的规定采用；

l_n——梁的净跨，mm；

A_{br1}，A_{br2}——上、下层支撑截面面积，mm^2；

α_1，α_2——上、下层支撑斜杆与横梁的交角；

λ_{br}——支撑最小长细比；

η——受压支撑剩余承载力系数，按式（9.15）计算；

$\lambda_{n,br}$——支撑正则化长细比；

E——钢材的弹性模量，N/mm^2；

α——支撑斜杆与横梁的交角；

η_{red}——竖向不平衡力折减系数，当按式（9.18）计算的结果小于 0.3 时应取 0.3，大于 1.0 时应取 1.0；

A_{br}——支撑杆截面面积，mm^2；

φ——支撑的稳定系数；

$V_{P,F}$——框架独立形成侧移机构时的抗侧承载力标准值，N；

$V_{br,K}$——支撑发生屈曲时，由人字形支撑提供的抗侧承载力标准值，N。

9.3.4.3 框架柱的抗震承载力验算

框架柱的抗震承载力验算应符合下列规定。

(1) 柱端截面的强度应符合的规定

① 等截面梁。

柱截面板件宽厚比等级为 S1、S2 时

$$\sum W_{Ec}\left(f_{yc}-\frac{N_p}{A_c}\right)\geqslant\eta_y\sum W_{Wb}f_{yb} \tag{9.19}$$

柱截面板件宽厚比等级为 S3、S4 时

$$\sum W_{Ec}\left(f_{yc}-\frac{N_p}{A_c}\right)\geqslant1.1\eta_y\sum W_{Wb}f_{yb} \tag{9.20}$$

② 端部翼缘为变截面的梁。

柱截面板件宽厚比等级为 S1、S2 时

$$\sum W_{Ec}\left(f_{yc}-\frac{N_p}{A_c}\right)\geqslant\eta_y\sum W_{Eb1}f_{yb}+V_{pb}s \tag{9.21}$$

柱截面板件宽厚比等级为 S3、S4 时

$$\sum W_{Ec}\left(f_{yc}-\frac{N_p}{A_c}\right)\geqslant1.1\eta_y(\sum W_{Eb1}f_{yb}+V_{pb}s) \tag{9.22}$$

(2) 符合下列情况之一的框架柱可不按上述要求验算

① 单层框架和框架顶层柱。

② 规则框架，本层的受剪承载力比相邻上一层的受剪承载力高出 25%。

③ 不满足强柱弱梁要求的柱子提供的受剪承载力之和，不超过总受剪承载力的 20%。

④ 与支撑斜杆相连的框架柱。

⑤ 框架柱轴压比（N_P/N_y）不超过 0.4 且柱的截面板件宽厚比等级满足 S3 级要求；柱满足构件延性等级为Ⅴ级时的承载力要求。

(3) 框架柱应按压弯构件计算

计算弯矩效应和轴力效应时，其非塑性耗能区内力调整系数不宜小于 $1.1\eta_y$。对于框架结构，进行受剪计算时，剪力应按式（9.23）计算；计算弯矩效应时，多高层钢结构底层柱的非塑性耗能区内力调整系数不应小于 1.35。对于框架-中心支撑结构和支撑结构，框架柱计算长度系数不宜小于 1。计算支撑系统框架柱的弯矩效应和轴力效应时，其非塑性耗能区内力调整系数宜按式（9.9）采用，支撑处重力荷载代表值产生的效应宜由框架柱承担。

$$V_{pc}=V_{Gc}+\frac{W_{Ec,A}f_y+W_{Ec,B}f_y}{h_n} \tag{9.23}$$

以上式中 W_{Ec}，W_{Eb}——交汇于节点的柱和梁的截面模量，mm^3，应按表 9.6 的规定采用；

W_{Eb1}——梁塑性铰截面的截面模量，mm^3，应按表 9.6 的规定采用；

f_{yc}，f_{yb}——柱和梁的钢材屈服强度，N/mm^2；

N_P——设防地震内力性能组合的柱轴力，N，应按式（9.11）计算，非塑性耗能区内力调整系数可取 1.0，性能系数可根据承载性能等级按表 9.4 采用；

A_c——框架柱的截面面积，mm^2；

V_{pb}，V_{pc}——产生塑性铰时塑性铰截面的剪力，N，应分别按式（9.13）和式（9.23）计算；

s——塑性铰截面至柱侧面的距离，mm；

V_{Ge}——在重力荷载代表值作用下柱的剪力效应，N；

$W_{Ec,A}$，$W_{Ec,B}$——柱端截面 A 和 B 处的构件截面模量，应按表 9.6 的规定采用，mm^2。

h_n——柱的净高，mm。

9.3.4.4 受拉构件或构件受拉区域的截面要求

受拉构件或构件受拉区域的截面应符合式（9.24）的要求。

$$Af_y \leqslant A_n f_u \tag{9.24}$$

式中 A——受拉构件或构件受拉区域的毛截面面积，mm^2；

A_n——受拉构件或构件受拉区域的净截面面积，mm^2，当构件多个截面有孔时，应取最不利截面；

f_y——受拉构件或构件受拉区域钢材屈服强度，N/mm^2；

f_u——受拉构件或构件受拉区域钢材抗拉强度最小值，N/mm^2。

偏心支撑结构中支撑的非塑性耗能区内力调整系数应取 $1.1\eta_y$。

9.3.4.5 消能梁段的受剪承载力计算

消能梁段的受剪承载力计算应符合下列规定。

当 $N_{p,l} \leqslant 0.15Af_y$ 时，受剪承载力应取按式（9.25）和式（9.26）的较小值。

$$V_l = A_w f_{yv} \tag{9.25}$$

$$V_l = 2W_{p,l}\frac{f_y}{a} \tag{9.26}$$

当 $N_{p,l} > 0.15Af_y$ 时，受剪承载力应取按式（9.27）和式（9.28）计算的较小值。

$$V_{lc} = 2.4W_{p,l}f_y\left(1-\frac{N_{p,l}}{Af_y}\right)a \tag{9.27}$$

$$V_{lc} = A_w f_{yv}\sqrt{\left(1-\frac{N_{p,l}}{Af_y}\right)^2} \tag{9.28}$$

式中 A_w——消能梁段腹板截面面积，mm^2；

f_{yv}——钢材的屈服抗剪强度，可取钢材屈服强度的 0.58 倍，N/mm^2；

a——消能梁段的净长，mm。

塑性耗能区的连接计算应符合下列规定：与塑性耗能区连接的极限承载力应大于与其连接构件的屈服承载力。梁与柱刚性连接的极限承载力应按下列公式验算。

$$M_u^j \geqslant \eta_j W_E f_y \tag{9.29}$$

$$V_u^j \geqslant 1.2\frac{2(W_E f_y)}{l_n} + V_{Gb} \tag{9.30}$$

与塑性耗能区的连接及支撑拼接的极限承载力应按下列公式验算。

支撑连接和拼接

$$N_{ubr}^j \geqslant \eta_j A_{br} f_y \tag{9.31}$$

梁的拼接

$$M_{ub,sp}^j \geqslant \eta_j W_{Ec} f_y \tag{9.32}$$

脚与基础的连接极限承载力应按式（9.33）验算：

$$M_{u,base}^{j} \geqslant \eta_j M_{pc} \tag{9.33}$$

以上式中 V_{Gb}——梁在重力荷载代表值作用下，按简支梁分析的梁端截面剪力效应，N；

M_{pc}——考虑轴心影响时柱的塑性受弯承载力；

M_u^j，V_u^j——连接的极限受弯、受剪承载力，N/mm^2；

M_{ubr}^j，$V_{ub,sp}^j$——支撑连接和拼接的极限受拉（压）承载力，N，梁拼接的极限受弯承载力，N·mm；

$M_{u,base}^j$——柱脚的极限受弯承载力，N·mm；

η_j——连接系数，可按表 9.9 采用，当梁腹板采用改进型过焊孔时，梁柱刚性连接的连接系数可乘以不小于 0.9 的折减系数。

表 9.9 连接系数

母材牌号	梁柱连接		支撑连接、构件拼接		柱脚	
	焊接	螺栓连接	焊接	螺栓连接		
Q235	1.40	1.45	1.25	1.30	埋入式	1.2
Q355	1.30	1.35	1.20	1.25	外包式	1.2
Q345GJ	1.25	1.30	1.15	1.20	外露式	1.2

注：1. 屈服强度高于 Q355 的钢材，按 Q355 的规定采用。

2. 屈服强度高于 Q345GJ 的 GJ 钢材，按 Q345GJ 的规定采用；

3. 翼缘焊接腹板栓接时，连接系数分别按表中连接形式取用。

9.3.4.6 节点域抗震承载力计算

当框架结构的梁柱采用刚性连接时，H 形和箱形截面柱的节点域抗震承载力应符合下列规定。

① 当与梁翼缘平齐的柱横向加劲肋的厚度不小于梁翼缘厚度时，H 形和箱形截面柱的节点域抗震承载力验算应符合下列规定。

a. 当结构构件延性等级为Ⅰ级或Ⅱ级时，节点域的承载力验算应符合式（9.34）的要求。

$$\alpha_p \frac{M_{pb1}+M_{pb2}}{V_p} \leqslant \frac{4}{3} f_{yv} \tag{9.34}$$

b. 当结构构件延性等级为Ⅲ级、Ⅳ级或Ⅴ级时，节点域的承载力应符合式（9.35）的要求。

$$\frac{M_{b1}+M_{b2}}{V_p} \leqslant f_{ps} \tag{9.35}$$

以上式中 M_{b1}，M_{b2}——节点域两侧梁端的设防地震性能组合的弯矩，应按式（8.11）计算，非塑性耗能区内力调整系数可取 $1.0N/mm^2$；

M_{pb1}，M_{pb2}——与框架柱节点域连接的左、右梁端截面的全塑性受弯承载力，N·mm；

V_p——节点域的体积，mm^3；

f_{ps}——节点域的抗剪强度，N/mm^2；

α_p——节点域弯矩系数，边柱取 0.95，中柱取 0.85。

② 当节点域的计算不满足第①款规定时，应采取加厚柱腹板或贴焊补强板的构造措施。补强板的厚度及其焊接应按传递补强板所分担剪力的要求设计。

9.3.4.7 支撑系统的节点计算

支撑系统的节点计算应符合下列规定。

① 交叉支撑结构、成对布置的单斜支撑结构的支撑系统，上、下层支撑斜杆交汇处节点的极限承载力不宜小于按下列公式确定的竖向不平衡剪力的 η_j 倍，其中，η_j 为连接系数，应按表 9.9 采用。

$$V=\eta\varphi A_{br1}f_y\sin\alpha_1+A_{br2}f_y\sin\alpha_2+V_G \tag{9.36}$$

$$V=A_{br1}f_y\sin\alpha_1+\eta\varphi A_{br2}f_y\sin\alpha_2-V_G \tag{9.37}$$

② 人字形或 V 形支撑，支撑斜杆、横梁与立柱的交汇点，节点的极限承载力不宜小于按式（9.38）计算的剪力 V 的 η_j 倍。

$$V=A_{br}f_y\sin\alpha+V_G \tag{9.38}$$

式中 V——支撑斜杆交汇处的竖向不平衡剪力；

φ——支撑稳定系数；

V_G——在重力荷载代表值作用下的横梁梁端剪力（对于人字形或 V 形支撑，不应计入支撑的作用）；

η——受压支撑剩余承载力系数，可按式（9.15）计算。

③ 当同层、同一竖向平面内有两个支撑斜杆交汇于一个柱子时，该节点的极限承载力不宜小于左右支撑屈服和屈曲产生的不平衡力的 η_j 倍。

9.3.4.8 柱脚的承载力验算

柱脚的承载力验算应符合下列规定。

① 支撑系统的立柱柱脚的极限承载力，不宜小于与其相连斜撑的 1.2 倍屈服拉力产生的剪力和组合拉力。

② 柱脚进行受剪承载力验算时，剪力性能系数不宜小于 1.0。

③ 对于框架结构或框架承担总水平地震剪力 50%以上的双重抗侧力结构中框架部分的框架柱柱脚，采用外露式柱脚时，锚栓宜符合下列规定：

a. 实腹柱刚接柱脚，按锚栓毛截面屈服计算的受弯承载力不宜小于钢柱全截面塑性受弯承载力的 50%；

b. 格构柱分离式柱脚，受拉肢的锚栓毛截面受拉承载标准值不宜小于钢柱分肢受拉承载力标准值的 50%；

c. 实腹柱铰接柱脚，锚栓毛截面受拉承载力标准值不宜小于钢柱最薄弱截面受拉承载力标准值的 50%。

9.3.5 基本抗震措施

9.3.5.1 一般规定

结构高度大于 50m 或地震烈度高于 7 度的多高层钢结构截面板件宽厚比等级不宜采用 S5 级；截面板件宽厚比等级采用 S5 级的构件，其板件经 $\sqrt{\alpha_{max}/f_y}$ 修正后宜满足 S4 级截面要求。

构件塑性耗能区应符合下列规定：

① 塑性耗能区板件间的连接应采用完全焊透的对接焊缝；

② 位于塑性耗能区的梁或支撑宜采用整根材料，当热轧型钢超过材料最大长度规格时，可进行等强拼接；

③ 位于塑性耗能区的支撑不宜进行现场拼接。

在支撑系统之间，直接与支撑系统构件相连的刚接钢梁，当其在受压斜杆屈曲前屈服时，应按框架结构的框架梁设计，非塑性耗能区内力调整系数可取 1.0，截面板件宽厚比等级宜满足受弯构件 S1 级要求。

9.3.5.2 框架结构的基本抗震措施

框架梁应符合下列规定。

① 结构构件延性等级对应的塑性耗能区（梁端）截面板件宽厚比等级和设防地震性能组合下的最大轴力 N_{E2}、按式（9.13）计算的剪力 V_{pb} 应符合表 9.10 的要求。

表 9.10 结构构件延性等级对应的塑性耗能区（梁端）截面板件宽厚比等级和轴力、剪力限值

结构构件延性等级	Ⅴ级	Ⅳ级	Ⅲ级	Ⅱ级	Ⅰ级
截面板件宽厚比最低等级	S5	S4	S3	S2	S1
N_{E2}	—	$\leqslant 0.15Af$		$\leqslant 0.15Af_y$	
V_{pb}（未设置纵向加劲肋）	—	$\leqslant 0.5h_w t_w f_v$		$\leqslant 0.5h_w t_w f_{yv}$	

注：单层或顶层无须满足最大轴力与最大剪力的限值。

② 当梁端塑性耗能区为工字形截面时，尚应符合下列要求之一：

a. 工字形梁上翼缘有楼板且布置间距不大于 2 倍梁高的加劲肋；

b. 工字形梁受弯正则化长细比 $\lambda_{n,b}$ 限值符合表 9.11 的要求；

c. 上、下翼缘均设置侧向支承。

表 9.11 工字形梁受弯正则化长细比 $\lambda_{n,b}$ 限值

结构构件延性等级	Ⅰ级、Ⅱ级	Ⅲ级	Ⅳ级	Ⅴ级
上翼缘有楼板	0.25	0.40	0.55	0.80

框架柱长细比宜符合表 9.12 的要求。

表 9.12 框架柱长细比要求

结构构件延性等级	Ⅴ级	Ⅳ级	Ⅰ级、Ⅱ级、Ⅲ级
$N_p/(Af_y)\leqslant 0.15$	180	150	$120\varepsilon_k$
$N_p/(Af_y)>0.15$	$125[1-N_p/(Af_y)]\varepsilon_k$		

当框架结构的梁柱采用刚性连接时，H 形和箱形截面柱的节点域受剪正则化宽厚比 $\lambda_{n,s}$ 限值应符合表 9.13 的规定。

表 9.13 H 形和箱形截面柱节点域受剪正则化宽厚比 $\lambda_{n,s}$ 的限值

结构构件延性等级	Ⅰ级、Ⅱ级	Ⅲ级	Ⅳ级	Ⅴ级
$\lambda_{n,s}$	0.4	0.6	0.8	1.2

当框架结构塑性耗能区延性等级为Ⅰ级或Ⅱ级时，梁柱刚性节点应符合下列规定。

① 梁翼缘与柱翼缘焊接时，应采用全熔透焊缝。

② 在梁翼缘上下各 600mm 的节点范围内，柱翼缘与柱腹板间或箱形柱壁板间的连接焊缝应采用全熔透焊缝。在梁上、下翼缘标高处设置的柱水平加劲肋或隔板的厚度不应小于梁翼缘厚度。

③ 梁腹板的过焊孔应使其端部与梁翼缘和柱翼缘间的全熔透坡口焊缝完全隔开，并宜采用改进型过焊孔，亦可采用常规型过焊孔。

④ 梁翼缘和柱翼缘焊接孔下焊接衬板长度不应小于翼缘宽度加 50mm 和翼缘宽度加 2 倍翼缘厚度；衬板与柱翼缘的焊接构造（图 9.7）应符合下列规定：

a. 上翼缘的焊接衬板可采用角焊缝，引弧部分应采用绕角焊；

b. 下翼缘衬板应采用从上往下熔透的焊缝与柱翼缘焊接。

当梁柱刚性节点采用骨形节点（图 9.8）时，应符合下列规定：

① 内力分析模型按未削弱截面计算时，无支撑框架结构侧移限值应乘以 0.95，钢梁的

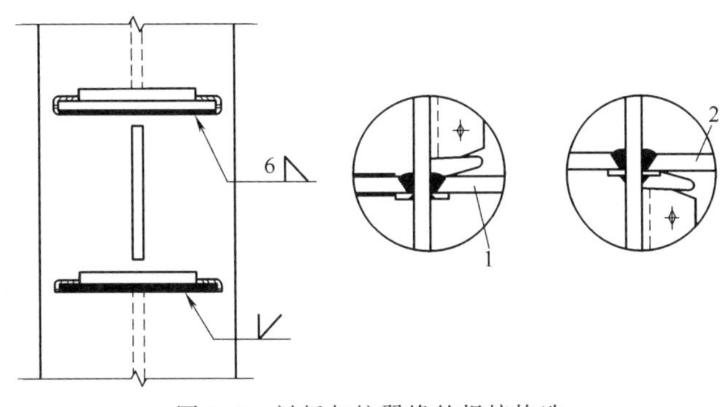

图 9.7 衬板与柱翼缘的焊接构造

1—下翼缘；2—上翼缘

挠度限值应乘以 0.90；

② 进行削弱截面的受弯承载力验算时，削弱截面的弯矩可按梁端弯矩的 0.80 倍进行验算；

③ 梁的线刚度可按等截面计算的数值乘以 0.90 计算；

④ 强柱弱梁应满足式（9.21）和式（9.22）要求；

⑤ 骨形削弱段应采用自动切割，可按图 9.8 设计，尺寸 a、b、c 可按下列公式计算。

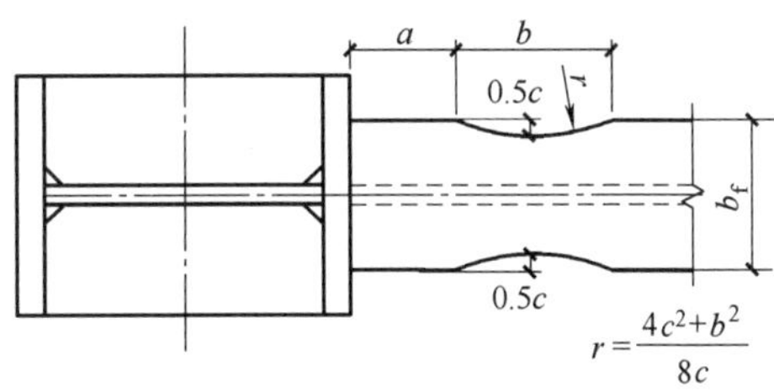

图 9.8 骨形节点

$$a=(0.5\sim0.75)b_{\mathrm{f}} \tag{9.39}$$

$$b=(0.65\sim0.85)b_{\mathrm{f}} \tag{9.40}$$

$$c=(0.15\sim0.25)b_{\mathrm{f}} \tag{9.41}$$

式中 b_{f}——框架梁翼缘宽度，mm。

当梁柱节点采用梁端加强的方法来保证塑性铰外移要求时，应符合下列规定。

① 加强段的塑性弯矩的变化宜与梁端形成塑性铰时的弯矩图相接近。

② 采用盖板加强节点时，盖板的计算长度应以离开柱子表面 50mm 处为起点。

③ 采用翼缘加宽的方法时，翼缘边的斜角不应大于 1∶2.5，加宽的起点和柱翼缘间的距离宜为 $(0.3\sim0.4)h_{\mathrm{b}}$；翼缘加宽后的宽厚比不应超过 $13\varepsilon_{\mathrm{k}}$。

④ 当柱子为箱形截面时，宜增加翼缘厚度。

当框架梁上覆混凝土楼板时，其楼板钢筋应可靠锚固。

9.3.5.3 支撑结构及框架-中心支撑结构的基本抗震措施

框架-中心支撑结构的框架部分即不传递支撑内力的梁柱构件，其抗震构造应根据表 9.14 确定的延性等级按框架结构采用。

支撑长细比、截面板件宽厚比等级应根据其结构构件延性等级符合表 9.8 的要求，其中支撑截面板件宽厚比应按受弯和压弯构件的截面板件宽厚比等级的限值采用。

中心支撑结构应符合下列规定：

① 支撑宜成对设置，各层同一水平地震作用方向的不同倾斜方向杆件截面水平投影面积之差不宜大于 10%；

② 交叉支撑结构、成对布置的单斜杆支撑结构的支撑系统，当支撑斜杆的长细比大于 130，进行内力计算时可不计入压杆作用，仅按受拉斜杆计算；当结构层数超过两层时，长细比不应大于 180。

表 9.14 支撑长细比、截面板件宽厚比等级

抗侧力构件	结构构件延性等级			支撑长细比	支撑截面板件宽厚比最低等级	备注
	支撑结构	框架-中心支撑结构	框架偏心支撑结构			
交叉中心支撑或对称设置的单斜杆支撑	Ⅴ级	Ⅴ级	—	符合轴心受压构件的允许长细比要求，当内力计算时不计入压杆作用，按只受拉斜杆计算时，符合轴心受拉构件的允许长细比要求	符合实腹轴心受压构件板件宽厚比要求	—
	Ⅳ级	Ⅲ级	—	$65\varepsilon_k<\lambda\leqslant130$	BS3	—
	Ⅲ级	Ⅱ级	—	$33\varepsilon_k<\lambda\leqslant65\varepsilon_k$	BS2	—
	Ⅱ级	Ⅰ级	—	$\lambda\leqslant33\varepsilon_k$	BS1	—
人字形或V形中心支撑	Ⅴ级	Ⅴ级	—	符合轴心受压构件的允许长细比要求	符合实腹轴心受压构件板件宽厚比要求	—
	Ⅳ级	Ⅲ级	—	$65\varepsilon_k<\lambda\leqslant130$	BS3	与支撑相连的梁截面板件宽厚比等级不低于S3级
	Ⅲ级	Ⅱ级	—	$33\varepsilon_k<\lambda\leqslant65\varepsilon_k$	BS2	与支撑相连的梁截面板件宽厚比等级不低于S2级
	Ⅲ级	Ⅱ级	—	$130<\lambda\leqslant180$	BS2	框架承担50%以上总水平地震剪力；与支撑相连的梁截面板件宽厚比等级不低于S1级
	Ⅱ级	Ⅰ级	—	$\lambda\leqslant33\varepsilon_k$	BS1	与支撑相连的梁截面板件宽厚比等级不低于S1级
				采用屈曲约束支撑	—	—
偏心支撑	—	—	Ⅰ级	$\lambda\leqslant120\varepsilon_k$	符合实腹轴心受压构件板件宽厚比要求	消能梁段截面板件宽厚比要求应符合现行国家标准《建筑抗震设计规范》（GB 50011—2010）的有关规定

注：λ 为支撑的最小长细比。

钢支撑连接节点应符合下列规定：

① 支撑和框架采用节点板连接时，支撑端部至节点板最近嵌固点在沿支撑杆件轴线方向的距离，不宜小于节点板的2倍；

② 人字形支撑与横梁的连接节点处应设置侧向支承，轴力设计值不得小于梁轴向承载力设计值的20%。

当结构构件延性等级为Ⅰ级时，消能梁段的构造应符合下列规定。

① 当 $N_{p,l}>0.16Af_y$ 时，消能梁段的长度应符合下列规定。

当 $\rho\dfrac{A_w}{A}<0.3$ 时

$$a<1.6W_{p,l}\frac{f_y}{V_l} \tag{9.42}$$

当 $\rho \dfrac{A_w}{A} > 0.3$ 时

$$a < \left(1.15 - 0.5\rho \frac{A_w}{A}\right) 1.6 W_{p,l} \frac{f_y}{V_l} \tag{9.43}$$

$$\rho = \frac{N_{p,l}}{V_{p,l}}$$

式中 a——消能梁段的长度；

$V_{p,l}$——设防地震性能组合的消能梁段剪力，N；

$W_{p,l}$——消能梁段的截面模量；

V_l——消能梁段的受剪承载力。

② 消能梁段的腹板不得贴焊补强板，也不得开孔。

③ 消能梁段与支撑连接处应在其腹板两侧配置加劲肋，加劲肋的高度应为梁腹板高度，一侧的加劲肋宽度不应小于（$b_f/2-t_w$），厚度不应小于 $0.75t_w$ 和 10mm 中的较大值。

④ 消能梁段应按下列要求在其腹板上设置中间加劲肋。

a. 当 $a \leqslant 1.6W_{p,l}f_y/V_l$ 时，加劲肋间距不应大于（$30t_w-h/5$）。

b. 当 $2.6W_{p,l}f_y/V_l < a \leqslant 5W_{p,l}f_y/V$ 时，应在距消能梁端部 $1.5b_f$ 处配置中间加劲肋，且中间加劲肋间距不应大于（$52t_w-h/5$）。

c. 当 $1.6W_{p,l}f_y/V_l < a \leqslant 2.6W_{p,l}f_y/V_l$ 时，中间加劲肋的间距宜在上述两者间采用线性插入法确定。

d. 当 $a > 5W_{p,l}f_y/V_l$ 时，可不配置中间加劲肋。

e. 中间加劲肋应与消能梁段的腹板等高。当消能梁段截面高度不大于 640mm 时，可配置单向加劲肋；当消能梁段截面高度大于 640mm 时，应在两侧配置加劲肋，一侧加劲肋的宽度不应小于（$b_f/2-t_w$），厚度不应小于 t_w 和 10mm 中的较大值。

⑤ 消能梁段与柱连接时，其长度不得大于 $1.6W_{p,l}f_y/V_l$，且应满足相关标准的规定。

⑥ 消能梁段两端上、下翼缘应设置侧向支撑，支撑的轴力设计值不得小于消能梁段翼缘轴向承载力设计值的 6%。

实腹式柱脚采用外包式、埋入式及插入式柱脚的埋入深度应符合现行国家标准《建筑抗震设计规范》（GB 50011—2010）或《构筑物抗震设计规范》（GB 50191—2012）的有关规定。

9.4 钢结构防火设计

9.4.1 概述

钢结构的耐火性能较差，原因主要有两个方面：一是钢材热导率很大，火灾下钢构件升温较快；二是钢材强度和弹性模量随温度升高而迅速降低，致使钢结构不能承受外部荷载作用而失效破坏。无防火保护的钢结构的耐火时间通常仅为 15～20min，故极易在火灾下被破坏。因此，为了防止和减小建筑钢结构的火灾危害，必须对钢结构进行科学的防火设计，采取安全可靠、经济合理的防火保护措施。

进行建筑防火设计的目的：减小火灾发生的概率，减少火灾直接经济损失，避免或减少人员伤亡。而进行结构防火设计的意义：减轻结构在火灾中的破坏，避免结构在火灾中局部倒塌造成灭火及人员疏散困难；避免结构在火灾中整体倒塌造成人员伤亡；减少火灾后结构的修复费用，缩短灾后结构功能恢复周期，减少间接经济损失。

火灾情况下，随着结构内部温度的升高，结构的承载能力将下降，当结构的承载能力下降到与外荷载（包括温度作用）产生的组合效应相等时，结构达到受火承载力极限状态。火灾情况下，结构构件承载力极限状态的判别标准如下：

① 轴心受力构件截面屈服；

② 受弯构件产生足够的塑性铰而成为可变机构；

③ 构件丧失整体稳定；

④ 构件达到不适于继续承载的变形。

对于钢结构的防火设计，应满足下列要求。

① 在规定的结构耐火极限的时间内，结构的承载力 R_d 应不小于各种作用所产生的组合效应 S_m，即

$$R_d \geqslant S_m \tag{9.44}$$

② 在各种荷载效应组合下，结构的耐火时间 t_d 应不小于规定的结构耐火极限 t_m，即

$$t_d \geqslant t_m \tag{9.45}$$

③ 火灾情况下，当结构内部温度分布一定时，若结构达到承载力极限状态时的内部某特征点的温度为临界温度 T_d，则 T_d 应不小于在耐火极限时间内结构在该特征点处的最高温度 T_m，即

$$T_d \geqslant T_m \tag{9.46}$$

上述三个要求实际上是等效的，进行结构防火设计时，满足其一即可。

目前国际上基于概率可靠度的极限状态设计法，均采用不同分项系数的荷载效应线性组合设计表达式，既简单实用，又能基本保证不同荷载工况下的设计可靠度一致。目前国外的结构防火设计规范都采用荷载效应线性组合表达式，根据我国荷载代表值及有关参数的具体情况，进行钢结构抗火设计时，采用如下荷载效应组合值中的最不利值确定。

$$S_m = \gamma_{OT}(\gamma_G S_{Gk} + S_{Tk} + \varphi_f S_{Qk}) \tag{9.47}$$

$$S_m = \gamma_{OT}(\gamma_G S_{Gk} + S_{Tk} + \varphi_q S_{Qk} + \varphi_w S_{Wk}) \tag{9.48}$$

式中 S_m——荷载（作用）效应组合的设计值；

S_{Gk}——按永久荷载标准值计算的荷载效应值；

S_{Tk}——按火灾下结构的温度标准值计算的作用效应值；

S_{Qk}——按楼面或屋面活荷载标准值计算的荷载效应值；

S_{Wk}——按风荷载标准值计算的荷载效应值；

γ_{OT}——结构重要性系数，对于耐火等级为一级的建筑 $\gamma_{OT}=1.1$，对于其他建筑 $\gamma_{OT}=1.0$；

γ_G——永久荷载的分项系数，一般可取 $\gamma_G=1.0$，当永久荷载有利时取 $\gamma_G=0.9$；

φ_w——风荷载的频遇值系数，取 $\varphi_w=0.4$；

φ_f——楼面或屋面活荷载的频遇值系数，按现行国家标准《建筑结构荷载规范》（GB 50009—2012）的规定取值；

φ_q——楼面或屋面活荷载的准永久值系数，按现行国家标准《建筑结构荷载规范》（GB 50009—2012）的规定取值。

9.4.2 耐火等级和耐火极限

为了保证建筑物的安全，必须采取必要的防火措施，使之具有一定的耐火性，即使发生了火灾也不至于造成太大的损失。通常用耐火等级来表示建筑物所具有的耐火性。进行结构

抗火设计时，需要确定建筑物的耐火等级和耐火极限要求。

由于建筑的使用性质、重要程度、规模大小、层数多少、火灾危险性或火灾扑救难易程度存在差异，所要求的耐火能力有所不同。根据建筑物不同的耐火能力要求，可将建筑物分成若干耐火等级。

建筑结构构件的耐火极限定义：构件受标准升温火灾条件下，失去稳定性、完整性或绝热性所用的时间，一般以“小时（h)”计。

失去稳定性是指结构构件在火灾中丧失承载能力，或达到不适宜继续承载的变形。对于梁和板，不适于继续承载的变形定义为最大挠度超过 $l/20$，其中 l 为试件的计算跨度。对于柱，不适于继续承载的变形可定义为柱的轴向压缩变形速度超过 $3h$（mm/min)，其中 h 为柱的受火高度，单位以“米”计。

失去完整性是指分隔构件（如楼板、门窗、隔墙等）一面受火时，构件出现穿透裂缝或穿火孔隙，使火焰能穿过构件，造成背火面可燃物起火燃烧。

失去绝热性是指分隔构件一面受火时，背火面温度达到 220℃，可造成背火面可燃物（如纸张、纺织品等）起火燃烧。

当进行结构抗火设计时，可将结构构件分为两类：一类为兼作分隔构件的结构构件（如承重墙、楼板)，这类构件的耐火极限应由构件失去稳定性或失去完整性或失去绝热性三个条件之一的最小时间确定；另一类为纯结构构件（如梁、柱、屋架等)，该类构件的耐火极限则由失去稳定性单一条件确定。

我国现行《建筑设计防火规范》(GB 50016—2014)，对各类建筑结构构件的耐火等级和耐火极限做了明确规定，进行钢结构抗火设计时可依照该规范确定建筑构件的耐火等级和耐火极限。

9.4.3 防火保护层的设计厚度

钢构件采用轻质防火保护层时，防火保护层的设计厚度可根据钢构件的临界温度按下列规定确定。

① 对于膨胀型防火涂料，防火保护层的设计厚度宜根据防火保护材料的等效热阻经计算确定。等效热阻可根据临界温度按式（9.49）计算。

$$R_{\mathrm{i}}=\frac{5\times10^{-5}}{\left(\dfrac{T_{\mathrm{d}}-T_{\mathrm{so}}}{t_{\mathrm{m}}}+0.2\right)^{2}-0.044}\times\frac{F_{\mathrm{i}}}{V} \tag{9.49}$$

式中 R_{i}——防火保护层的等效热阻，$\mathrm{m^2\cdot℃/W}$；

T_{d}——钢构件的临界温度，℃；

T_{so}——钢构件的初始温度，℃，可取 20℃；

t_{m}——钢构件的设计耐火极限，s，当火灾热烟气的温度不按标准火灾升温曲线确定时，取等效曝火时间；

F_{i}/V——有防火保护钢构件的截面形状系数，$\mathrm{m^{-1}}$；

② 对于非膨胀型防火涂料、防火板，防火保护层的设计厚度宜根据防火保护材料的等效热导率按式（9.50）计算确定。

$$d_{\mathrm{i}}=R_{\mathrm{i}}\lambda_{\mathrm{i}} \tag{9.50}$$

式中 d_{i}——防火保护层的设计厚度，m；

λ_{i}——防火保护材料的等效热导率［W/(m·℃)］。

9.4.4 防火保护措施

为提高钢结构的耐火性能，多数情况下，需采取防火保护措施，使钢构件达到规定的耐火极限要求。提高钢结构抗火性能的主要方法有：

① 水冷却法；

② 单面屏蔽法；

③ 浇筑混凝土或砌筑耐火砖；

④ 采用耐火轻质板材作为防火外包层；

⑤ 涂抹防火涂料。

钢结构防火方法应用最多的为外包层法，按照构造形式分，钢结构的防火保护有以下三种方法。

① 紧贴包裹法：一般采用防火涂料，紧贴钢构件的外露表面，将钢构件包裹起来。

② 空心包裹法：一般采用防火板或耐火砖，沿钢构件的外围边界，将钢构件包裹起来。

③ 实心包裹法：一般采用混凝土，将钢构件浇铸在其中。

第 10 章　钢　　桥

钢桥是由钢材通过铆接、焊接、栓接等手段拼装而成的。在跨度较小的情况下，从经济角度考虑，通常采用钢筋混凝土桥。随着近些年钢-混凝土组合结构技术的发展和广泛应用，钢桥在中小跨长桥系的竞争力不断增强，得到了较多的运用。

钢桥的优点如下。

① 钢材是一种高强匀质材料，抗拉、抗压、抗剪强度高，可承受拉、压、弯、剪，与混凝土等材料比相对自重小，所以钢桥具有很大的跨越能力。钢材可加工性能好，可用于复杂桥型和景观桥。

② 钢桥的构件适合工业化方法来制造，便于运输，安装方便，因此施工期限较短。

③ 钢材韧性、延性好，可提高抗震性能；钢桥在受到破坏后，易于修复和更换。

④ 旧桥材料可回收，资源可再利用，有利于环保。

钢桥的缺点如下。

① 易于腐蚀，需要多次除锈、除旧漆、重新涂装；所有可能腐蚀的部位都必须有足够的空间和人行通道。

② 行车时，噪声、振动大。

③ 存在疲劳问题。

10.1　钢桥类型

10.1.1　按结构受力体系分类

钢桥按照力学体系分为梁、拱、索三大基本体系。梁式体系以承受弯矩为主，拱式体系以承受压力为主，悬索体系以承受拉力为主。钢桥按基本结构体系又可分为梁式桥、拱式桥、刚构桥、斜拉桥、悬索桥和组合体系桥梁。

10.1.1.1 梁式桥

梁为承重结构，主要以其抗弯能力来承受荷载，在竖向荷载作用下，其支承反力也是竖直的。简支的梁结构只受弯剪作用，不承受轴向力。在桥墩上不连续的多孔梁桥称为简支梁桥；在桥墩上连续的则称为连续梁桥；在桥墩上连续，在桥孔内中断，行车道在桥孔内过渡到另一根梁上的称为悬臂梁桥。

10.1.1.2 拱式桥

拱式桥是以曲线拱为主要承重结构的桥梁，具有外形美观、受力合理、跨越能力大、适用范围广等诸多优点，在钢桥、混凝土桥圬工桥梁及钢与混凝土组合结构桥梁中都得到广泛应用。

拱不仅外形上与梁不同，而且受力也与梁有很大区别，其在竖向荷载作用下主要承受轴向压力。支承反力不仅有竖向反力，也承受较大的水平推力。

拱式桥按照桥面行车道位置的不同又可分为上承式拱桥（桥面在拱肋的上方）、中承式拱桥（桥面一部分在拱肋上方，一部分在拱肋下方）和下承式拱桥（桥面在拱肋的下方）。

10.1.1.3 刚构桥

梁体与桥墩或桥台连成一体的桥梁，称为刚构桥。刚构桥的受力介于梁和拱之间，墩梁共同受弯剪，墩柱还会受压。刚构桥的优点是建筑高度低，整体性好；缺点是梁柱连接处易开裂，跨中挠度大。刚构桥按结构形式又可分为门式刚构、T 形刚构、斜腿刚构、V 形刚构、连续刚构等。

10.1.1.4 斜拉桥

斜拉桥是将梁用若干根斜拉索拉在索塔上的结构形式。该桥是由梁、塔和斜拉索组成的组合受力体系，结构形式多样，造型优美壮观。在竖向荷载作用下，梁以受弯为主，塔以受压为主，斜拉索承受拉力。斜拉索不仅为梁提供弹性支承，而且其水平分力对梁产生很大的轴力。斜拉桥可以通过调整斜拉索的初始索力达到调整主梁弯矩、桥面高程以及提高索和桥梁整体刚度的目的。设计中可以根据受力需要计算确定斜拉索的初始索力，施工中通过施工控制调整索力，使其达到设计值。斜拉桥是一种高次超静定结构，索力控制较为困难，是设计和施工的一个关键问题。

10.1.1.5 悬索桥

悬索桥主要由索（又称缆）、塔、锚碇、加劲梁等组成。桥面支承于悬索或用吊索挂在悬索（通常称主缆）上的桥称为悬索桥，也称为吊桥。和拱肋相反，悬索的截面只承受拉力。和拱桥不同的是：作为承重结构的拱肋是刚性的，而作为承重结构的悬索则是柔性的。为了避免在车辆驶过时桥面随着悬索一起变形，现代悬索桥一般均设有刚性梁（又称加劲梁）。桥面设在刚性梁上，刚性梁吊在悬索上。现代悬索桥的悬索一般均支承在两个索塔上。塔顶设有支承悬索的鞍形支座。承受很大拉力的悬索端部通过锚碇固定在地基中。也有将悬索固定在刚性梁端部的情况，称为自锚式悬索桥。

10.1.1.6 组合体系桥梁

除以上 5 种桥梁基本结构形式以外，还有一种桥梁结构形式，其承重结构由两种或多种结构形式组合而成，这种结构形式的桥梁统称为组合体系桥梁。曾经采用过的组合方式有：①实腹梁与桁架组合；②梁与拱的组合，如兰新铁路新疆昌吉河桥（图 10.1）与九江长江大桥（图 10.2）；③梁与悬吊系统的组合，如丹东中朝边界上的鸭绿江桥（图 10.3）；④梁与斜拉索的组合，如芜湖长江大桥（图 10.4）；⑤悬索与斜拉索的组合，如纽约布鲁克林桥（图 10.5）。

图 10.1 昌吉河桥

图 10.2 九江长江大桥

图 10.3 鸭绿江桥

图 10.4 芜湖长江大桥

10.1.2 按钢梁截面形式分类

10.1.2.1 实腹式截面

① 板式截面：包括整体式板、矮肋式板、装配式板、空心板、组合式板等。

② 肋板式截面：包括整体式肋板、装配式肋板、T形截面等。

③ 箱形截面：单箱单室、单箱多室、多箱多室等。

④ 型钢截面：工字钢、槽钢、角钢（等边和不等边）、H型钢、钢管（圆形和矩形）等。

图 10.5 纽约布鲁克林桥

10.1.2.2 组合截面

① 混凝土组合梁：外包混凝土组合梁（钢骨混凝土）、钢-现浇混凝土翼板组合梁、钢-预制混凝土翼板组合梁、钢-混凝土叠合板组合梁、钢-压型钢板组合梁以及不同形式的钢-混凝土组合梁，包括开口箱形截面、闭口箱形截面、钢桁架梁和蜂窝形钢梁等。

② 钢管混凝土：包括圆形钢管混凝土、方形钢管混凝土和矩形钢管混凝土等；根据主拱截面形式分为单管截面、哑铃形截面、三角形桁式截面以及矩形桁式截面等。

③ 其他组合截面：包括多排预应力波形钢腹板挑梁，它是钢-混凝土组合脊骨梁的重要组成部分，即采用闭口钢箱梁为主梁，与钢挑梁焊接形成组合式截面；钢-混凝土组合蜂窝

梁，即在蜂窝钢梁翼缘上焊接连接件，然后与混凝土板浇筑成整体的组合结构。

10.1.3 其他分类方式

按用途分，可分为公路桥、铁路桥、公铁两用桥、人行桥、管线桥、渡槽、农桥等。

按桥面位置分，可分为上承式桥、中承式桥、下承式桥。

按平面和立面形状分，可分为直桥、斜桥、弯桥、坡桥。

10.2 钢桥设计一般要求

10.2.1 设计原则

《公路桥涵设计通用规范》(JTG D60—2015) 中指出，桥梁设计应满足安全、耐久、适用、环保、经济和美观的原则。公路钢桥设计应与架设方案统筹考虑，选择合理的结构形式；构造措施应便于加工、安装、维护和检查。对于结构单元和构件，应优先考虑标准化和通用化，以减少制作、安装的工作量。公路钢桥的设计、加工、运送和架设应分阶段实行严格的质量管理和控制。结构在使用过程中应视环境条件和交通情况建立养护制度，以维持结构既有强度、刚度、稳定性和耐久性的要求。

10.2.1.1 安全

钢桥主体结构及各部分构件，在制造、运输、建造、运营过程中应具有足够的强度、刚度、稳定性和抗疲劳性能。强度设计应确保钢桥所有构件及其连接的承载能力具有足够的安全储备。刚度设计应确保钢桥整体结构及各构件在荷载作用下的变形不超过规定的允许值。稳定性设计应确保钢桥结构或构件在各种外力作用下能够保持原来的形状和变形。抗疲劳设计应确保钢桥构件在使用年限内受重复车辆荷载、风荷载等荷载作用时具备抵抗产生疲劳裂纹或断裂的能力。除此之外，设计时还应确保钢桥结构具备抵抗偶然作用（如船撞击、漂流物撞击等）和地震作用的能力。

10.2.1.2 耐久

结构的耐久性是指在设计确定的环境、使用条件、养护条件等作用下，结构及其构件在设计使用期限内保持其安全性和适用性的能力。设计使用年限是反映结构耐久性的重要指标，《公路桥涵设计通用规范》(JTG D60—2015) 中综合考虑了国标规定、公路功能、技术等级、桥梁重要性等因素，规定了桥梁主体结构和可更换部件设计使用年限的最低值。《公路钢结构桥梁设计规范》(JTG D64—2015) 对公路钢桥结构的设计使用年限亦提出了具体要求。整体而言，《公路钢结构桥梁设计规范》(JTG D64—2015) 对设计使用年限的要求相比《公路桥涵设计通用规范》(JTG D60—2015) 而言有所提高，这是由于钢材材料性能较为优异，在正常设计、正常施工、正常使用并做好防护措施的条件下，可以达到要求的年限并不过多增加成本。

10.2.1.3 适用

钢桥平面、纵截面、横截面应依据功能和交通量进行合理设计。钢桥面铺装应具备完善的桥面防水、排水系统。行车道、人行道宽度应保证车辆和人群的安全畅通，并应满足未来交通量增长的需要。桥型跨径、桥下净空应满足泄洪、安全通航或通车等要求。整体设计应通过有效的交通组织设计，确保整体交通安全。

10.2.1.4 环保

钢桥设计应强调与周围环境和谐共处，尽量减少对周围生态环境的污染和破坏。钢桥施工时的空气污染、噪声污染等问题难以避免，但应以绿色环保为指导原则，结合当地的地质气候条件，将不利影响降至最低限度。钢桥结构应尽可能采用装配式，并采用机械化、工厂化施工，减小对当地环境的不利影响。在现代化钢桥施工中应尽可能采用环保节能材料，不采用对环境、人体有害的涂装施工工艺等，从源头上解决能源耗损严重和环境污染等问题。桥梁施工完成后，应恢复桥两端植被或进一步美化桥梁周边的景观。

10.2.1.5 经济

钢桥设计时必须进行详细周密的技术经济比较，使桥梁的总造价材料、能源等消耗最少，满足经济性要求。在技术经济比较中，除综合考虑结构形式、施工方法的合理选择外，还应充分考虑钢桥在使用期间的营运条件及维护等方面的问题，即考虑全寿命周期内的综合经济性。此外，钢桥设计应尽可能缩短工期，此时不仅能降低造价，而且提前通车能带来经济效益。

10.2.1.6 美观

在满足以上设计要求的前提下，应尽可能使钢桥具有优美的外形，与周围自然环境、景观相协调。对于城市桥梁、游览地区的钢桥，可较多地考虑建筑艺术上的要求。对于特大钢桥、高速公路钢桥等，应结合自然环境与钢桥结构特点进行设计。对于美观设计，要求钢桥具有合理的结构布局和轮廓，即钢桥各部分结构在空间中应具有和谐的比例，而不应将美观片面地理解为猎奇、复杂的结构形式。

进行钢桥构件设计时，应使其能满足承载能力极限状态下的强度要求和稳定性要求，同时应结合我国的制造工艺和装备，使所设计的结构细节便于制造。在桥梁设计初级阶段一般采用相应的结构分析模型进行受力、稳定等的分析。设计时所采用的结构分析模型及基本假定应能够反映结构实际的受力状态，且精度应能够满足结构设计要求。服役环境（海洋大气环境、峡谷风环境、侵蚀介质环境、地质断层环境、温度环境等）对桥梁结构的耐久性和安全性具有较为显著的影响，在结构分析的过程中应同时考虑环境对构件和结构性能的影响。结构的受力分析可按线弹性理论进行，当极限状态下结构的变形不能被忽略时应考虑几何非线性对结构受力的影响。此外，进行构件设计时还应考虑构件的长度和重量，结合拟定的桥梁架设方案、起吊设备的最大吊重、最大吊距及运输条件等，使其便于架设和运输。此外，钢桥因其结构构造形式、材料特性，服役期间易产生腐蚀、涂层劣化疲劳、螺栓脱落等病害，钢桥设计应具有较好的可维护性，满足可达、可检、可换的设计要求，以便于日常养护。

钢桥构件材料的选择应综合考虑结构形式构件受力状态、连接方法及所处环境等因素，进行合理选取。例如，Q235 中的沸腾钢冲击韧性较低，冷脆性较大，在低温及动力荷载作用下易发生脆断，此类材料不能用于低温环境下承受动力荷载的构件的制作。此外，钢材的冲击韧性越好，其抵抗在低温、应力集中、多轴向拉力、荷载冲击和重复疲劳等因素作用下发生脆断的能力越强，因此在选材时应注重所选钢材的冲击韧性指标。

10.2.2 效应组合

公路钢桥设计荷载可参考《公路桥涵设计通用规范》（JTG D60—2015）及《公路钢结构桥梁设计规范》（JTG D64—2015）等，铁路钢桥设计荷载可参考《铁路桥涵设计规范》（TB 10002—2017）及《铁路列车荷载图式》（TB/T 3466—2016）等。

《公路钢结构桥梁设计规范》（JTG D64—2015）指出，公路钢桥采用以概率理论为基础的极限状态设计方法，按分项系数的设计表达式进行设计。公路钢桥应按承载能力极限状态和正常使用极限状态分别进行设计。

① 承载能力极限状态：结构或构件达到最大承载能力，或达到不适于继续承载的变形的极限状态。对应于结构或结构件达到最大承载能力或不适于继续承载的变形，包括结构件或连接因强度超过而破坏，结构或其一部分作为刚体而失去平衡（倾覆或滑移），在反复荷载下构件或连接发生疲劳破坏等。

② 正常使用极限状态：结构或构件达到正常使用或耐久性能中某项规定限度的状态称为正常使用极限状态。

同时，公路钢桥应考虑以下四种设计状况及其相应的极限状况设计。

① 持久状况：桥梁建成后承受结构自重、车辆荷载等持续时间很长的状况。对于该状况的钢桥，应进行承载能力极限状态和正常使用极限状态设计。

② 短暂状况：桥梁在制作运送和架设过程中承受临时荷载的状况。对于该状况的结构、构件，应进行承载能力极限状态设计，必要时进行正常使用极限状态设计。

③ 偶然状况：桥梁在使用过程中偶然出现的状况。对于该状况，只需进行承载能力极限状态设计。

④ 地震状况：对应于桥梁可能遭受地震的状况，一般只进行承载能力极限状态设计。

公路钢桥按承载能力极限状态和按正常使用极限状态进行设计时，对荷载效应组合提出了不同的要求，详见本书第1章。

10.3 钢箱梁桥的结构和计算

10.3.1 钢箱梁结构概述

钢箱梁一般由顶板、底板、腹板、横隔板、横肋以及加劲肋等通过焊接或者栓接的方式连接而成。顶板兼桥面使用，由盖板和纵向加劲肋构成正交异性桥面板。

正交异性钢桥面板，是用纵横向互相垂直的加劲肋（纵肋和横肋）连同桥面盖板所组成的共同承受车轮荷载的结构。这种结构由于其刚度在互相垂直的两个方向上有所不同，造成受力上的各向异性。

10.3.2 钢箱梁计算概述

10.3.2.1 钢箱梁计算基础理论

结构设计是指对结构的强度、刚度、稳定、疲劳进行系统的研究。钢桥的构件类型按受力特征可大致分为轴心受力构件，受弯构件，拉弯或压弯构件。

① 强度：从材料强度出发，确定结构的极限承载能力。

② 刚度：结构的变形验算，保证行车舒适性和行车安全。

③ 稳定：包括整体的抗倾覆以及局部构件的失稳验算。

④ 疲劳：结构在循环车辆荷载作用下稳定性验算。

钢箱梁有三个受力体系，如下所示。

① 第一体系：钢桥面板和纵向加劲肋作为主梁的上翼缘，与主梁一同构成主要承重构件——结构总体体系。

② 第二体系：由纵肋、横肋和桥面板组成的桥面系结构，其中桥面板被看作纵肋和横肋的共同上翼缘——正交异性桥面板体系。

③ 第三体系：仅指桥面板，它被视作支撑在纵肋和横肋上的各向同性的连续板——盖板体系。

10.3.2.2 钢箱梁计算公式

根据《公路钢结构桥梁设计规范》(JTG D64—2015)，完整的钢箱梁设计计算应包括以下内容。

(1) 受弯构件正应力验算

主平面内受弯的实腹式构件

$$\gamma_0 \sigma_x = \gamma_0 \frac{M_y}{W_{y,\mathrm{eff}}} \leqslant f_\mathrm{d} \tag{10.1}$$

双向受弯的实腹式构件

$$\gamma_0 \left(\frac{M_y}{W_{y,\mathrm{eff}}} + \frac{M_z}{W_{z,\mathrm{eff}}} \right) \leqslant f_\mathrm{d} \tag{10.2}$$

式中 M_y，M_z——计算截面的弯矩设计值；

$W_{y,\mathrm{eff}}$，$W_{z,\mathrm{eff}}$——有效截面相对于 y 轴和 z 轴的截面模量，其中受拉翼缘应考虑剪力滞影响，受压翼缘应同时考虑剪力滞和局部稳定影响。

(2) 受弯构件腹板剪应力验算

平面内受弯实腹式构件腹板在正应力 σ_x 和剪应力 τ 共同作用时，应满足

$$\gamma_0 \sqrt{\left(\frac{\sigma_x}{f_\mathrm{d}} \right)^2 + \left(\frac{\tau}{f_\mathrm{vd}} \right)^2} \leqslant 1 \tag{10.3}$$

(3) 整体稳定验算

符合下列情况之一时，可不计算梁的整体稳定性。

① 有铺板（各种钢筋混凝土板和钢板）密铺在梁的受压翼缘上并与其牢固相连、能阻止梁受压翼缘的侧向位移时。

② 工字形截面简支梁受压翼缘的自由长度 L_1 与其宽度 B_1 之比不超过表 10.1 所规定的数值时。其中，梁的支座处设置横梁，跨间无侧向支承点的梁，L_1 为其跨度；梁的支座处设置横梁，跨间有侧向支承点的梁，L_1 为受压翼缘侧向支承点间的距离。

表 10.1 工字形截面简支梁不需计算整体稳定性的最大 L_1/B_1 值

钢号	跨间无侧向支承点的梁		跨间受压翼缘有侧向支承点的梁，无论荷载作用于何处
	荷载作用在上翼缘	荷载作用在下翼缘	
Q235	13.0	20.0	16.0
Q345	10.5	16.5	13.0
Q390	10.0	15.5	12.5
Q420	9.5	15.0	12.0

③ 箱形截面简支梁，其截面尺寸满足 $h/b_0 \leqslant 6$，且 $L_1/b_0 \leqslant 65(345/f)$ 时。

当不满足第①款规定的等截面实腹式受弯构件时，参照《公路钢结构桥梁设计规范》(JTG D64—2015) 进行整体稳定性验算。

(4) 顶底板受压加劲肋结构尺寸及刚度验算

加劲肋尺寸符号如图 10.6 所示。受压板件加劲肋几何尺寸应满足以下要求。

① 板肋的宽厚比应满足式 (10.4) 的要求。

$$\frac{h_\mathrm{s}}{t_\mathrm{s}} \leqslant 12 \sqrt{\frac{345}{f_\mathrm{y}}} \tag{10.4}$$

② L 形、T 形钢加劲肋的尺寸比例应满足下式要求。

$$\frac{b_\mathrm{s0}}{t_\mathrm{s0}} \leqslant 12 \sqrt{\frac{345}{f_\mathrm{y}}} \tag{10.5}$$

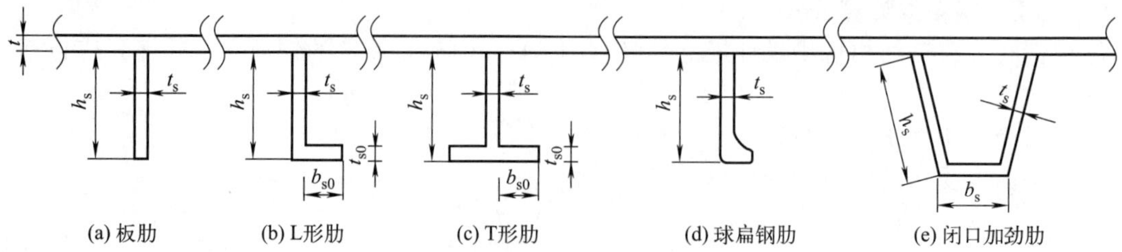

图 10.6 加劲肋尺寸符号

$$\frac{h_s}{t_s} \leqslant 30\sqrt{\frac{345}{f_y}} \tag{10.6}$$

③ 闭口加劲肋的尺寸比例应满足下式要求。

$$\frac{b_s}{t_s} \leqslant 30\sqrt{\frac{345}{f_y}} \tag{10.7}$$

$$\frac{h_s}{t_s} \leqslant 40\sqrt{\frac{345}{f_y}} \tag{10.8}$$

受压加劲板设计应满足下列要求：受压加劲肋宜采用刚性加劲肋，构造布置困难或受力较小时可用柔性加劲肋。

受压加劲板的刚性加劲肋，其纵、横向加劲肋的相对刚度应满足下列要求。

$$\gamma_1 \geqslant \gamma_1^* \tag{10.9}$$

$$A_{s,1} \geqslant \frac{bt}{10n} \tag{10.10}$$

$$\gamma_t \geqslant \frac{1+n\gamma_1^*}{4\left(\frac{a_t}{b}\right)^3} \tag{10.11}$$

$$\gamma_1^* = \frac{1}{n}[4n^2(1+n\delta_1)\alpha^2-(\alpha^2+1)^2] \tag{10.12}$$

$$\gamma_1^* = \frac{1}{n}\{[2n^2(1+n\delta_1)-1]^2-1\} \tag{10.13}$$

$$\alpha_0 = \sqrt[4]{1+n\gamma_1} \tag{10.14}$$

$$n = n_1 + 1 \tag{10.15}$$

式中 γ_1——纵向加劲肋的相对刚度，$\gamma_1=\frac{EI_1}{bD}$；

γ_t——横向加劲肋的相对刚度，$\gamma_t=\frac{EI_t}{aD}$；

I_1——单根纵向加劲肋对加劲板 y-y 轴的抗弯惯矩，如图 10.7 所示；

I_t——单根横向加劲肋对加劲板 y-y 轴的抗弯惯矩，如图 10.7 所示；

t——母板的厚度；

a——加劲板的计算长度（横隔板或刚性横向加劲肋的间距）；

b——加劲板的计算宽度（腹板或刚性纵向加劲肋的间距）；

a_t——横向加劲肋的间距；

α——加劲板的长宽比，$\alpha=\frac{a}{b}$；

δ_1——单根纵向加劲肋的截面面积与母板的面积之比，$\delta_1=\dfrac{A_{s,1}}{bt}$；

$A_{s,1}$——单根纵向加劲肋的截面面积；

D——单宽板刚度，$D=\dfrac{Et^3}{12(1-\upsilon^2)}$；

n_1——等间距布置纵向加劲肋数量。

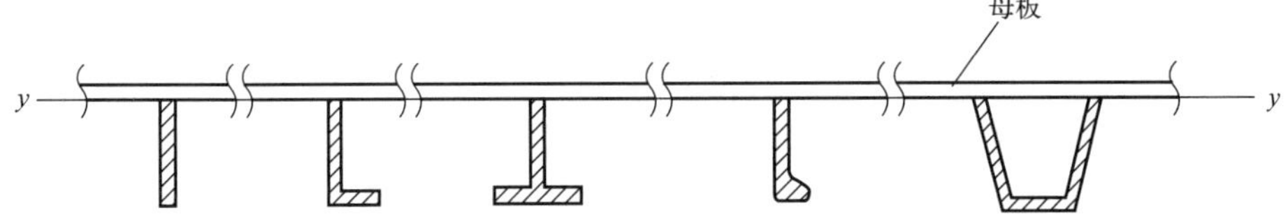

(a) 单侧加劲肋的y-y轴位于加劲肋与母板焊缝处

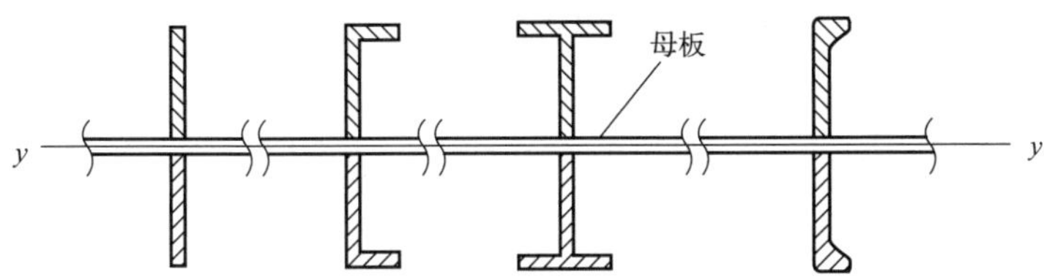

(b) 双侧加劲肋的y-y轴位于母板中心处

图 10.7 计算加劲肋抗弯惯矩的中性轴位置 y-y

(5) 腹板加劲肋结构尺寸及刚度验算

腹板横向加劲肋的间距 a 不得大于腹板高度 h_w 的 1.5 倍，并应满足下列要求。

① 不设纵向加劲肋时，横向加劲肋的间距 a 应满足下式要求。

$$\left(\frac{h_w}{100t_w}\right)^4\left\{\left(\frac{\sigma}{345}\right)^2+\left[\frac{\tau}{77+58\left(\frac{h_w}{a}\right)^2}\right]^2\right\}\leqslant 1\cdots\cdots\frac{a}{h_w}>1 \tag{10.16}$$

$$\left(\frac{h_w}{100t_w}\right)^4\left\{\left(\frac{\sigma}{345}\right)^2+\left[\frac{\tau}{58+77\left(\frac{h_w}{a}\right)^2}\right]^2\right\}\leqslant 1\cdots\cdots\frac{a}{h_w}\leqslant 1 \tag{10.17}$$

② 设置一道纵向加劲肋时，横向加劲肋的间距 a 应满足下式要求。

$$\left(\frac{h_w}{100t_w}\right)^4\left\{\left(\frac{\sigma}{900}\right)^2+\left[\frac{\tau}{120+58\left(\frac{h_w}{a}\right)^2}\right]^2\right\}\leqslant 1\cdots\cdots\frac{a}{h_w}>0.8 \tag{10.18}$$

$$\left(\frac{h_w}{100t_w}\right)^4\left\{\left(\frac{\sigma}{900}\right)^2+\left[\frac{\tau}{90+77\left(\frac{h_w}{a}\right)^2}\right]^2\right\}\leqslant 1\cdots\cdots\frac{a}{h_w}\leqslant 0.8 \tag{10.19}$$

③ 设置两道纵向加劲肋时，横向加劲肋的间距 a 应满足下式要求。

$$\left(\frac{h_w}{100t_w}\right)^4\left\{\left(\frac{\sigma}{3000}\right)^2+\left[\frac{\tau}{187+58\left(\frac{h_w}{a}\right)^2}\right]^2\right\}\leqslant 1\cdots\cdots\frac{a}{h_w}>0.64 \tag{10.20}$$

$$\left(\frac{h_w}{100t_w}\right)^4\left\{\left(\frac{\sigma}{3000}\right)^2+\left[\frac{\tau}{140+77\left(\frac{h_w}{a}\right)^2}\right]^2\right\}\leqslant 1\cdots\cdots\frac{a}{h_w}\leqslant 0.64 \tag{10.21}$$

式中 t_w——腹板厚度；

σ——作用基本组合下的受压翼缘处腹板正应力，MPa；

τ——作用基本组合下的腹板剪应力，MPa。

(6) 支撑加劲肋验算

支承加劲肋应满足下列要求。

$$\gamma_0 \frac{R_V}{A_s+B_{eb}t_w} \leqslant f_{cd} \tag{10.22}$$

$$\gamma_0 \frac{2R_V}{A_s+B_{ev}t_w} \leqslant f_d \tag{10.23}$$

式中 R_V——支座反力设计值；

A_s——支承加劲肋面积之和；

t_w——腹板厚度；

B_{eb}——腹板局部承压有效计算宽度，$B_{eb}=B+2(t_f+t_b)$；

B——上支座宽度；

t_f——下翼板厚度；

t_b——支座垫板厚度；

B_{ev}——腹板有效宽度。

当设置一对支承加劲肋并且加劲肋距梁端距离不小于 12 倍腹板厚时，有效计算宽度按 24 倍腹板厚计算；设置多对支承加劲肋时，按每对支承加劲肋求得的有效计算宽度之和计算，但相邻支承加劲肋之间的腹板有效计算宽度不得大于加劲肋间距。

$$B_{ev}=(n_s-1)b_s+24t_w(b_s<24t_w) \tag{10.24}$$

$$B_{ev}=24n_st_w(b_s\geqslant 24t_w) \tag{10.25}$$

式中 n_s——支承加劲肋数量；

b_s——支承加劲肋间距。

(7) 横隔板刚度验算

为了防止钢箱梁出现过大的畸变和面外变形，需要设置中间横隔板。日本公路钢结构桥梁设计指南中，横隔板间距、刚度及近似应力验算方法如下。

① 横隔板间距。对跨径不大于 100m 的普通钢箱梁，横隔板间距 L_D 满足以下要求时，在偏心活载作用下，箱梁的翘曲应力与允许应力的比值在 0.02～0.06 之间。

$$L_D\leqslant 6\text{m}(L\leqslant 50\text{m}) \tag{10.26}$$

$$L_D\leqslant 0.14L-1 \text{ 且} \leqslant 20\text{m}(L>50\text{m}) \tag{10.27}$$

式中 L——桥梁等效跨径，m。

② 横隔板刚度。为了抵抗箱梁的畸变，横隔板必须有足够的刚度。横隔板的最小刚度 K 应该满足下式要求。

$$K\geqslant 20\frac{EI_{dw}}{L_d^3} \tag{10.28}$$

$$I_{dw}=\left[\alpha_1^2F_u\left(1+\frac{2b_1}{B_u}\right)^2+\alpha_2^2F_l\left(1+\frac{2b_2}{B_l}\right)^2+2F_h(\alpha_1^2-\alpha_1\alpha_2+\alpha_2^2)\right] \tag{10.29}$$

$$\alpha_1=\frac{e}{e+f}\times\frac{B_u+B_l}{4}H,\ \alpha_2=\frac{f}{e+f}\times\frac{B_u+B_l}{4}H \tag{10.30}$$

$$e=\frac{I_{fl}}{B_l}\times\frac{B_u+2B_l}{12}F_h,\ f=\frac{I_{fu}}{B_u}\times\frac{2B_u+B_l}{12}F_h \tag{10.31}$$

式中 L_d——两横隔板间距，按式（10.26）和式（10.27）计算；

E——钢材的弹性模量；

I_{dw}——箱梁截面主扇惯性矩；

F_u——箱梁上顶板截面积（包括加劲肋）；

F_l——箱梁下底板截面积（包括加劲肋）；

F_h——一个腹板的截面积；

I_{fu}——顶板对箱梁对称轴的惯矩；

I_{fl}——底板对箱梁对称轴的惯矩；

H——腹板长度。

(8) 疲劳验算

疲劳荷载应符合下列规定。

① 疲劳荷载计算模型Ⅰ采用等效的车道荷载，集中荷载为 $0.7P_k$，均布荷载为 $0.3q_k$。P_k 和 q_k 按公路——Ⅰ级车道荷载标准取值；应考虑多车道的影响，横向车道布载系数应按现行《公路桥涵设计通用规范》(JTG D60—2015) 的相关规定选用。

② 疲劳荷载计算模型Ⅱ采用双车模型，两辆模型车轴距与轴重相同，其单车的轴重与轴距布置如图 10.8 所示。加载时，两模型车的中心距不得小于 40m。

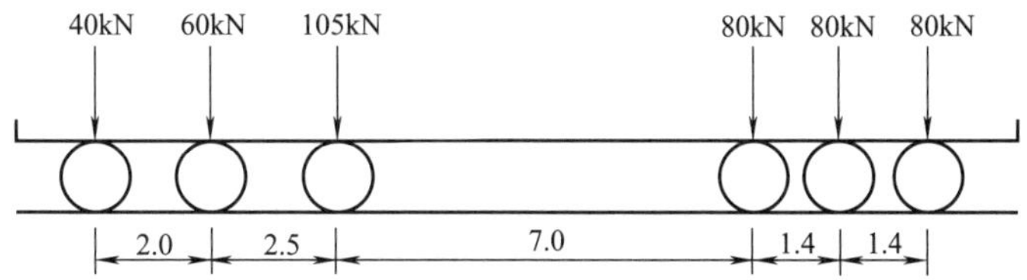

图 10.8 疲劳荷载计算模型Ⅱ（尺寸单位：m）

③ 疲劳荷载计算模型Ⅲ采用单车模型，模型车轴载及分布规定如图 10.9 所示。

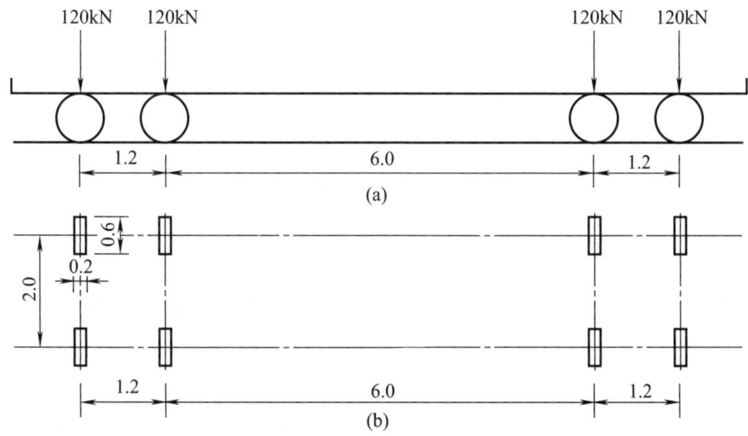

图 10.9 疲劳荷载模型Ⅲ（尺寸单位：m）

习题

1. 钢桥的优点和缺点有哪些？
2. 钢桥按基本结构体系可分为哪几类？其特点都是什么？
3. 简述钢桥的设计原则。

附　　录

附录 1　钢材和连接强度设计值

附表 1.1　钢材的强度设计值　　单位：N/mm²

钢材牌号		钢材厚度或直径/mm	强度设计值			屈服强度 f_y	抗拉强度 f_u
			抗拉、抗压、抗弯 f	抗剪 f_v	端面承压（刨平顶紧）f_{ce}		
碳素结构钢	Q235	≤16	215	125	320	235	370
		>16,≤40	205	120		225	
		>40,≤100	200	115		215	
低合金高强度结构钢	Q355	≤16	305	175	400	345	470
		>16,≤40	295	170		335	
		>40,≤63	290	165		325	
		>63,≤80	280	160		315	
		>80,≤100	270	155		305	
	Q390	≤16	345	200	415	390	490
		>16,≤40	330	190		370	
		>40,≤63	310	180		350	
		>63,≤100	295	170		330	
	Q420	≤16	375	215	440	420	520
		>16,≤40	355	205		400	
		>40,≤63	320	185		380	
		>63,≤100	305	175		360	
	Q460	≤16	410	235	470	460	550
		>16,≤40	390	225		440	
		>40,≤63	355	205		420	
		>63,≤100	340	195		400	

注：表中厚度是指计算点的钢材厚度，对轴心受拉及轴心受压构件是指截面中较厚件的厚度。

附表 1.2　焊缝的强度设计值　　单位：N/mm²

焊接方法和焊条型号	构件钢材		对接焊缝				角焊缝
	牌号	厚度或直径/mm	抗压 f_c^w	焊缝质量为下列等级时，抗拉 f_t^w		抗剪 f_v^w	抗拉、抗压和抗剪 f_f^w
				一级、二级	三级		
自动焊、半自动焊和E43型焊条的手工焊	Q235钢	≤16	215	215	185	125	160
		>16～40	205	205	175	120	
		>40～60	200	200	170	115	
		>60～100	190	190	160	110	
自动焊、半自动焊和E50	Q355钢	≤16	310	310	265	180	200
		>16～35	295	295	250	170	
		>35～50	265	265	225	155	
		>50～100	250	250	210	145	

续表

焊接方法和焊条型号	构件钢材		对接焊缝				角焊缝
	牌号	厚度或直径/mm	抗压 f_c^w	焊缝质量为下列等级时，抗拉 f_t^w		抗剪 f_v^w	抗拉、抗压和抗剪 f_f^w
				一级、二级	三级		
自动焊、半自动焊和E55型焊条的手工焊	Q390钢	≤16	350	350	300	205	220
		>16～35	335	335	285	190	
		>35～50	315	315	270	180	
		>50～100	295	295	250	170	
	Q420钢	≤16	380	380	320	220	220
		>16～35	360	360	305	210	
		>35～50	340	340	290	195	
		>50～100	325	325	275	185	

注：1. 自动焊和半自动焊所采用的焊丝及焊剂，应保证其熔敷金属的力学性能不低于现行国家标准《埋弧焊用碳钢焊丝和焊剂》（GB/T 5293—2018）和《低合金钢弧焊用焊剂》（GB/T 12470—2018）中相关的规定。

2. 焊缝质量等级应符合现行国家标准《钢结构工程施工质量验收规范》（GB 50205—2020）的规定。其中厚度小于8mm钢材的对接焊缝，不应采用超声波探伤确定焊缝质量等级。

3. 对接焊缝在受压区的抗弯强度设计值取 f_c^w，在受拉区的抗弯强度设计值取 f_t^w。

4. 表中厚度是指计算点的钢材厚度，对轴心受拉和轴心受压构件是指截面中较厚板件的厚度。

附表 1.3　螺栓连接的强度设计值　　单位：N/mm^2

螺栓的性能等级、锚栓和构件钢材的牌号		螺栓						锚栓	承压型连接高强度螺栓		
		C级螺栓			A级、B级螺栓						
		抗拉 f_t^b	抗剪 f_v^b	承压 f_c^b	抗拉 f_t^b	抗剪 f_v^b	承压 f_c^b	抗拉 f_t^a	抗拉 f_t^b	抗剪 f_v^b	承压 f_c^b
普通螺栓	4.6级、4.8级	170	140	—	—	—	—	—	—	—	—
	5.6级	—	—	—	210	190	—	—	—	—	—
	8.8级	—	—	—	400	320	—	—	—	—	—
锚栓	Q235钢	—	—	—	—	—	—	140	—	—	—
	Q345钢	—	—	—	—	—	—	180	—	—	—
承压型连接高强度螺栓	8.8级	—	—	—	—	—	—	—	400	250	—
	10.9级	—	—	—	—	—	—	—	500	310	—
构件	Q235钢	—	—	305	—	—		—	—	—	470
	Q355钢	—	—	385	—	—		—	—	—	590
	Q390钢	—	—	400	—	—		—	—	—	615
	Q420钢	—	—	425	—	—		—	—	—	655

注：1. A级螺栓用于 $d \leq 24mm$ 和 $l \leq 10d$ 或 $l \leq 150mm$（按较小值）；B级螺栓用于 $d > 24mm$ 或 $l > 10d$ 或 $l > 150mm$（按较小值）。d 为公称直径，l 为螺杆公称长度。

2. A、B级螺栓孔的精度和孔壁表面粗糙度，C级螺栓孔的允许偏差和孔壁表面粗糙度，均应符合现行国家标准《钢结构工程施工质量验收规范》（GB 50205—2020）的要求。

附表 1.4　铆钉连接的强度设计值　　单位：N/mm^2

铆钉钢号和构件钢材牌号		抗拉(钉头拉脱) f_t^r	抗剪 f_v^r		承压 f_c^r	
			Ⅰ类孔	Ⅱ类孔	Ⅰ类孔	Ⅱ类孔
铆钉	BL2或BL3	120	185	155	—	—
构件	Q235钢	—	—	—	450	365
	Q355钢	—	—	—	565	460
	Q390钢	—	—	—	590	480

注：1. 属于下列情况者为Ⅰ类孔。

① 在装配好的构件下按设计孔径钻成的孔。

② 在单个零件和构件上按设计孔径分别用钻模钻成的孔。

③ 在单个零件上先钻成或冲成较小的孔径，然后在装配好的构件上再扩钻到设计孔径的孔。

2. 在单个零件上一次冲成或不用钻模钻成设计孔径的孔属于Ⅱ类孔。

附表 1.5 结构构件或连接设计强度的折减系数

项次	情况	折减系数
1	单面连接的单角钢 (1)按轴心受力计算强度和连接 (2)按轴心受压力计算稳定性 等边角钢 短边相连的不等边角钢 长边相连的不等边角钢	 0.85 0.6+0.0015λ,但不大于1.0 0.5+0.0025λ,但不大于1.0 0.70
2	跨度≥60m桁架的受压弦杆和端部受压腹杆	0.95
3	无垫板的单面施焊对接焊缝	0.85
4	施工条件较差的高空安装焊缝和铆钉连接	0.90
5	沉头和半沉头铆钉连接	0.80

注：1. λ 为长细比，对中间无联系的单角钢压杆，应按最小回转半径计算：当 λ<20 时，取 λ=20。

2. 当几种情况同时存在时，其折减系数应连乘。

附录 2 受弯构件的挠度允许值

附表 2.1 受弯构件的挠度允许值

项次	构件类别	挠度允许值	
		$[v_T]$	$[v_Q]$
1	吊车梁和吊车桁架(按自重和起重量最大的一台吊车计算挠度) (1)手动吊车和单梁吊车(含悬挂吊车) (2)轻级工作制桥式吊车 (3)中级工作制桥式吊车 (4)重级工作制桥式吊车	$l/500$ $l/800$ $l/1000$ $l/1200$	—
2	手动或电动葫芦的轨道梁	$l/400$	—
3	有重轨(质量等于或大于38kg/m)轨道的工作平台梁 有轻轨(质量等于或大于24kg/m)轨道的工作平台梁	$l/600$ $l/400$	—
4	楼(屋)盖梁或桁架、工作平台梁[第(3)项除外]和平台板 (1)主梁或桁架(包括设有悬挂起重设备的梁和桁架) (2)抹灰顶棚的次梁 (3)除(1)、(2)项外的其他梁(包括楼梯梁) (4)屋盖檩条 支承无积灰的瓦楞铁和石棉瓦等屋面者 支承压型金属板、有积灰的瓦楞铁和石棉瓦等屋面者 支承其他屋面材料者 (5)平台板	 $l/400$ $l/250$ $l/250$ $l/150$ $l/200$ $l/200$ $l/150$	 $l/500$ $l/350$ $l/300$ — — — —
5	墙架构件(风荷载不考虑阵风系数) (1)支柱 (2)抗风桁架(作为连续支柱的支承时) (3)砌体墙的横梁(水平方向) (4)支承压型金属板、瓦楞铁和石棉瓦墙面的横梁(水平方向) (5)带有玻璃窗的横梁(竖直和水平方向)	 — — — — $l/200$	 $l/400$ $l/1000$ $l/300$ $l/200$ $l/200$

注：1. l 为受弯构件的跨度（对悬臂梁和伸臂梁为悬伸长度的 2 倍）。

2. $[v_T]$ 为永久和可变荷载标准值产生的挠度（如有起拱应减去拱度）的允许值；$[v_Q]$ 为可变荷载标准值产生的挠度的允许值。

附录 3 梁的整体稳定系数

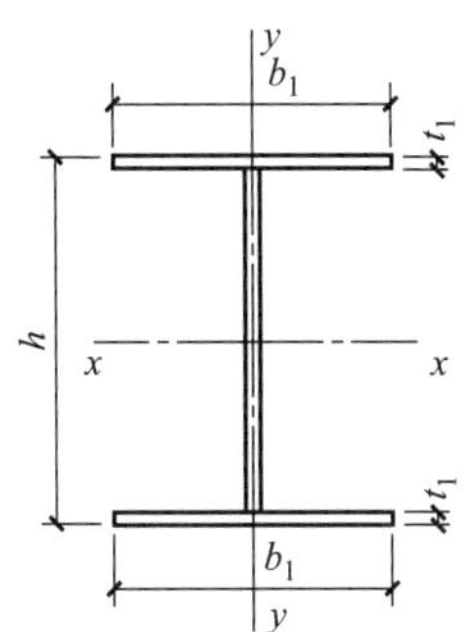

(a) 双轴对称焊接工字形截面

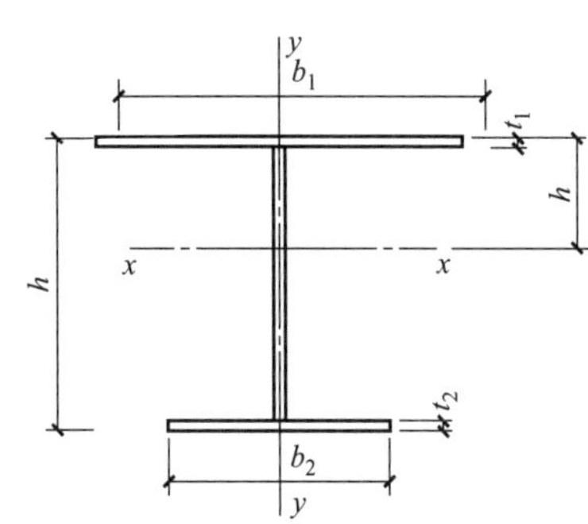

(b)加强受压翼缘的单轴对称焊接工字形截面

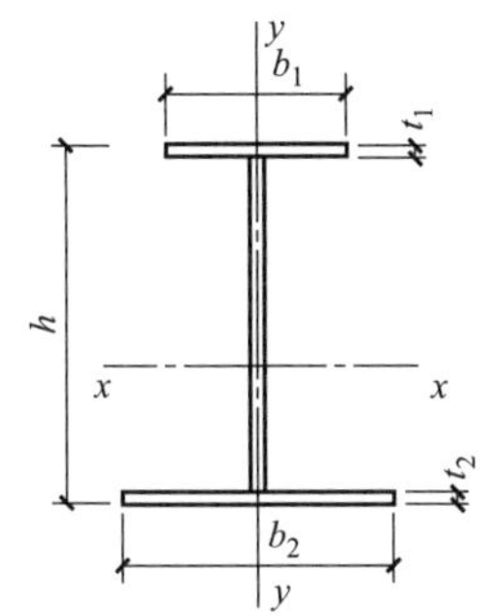

(c) 加强受拉翼缘的单轴对称焊接工字形截面

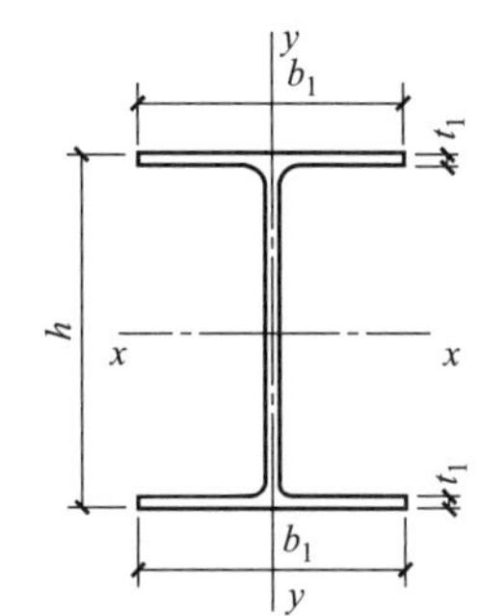

(d) 轧制H型钢截面

附图 3.1 焊接工字形和轧制 H 型钢截面

附表 3.1 H 型钢和等截面工字形简支梁的系数 β_b

<table>
<tr><th>项次</th><th>侧向支承</th><th colspan="2">荷载</th><th>$\xi\leqslant2.0$</th><th>$\xi>2.0$</th><th>适用范围</th></tr>
<tr><td>1</td><td rowspan="4">跨中无侧向支承</td><td rowspan="2">均布荷载作用在</td><td>上翼缘</td><td>$0.69+0.13\xi$</td><td>0.95</td><td rowspan="4">附图 3.1(a)、(b)和(d)的截面</td></tr>
<tr><td>2</td><td>下翼缘</td><td>$1.73-0.20\xi$</td><td>1.33</td></tr>
<tr><td>3</td><td rowspan="2">集中荷载作用在</td><td>上翼缘</td><td>$0.73+0.18\xi$</td><td>1.09</td></tr>
<tr><td>4</td><td>下翼缘</td><td>$2.23-0.28\xi$</td><td>1.67</td></tr>
<tr><td>5</td><td rowspan="3">跨度中点有一个侧向支承点</td><td rowspan="2">均布荷载作用在</td><td>上翼缘</td><td colspan="2">1.15</td><td rowspan="6">附图 3.1 中的所有截面</td></tr>
<tr><td>6</td><td>下翼缘</td><td colspan="2">1.40</td></tr>
<tr><td>7</td><td colspan="2">集中荷载作用在截面高度上任意位置</td><td colspan="2">1.75</td></tr>
<tr><td>8</td><td rowspan="2">跨中有不少于两个等距离侧向支承点</td><td rowspan="2">任意荷载作用在</td><td>上翼缘</td><td colspan="2">$1.20\beta_b$</td></tr>
<tr><td>9</td><td>下翼缘</td><td colspan="2">1.40</td></tr>
<tr><td>10</td><td colspan="3">梁端有弯矩，但跨中无荷载作用</td><td colspan="2"></td></tr>
</table>

注：1. ξ 为参数，$\xi=\frac{l_1 t_1}{b_1 h}$，其中 b_1 为受压翼缘的宽度，对跨中无侧向支承点的梁，l_1 为其跨度，对跨中有侧向支承点的梁，l_1 为受压翼缘侧向支承点间的距离（梁的支座处视为有侧向支承）。

2. M_1、M_2 为梁的端弯矩，使梁产生同向曲率时 M_1 和 M_2 取同号，产生反向曲率时取异号，$|M_1|\geqslant|M_2|$。

3. 表中项次 3、4 和 7 的集中荷载是指一个或少数几个集中荷载位于跨中央附近的情况，对其他情况的集中荷载，应按表中项次 1、2、5、6 内的数值采用。

4. 表中项次 8、9 的 β_b，当集中荷载作用有侧向支承点处时，取 $\beta_b=1.20$。

5. 荷载作用在上翼缘是指荷载作用点在翼缘表面，方向指向截面形心；荷载作用在下翼缘是指荷载作用点在翼缘表面，方向背向截面形心。

6. 对 $\alpha_b>0.8$ 的加强受压翼缘工字形截面，下列情况的 β_b 值应乘以相应的系数。

项次 1：当 $\xi\leqslant1.0$ 时，乘以 0.95。

项次 3：当 $\xi\leqslant0.5$ 时，乘以 0.90；当 $0.5<\xi\leqslant1.0$ 时，乘以 0.95。

附表 3.2 轧制普通工字钢简支梁的

项次	荷载情况			工字钢型号	自由长度 l_1/m								
					2	3	4	5	6	7	8	9	10
1	跨中无侧向支承点的梁	集中荷载作用于	上翼缘	10～20	2.00	1.30	0.99	0.80	0.68	0.58	0.53	0.48	0.43
				22～32	2.40	1.48	1.09	0.86	0.72	0.62	0.54	0.49	0.45
				36～63	2.80	2.80	1.07	0.83	0.68	0.56	0.50	0.45	0.40
2			下翼缘	10～20	3.10	1.95	1.34	1.01	0.82	0.69	0.63	0.57	0.52
				22～40	5.50	2.80	1.84	1.37	1.07	0.86	0.73	0.64	0.56
				45～63	7.30	3.60	3.20	1.62	1.20	0.96	0.80	0.69	0.60
3		均布荷载作用于	上翼缘	10～20	1.07	1.12	0.84	0.68	0.57	0.50	0.45	0.41	0.37
				22～40	2.10	1.30	0.93	0.73	0.60	0.51	0.45	0.40	0.36
				45～63	2.60	1.45	0.97	0.73	0.59	0.50	0.44	0.38	0.35
4			下翼缘	10～20	2.50	1.55	1.08	0.83	0.68	0.56	0.52	0.47	0.42
				22～40	4.00	2.20	1.45	1.10	0.85	0.70	0.60	0.52	0.46
				45～63	5.60	2.80	1.80	1.25	0.95	0.78	0.65	0.55	0.49
5	跨中有侧向支承点的梁(无论荷载作用点在截面高度上什么位置)			10～20	2.20	1.39	1.01	0.79	0.66	0.57	0.52	0.47	0.42
				22～40	3.00	1.80	1.24	0.96	0.76	0.65	0.65	0.49	0.43
				45～63	4.00	2.20	1.38	1.01	0.80	0.66	0.66	0.49	0.43

注：1. 同附表 3.1 的注 3、5。

2. 表中的 φ_b 适用于 Q235 钢，对其他钢号，表中数值应乘以 $235/f_y$。

附表 3.3 双轴对称工字形等截面（含 H 型钢）悬臂梁的系数

项次	荷载形式		$0.60 \leqslant \xi \leqslant 1.24$	$0.60 \leqslant \xi \leqslant 1.24$	$0.60 \leqslant \xi \leqslant 1.24$
1	自由端一个集中荷载作用在	上翼缘	$0.21+0.67\xi$	$0.72+0.26\xi$	$1.17+0.03\xi$
2		下翼缘	$2.94-0.65\xi$	$2.64-0.40\xi$	$2.15-0.15\xi$
3	均布荷载作用在上翼缘		$0.62+0.82\xi$	$1.25+0.31\xi$	$1.66+0.10\xi$

注：1. 本表是按支承端为固定的情况确定的，当用于由邻跨延伸出来的伸臂梁时，应在构造上采取措施加强支承处的抗扭能力。

2. 表中 ξ 见附表 3.1 注 1。

附录 4 轴心受压构件的稳定系数

附表 4.1 a 类截面轴心受压构件的稳定系数 φ

$\lambda\sqrt{\frac{f_y}{235}}$	0	1	2	3	4	5	6	7	8	9
0	1.000	1.000	1.000	1.000	0.999	0.999	0.998	0.998	0.997	0.996
10	0.995	0.994	0.993	0.992	0.991	0.989	0.998	0.986	0.985	0.983
20	0.981	0.979	0.977	0.976	0.974	0.972	0.970	0.968	0.966	0.964
30	0.963	0.961	0.959	0.957	0.955	0.952	0.950	0.948	0.946	0.944
40	0.941	0.939	0.937	0.934	0.932	0.929	0.927	0.924	0.921	0.919
50	0.916	0.913	0.910	0.907	0.904	0.900	0.897	0.894	0.890	0.886
60	0.883	0.879	0.875	0.871	0.867	0.863	0.858	0.854	0.849	0.844
70	0.839	0.834	0.829	0.824	0.818	0.813	0.807	0.801	0.795	0.789
80	0.783	0.776	0.770	0.763	0.757	0.750	0.743	0.736	0.728	0.721
90	0.714	0.706	0.699	0.691	0.684	0.676	0.668	0.661	0.653	0.645
100	0.638	0.630	0.622	0.615	0.607	0.600	0.592	0.585	0.577	0.570
110	0.563	0.555	0.548	0.541	0.534	0.527	0.520	0.514	0.507	0.500
120	0.494	0.488	0.481	0.475	0.469	0.463	0.457	0.451	0.445	0.440
130	0.434	0.429	0.423	0.418	0.412	0.407	0.402	0.397	0.392	0.387
140	0.383	0.378	0.373	0.369	0.364	0.360	0.356	0.351	0.347	0.343
150	0.339	0.335	0.331	0.327	0.323	0.320	0.314	0.312	0.309	0.305
160	0.302	0.298	0.295	0.292	0.289	0.285	0.282	0.279	0.276	0.273
170	0.270	0.267	0.264	0.262	0.259	0.256	0.253	0.251	0.248	0.246
180	0.243	0.241	0.238	0.236	0.233	0.231	0.229	0.226	0.224	0.222
190	0.220	0.218	0.215	0.213	0.211	0.209	0.207	0.205	0.203	0.201
200	0.119	0.198	0.196	0.194	0.192	0.190	0.189	0.187	0.185	0.183
210	0.182	0.180	0.179	0.177	0.175	0.174	0.172	0.171	0.169	0.168
220	0.166	0.165	0.164	0.162	0.161	0.159	0.158	0.157	0.155	0.154
230	0.153	0.152	0.150	0.149	0.148	0.147	0.146	0.144	0.143	0.142
240	0.141	0.140	0.139	0.138	0.136	0.135	0.134	0.133	0.132	0.131
250	0.130	—	—	—	—	—	—	—	—	—

附表 4.2　b 类截面轴心受压构件的稳定系数 φ

$\lambda\sqrt{\frac{f_y}{235}}$	0	1	2	3	4	5	6	7	8	9
0	1.000	1.000	1.000	0.999	0.999	0.998	0.997	0.996	0.995	0.994
10	0.992	0.991	0.989	0.987	0.985	0.983	0.981	0.978	0.976	0.973
20	0.970	0.967	0.963	0.960	0.957	0.953	0.950	0.946	0.943	0.939
30	0.936	0.932	0.929	0.925	0.922	0.918	0.914	0.910	0.906	0.903
40	0.899	0.895	0.891	0.887	0.882	0.878	0.874	0.870	0.865	0.861
50	0.856	0.852	0.847	0.842	0.838	0.833	0.828	0.823	0.818	0.813
60	0.807	0.802	0.797	0.791	0.786	0.780	0.774	0.769	0.763	0.757
70	0.751	0.745	0.739	0.732	0.726	0.720	0.714	0.707	0.701	0.694
80	0.688	0.681	0.675	0.668	0.661	0.655	0.648	0.641	0.635	0.628
90	0.621	0.614	0.608	0.601	0.594	0.588	0.581	0.575	0.568	0.561
100	0.555	0.549	0.542	0.536	0.529	0.523	0.517	0.511	0.505	0.499
110	0.493	0.487	0.481	0.475	0.470	0.464	0.458	0.453	0.447	0.442
120	0.437	0.432	0.426	0.421	0.416	0.411	0.406	0.402	0.397	0.392
130	0.387	0.383	0.378	0.374	0.370	0.365	0.361	0.357	0.353	0.349
140	0.345	0.341	0.337	0.333	0.329	0.326	0.322	0.318	0.315	0.311
150	0.308	0.304	0.301	0.298	0.295	0.291	0.288	0.285	0.282	0.279
160	0.276	0.273	0.270	0.267	0.265	0.262	0.259	0.256	0.254	0.251
170	0.249	0.246	0.244	0.241	0.239	0.236	0.234	0.232	0.229	0.227
180	0.225	0.223	0.220	0.218	0.216	0.214	0.212	0.210	0.208	0.206
190	0.204	0.202	0.200	0.198	0.179	0.195	0.193	0.191	0.190	0.188
200	0.186	0.184	0.183	0.181	0.180	0.178	0.176	0.175	0.173	0.172
210	0.170	0.169	0.167	0.166	0.165	0.163	0.162	0.160	0.159	0.158
220	0.156	0.155	0.154	0.153	0.151	0.150	0.149	0.148	0.146	0.145
230	0.144	0.143	0.142	0.141	0.140	0.138	0.137	0.136	0.135	0.134
240	0.133	0.132	0.131	0.130	0.129	0.128	0.127	0.126	0.125	0.124
250	0.123	—	—	—	—	—	—	—	—	—

附表 4.3　c 类截面轴心受压构件的稳定系数 φ

$\lambda\sqrt{\frac{f_y}{235}}$	0	1	2	3	4	5	6	7	8	9
0	1.000	1.000	1.000	0.999	0.999	0.998	0.997	0.996	0.995	0.993
10	0.992	0.990	0.988	0.986	0.983	0.981	0.978	0.976	0.973	0.970
20	0.966	0.959	0.953	0.947	0.940	0.934	0.928	0.921	0.915	0.909
30	0.902	0.896	0.890	0.884	0.877	0.871	0.865	0.858	0.852	0.846
40	0.839	0.833	0.826	0.820	0.814	0.807	0.801	0.794	0.788	0.781
50	0.775	0.768	0.762	0.755	0.748	0.742	0.735	0.729	0.722	0.715
60	0.709	0.702	0.695	0.689	0.682	0.676	0.669	0.662	0.656	0.649
70	0.643	0.636	0.629	0.623	0.618	0.610	0.604	0.597	0.591	0.584
80	0.578	0.572	0.566	0.559	0.553	0.547	0.541	0.535	0.529	0.523
90	0.517	0.511	0.505	0.500	0.494	0.488	0.483	0.477	0.472	0.467
100	0.463	0.458	0.454	0.449	0.445	0.441	0.436	0.432	0.428	0.423
110	0.419	0.415	0.411	0.407	0.403	0.339	0.395	0.391	0.387	0.383
120	0.379	0.375	0.371	0.367	0.364	0.360	0.356	0.353	0.349	0.346
130	0.342	0.339	0.335	0.332	0.328	0.325	0.322	0.319	0.315	0.312
140	0.309	0.306	0.303	0.300	0.297	0.294	0.291	0.288	0.285	0.282
150	0.280	0.277	0.274	0.271	0.269	0.266	0.264	0.261	0.258	0.256
160	0.254	0.251	0.249	0.246	0.224	0.242	0.239	0.237	0.235	0.233
170	0.230	0.228	0.226	0.224	0.222	0.220	0.218	0.216	0.214	0.212
180	0.210	0.208	0.206	0.205	0.203	0.201	0.199	0.197	0.196	0.194
190	0.192	0.190	0.189	0.187	0.186	0.184	0.182	0.181	0.179	0.178
200	0.176	0.175	0.173	0.172	0.70	0.169	0.168	0.166	0.165	0.163
210	0.162	0.161	0.159	0.158	0.157	0.156	0.154	0.154	0.152	0.151
220	0.150	0.148	0.147	0.146	0.145	0.144	0.143	0.143	0.140	0.139
230	0.138	0.137	0.136	0.135	0.134	0.133	0.132	0.132	0.130	0.129
240	0.128	0.127	0.126	0.125	0.124	0.124	0.123	0.123	0.121	0.120
250	0.119	—	—	—	—	—	—	—	—	—

附表 4.4　d 类截面轴心受压构件的稳定系数 φ

$\lambda\sqrt{\frac{f_y}{235}}$	0	1	2	3	4	5	6	7	8	9
0	1.000	1.000	0.999	0.999	0.998	0.996	0.994	0.992	0.990	0.987
10	0.984	0.981	0.9780	0.974	0.969	0.965	0.960	0.995	0.949	0.944
20	0.937	0.927	0.918	0.909	0.900	0.891	0.883	0.847	0.865	0.857
30	0.848	0.840	0.831	0.823	0.815	0.807	0.799	0.790	0.782	0.774
40	0.766	0.759	0.751	0.743	0.735	0.728	0.720	0.712	0.705	0.697
50	0.690	0.683	0.675	0.668	0.661	0.654	0.646	0.639	0.632	0.625
60	0.618	0.612	0.605	0.598	0.591	0.585	0.578	0.572	0.565	0.559
70	0.552	0.546	0.540	0.543	0.528	0.522	0.516	0.510	0.504	0.498
80	0.493	0.487	0.481	0.476	0.470	0.465	0.460	0.454	0.449	0.444
90	0.439	0.434	0.429	0.424	0.419	0.414	0.410	0.405	0.401	0.397
100	0.394	0.390	0.387	0.383	0.380	0.376	0.373	0.370	0.366	0.363
110	0.359	0.356	0.353	0.350	0.346	0.343	0.340	0.337	0.334	0.331
120	0.328	0.325	0.322	0.319	0.316	0.313	0.310	0.307	0.304	0.301
130	0.299	0.296	0.293	0.290	0.288	0.285	0.282	0.280	0.277	0.275
140	0.272	0.270	0.267	0.265	0.262	0.260	0.258	0.255	0.253	0.251
150	0.248	0.246	0.244	0.242	0.240	0.237	0.235	0.233	0.231	0.229
160	0.227	0.225	0.223	0.221	0.219	0.217	0.215	0.213	0.212	0.210
170	0.208	0.206	0.204	0.203	0.201	0.199	0.197	0.196	0.194	0.192
180	0.191	0.189	0.188	0.186	0.184	0.183	0.181	0.180	0.178	0.177
190	0.176	0.174	0.173	0.171	0.170	0.168	0.167	0.166	0.164	0.163
200	0.162	—	—	—	—	—	—	—	—	—

注：1. 附表 4.1 中的 φ 值系按下列公式算得。

当 $\lambda_n=\frac{\lambda}{\pi}\sqrt{f_y/E}\leqslant 0.215$ 时：$\varphi=1-\alpha_1\lambda_n^2$。

当 $\lambda_n>0.215$ 时：$\varphi=\frac{1}{2\lambda_n^2}\left[(\alpha_2+\alpha^3\lambda_n+\lambda_n^2)-\sqrt{(\alpha_2+\alpha^3\lambda_n+\lambda_n^2)^2-4\lambda_n^2}\right]$。

式中，α_1、α_2、α_3 为系数，根据附表 4.1 的截面分类，按附表 4.5 采用。

2. 当构件的 $\lambda\sqrt{f_y/235}$ 值超出附表 4.1～附表 4.5 的范围时，则 φ 值按注 1 所列的公式计算。

附表 4.5　系数 α_1、α_2、α_3

截面类别		α_1	α_2	α_3
a 类		0.41	0.986	0.152
b 类		0.65	0.965	0.300
c 类	$\lambda_n\leqslant 1.05$	0.73	0.906	0.595
	$\lambda_n>1.05$		1.216	0.302
d 类	$\lambda_n\leqslant 1.05$	1.35	0.868	0.915
	$\lambda_n>1.05$		1.375	0.432

附录 5　柱的计算长度系数

附表 5.1　无侧移框架柱的计算长度系数

K_2	K_1												
	0	0.05	0.1	0.2	0.3	0.4	0.5	1	2	3	4	5	≥10
0	1.000	0.999	0.981	0.964	0.949	0.935	0.922	0.875	0.820	0.791	0.773	0.760	0.732
0.05	0.990	0.981	0.871	0.955	0.940	0.926	0.914	0.867	0.814	0.784	0.766	0.754	0.726
0.1	0.981	0.971	0.962	0.946	0.931	0.918	0.906	0.860	0.807	0.778	0.760	0.748	0.721
0.2	0.964	0.955	0.946	0.930	0.916	0.903	0.891	0.846	0.795	0.767	0.749	0.737	0.711

续表

K_2	K_1												
	0	0.05	0.1	0.2	0.3	0.4	0.5	1	2	3	4	5	≥10
0.3	0.949	0.940	0.931	0.916	0.902	0.889	0.878	0.834	0.784	0.756	0.739	0.728	0.701
0.4	0.935	0.926	0.918	0.903	0.889	0.877	0.866	0.823	0.774	0.747	0.730	0.719	0.693
0.5	0.922	0.914	0.906	0.891	0.878	0.866	0.855	0.813	0.765	0.738	0.731	0.710	0.685
1	0.875	0.867	0.860	0.846	0.834	0.823	0.813	0.774	0.729	0.704	0.688	0.677	0.654
2	0.820	0.814	0.807	0.795	0.784	0.774	0.765	0.729	0.686	0.663	0.648	0.638	0.615
3	0.791	0.784	0.778	0.767	0.756	0.747	0.738	0.704	0.663	0.640	0.625	0.616	0.593
4	0.773	0.766	0.760	0.749	0.739	0.730	0.721	0.688	0.648	0.625	0.611	0.601	0.580
5	0.760	0.754	0.748	0.737	0.728	0.719	0.710	0.677	0.638	0.616	0.601	0.592	0.570
≥10	0.732	0.726	0.721	0.711	0.701	0.693	0.685	0.654	0.615	0.593	0.580	0.570	0.549

注：1. 表中的计算长度系数值系按下式算得。

$$\left[\left(\frac{\pi}{\mu}\right)^2+2(K_1+K_2)-4K_1K_2\right]\frac{\pi}{\mu}\sin\frac{\pi}{\mu}-2\left[(K_1+K_2)\left(\frac{\pi}{\mu}\right)^2+4K_1K_2\right]\cos\frac{\pi}{\mu}+8K_1K_2=0$$

式中，K_1、K_2 分别相交于柱上端、柱下端的横梁线刚度之和与柱线刚度之和的比值。当梁远端为铰接时，应将横梁线刚度梁乘以 1.5；当横梁远端为嵌固时，则将横梁线刚度乘以 2。

2. 当横梁与柱铰接时，取横梁线刚度为零。

3. 对底层框架柱：当柱与基础铰接时，取 $K_2=0$（对平板支座可取 $K_2=0.1$）；当柱与基础刚接时，取 $K_2=10$。

4. 当与柱刚性连接的横梁所受轴心压力 N_b 较大时，横梁线刚度应乘以折减系数 α_N。

横梁远端与柱刚接和横梁远端铰支时：$\alpha_N=1-N_b/N_{Eb}$。

横梁远端嵌固时：$\alpha_N=1-N_b/(2N_{Eb})$。

式中，$N_{Eb}=\pi^2EI_b/l^2$，I_b 为横梁截面惯性矩，l 为横梁长度。

附表 5.2 有侧移框架柱的计算长度系数 μ

K_2	K_1												
	0	0.05	0.1	0.2	0.3	0.4	0.5	1	2	3	4	5	≥10
0	∞	6.02	4.46	3.42	3.01	2.78	2.64	2.33	2.17	2.11	2.08	2.07	2.03
0.05	6.02	4.16	3.47	2.86	2.58	2.42	2.31	2.07	1.94	1.90	1.87	1.86	1.83
0.1	4.46	3.47	3.01	2.56	2.33	2.20	2.11	1.90	1.79	1.75	1.73	1.72	1.70
0.2	3.42	2.86	2.56	2.23	2.05	1.94	1.87	1.70	1.60	1.57	1.55	1.54	1.52
0.3	3.01	2.58	2.33	2.05	1.90	1.80	1.74	1.58	1.49	1.46	1.45	1.44	1.42
0.4	2.78	2.42	2.20	1.94	1.80	1.71	1.65	1.50	1.42	1.39	1.37	1.37	1.35
0.5	2.64	2.31	2.11	1.87	1.74	1.65	1.59	1.45	1.37	1.34	1.32	1.32	1.30
1	2.33	2.07	1.90	1.70	1.58	1.50	1.45	1.32	1.24	1.21	1.20	1.19	1.17
2	2.17	1.94	1.79	1.60	1.49	1.42	1.37	1.24	1.16	1.14	1.12	1.12	1.10
3	2.11	1.90	1.75	1.57	1.46	1.39	1.34	1.21	1.14	1.11	1.10	1.09	1.07
4	2.08	1.87	1.73	1.55	1.45	1.37	1.32	1.20	1.12	1.10	1.08	1.08	1.06
5	2.07	1.86	1.72	1.54	1.44	1.37	1.32	1.19	1.12	1.09	1.08	1.07	1.05
≥10	2.03	1.83	1.70	1.52	1.42	1.35	1.30	1.17	1.10	1.07	1.06	1.05	1.03

注：1. 表中计算长度系数值系按下式算得。

$$\left[36K_1K_2-\left(\frac{\pi}{\mu}\right)^2\right]\sin\frac{\pi}{\mu}+6(K_1+K_2)\frac{\pi}{\mu}\cos\frac{\pi}{\mu}=0$$

式中，K_1、K_2 分别为相交于柱上端、柱下端的横梁线刚度之和与柱线刚度之和的比值。当横梁远端为铰接时，应将横梁线刚度乘以 0.5；当横梁远端为嵌固时，则应乘以 1/3。

2. 当横梁与柱铰接时，取横梁线刚度为零。

3. 对底层框架柱：当柱与基础铰接时，取 $K_2=0$（对平板支座可取 $K_2=0.1$）；当柱与基础刚接时，取 $K_2=10$。

4. 当与柱刚性连接的横梁所受轴心压力 N_b 较大时，横梁线刚度应乘以折减系数 α_N。

横梁远端与柱刚接时：$\alpha_N=1-N_b/(4N_{Eb})$。

横梁远端铰支时：$\alpha_N=1-N_b/N_{Eb}$。

横梁远端嵌固时：$\alpha_N=1-N_b/(2N_{Eb})$。

N_{Eb} 的计算式见附表 5.1 注 4。

附录 6 疲劳计算的构件和连接分类

附表 6.1 疲劳计算的构件和连接分类

项次	简图	说明
1	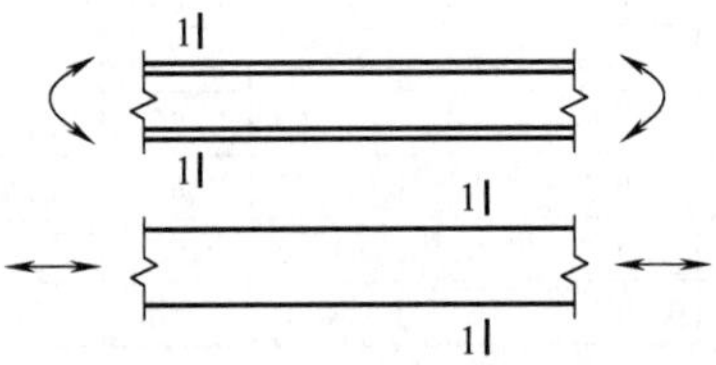	无连接处的主体金属 (1)轧制型钢 (2)钢板 ①两边为轧制边或刨边 ②两侧为自动、半自动切割边[切割质量标准应符合现行国家标准《钢结构工程施工质量验收规范》(GB 50205—2020)]
2	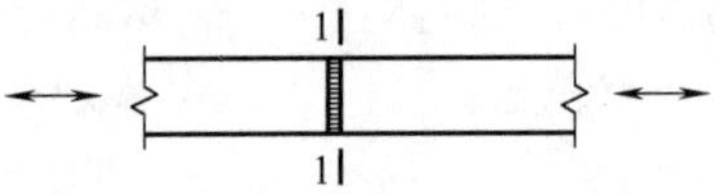	横向对接焊缝附近的主体金属 (1)符合现行国家标准《钢结构工程施工质量验收规范》(GB 50205—2020)的一级焊缝 (2)经加工、磨平的一级焊缝
3	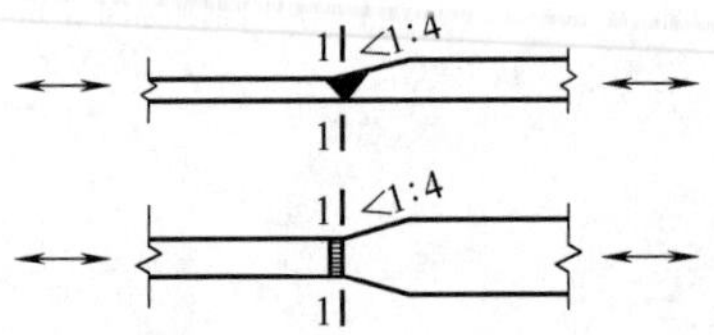	不同厚度(或宽度)横向对接焊缝附近的主体金属,焊缝加工成平滑过渡并符合一级焊缝标准
4	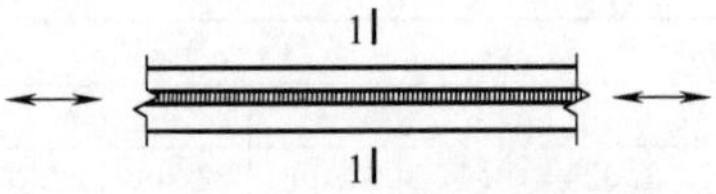	纵向对接焊缝附近的主体金属,焊缝符合二级焊缝标准
5	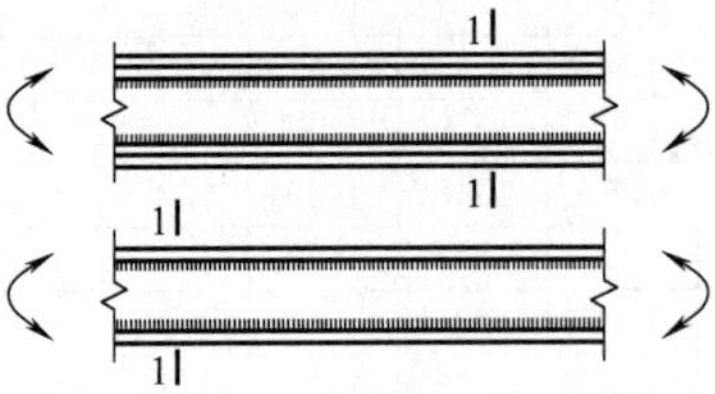	翼缘连接焊缝附近的主体金属 (1)翼缘板与腹板的连接焊缝 ①自动焊,二级 T 形对接和角接组合焊缝 ②自动焊,角焊缝,外观质量标准符合二级 ③手工焊,角焊缝,外观质量标准符合二级 (2)双层翼缘板之间的连接焊缝 ①自动焊,角焊缝,外观质量标准符合二级 ②手工焊,角焊缝,外观质量标准符合二级
6	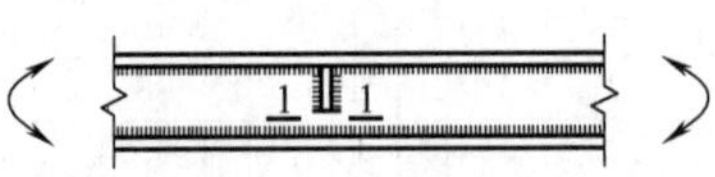	横向加劲肋端部附近的主体金属 (1)肋端不断弧(采用回焊) (2)肋端断弧
7	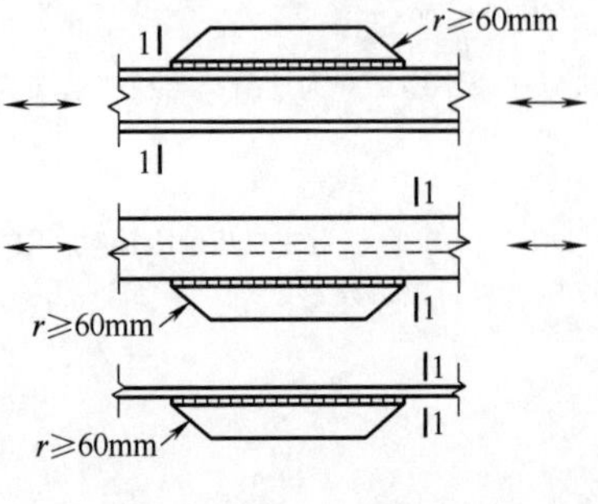	梯形节点板用对接焊缝焊于梁翼缘、腹板以及桁架构件处的主体金属,过渡处在焊后铲平、磨光、圆滑过渡,不得有焊接弧、灭弧缺陷

续表

项次	简图	说明
8	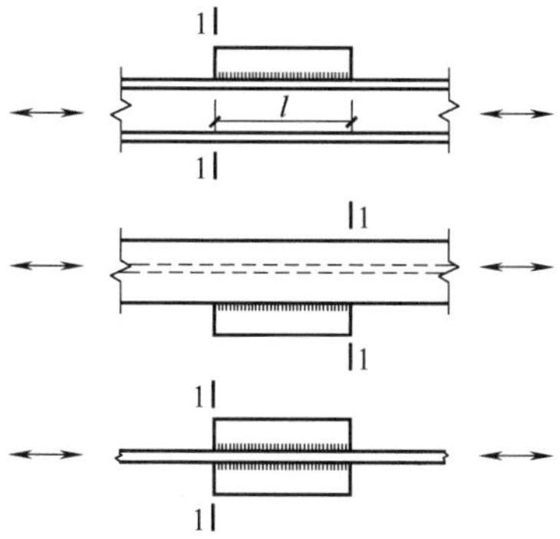	矩形节点板焊接于构件翼缘或腹板处的主体金属，$l>150$mm
9	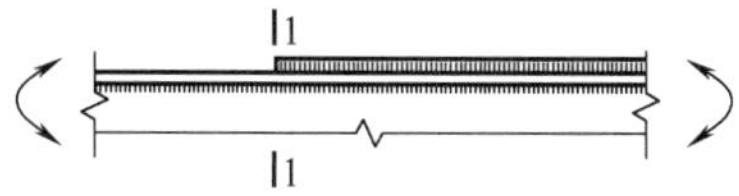	翼缘板中断处的主体金属（板端有正面焊缝）
10		向正面角焊缝过渡处的主体金属
11	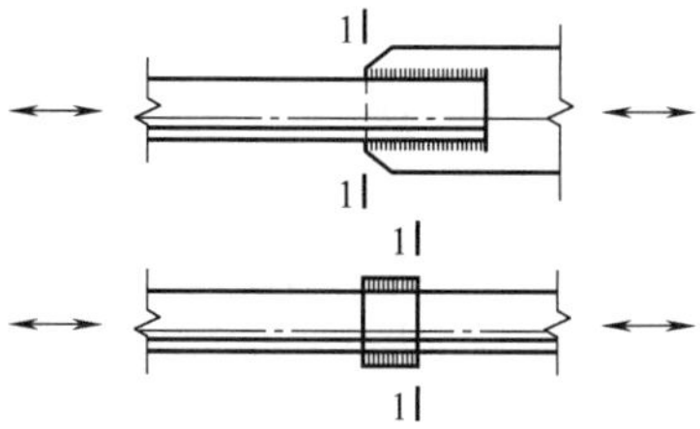	两侧面角焊缝连接端部的主体金属
12	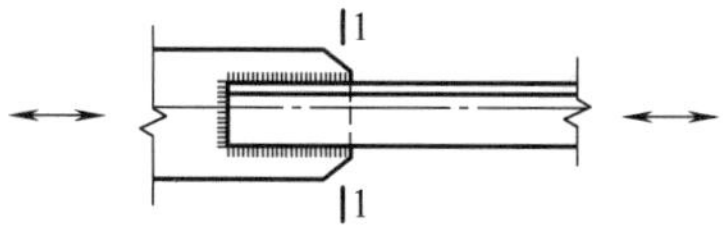	三面围焊的角焊缝端部主体金属
13	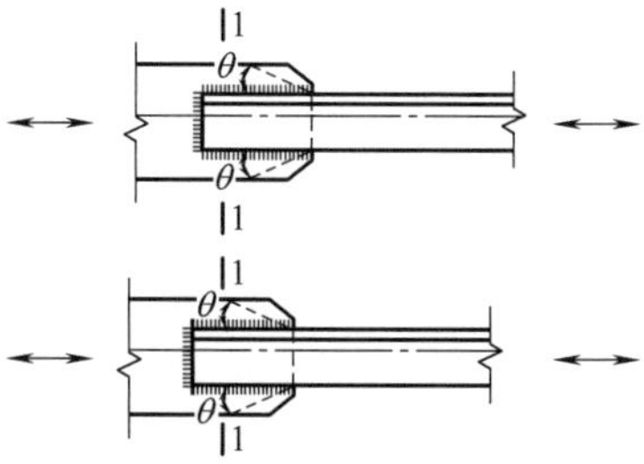	三面围焊或两侧面角焊缝连接的节点板主体金属（节点板计算宽度按应力扩散解 θ 等于 30°考虑）
14	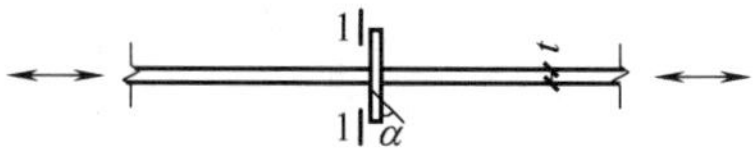	K 形坡口、T 形对接与角接组合焊缝处的主体金属，两板轴线偏离小于 0.15t，焊缝为二级，焊趾角 $\alpha\leqslant45°$
15	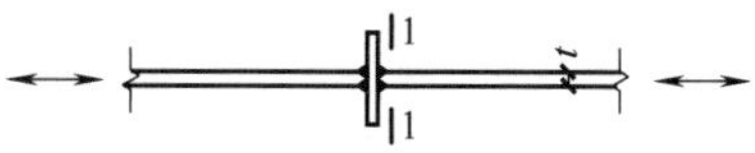	十字接头角焊缝处的主体金属，两板轴线偏离小于 0.15t
16	角焊缝	按有效截面确定的剪应力幅计算

续表

项次	简图	说明
17		铆钉连接处的主体金属
18		连接螺栓和虚孔处的主体金属
19		高强度螺栓摩擦型连接处的主体金属

注：1. 所有对接焊缝及T形对接和角接组合焊缝均需焊透。所有焊缝的外形尺寸均应符合现行标准《钢结构焊缝外形尺寸》(JB 7949—1999) 的规定。

2. 角焊缝应符合《钢结构设计规范》(GB 50017—2017) 第8.2.7条和第8.2.8条的要求。

3. 项次16中的剪应力幅 $\Delta\tau=\tau_{max}-\tau_{min}$，其中 τ_{min} 与 τ_{max} 同方向时，取正值；与 τ_{max} 反方向时，取负值。

4. 第17、18项中的应力应以净截面面积计算，第19项应以毛截面面积计算。

附录7 型 钢 表

附表7.1 普通工字钢

符号：h——高度　　i——回转半径

b——翼缘宽度　　S——半截面的面积矩

t_w——腹板厚度　　长度：型号10～18，

t——翼缘平均厚度　　长5～19m；

I——惯性矩　　型号20～63，

W——截面模量　　长6～9m

型号	尺寸					截面积	质量	x-x 轴				y-y 轴		
	h	b	t_w	t	R	A	q	I_x	W_x	i_x	I_x/S_x	I_y	W_y	i_y
	/mm					/cm²	/(kg/m)	/cm⁴	cm	cm		cm⁴	cm³	cm
10	100	68	4.5	7.6	6.5	14.3	11.2	245	49	4.14	8.69	33	9.6	1.51
12.6	126	74	5.0	8.4	7.0	18.1	14.2	488	77	5.19	11.0	47	12.7	1.61
14	140	80	5.5	9.1	7.5	21.5	16.9	712	102	5.75	12.2	64	16.1	1.73
16	160	88	6.0	9.9	8.0	26.1	20.5	1127	141	6.57	13.9	93	21.1	1.89
18	180	94	6.5	10.7	8.5	30.7	24.1	1699	185	7.37	15.4	123	26.2	2.00

续表

型号	尺寸					截面积	质量	x-x 轴				y-y 轴		
	h	b	t_w	t	R	A	q	I_x	W_x	i_x	I_x/S_x	I_y	W_y	i_y
	/mm					/cm^2	/(kg/m)	/cm^4	cm	cm		cm^4	cm^3	cm
20a	200	100	7.0	11.4	9.0	35.5	27.9	2369	237	8.16	17.4	158	31.6	2.11
20b		102	9.0			39.5	31.1	2502	250	7.95	17.1	169	33.1	2.07
22a	220	110	7.5	12.3	9.5	42.1	33.0	3406	310	8.99	19.2	226	41.1	2.32
22b		112	9.5			46.5	36.5	3583	326	8.78	18.9	240	42.9	2.27
25a	250	116	8.0	13.0	10.0	48.5	38.1	5017	401	10.2	21.7	280	48.4	2.40
25b		118	10.0			53.5	42.0	5278	422	9.93	21.4	297	50.4	2.36
28a	280	122	8.5	13.7	10.5	55.4	43.5	7115	508	11.3	24.3	344	56.4	2.49
28b		124	10.5			61.0	47.9	7481	534	11.1	24.0	364	58.7	2.44
32a	320	130	9.5	15.0	11.5	67.1	52.7	11080	692	12.8	27.7	459	70.6	2.62
32b		132	11.5			73.5	57.7	11626	727	12.6	27.3	484	73.3	2.57
33c		134	13.5			79.9	62.7	12173	761	12.3	26.9	510	76.1	2.53
36a	360	136	10.0	15.8	12.0	76.4	60.0	15796	878	14.4	31.0	555	81.6	2.69
36b		138	12.0			83.6	65.6	16574	921	14.1	30.6	584	84.6	2.64
36c		140	14.0			90.8	71.3	17351	964	13.8	30.2	614	87.7	2.60
40a	400	142	10.5	16.5	12.5	86.1	67.6	21714	1086	15.9	34.4	660	92.9	2.77
40b		144	12.5			94.1	73.8	22781	1139	15.6	33.9	693	96.2	2.71
40c		146	14.5			102	80.1	23847	1192	15.3	33.5	727	99.7	2.67
45a	450	150	11.5	180	13.5	102	80.4	32241	1433	17.7	38.5	855	114	2.89
45b		152	13.5			111	87.4	33759	1500	17.4	38.1	895	118	2.84
45c		154	15.5			120	94.5	35278	1568	17.1	37.6	935	122	2.79
50a	500	158	12.0	20	14	119	93.6	46472	1859	19.7	42.9	1122	142	3.07
50b		160	14.0			129	101	48556	1942	19.4	42.3	1171	146	3.01
50c		162	16.0			139	109	50639	2026	19.1	41.9	1224	151	2.96
56a	560	166	12.0	21	14.5	135	106	65576	2342	22.0	47.9	1366	165	3.18
56b		168	14.5			147	115	68503	2447	21.6	47.3	1424	170	3.12
56c		170	16.5			158	124	71430	2551	21.3	46.8	1485	175	3.07
63a	630	176	13.0	22	15	155	122	94004	2984	24.7	53.8	1702	194	3.32
63b		178	15.0			167	131	98171	3117	24.2	53.2	1771	199	3.25
63c		180	17.0			180	141	102339	3249	23.9	52.6	1842	205	3.20

附表 7.2 H 型钢、T 型钢

符号：

H 型钢：h——截面高度；b_1——翼缘宽度；t_w——腹板厚度；t——翼缘厚度；W——截面模量；i——回转半径；S——半截面和面积矩；I——惯性矩。

T 形钢；截面高度 h_T，截面面积 A_T，质量 q_T，惯性矩 I_{yT} 等于相应 H 型钢的 1/2。

HW、HM、HN 分别代表宽翼缘、中翼缘、窄翼缘 H 型钢。

TW、TM、TN 分别代表各自 H 型钢剖分的 T 形钢。

类别	H 型钢								H 和 T	T 形钢				类别
	H 型钢规格	截面积	质量	x-x			y-y			重心	x_T-x_T 轴		T 形钢规格	
	$h \times b_1 \times t_w \times t$	A	q	I_x	W_x	i_x	I_y	W_y	$i_y i_{yT}$	C_x	I_{xT}	i_{xT}	$h_T \times b_1 \times t_w \times t$	
	/mm	/cm^2	/(kg/m)	/cm^4	/cm^3	/cm	/cm^4	/cm^3	/cm	/cm	/cm^4	/cm	/mm	
HW	100×100×6×8	21.09	17.2	383	76.5	4.18	134	26.7	2.47	1.00	16.1	1.21	50×100×6×8	TW
	125×125×6.5×9	30.31	23.8	847	136	5.29	294	47.0	3.11	1.19	35.0	1.52	62.5×125×6.5×9	
	150×150×7×10	40.55	31.9	1660	221	6.39	564	75.1	3.73	1.37	66.4	1.81	75×150×7×10	
	175×175×7.5×11	51.43	40.3	2900	331	7.50	984	112	4.37	1.55	115	2.11	87.5×175×7.5×11	
	200×200×8×12	64.28	50.5	4770	477	8.61	1600	160	4.99	1.73	185	2.40	100×200×8×12	

续表

H 型钢										H 和 T	T 形钢				
类别	H 型钢规格	截面积	质量	x-x			y-y				重心	x_T-x_T 轴		T 形钢规格	类别
	$h\times b_1\times t_w\times t$	A	q	I_x	W_x	i_x	I_y	W_y		$i_y i_{yT}$	C_x	I_{xT}	i_{xT}	$h_T\times b_1\times t_w\times t$	
	/mm	/cm²	/(kg/m)	/cm⁴	/cm³	/cm	/cm⁴	/cm³		/cm	/cm	/cm⁴	/cm	/mm	
	#200×204×12×12	72.28	56.7	5030	503	8.35	1700	167		4.85	2.09	256	2.66	#100×204×12×12	
		92.18	72.4	10800	867	10.8	3650	292		6.29	2.08	412	2.99		
	250×250×9×14 #250×255×14×14	104.7	82.2	11500	919	10.5	3880	304		6.09	2.58	589	3.36	125×250×9×14 #125×255×14×14	
		108.3	85.0	17000	1160	12.5	5520	365		7.14	2.83	858	3.98		
	#294×302×12×12 300×300×10×5 300×305×15×15	120.4	94.5	20500	1370	13.1	6760	450		7.49	2.47	798	3.64	#147×302×12×12 150×300×10×15 150×305×15×15	
		135.4	106	21600	1440	12.6	7100	466		7.24	3.02	1110	4.05		
		146.0	115	33300	1940	15.1	11200	646		8.78	2.67	1230	4.11		
	#344×348×10×16 350×350×12×19	173.9	137	40300	2300	15.2	13600	776		8.84	2.86	1520	4.18	#172×348×10×16 175×350×12×19	
		179.2	141	49200	2540	16.6	16300	809		9.52	3.69	2480	5.26		
	#388×402×15×15 #394×398×11×18 400×400×13×21 #400×408×21×21 #414×405×18×28 #428×407×20×35	187.6	147	56400	2860	17.3	18900	951		10.0	3.01	2050	4.67	#194×402×15×15 #197×398×11×18 200×400×13×21 #200×408×21×21 #207×405×18×28 #214×407×20×35	
		219.5	172	66900	3340	17.5	22400	1120		10.1	3.21	2480	4.75		
		251.5	197	71100	3560	16.8	23800	1170		9.73	4.07	3650	5.39		
		296.2	233	93000	4490	17.7	31000	1530		10.2	3.68	3620	4.95		
		361.4	284	119000	5580	18.2	39400	1930		10.4	3.90	4380	4.92		
		27.25	21.4	1040	140	6.17	151	30.2		2.35	1.55	51.7	1.95		
HM	148×100×6×9	39.76	31.2	2740	283	8.30	508	67.7		3.57	1.78	125	2.50	74×100×6×9	TM
	194×150×6×9	56.24	44.1	6120	502	10.4	985	113		4.18	2.27	289	3.20	97×150×6×9	
	244×175×7×11	73.03	57.3	11400	779	12.5	1600	160		4.69	2.82	572	3.96	122×175×7×11	
	294×200×8×12	101.5	79.7	21700	1280	14.6	3650	292		6.00	3.09	1020	4.48	147×200×8×12	
	340×250×91×4													170×250×9×14	
	390×300×10×16	136.7	107	38900	2000	16.9	7210	481		7.26	3.40	1730	5.03	195×100×10×16	HM
	440×300×11×18	157.4	124	56100	2550	18.9	8110	541		7.18	4.05	2680	5.84	220×300×11×18	
	482×300×11×15 488×300×11×18	146.4	115	60800	2520	20.4	6770	451		6.80	4.90	3420	6.83	241×300×11×15 244×300×11×18	
		164.4	129	71400	2930	20.8	8120	541		7.03	4.65	3620	6.64		
	582×300×12×17 588×300×12×20 #594×302×14×23	174.5	137	103000	3530	24.3	7670	511		6.63	6.39	6360	8.54	291×300×12×17 294×300×12×20 #297×302×14×23	
		192.5	151	118000	4020	24.8	9020	601		6.85	6.08	6710	8.35		
		222.4	175	137000	4620	24.9	10600	701		6.90	6.33	7920	8.44		
HN	100×50×5×7	12.16	9.54	192	38.5	3.98	14.9	5.96		1.11	1.27	11.9	1.40	50×50×5×7	TN
	125×60×6×8	17.01	13.3	417	66.8	4.95	29.3	9.75		1.31	1.63	27.5	1.80	62.5×60×68	
	150×75×5×7	18.16	14.3	679	90.6	6.12	49.6	13.2		1.65	1.78	42.7	2.17	75×75×5×7	
	175×90×5×8	23.21	18.2	1220	140	7.26	97.6	21.7		2.05	1.92	70.7	2.47	87.5×90×5×8	
	198×99×4.5×7 200×100×5.5×8	23.59	18.5	1610	163	8.27	114	23.0		2.20	2.13	94.0	2.82	99×99×4.5×7 100×100×5.5×8	
		27.57	21.7	1880	188	8.25	134	26.8		2.21	2.27	115	2.88		
	248×124×5×8 250×125×6×9	32.89	25.8	3560	287	10.4	255	41.1		2.78	2.62	208	3.56	124×124×5×8 125×125×6×9	
		37.87	29.7	4080	326	10.4	294	47.0		2.79	2.78	249	3.62		
	298×149×5.5×8 300×150×6.5×9	41.55	32.6	6460	433	12.4	443	59.4		3.26	3.22	395	4.36	149×149×5.5×8 150×150×6.5×9	
		47.53	37.3	7350	490	12.4	508	67.7		3.27	3.38	465	4.42		

注："#"表示的规格为非常用规格。

附表 7.3　槽钢

符号：同普通工字型钢，但 W_y 为对应于翼缘肢尖的截面模量。

长度：型号 5～8，长 5～12m；型号 10～18，长 5～19m；型号 20～40，长 6～19m。

型号	尺寸														z_0
	h	b	t_w	t	R	A	q	I_x	W_x	i_x	I_y	W_y	i_y	I_{y1}	
	/mm					/cm²	/(kg/m)	/cm⁴	/cm³	/cm	/cm⁴	/cm³	/cm	/cm⁴	/cm
5	50	37	4.5	7.0	7.0	6.92	5.44	26	10.4	1.94	8.3	3.5	1.10	20.9	1.35
6.3	63	40	4.8	7.5	7.5	8.45	6.63	51	16.3	2.46	11.9	4.6	1.19	28.3	1.39
8	80	43	5.0	8.0	8.0	10.24	8.04	101	25.3	3.14	16.6	5.8	1.27	37.4	1.42
10	100	48	5.3	8.5	8.5	12.74	10.00	198	39.7	3.94	25.6	7.8	1.42	54.9	1.52
12.6	126	53	5.5	9.0	9.0	15.69	12.31	389	61.7	4.98	38.0	10.3	1.56	77.8	1.59
14a	140	58	6.0	9.5	9.5	18.51	14.53	564	80.5	5.52	53.2	13.0	1.70	107.2	1.71
14b		60	8.0	9.5	9.5	21.31	16.73	609	87.1	5.35	61.2	14.1	1.69	120.6	1.67
16a	160	63	6.5	10.0	10.0	21.95	17.23	866	108.3	6.28	73.4	16.3	1.83	144.1	1.79
16b		65	8.5	10.0	10.0	25.15	19.75	935	116.8	6.10	83.4	17.6	1.82	160.8	1.75
18a	180	68	7.0	10.5	10.5	25.69	20.17	1273	141.4	7.04	98.6	20.0	1.96	189.7	1.88
18b		70	9.0	10.5	10.5	29.29	22.99	1370	152.2	6.84	111.0	21.5	1.95	210.1	1.84
20a	200	73	7.0	11.0	11.0	28.83	22.63	1780	178.0	7.86	128.0	24.2	2.11	244.0	2.01
20b		75	9.0	11.0	11.0	32.83	25.77	1914	191.4	7.64	143.6	25.9	2.09	268.4	1.95
22a	220	77	7.0	11.5	11.5	31.84	24.99	2394	217.6	8.67	157.8	28.2	2.23	298.2	2.10
22b		79	9.0	11.5	11.5	36.24	28.45	2571	233.8	8.42	176.5	30.1	2.21	326.3	2.03
25a	250	78	7.0	12.0	12.0	34.91	27.40	3359	268.7	9.81	175.9	30.73	2.24	324.8	2.07
25b		80	9.0	12.0	12.0	39.91	31.33	3619	289.6	9.52	196.4	32.7	2.22	355.1	1.99
25c		82	11.0	12.0	12.0	44.91	35.25	3880	310.4	9.30	215.9	34.6	2.19	388.6	1.96
28a	280	82	7.5	12.5	12.5	40.02	31.42	4753	339.5	10.90	217.9	35.7	2.33	393.3	2.09
28b		84	9.5	12.5	12.5	45.62	35.81	5118	365.6	10.59	241.5	37.9	2.30	428.5	2.02
28c		86	11.5	12.5	12.5	51.22	40.21	5484	391.7	10.35	264.1	40.0	2.27	467.3	1.99
32a	320	88	8.0	14.0	14.0	48.50	38.07	7511	469.4	12.44	304.7	46.4	2.51	547.5	2.24
32b		90	10.0	14.0	14.0	54.90	43.10	8057	503.5	12.11	335.6	49.1	2.47	592.9	2.16
32c		92	12.0	14.0	14.0	61.30	48.12	8603	537.7	11.85	365.0	51.6	2.44	642.7	2.13
36a	360	96	9.0	16.0	16.0	60.89	47.80	11874	659.7	13.96	455.0	63.6	2.73	818.5	2.44
36b		98	11.0	16.0	16.0	68.09	53.45	12652	702.9	13.63	496.7	66.9	2.70	880.5	2.37
36c		100	13.0	16.0	16.0	75.29	59.10	13429	746.1	13.36	536.6	70.0	2.67	948.0	2.34
40a	400	100	10.5	18.0	18.0	75.04	58.91	17578	878.9	15.30	592.0	78.8	2.81	1057.9	2.49
40b		102	12.5	18.0	18.0	83.04	65.19	18644	932.2	14.98	640.6	82.6	2.78	1135.8	2.44
40c		104	14.5	18.0	18.0	91.04	71.47	19711	985.6	14.71	687.8	86.2	2.75	1220.3	2.42

附表 7.4 等边角钢

角钢型号	单角钢										双角钢				
	圆角	重心矩	截面积	质量	惯性矩	截面模量		回转半径			i_y，当 a 为下数值				
	R	z_0	A	q	I_x	W_x^{max}	W_x^{min}	i_x	i_{x0}	i_{y0}	6mm	8mm	10mm	12mm	13mm
	/mm		/cm^2	/(kg/m)	/cm^4	/cm^3		/cm			/cm				
∟20×3	3.5	6.0	1.13	0.89	0.40	0.66	0.29	0.59	0.75	0.39	1.08	1.17	1.25	1.34	1.43
∟20×4		6.4	1.46	1.15	0.50	0.78	0.36	0.58	0.73	0.38	1.11	1.19	1.28	1.37	1.46
∟25×3	3.5	7.3	1.43	1.12	0.82	1.12	0.46	0.76	0.95	0.49	1.27	1.36	1.44	1.53	1.61
∟25×4		7.6	1.86	1.46	1.03	1.34	0.59	0.74	0.93	0.48	1.30	1.38	1.47	1.55	1.64
∟30×3	4.5	8.5	1.75	1.37	1.46	1.72	0.68	0.91	1.15	0.59	1.47	1.55	1.63	1.71	1.80
∟30×4		8.9	2.28	1.79	1.84	2.08	0.87	0.90	1.13	0.58	1.49	1.57	1.65	1.74	1.82
∟36×3	4.5	10.0	2.11	1.66	2.58	2.59	0.99	1.11	1.39	0.71	1.70	1.78	1.86	1.94	2.03
∟36×4		10.4	2.76	2.16	3.29	3.18	1.28	1.09	1.38	0.70	1.73	1.80	1.89	1.97	2.05
∟36×5		10.7	3.38	2.65	3.95	3.68	1.56	1.08	1.36	0.70	1.75	1.83	1.91	1.99	2.08
∟40×3	5	10.9	2.36	1.85	3.59	3.28	1.23	1.23	1.55	0.79	1.86	1.94	2.01	2.09	2.18
∟40×4		11.3	3.09	2.42	4.60	4.05	1.60	1.22	1.54	0.79	1.88	1.96	2.04	2.12	2.20
∟40×5		11.7	3.79	2.98	5.53	4.72	1.96	1.21	1.52	0.78	1.90	1.98	2.06	2.14	2.23
∟45×3	5	12.2	2.66	2.09	5.17	4.25	1.58	1.39	1.76	0.90	2.06	2.14	2.21	2.29	2.37
∟45×4		12.6	3.49	2.74	6.65	5.29	2.05	1.38	1.74	0.89	2.08	2.16	2.24	3.32	2.40
∟45×5		13.0	4.29	3.37	8.04	6.20	2.51	1.37	1.72	0.88	2.10	2.18	2.26	2.34	2.42
∟45×6		13.3	5.08	3.99	9.33	6.99	2.95	1.36	1.71	0.88	2.12	2.20	2.28	2.36	2.44
∟50×3	5.5	13.4	2.97	2.33	7.18	5.36	1.96	1.55	1.96	1.00	2.26	2.33	2.41	2.48	2.56
∟50×4		13.8	3.90	3.06	9.26	6.70	2.56	1.54	1.94	0.99	2.28	2.36	2.43	2.51	2.59
∟50×5		14.2	4.80	3.77	11.21	7.90	3.13	1.53	1.92	0.98	2.30	2.38	2.45	2.53	2.61
∟50×6		14.6	5.69	4.46	13.05	8.95	3.68	1.51	1.91	0.98	2.32	2.40	2.48	2.56	2.64
∟56×3	6	14.8	3.34	2.62	10.19	6.86	2.48	1.75	2.20	1.13	2.50	2.57	2.64	2.72	2.80
∟56×4		15.3	4.39	3.45	13.18	8.63	3.24	1.73	2.18	1.11	2.52	2.59	2.67	2.74	2.82
∟56×5		15.7	5.42	4.25	16.02	10.22	3.97	1.72	2.17	1.10	2.54	2.61	2.69	2.77	2.85
∟56×8		16.8	8.37	6.57	23.63	14.06	6.03	1.68	2.11	1.09	2.60	2.67	2.75	2.83	2.91
∟63×4	7	17.0	4.98	3.91	19.03	11.22	4.13	1.96	2.46	1.26	2.79	2.87	2.94	3.02	3.09
∟63×5		17.4	6.14	4.82	23.17	13.33	5.08	1.94	2.45	1.25	2.82	2.89	2.96	3.04	3.12
∟63×6		17.8	7.29	5.72	27.12	15.26	6.00	1.93	2.43	1.24	2.83	2.91	2.98	3.06	3.14
∟63×8		18.5	9.51	7.47	34.45	18.59	7.75	1.90	2.39	1.23	2.87	2.95	3.03	3.10	3.18
∟63×10		19.3	11.66	9.15	41.09	21.34	9.39	1.88	2.36	1.22	2.91	2.99	3.07	3.15	3.23

续表

角钢型号	单角钢										双角钢				
	圆角	重心矩	截面积	质量	惯性矩	截面模量		回转半径			i_y，当 a 为下数值				
	R	z_0	A	q	I_x	W_x^{max}	W_x^{min}	i_x	i_{x0}	i_{y0}	6mm	8mm	10mm	12mm	13mm
	/mm		/cm²	/(kg/m)	/cm⁴	/cm³		/cm			/cm				
∟70×4	8	18.6	5.57	4.37	26.39	14.16	5.14	2.18	2.74	1.40	3.07	3.14	3.21	3.29	3.36
∟70×5		19.1	6.88	5.40	32.21	16.89	6.32	2.16	2.73	1.39	3.09	3.16	3.24	3.31	3.39
∟70×6		19.5	8.16	6.41	37.77	19.39	7.48	2.15	2.71	1.38	3.11	3.18	3.26	3.33	3.41
∟70×7		19.9	9.42	7.40	43.09	21.68	8.59	2.14	2.69	1.38	3.13	3.20	3.28	3.36	3.43
∟70×8		20.3	10.67	8.37	48.17	23.79	9.68	2.13	2.68	1.37	3.15	3.22	3.30	3.38	3.46
∟75×5	9	20.3	7.41	5.82	39.96	19.73	7.30	2.32	2.92	1.50	3.29	3.36	3.43	3.50	3.58
∟75×6		20.7	8.80	6.91	46.91	22.69	8.63	2.31	2.91	1.49	3.31	3.38	3.45	3.53	3.60
∟75×7		21.2	10.16	7.98	53.57	25.42	9.93	2.30	2.89	1.48	3.33	3.40	3.47	3.55	3.63
∟75×8		21.5	11.50	9.03	59.96	27.93	11.20	2.28	2.87	1.47	3.35	3.42	3.50	3.57	3.65
∟75×10		22.2	14.13	11.09	71.98	32.40	13.64	2.26	2.84	1.46	3.38	3.46	3.54	3.61	3.69
∟80×5	9	21.5	7.91	6.21	48.79	22.70	8.34	2.48	3.13	1.60	3.49	3.56	3.63	3.71	3.78
∟80×6		21.9	9.40	7.38	57.35	26.16	9.87	2.47	3.11	1.59	3.51	3.58	3.65	3.73	3.80
∟80×7		22.3	10.86	8.53	65.58	29.38	11.37	2.46	3.10	1.58	3.53	3.60	3.67	3.75	3.83
∟80×8		22.7	12.30	9.66	73.50	32.36	12.83	2.44	3.08	1.57	3.55	3.62	3.70	3.77	3.85
∟80×10		23.5	15.13	11.87	88.43	37.68	15.64	2.42	3.04	1.56	3.58	3.66	3.74	3.81	3.89
∟90×6	10	24.4	10.64	8.35	82.77	33.99	12.61	2.79	3.51	1.80	3.91	3.98	4.05	4.12	4.20
∟90×7		24.8	12.30	9.66	94.83	38.28	14.54	2.78	3.50	1.78	3.93	4.00	4.07	4.14	4.22
∟90×8		25.2	13.94	10.95	106.5	42.30	16.42	2.76	3.48	1.78	3.95	4.02	4.09	4.17	4.24
∟90×10		25.9	17.17	13.48	128.6	49.57	20.07	2.74	3.45	1.76	3.98	4.06	4.13	4.21	4.28
∟90×12		26.7	20.31	15.94	149.2	55.93	23.57	2.71	3.41	1.75	4.02	4.09	4.17	4.25	4.32
∟100×6	12	26.7	11.93	9.37	115.0	43.04	15.68	3.10	3.91	2.00	4.30	4.37	4.44	4.51	4.58
∟100×7		27.1	13.80	10.83	131.9	48.57	18.10	3.09	3.89	1.99	4.32	4.39	4.46	4.53	4.61
∟100×8		27.6	15.64	12.28	148.2	53.78	20.47	3.08	3.88	1.98	4.34	4.41	4.48	4.55	4.63
∟100×10		28.4	19.26	15.12	179.5	63.29	25.06	3.05	3.84	1.96	4.38	4.45	4.52	4.60	4.67
∟100×12		29.1	22.80	17.90	208.9	71.72	29.47	3.03	3.81	1.95	4.41	4.49	4.56	4.64	4.71
∟100×14		29.9	26.26	20.61	236.5	79.19	33.73	3.00	3.77	1.94	4.45	4.53	4.60	4.68	4.75
∟100×16		30.6	29.63	23.26	262.5	85.81	37.82	2.98	3.74	1.93	4.49	4.56	4.64	4.72	4.80

续表

角钢型号	单角钢										双角钢				
	圆角	重心矩	截面积	质量	惯性矩	截面模量		回转半径			i_y，当 a 为下数值				
	R	z_0	A	q	I_x	W_x^{max}	W_x^{min}	i_x	i_{x0}	i_{y0}	6mm	8mm	10mm	12mm	13mm
	/mm		/cm^2	/(kg/m)	/cm^4	/cm^3		/cm			/cm				
∟110×7	12	29.6	15.20	11.93	177.2	59.78	22.05	3.41	4.30	2.20	4.72	4.79	4.86	4.94	5.01
∟110×8		30.1	17.24	13.53	199.5	66.36	24.95	3.40	4.28	2.19	4.74	4.81	4.88	4.96	5.03
∟110×10		30.9	21.26	16.69	242.2	78.48	30.06	3.38	4.25	2.17	4.78	4.85	4.92	5.00	5.07
∟110×12		31.6	25.20	19.78	282.6	89.34	36.05	3.35	4.22	2.15	4.82	4.89	4.96	5.04	5.11
∟110×14		32.4	29.06	22.81	320.7	99.07	41.31	3.32	4.18	2.14	4.85	4.93	5.00	5.08	5.15
∟125×8	14	33.7	19.75	15.50	297.0	88.20	32.52	3.88	4.88	2.50	5.34	5.41	5.48	5.55	5.62
∟125×10		34.5	24.37	19.13	361.7	104.8	39.97	3.85	4.85	2.48	5.45	5.45	5.52	5.59	5.66
∟125×12		35.3	28.91	22.70	423.2	119.9	47.17	3.83	4.82	2.46	5.48	5.48	5.56	5.63	5.70
∟125×14		36.1	33.37	26.19	481.7	133.6	54.16	3.80	4.78	2.45	5.52	5.52	5.59	5.67	5.74
∟140×10	14	38.2	27.37	21.49	514.7	134.6	50.58	4.34	5.46	2.78	6.05	6.05	6.12	6.20	6.27
∟140×12		39.0	32.51	25.52	603.7	154.6	59.80	4.31	5.43	2.77	6.09	6.09	6.16	6.23	6.31
∟140×14		39.8	37.57	29.49	688.8	173.0	68.75	4.28	5.40	2.75	6.13	6.13	6.20	6.27	6.34
∟140×16		40.6	42.54	33.39	770.2	189.9	77.46	4.26	5.36	2.74	6.16	6.16	6.23	6.31	6.38
∟160×10	16	43.1	31.50	24.73	779.5	180.8	66.70	4.97	6.27	3.20	6.85	6.85	6.92	6.99	7.06
∟160×12		43.9	37.44	29.39	916.6	208.6	78.98	4.95	6.24	3.18	6.89	6.89	6.96	7.03	7.10
∟160×14		44.7	43.30	33.99	1048	234.4	90.95	4.92	6.20	3.16	6.93	6.93	7.00	7.07	7.14
∟160×16		45.5	49.07	38.52	1175	258.3	102.6	4.89	6.17	3.14	6.96	6.96	7.03	7.10	7.18
∟180×12	16	48.9	42.24	33.16	1321	270.0	100.8	5.59	7.05	3.58	7.70	7.70	7.77	7.84	7.91
∟180×14		49.7	48.90	38.38	1514	304.6	116.3	5.57	7.02	3.57	7.74	7.74	7.81	7.88	7.95
∟180×16		50.5	55.47	43.54	1701	336.9	131.4	5.54	6.98	3.55	7.77	7.77	7.84	7.91	7.98
∟180×18		51.3	61.95	48.63	1881	367.1	146.1	5.51	6.94	3.53	7.80	7.80	7.87	7.95	8.02
∟200×14	18	54.6	54.64	42.89	2104	385.1	144.7	6.20	7.82	3.98	8.54	8.54	8.61	8.67	8.75
∟200×16		55.4	62.01	48.68	2366	427.0	163.7	6.18	7.79	3.96	8.57	8.57	8.64	8.71	8.78
∟200×18		56.2	69.30	54.40	2621	466.5	182.2	6.15	7.75	3.94	8.60	8.60	8.67	8.75	8.82
∟200×20		56.9	76.50	60.06	2867	503.6	200.4	6.12	7.72	3.93	8.64	8.64	8.71	8.78	8.85
∟200×24		58.4	90.66	71.17	3338	571.5	235.8	6.07	7.64	3.90	8.71	8.71	8.78	8.85	8.92

附表 7.5 不等边角钢

角钢型号	单角钢								双角钢							
	圆角	重心矩		截面积	质量	回转半径			i_{y1}，当 a 为下列数值				i_{y2}，当 a 为下列数值			
	R	Z_x	Z_y	A	q	i_x	i_y	i_{y0}	6mm	8mm	10mm	12mm	6mm	8mm	10mm	12mm
	/mm			/cm²	/(kg/m)	/cm			/cm				/cm			
∟25×16×3	3.5	4.2	8.6	1.16	0.91	0.44	0.78	0.34	0.84	0.93	1.02	1.11	1.40	1.48	1.57	1.66
∟25×16×4		4.6	9.0	1.50	1.18	0.43	0.77	0.34	0.87	0.96	1.05	1.14	1.42	1.51	1.60	1.68
∟32×20×3		4.9	10.8	1.49	1.17	0.55	1.01	0.43	0.97	1.05	1.14	1.23	1.71	1.79	1.88	1.96
∟32×20×4		5.3	11.2	1.94	1.52	0.54	1.00	0.43	0.99	1.08	1.16	1.25	1.74	1.82	1.90	1.99
∟40×25×3	4	5.9	13.2	1.89	1.48	0.70	1.28	0.54	1.13	1.21	1.30	1.38	2.07	2.14	2.23	2.31
∟40×25×4		6.3	13.7	2.47	1.94	0.69	1.26	0.54	1.16	1.24	1.32	1.41	2.09	2.17	2.25	2.34
∟45×28×3	5	6.4	14.7	2.15	1.69	0.79	1.44	0.61	1.23	1.31	1.39	1.47	2.28	2.36	2.44	2.52
∟45×28×4		6.8	15.1	2.81	2.20	0.78	1.43	0.60	1.25	1.33	1.41	1.50	2.31	2.39	2.47	2.55
∟50×32×3	5.5	7.3	16.0	2.43	1.91	0.91	1.60	0.70	1.38	1.45	1.53	1.61	2.49	2.56	2.64	2.75
∟50×32×4		7.7	16.5	3.18	2.49	0.90	1.59	0.69	1.40	1.47	1.55	1.64	2.51	2.59	2.67	2.75
∟56×36×3	6	8.0	17.8	2.74	2.15	1.03	1.80	0.79	1.51	1.59	1.66	1.74	2.75	2.82	2.90	2.98
∟56×36×4		8.5	18.2	3.59	2.82	1.02	1.79	0.78	1.53	1.61	1.69	1.77	2.77	2.85	2.93	3.01
∟56×36×5		8.8	18.7	4.42	1.01	1.01	1.77	0.78	1.56	1.63	1.71	1.79	2.80	2.88	2.96	3.04
∟63×40×4	7	9.2	20.4	4.06	3.19	1.14	2.02	0.88	1.66	1.74	1.81	1.89	3.09	3.16	3.24	3.32
∟63×40×5		9.5	20.8	4.99	3.92	1.12	2.00	0.87	1.68	1.76	1.84	1.92	3.11	3.19	3.27	3.35
∟63×40×6		9.9	21.2	5.91	4.64	1.11	1.99	0.86	1.71	1.78	1.86	1.94	3.13	3.21	3.29	3.37
∟63×40×7		10.3	21.6	6.80	5.34	1.10	1.97	0.86	1.73	1.81	1.89	1.97	3.16	3.24	3.32	3.40
∟70×45×4	7.5	10.2	22.3	4.55	3.57	1.29	2.25	0.99	1.84	1.91	1.99	2.07	3.39	3.46	3.54	3.62
∟70×45×5		10.6	22.8	5.61	4.40	1.28	2.23	0.98	1.86	1.94	2.01	2.09	3.41	3.49	3.57	3.64
∟70×45×6		11.0	23.2	6.64	5.22	1.26	2.22	0.97	1.88	1.96	2.04	2.11	3.44	3.51	3.59	3.67
∟70×45×7		11.3	23.6	7.66	6.01	1.25	2.20	0.97	1.90	1.98	2.06	2.14	3.46	3.54	3.61	3.69
∟75×50×5	8	11.7	24.0	6.13	4.81	1.43	2.39	1.09	2.06	2.13	2.20	2.28	3.60	3.68	3.76	3.83
∟75×50×6		12.1	24.4	7.26	5.70	1.42	2.38	1.08	2.08	2.15	2.23	2.30	3.63	3.70	3.78	3.86
∟75×50×8		12.9	25.2	9.47	7.43	1.40	2.35	1.07	2.12	2.19	2.27	2.35	3.67	3.75	3.83	3.91
∟75×50×10		13.6	26.0	11.6	9.10	1.38	2.33	1.06	2.16	2.24	2.31	2.40	3.71	3.79	3.87	3.95
∟80×50×5	8	11.4	26.0	6.38	5.00	1.42	2.57	1.10	2.02	2.09	2.17	2.24	3.88	3.95	4.03	4.10
∟80×50×6		11.8	26.5	7.56	5.93	1.41	2.55	1.09	2.04	2.11	2.19	2.27	3.90	3.98	4.05	4.13
∟80×50×7		12.1	26.9	8.72	6.85	1.39	2.54	1.08	2.06	2.13	2.21	2.29	3.92	4.00	4.08	4.16
∟80×50×8		12.5	27.3	9.87	7.75	1.38	2.52	1.07	2.08	2.15	2.23	2.31	3.94	4.02	4.10	4.18

续表

角钢型号	单角钢								双角钢							
	圆角	重心矩		截面积	质量	回转半径			i_{y1}，当 a 为下列数值				i_{y2}，当 a 为下列数值			
	R	Z_x	Z_y	A	q	i_x	i_y	i_{y0}	6mm	8mm	10mm	12mm	6mm	8mm	10mm	12mm
	/mm			/cm^2	/(kg/m)	/cm			/cm				/cm			
∟90×56×5	9	12.5	29.1	7.21	5.66	1.59	2.90	1.23	2.22	2.29	2.36	2.44	4.32	4.39	4.47	4.55
∟90×56×6		12.9	29.5	8.56	6.72	1.58	2.88	1.22	2.24	2.31	2.39	2.46	4.34	4.42	4.50	4.57
∟90×56×7		13.3	30.0	9.88	7.76	1.57	2.87	1.22	2.26	2.33	2.41	2.49	4.37	4.44	4.52	4.60
∟90×56×8		13.6	30.4	11.2	8.78	1.56	2.85	1.21	2.28	2.35	2.43	2.51	4.39	4.47	4.54	4.62
∟100×63×6	10	14.3	32.4	9.62	7.55	1.79	3.21	1.38	2.49	2.56	2.63	2.71	4.77	4.85	4.92	5.00
∟100×63×7		14.7	32.8	11.1	8.72	1.78	3.20	1.37	2.51	2.58	2.65	2.73	4.80	4.87	4.95	5.03
∟100×63×8		15.0	33.2	12.6	9.88	1.77	3.18	1.37	2.53	2.60	2.67	2.75	4.82	4.90	4.97	5.05
∟100×63×10		15.8	34.0	15.5	12.1	1.75	3.15	1.35	2.57	2.64	2.72	2.79	4.86	4.94	5.02	5.10
∟100×80×6		19.7	29.5	10.6	8.35	2.40	3.17	1.73	3.31	3.38	3.45	3.52	4.54	4.62	4.69	4.76
∟100×80×7		20.1	30.0	12.3	9.66	2.39	3.16	1.71	3.32	3.39	3.47	3.54	4.57	4.64	4.71	4.79
∟100×80×8		20.5	30.4	13.9	10.9	2.37	3.15	1.71	3.34	3.41	3.49	3.56	4.59	4.66	4.73	4.81
∟100×80×10		21.3	31.2	17.2	13.5	2.35	3.12	1.69	3.38	3.45	3.53	3.60	4.63	4.70	4.78	4.85
∟100×80×6		15.7	35.3	10.6	8.35	2.01	3.54	1.54	2.74	2.81	2.88	2.96	5.21	5.29	5.36	5.44
∟100×80×7		16.1	35.7	12.3	9.66	2.00	3.53	1.53	2.76	2.83	2.90	2.98	5.24	5.31	5.39	5.46
∟100×80×8		16.5	36.2	13.9	10.9	1.98	3.51	1.53	2.78	2.85	2.92	3.00	5.26	5.34	5.41	5.49
∟100×80×10		17.2	37.0	17.2	13.5	1.96	3.48	1.51	2.82	2.89	2.96	3.04	5.30	5.38	5.46	5.53
∟100×80×7	11	18.0	40.1	14.1	11.1	2.30	4.02	1.76	3.13	3.18	3.25	3.33	5.90	5.97	6.04	6.12
∟100×80×8		18.4	40.6	16.0	12.6	2.29	4.01	1.75	3.13	3.20	3.27	3.35	5.92	5.99	6.07	6.14
∟100×80×10		19.2	41.4	19.7	15.5	2.26	3.98	1.74	3.17	3.24	3.31	3.39	5.96	6.04	6.11	6.19
∟100×80×12		20.0	42.2	23.4	18.3	2.24	3.95	1.72	3.20	3.28	3.35	3.43	6.00	6.08	6.16	6.23
∟100×80×8	12	20.4	45.0	18.0	14.2	2.59	4.50	1.98	3.49	3.56	3.63	3.70	6.58	6.65	6.73	6.80
∟100×80×10		21.2	45.8	22.3	17.5	2.56	4.47	1.96	3.52	3.59	3.66	3.73	6.62	6.70	6.77	6.85
∟100×80×12		21.9	46.6	26.4	20.7	2.54	4.44	1.95	3.56	3.63	3.70	3.77	6.66	6.74	6.81	6.89
∟100×80×14		22.7	47.4	30.5	23.9	2.51	4.42	1.94	3.59	3.66	3.74	3.81	6.70	6.78	6.86	6.93
∟100×80×10	13	22.8	52.4	25.3												
∟100×80×12		23.6	53.2													
∟100×80×14		24.3	54.0													
∟100×80×16		25.1	54.8													

参考文献

[1] 中华人民共和国住房和城乡建设部. 钢结构设计标准：GB 50017—2017 [S]. 北京：中国建筑工业出版社，2018.

[2] 中华人民共和国住房和城乡建设部. 建筑结构可靠性设计统一标准：GB 50068—2018 [S]. 北京：中国建筑工业出版社，2019.

[3] 中华人民共和国住房和城乡建设部. 建筑结构荷载规范：GB 50009—2012 [S]. 北京：中国建筑工业出版社，2012.

[4] 中华人民共和国建设部. 钢结构工程施工质量验收规范：GB 50205—2020 [S]. 北京：中国计划出版社，2020.

[5] 中华人民共和国建设部. 冷弯薄壁型钢结构技术规范：GB 50018—2002 [S]. 北京：中国标准出版社，2003.

[6] 中华人民共和国住房和城乡建设部. 工程结构设计基本术语标准：GB/T 50083—2014 [S]. 北京：中国建筑工业出版社，2015.

[7] 中华人民共和国住房和城乡建设部. 门式刚架轻型房屋钢结构技术规范：GB 51022—2015 [S]. 北京：中国建筑工业出版社，2016.

[8] 中华人民共和国住房和城乡建设部. 建筑抗震设计规范：GB 50011—2010（2016 年版）[S]. 北京：中国建筑工业出版社，2016.

[9] 中华人民共和国住房和城乡建设部. 建筑钢结构防火技术规范：GB 51249—2017 [S]. 北京：中国计划出版社，2018.10

[10] 但泽义. 钢结构设计手册 [M]. 4 版. 北京：中国建筑工业出版社，2019.

[11] 戴国欣. 钢结构 [M]. 武汉：武汉理工大学出版社，2000.

[12] 陈绍蕃. 钢结构设计原理 [M]. 4 版. 北京：科学出版社，2016.